计算机系统开创性经典文献选读与解析

（双色版）

刘宇航 包云岗 ◎编著

Selected Readings and Analyses of Groundbreaking Classical Literature
on Computer System

(Two-color Edition)

机械工业出版社
CHINA MACHINE PRESS

本书精心选择了计算机系统领域的 14 篇开创性经典文献，并用中文准确翻译，结合编者自身的理论研究和工程实践，针对 14 篇文献给出了独到的分析和评论。全书涵盖了人工智能、可计算理论、计算机体系结构、虚拟化、并行计算等细分角度和方向，采用考据考证和文本细读的方法，在每篇内部、篇篇之间先分析后综合，形成一个有机的整体，对于追溯本源、进行原创性基础研究具有重要意义。

本书可作为计算机专业大学生和研究生的教材、教辅读物，也可供非计算机专业的学生、信息技术在职研究人员和工程师参考使用。

图书在版编目（CIP）数据

计算机系统开创性经典文献选读与解析：双色版 / 刘宇航，包云岗编著. -- 北京：机械工业出版社，2025.4. -- ISBN 978-7-111-77731-1

Ⅰ. TP303-53

中国国家版本馆 CIP 数据核字第 20250NE570 号

机械工业出版社（北京市百万庄大街 22 号　邮政编码 100037）
策划编辑：姚　蕾　　　　　　　　责任编辑：姚　蕾　郎亚妹
责任校对：张雨霏　李可意　景　飞　责任印制：任维东
天津嘉恒印务有限公司印刷
2025 年 4 月第 1 版第 1 次印刷
186mm×240mm・27.25 印张・569 千字
标准书号：ISBN 978-7-111-77731-1
定价：99.00 元

电话服务　　　　　　　　　网络服务
客服电话：010-88361066　　机 工 官 网：www.cmpbook.com
　　　　　010-88379833　　机 工 官 博：weibo.com/cmp1952
　　　　　010-68326294　　金 书 网：www.golden-book.com
封底无防伪标均为盗版　机工教育服务网：www.cmpedu.com

序一

这是一本对计算机系统领域开创性的部分经典文献进行深入分析的书，令人耳目一新。对于一个研究者来说，需要在充分了解现状的基础上去尝试创新和评价创新，因此阅读文献是一项基本功。但是，一方面文献太多，另一方面学者的阅读时间相对较少，形成一对矛盾。面对这一矛盾，很多学者按照类似高速缓存的 LRU（Least Recently Used）替换算法的方法去选择文献阅读，也就是只看或主要看最近新发表的文献。这样做的一个潜在后果是，我们一直在追逐最前沿的研究，而在提出新概念、发现新问题、进行原创性研究方面贡献不多，甚至忘记学科的"初心"，缺乏对学科全局视图的了解和把握。

在我们国家的计算机学科中，较多的人从事应用层的研究或开发，而从事计算机系统结构研究或开发的比例不高，形成一个倒立的金字塔，导致"头重脚轻"。即使对这比例不高的从事计算机系统结构研究的人而言，计算机系统方面的开创性文献，由于年代久远，很多人也没有时间或机会亲自阅读。但是，很多原汁原味的精华，只有在亲自研读原文的过程中才能体会。现有教科书的转述或综述，或者网络上一些只言片语、良莠混杂、真假难辨的快餐式评述，因为难以兼顾系统性、深刻性、准确性、可读性，往往很难把原始文献中那宝贵的精华完整准确地保留下来、传播出去。

在新时期，我们国家的发展将更加注重质量，从外延式扩张转变为内涵式发展。对计算机学科来说，计算能力的提升方式也将有一个转变，就是从主要依靠摩尔定律增加可用的硬件资源（即通过工艺进步不断地增加片上晶体管密度），转变为主要依靠体系结构的创新提高性能（即在资源总量不变的前提下通过结构的优化获得性能或能量效率的提升）。在这样的形势下，国家需要在计算机系统结构领域有更多的原创性成果。刘宇航、包云岗编著的这本书为我们未来进行原创性研究提供了很好的材料。全书体量很大，显然需要付出极大的体力和脑力，刘宇航、包云岗作为青年学者，已经积累了丰富的研究经验和工程经验，能够经年累月沉下心来，在工作之余认真仔细推敲原始文献，并给出自己的独特见解，这是非常难能可贵的。很欣喜看到老一辈科学家求真、求实、创新、创造的精神能够被年轻一代传承发扬。

计算机系统结构学科是一个抽象的大厦，这座大厦的全部重力最终要落到一些关键的基座或顶梁柱上，本书所评述解析的十余篇开创性文章就是这些基座或顶梁柱的重要部分。当然，通过十余篇文章很难把一个学科的全部信息滴水不漏地完整覆盖，但是抓住这些关键少数，就抓住了撑起整个学科空间的基干（类似于线性空间的基或正交基）。

本书最早的一篇文献发表于1936年，比我出生还要早两年，还有一些文章发表于20世纪50年代和70年代。我们现在阅读这些文章是幸运的，因为我们处在历史长河的当前坐标上，我们可以回顾、咀嚼、检验之前的判断或预见是否正确，之前的设计对后来的影响，这些会增加我们的智识，在我们的头脑中存储一些既往的创新范式，给未来的创新提供借鉴。

本书可以作为计算机系统结构专业的参考书，甚至可以直接作为高级研修或研讨课的教材。在此，给读者提供以下建议：

（1）注意原创性思维或意识的培养。纵观全书的十余篇文章，我们发现大部分文章的结论至今仍然适用，比如现在的计算机仍然是约翰·冯·诺依曼提出的程序存储式的五位一体（包括运算器、控制器、存储器、输入、输出）结构。我们除了记住这些总结凝练之后的知识要点，更重要的是观察历史先驱如何破冰启航，如何从无到有来构思或构造出这些概念和结构。在本书第3章，约翰·冯·诺依曼在关于EDVAC的报告中从头到尾一直参考或类比生物神经系统，这样的参考或类比需要敏锐的洞察力，也需要很强的迁移落实到电子工程上的能力。这些是需要我们仔细体会的。

（2）注意文献之间的联系和比较，建立整体观。我们国家很多学者做的是增量式创新（Incremental Innovation），在看到已发表的某个文献的研究后，将其作为基准（Baseline），在上面加入自己的一些想法，取得若干个百分点的某种指标的提升。这种研究确实是创新，但往往受限于既有的框架，属于局部性的渐进式创新，往往不是全局性的颠覆式创新。要想改变这种状况，可能要从人才培养阶段就提倡建立"整体观"，注意文献之间的联系和比较，比如本书第10章论述的存储墙问题就是记忆问题，短时记忆、长时记忆对于思考速度有很大的影响，影响到第3章EDVAC的设计，影响到第1章所论述的"机器能否思考"，影响到第13、14章所论述的微处理器的未来，等等。有了整体观，我们就打通了脉络，看到的不再是孤立的一篇篇文献，而是相互联系贯通的一篇大文章，这样书就读薄了、读活了。

（3）注意设计能落实贯彻新思想的可以运行的系统（Runnable System）。对于计算机体系结构研究者，除了要强调思想和观念的作用（比如本书第11章所述的数据流的思想），还要强调能够实实在在地、合理地、经济高效地设计出能运行的系统，这是计算机体系结构研究者区别于纯粹意义上的哲学家、数学家、物理学家的地方。有了新思想不容易，有了新思想之后落实贯彻新思想也不容易，本书第3、6、11、12章在这方面给我们提供了优秀的示范。比如第3章给出了存储程序式计算机的详细设计，这是1945年撰写的一份报告，没有先例可循；又如第 11 章给出了数据流处理器的初步架构，这是 1974 年发表于第二届国际计算机体系结构会议（ISCA）的文章，在那个时候数据流的思想是很新的，具体怎样实现，并没有可参照之物，但麻省理工学院的丹尼斯等人结合头脑中的灵感和合理的逻辑推演论证，给出了理论上可以运行的考虑周到的具体计算系统。

最后，祝愿中国计算机体系结构学科在人才培养、研究创新（尤其是原创性基础研究）方面取得更大的进步，为新时期的国家发展做出更大贡献。

中国科学院院士

孙凝晖

序二

呈现在读者面前的，是一部别具新意的思想史著作。作者刘宇航、包云岗是计算机科学领域的青年才俊，他们选取了计算机系统领域14篇开创性经典文献，将之翻译成中文，并结合自身的理论研究和工程实践，给出了具有独特见解的分析和评论。作为一位科学哲学和科学思想史领域的工作者，我乐见其成。我相信，这部著作无论是对计算机科学历史和哲学领域的研究人员，还是对计算机领域的科学家，特别是对有志于在该领域做出开创性贡献的年轻科学家，都具有重要的参考价值。

这部著作让我想起了洛赫兰·欧莱菲尔泰（Lochlainn O'Raifeartaigh）的《规范理论的黎明》（*The Dawning of Gauge Theory*）一书。欧莱菲尔泰本身是一位著名的理论物理学家，他选取了规范场论发展史上具有开拓性的10篇文献，通过对每一篇文献的思想实质和历史背景做出精深解读，完整而准确地展现了规范理论的思想源流，其评论部分的篇幅和深度，丝毫不亚于原始文献的分量。欧莱菲尔泰的这部著作，现在已成为每一位对规范理论的思想根源感兴趣的科学家、哲学家和史学家的案头必备。与欧莱菲尔泰不同的是，本书的评论是逐段而行，原文与评论部分交织在一起。至于两者孰优孰劣，自然是仁者见仁，智者见智。或许，对专家而言，保持经典论文的连续性更好；而对研究生和年轻研究人员来说，逐段解读的效果兴许更佳。

当前，我国科学发展正处于实现阶段性跨越的关键节点，同时科学前沿也推进到宇宙、物质、生命和意识的至深之处，并显露出新一轮科技革命的端倪。为把握这一重大战略机遇，中国科学院于2020年布局成立了中国科学院哲学研究所，期望通过探讨科学领域的基础问题和哲学问题，为中国的科技创新和新一轮的科技革命做好充分的"思想准备"。哲学所甫一成立，中国科学院计算技术研究所孙凝晖院士就邀请哲学所同人，围绕互联网的设计理念和AlphaFold2的惊人预测能力等问题，探讨了哲学与计算机科学的紧密联系。这部著作的出版，则进一步激发了我个人在这方面的思考。

哲学与计算机科学的历史渊源是有目共睹的。图灵1936年的论文《论可计算数及其在判定性问题中的应用》（"On Computable Numbers, with an Application to the Entscheidungsproblem"），不仅是计算理论的奠基之作，同时也是对莱布尼茨的"通用语言"（Characteristica Universalis）这一宏伟哲学构想给出的终极答案。早在 18 世纪，莱布尼茨就设想，如果我们能建立初始概念的完备集，并将理性演算符号化，那么一切哲学和神学争论都可以用"理性计算"来解决。莱布尼茨的形式系统和理性计算思想，在一个多世纪之后为布尔、弗雷格和哥德尔等人所继承和发展。1931 年，哥德尔发表了题为《论数学原理和相关系统中形式上不可判定命题》（"Über formal unentscheidbare Sätze der Principia Mathematica und verwandter Systeme"）的著名论文。在这篇文章中，哥德尔定义了原始递归函数概念。之后，哥德尔于 1934 年又定义了一般递归函数概念。尽管事后证明，图灵机、哥德尔的一般递归函数和丘奇的 λ-可定义性（1935 年）是等价的，但哥德尔对图灵的工作给予了极高的评价，他认为图灵的工作一举澄清了形式系统概念的内涵：形式系统不过是一种产生定理的机械程序或算法。通过将可判定性归结为可计算性，图灵证明了存在基本的不可判定问题。

至于当代哲学家的工作对计算机和人工智能领域的影响，我想到的实例有弗兰克·P. 拉姆齐（Frank P. Ramsey）和詹姆斯·伍德沃德（James Woodward）的工作。众所周知，人工智能中的深度学习技术主要基于贝叶斯方法，这一方法的哲学基础则是英国哲学家拉姆齐在其 1926 年完成的论文《真理与概率》（"Truth and Probability"）中提出的关于概率的主观解释。拉姆齐工作的出发点是要解决认识论中著名的"归纳问题"，为此他发展了信念度（Degree of Belief）概念，并将认知主体关于某个命题的信念度理解为一种主观概率。以贝叶斯定理为基础，将验前概率过渡为验后概率，认知主体就可以通过归纳学习来调整关于某个信念或命题的信念度。

伍德沃德是当代美国哲学家，主要致力于探讨因果性这一核心哲学概念。他的干预主义因果理论（Interventionist Theory of Causation）继承了早期操控主义因果理论的基本思想，并结合了反事实（Counterfactuals）条件句因果理论的观点。伍德沃德的干预主义因果理论或许正是朱迪亚·珀尔（Judea Pearl）的因果结构图理论中"Do 算符"的思想来源。珀尔关于因果推断的研究被誉为人工智能领域中的"因果革命"，这项研究使他获得了 2011 年计算机科学领域的最高奖——图灵奖。身处大数据时代，如何从海量数据中发掘因果关系，是一个充满挑战同时又引人入胜的问题。因开发深度学习技术而获得 2018 年图灵奖的约书亚·本吉奥（Yoshua Bengio）最近也转向了因果推断研究。他相信，机器学习和因果推断两种思想未来将相互交织，并有望产生崭新的成果。

放眼未来，哲学与计算机和人工智能科学之间的交互渗透仍然具有广阔的前景。所谓人工智能，无非是用物理器件和装置来模拟人类大脑和心灵的运作。当代神经生物学的发展已经大大增强了我们对大脑和心灵运作方式的理解。我们已经认识到神经网络的层次结构、不同感觉通道的算法通用性、神经网络联结的可塑性，以及高级中枢对低级中枢的反馈控制，我们已经建立了更合理的关于知觉、记忆、学习和情绪的理论模型。与此相应，心灵的计算模型也让位于以神经生物学为基础的心灵概念。尽管如此，我们关于心灵的理解依然是十分有限的。特别是，大脑的神经生物学过程是如何引起意识状态的？意识与大脑的关系问题，迄今仍然是一个哲学问题。要想对这个问题获得满意的生物学答案，我们还必须克服大量的哲学障碍。

这些障碍既包括本体论层面的问题，比如如何应对笛卡儿二元论对物理主义的挑战；也包括认识论层面的问题，比如如何利用客观的间接手段来研究主观的心灵现象。以法国认知神经科学家斯坦尼斯拉斯·迪昂（Stanislas Dehaene）的工作为例，他运用功能性磁共振成像技术来探索"意识标志"，从而将意识研究纳入神经科学的研究前沿。关于心物二元论，他一方面从历史角度给予笛卡儿的思想以高度评价，另一方面则反驳了当代哲学家大卫·查尔莫斯（David Chalmers）关于意识的简单问题和复杂问题的本末倒置。迪昂关于意识的"全脑工作空间"假说，本身就是一个哲学性非常强的意识理论。借用当代著名哲学家约翰·R. 塞尔（John R. Searle）的说法，认知神经科学的进步所带来的哲学问题，远比它所解决的哲学问题要多。

作者在本书"前言"中专门提到，要纠正科学界忽视哲学的倾向和不注重继承的倾向，对此我深有同感。在我看来，思想是有生命力的。没有深厚的学术思想传统，理论创新就成了无根之木、无源之水。关于哲学与科学的关系，我个人认同著名哲学家蒯因（W. V. O. Quine）的主张，即科学与哲学是连续的。科学中的那些基本问题，同时也是哲学问题。对这类基本问题的探讨，需要科学家与哲学家携手推进。这部著作的出版，无疑将促使人们更深切地认识到哲学思想和学术传统对于基础创新的重要意义。

中国科学院哲学研究所所长

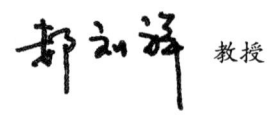

郝刘祥 教授

前言

计算机在人类日常生活的各个方面已经并将继续发挥广泛而深刻的作用。当前人工智能、大数据、高性能计算等方兴未艾,出现了一些基本的重要问题,引起了专业及非专业人士的广泛兴趣,比如:什么是智能?什么是计算?什么是计算机?什么样的问题是可计算的?什么样的问题是不可计算的?为什么需要计算机?计算机是怎样设计的?什么是云计算中的虚拟化技术?什么是标签化体系结构?什么是开源芯片?什么是异构计算?每一个问题毋庸置疑都很重要,但想要真正弄清楚每个问题并不容易,把所有这些问题联系起来、融会贯通更不容易。为了取得实质性的科技创新突破,需要更多的人能真正彻底地搞明白这些问题,而不是仅停留在表面化的理解上。

本书选择的 14 篇文章是计算机系统方向的经典文献,在计算机科学的发展史上具有奠基性的重要意义,具有极高的原创性,在某种意义上和某些历史阶段代表当时的智慧之巅,是人类智能水平的标志。其中,第 1、2 篇(《计算机器与智能》《论可计算数及其在判定性问题中的应用》)是艾伦·图灵的作品,第 3、4 篇(《关于 EDVAC 的报告初稿》《计算机与人脑》)是约翰·冯·诺依曼的作品,第 5、6 篇(《论以单处理器的方式实现大规模计算能力的有效性》《多高速缓存系统中一致性问题的一个新解决方案》)是关于并行计算(Parallel Computing)的源头文献,第 7 篇是关于现在云计算需要的虚拟化(Virtualization)技术的开创性文献,第 8 篇是关于摩尔定律(Moore's Law)的文献,第 9 篇是关于精简指令集计算机(RISC)的源头文献,第 10 篇是提出存储墙(Memory Wall)问题的文献,第 11 篇是较早论述数据流(Data Flow)体系结构的文献,第 12 篇是论述 RAID 结构的文献,第 13、14 篇是在不同的时间论述当时看来微处理器(Microprocessor)会有怎样的发展趋势的文献。

可以设想,如果没有这些文章中的某一篇对应的理论或技术(除去第 13、14 篇的综述预见性文章),计算机系统的面貌可能会发生缺憾性甚至颠覆性的变化,现有的体系可能会不完整甚至局部坍塌。如果没有存储程序的思想,没有关于"运算器 – 存储器 – 控制器 – 输入设备 – 输出设备"的组成和结构设计,没有并行计算,没有摩尔定律,没有虚拟化,没有艾伦·图灵对智能机器的信心,没有精简指令集计算机,没有关于存储墙问题的研究,这些情形只要发生一个，计算机科学还会是现在的面貌吗？

上述文章在计算机学术界具有极高的知名度，听闻其名的人很多，但读过并读懂其中一篇全文的人不多，读过并读懂全部 14 篇全文，并对比、分析、综合，然后形成整体观的人就更寥寥无几了。本书的一大特色就是融会贯通，充分挖掘和发现这 14 篇文章之间的联系，这种联系对我们准确、深入理解事物的完整面貌是重要的，甚至是必需的。从这个意义上来说，本书是一篇大文章，跨越了 75 年（从 1936 年到 2011 年）撰写的 14 篇文章是这篇大文章的组成章节，我们和这 14 篇文章的作者怀着揭示计算机科学真理、建设更美好世界（为人类设计更快、更自动化乃至更智能的计算机器）的梦想，分别贡献自己的智慧，共同谱写了这既客观具体又宏伟壮丽的诗篇。

纵观全书的 14 篇文章，几乎篇篇都有预见性，例如第 1 章中艾伦·图灵对能否制造出能思考的机器做出预见（论证），第 2 章中艾伦·图灵对不可计算问题做出预见（形式化证明），第 3 章中约翰·冯·诺依曼对存储程序式计算机做出预见（设计），第 4 章中约翰·冯·诺依曼对计算机与人脑的异同做出预见（比较），第 5 章中吉恩·M. 阿姆达尔对单处理器达到较高的计算性能做出预见（分析），第 6 章对多处理器的高速缓存一致性问题的解决方案做出预见（分析与设计），第 7 章对第三代计算机体系结构的可虚拟化条件做出预见（形式化证明），第 8 章对电路的集成度的发展趋势做出预见（分析），第 9 章对精简指令集计算机的发展前景做出预见（论证），第 10 章对存储墙问题即将到来做出预见（分析），第 11 章对数据流体系结构的可行性和前景做出预见（设计和论证），第 12 章对廉价磁盘冗余阵列的可行性和前景做出预见（设计），第 13、14 章分别在 1996 年和 2011 年对微处理器的未来做出预见（分析和预测）。"在客观全面地回顾历史的基础上对未来做出精准的预见"是这些文章的共同特征。

本书的出发点是希望做"发扬光大"的工作。什么是"发扬光大"？《周易·坤》：坤厚载物，德合无疆；含弘光大，品物咸亨。宋代黄榦在《黄勉斋文集·刘正之遂初堂记》中说：备前人之美发挥而光大之。我们可以设想，14 篇文章的作者艾伦·图灵、约翰·冯·诺依曼等如果看到本书，会有惊喜的反应："啊，我很久之前写的那篇文章你还在研究，感谢你的理解、认可。"或者可能是："我生有涯，感谢你替我在科技发展日新月异的背景下（纵向）重新评估我的论文，而且能够（横向）相互联系，相互佐证，有很多新的认识。这是对我的工作的继承、整理、提高，也就是中国典籍中说的'发扬光大'，完成了我未竟的心愿，感谢你们这些来自中国的志同道合的研究者。"

水有源，故其流不穷；木有根，故其生不穷。计算机科学当前正处于一个极为关键的阶段，人工智能、大数据、云计算、计算机体系结构都在蓬勃发展，但相对以往都更加需要在基础理论上取得突破。但是基础理论研究谈何容易！从哪里寻找突破口，是首先要解决的问题。计算机的文献浩如烟海，完全掌握几乎不可能。回归原始文献，追溯本源，有助于寻找基础研究的突破口，这是本书的重要立意。在本书中，我们将会了解计算机工程之父约翰·冯·诺依曼、计算机科学之父艾伦·图灵、控制论之父维纳、集合论之父康托尔、模糊集合论之父扎德、进化论之父达尔文、精简指令集计算机和廉价冗余磁盘阵列之父帕特森等的思想，为我们进行从 0 到 1 的基础研究提供借鉴。

人类的时间、注意力、耐心均是稀缺资源。我们希望帮助读者解决时间、注意力、耐心有限与计算机科学文献数量庞大之间的矛盾。"与其伤其十指，不如断其一指。"根据基础性、代表性、影响力、权威性、不可替代性的标准，我们精心选择了 14 篇（仅仅 14 篇）文章，希望把这些文章解析透彻，把重要的概念和方法考察和梳理好，为当前的基础研究提供底层支撑，为其中的思考演绎提供素材和原料，本书希望构建计算机基础研究的"最小根据地"。

在国际竞争日益加剧的背景下，我国的发展将步入深水区，更加需要注重质量，需要啃很多硬骨头，所有这一切都依赖于科技的支撑。本书是国内第一本此类著作：第一次把计算机科学的源头文献精心选择并集中起来，用中文翻译并逐段解析，每篇有整体解析，篇篇之间有呼应和联系。科学是无国界的，但科学家是有祖国的。本书就是要服务于我国的计算机科学事业，服务于中华民族的伟大复兴事业，让中国人为人类计算机科学的发展做出更大贡献，为解决"卡脖子"问题略尽绵薄之力。

理解历史的目的，在于筹划未来。历史不只是一连串的单纯事实。理解历史，意味着需要在过去中寻求必然性、把握规律性，以便面向未来富于创造性。未来是还未出现的状况，充满机遇和挑战。要使得未来成为思想的对象，前提是先将过去转化为思想，使思想渗入历史性的事实之中，将过去与未来在思想的意义上贯通起来。本书采取文本细读和考证考据的办法，预期的目的是起到以下作用：

（1）纠正忽视哲学的倾向。哲学本身是极为重要的学科，来源于实际又高于实际，教好哲学不容易，学好哲学也不容易。有一位读计算机科学的学生在读研面试时，声称自己"热爱哲学"，有不少导师心里想："这样的学生思想该不会有点问题吧？""这样的学生会不会好高骛远？"这反映出工科教育中某种程度上存在着忽视哲学的倾向。当前，能将哲学用于所学专业，对计算机科学来说是急需的。没有哲学的指导，计算机系统的核心理论和结构设计问题等是难以被深入研究的。艾伦·图灵在《计算机器与智能》中一共批驳了 9 种对立的观点，其中第一种观点就是神学的观点，没有哲学思维，就很难有艾伦·图灵那样的创造力。

（2）纠正偏重工程的倾向。当代计算机体系结构领域的知名科学家奥努尔·穆特鲁（Onur Mutlu）指出中国的计算机体系结构研究一度过于偏重工程，现在已经有所好转。艾伦·图灵是一位既可以实际制造机器，又可以进行深刻理论研究的人，能同时做到这两点的人是凤毛麟角。钱学森、李政道都曾经因为理论较强、实验较弱受过老师的批评。李政道在人民大会堂的一次演讲中说，他的导师费米是一位理论和实验均强的科学家。我们要重视现实实验，也要重视思维实验。艾伦·图灵的具有无限存储容量的"图灵机"就是思维实验的结果，也只有思维实验才能完成，正因为如此，才展现出人类极高的智能水平。有些问题是计算机解决不了的，即使这台计算机具有无限的存储容量，允许运行无限长的时间，也无济于事。

（3）纠正只注重单一学科的倾向。《计算机器与智能》全文内容丰富，涉及神学、物理、化学、生物、医学、信息论、数理逻辑等多个学科，但紧扣"机器是否能够思考"这一主题。在军事领域，多军种或多兵种的立体联合作战或合同作战是一种有效的作战形式，因为在有限的空间、有限的时间内实现了高并发的火力集中。对智能这一目标，多学科融合协同可形成学科群的整体认识能力，以获得单一学科难以获得的认识成果。

（4）纠正不注重继承的倾向。创新本质是相对基础而言的增量。一些人因为不了解基础，而认为自己做的一定就是创新。为了避免重复的浅尝辄止的研究，就需要注重继承。计算机科学技术的创新不是线性直线上升的，某种技术的变化会导致某些思想过时，另一种技术的变化可能将那些"过时"的思想复活。本书对原始文献进行考证，把概念的内涵和外延考证清楚。我们希望本书能引领更多的同人一起开辟"计算考据学"这个方向。考据学是一种治学方法，包括对古籍加以整理、校勘、注疏、辑佚等。对于考据学，梁启超在《清代学术概论》中提到：其治学之根本方法，在"实事求是""无证不信"。把我国古代知识分子擅长的考据学用于计算机科学的研究，是一种新颖的研究思路，本书就是对这一思路的尝试。

（5）纠正"盲人摸象"的倾向。智能的一个重要特征是整体性。中国近现代出现过一些像陈寅恪、胡适、季羡林、任继愈这样的国学大师。很多人希望在科学技术领域也能有这样的大师，这是钱学森晚年十分关心的问题。国内现在进行"双一流"建设，有各种领军人才的培养计划，也是为了实现这个愿望。计算机是一个复杂系统，涉及从科学到工程和从软件到硬件的多个层次和多个方面，全部掌握这些何其难啊！计算机科学的研究资料包括期刊论文、会议论文、技术报告等，本身就是大数据。本书采用"精心抽样"（不是"随机抽样"）的办法，选择十余篇重要的、经典的、具有代表性的文献，每一篇分别论述不同的问题，但篇与篇之间存在着千丝万缕的联系，它们构成一个紧密整体，其中的概念是读者进一步逻辑演绎的原料，其中的方法是读者进一步研究探索的参考，这样以极简的材料帮助读者建立一个相对全面的学科知识图景。

（6）纠正"叶公好龙"的倾向。当前追逐舆论的流行热点、追求短平快、急于出成果的研究者在一定程度上是存在的。费力的、基础性的问题需要得到更多的重视。中国工程院院士孙凝晖提出"重型科研"的倡议，其核心就是以更大的决心和力量在计算机科学的基础理论和基础技术上取得突破。看看艾伦·图灵的论文，篇幅很大，但内容极其深刻；约翰·冯·诺依曼的论文涉及大量工程细节，但深入之后还能浅出，思考量之大、原创性之大、工程量之大，都是我们需要学习的。我们现在就是要啃硬骨头，要拿下"上甘岭"。

对于"能否设计出能思考的机器"这个问题，在本书第 1 章中艾伦·图灵给出了肯定的断言。对于"计算机能否求解所有问题？"这个问题，在本书第 2 章中艾伦·图灵给出了否定的断言。需要指出，自 20 世纪 50 年代以来的 70 多年中，人造计算机在计算能力、记忆（存储）能力、通信（互连）能力上取得了多个数量级的进步，在编程上也有了很大的进步，但还没有设计出与人类一样能思考的机器。我们还有多大的差距？通过怎样的路径跨越这些差距？能否发展出可解释性人工智能？目前的数据科学对相关关系的研究取得了较大的进展，但在因果关系方面进展较少，如何突破？等等。这些无疑都是具有重大意义的基础理论问题，要解决这些问题，或者在这些问题上取得一些突破，现在计算机系统的研究范式可能需要革新，需要充分发挥哲学的作用。现在计算机系统的研究范式需要做哪些革新？这里抛砖引玉，提出三点倡议：

第一，我们需要解放思想，培养具有多面手（Multi-facet）才能和原始创新能力的领军人才。我们要在坚持问题导向、实事求是的原则下，鼓励研究者学哲学、用哲学，打破习惯势力和主观偏见的束缚，打破思维的桎梏，大胆进行原始创新。我看到国内有人提出目前没有必要研究强人工智能，对此目前我们不能说对或错。但需要指出，图灵奖得主曼纽尔·布鲁姆（Manuel Blum）在 2019 年提出了意识图灵机（Conscious Turing Machine），而我们国内这方面的研究目前很少。时不我待，我们一定要抓住机遇，富有建设性地推进人工智能的研究。需要培养和造就一批"顶天立地"的计算机系统的研究人才，这样的研究人才具有较高的哲学思维能力，是思想家，能领悟、运用和创造思想，还具有得心应手的设计能力，是科学家、架构师和工程师，能发明、实现和创造系统。

第二，我们需要重视思想，重视思想性创新。我们的计算机系统学科一般强调设计出具体可见的实物或可运行的系统，而没有充分重视思想或观念。思想或观念是不可见的，是潜在的，往往因此被忽视。一种思想或观念被提出之后，有的立即被重视并展现威力，如存储程序的思想；有的没有立即展现出巨大的威力、价值或影响力，但在条件或时机成熟的时候，往往展现出令人震撼的力量，如数据流体系结构、深度学习。本书的很多章节都涉及重要的思想，当然也有具体的设计，我们当然要看到设计在可落地实现方面的用途，也要看到思想在前瞻性、一般性、持久性方面的优势。

第三，我们需要梳理总结历史，淡化学科意识，强化问题导向，聚焦重大科学问题。之所以梳理总结历史，是为了解决有挑战性且有重大意义的科学问题。例如，智能或意识的本质是什么？智能或意识与物理载体的关系是什么？对这些问题，哲学上存在很多不同的但都非常深刻的观点，比如物理主义，由奥地利哲学家奥托·纽拉特（Otto Neurath）和鲁道夫·卡尔纳普（Rudoff Carnap）在20世纪30年代引进哲学，它的基本论点是"所有事物都是物理的"，或者说"一切都在物理之上"。它有各种版本：例如将意识视作人体的功能，或将意识类比为计算机的软件；还有涌现论，认为一些特定的物质结构复杂到一定程度会自然诞生意识；以及否定意识存在的取消论物理主义。这些观点都值得计算机科学领域的研究者了解参考。在计算机系统领域，图灵的一个基本观点是"通过编程的办法让机器（具体来说就是数字计算机）像婴孩那样不断地学习，是完全能够让机器可以思考的，或者说让机器通过图灵测试的"（见本书第1章）。本书的全部14章实际上都与物理主义有关，约翰·冯·诺依曼的存储程序结构、大卫·帕特森的精简指令集计算机、沃尔夫的存储墙问题等都是在讨论智能或意识所赖以存在的物理载体，甚至图灵的可计算性理论也与物理主义有关，机器的记忆或存储（Memory）是有限的，这也是为什么他要着重区分循环机器和非循环机器。

本书的编著者对自己的定位是学习者、思考者、研究者、实践者、传播者，我们阅读的专业文献有数千篇，其中精读的有300篇以上，同时读过比较经典的多部专业著作和比较著名的多部科普著作。

本书的编著者读过的且对撰写本书有所帮助的比较经典的专业著作有约翰·冯·诺依曼和摩根斯坦的《博弈论与经济行为》、图灵奖得主阿霍、霍普克罗夫特和乌尔曼的《数据结构与算法》、图灵奖得主沃思的《算法+数据结构=程序》、图灵奖得主亨尼斯和帕特森的《计算机体系结构：量化研究方法》（从第3版到第6版）、原南加州大学黄铠教授的《计算机结构与并行处理》、数学家华罗庚（1955年当选中国科学院学部委员，中国现代数学之父）的《高等数学引论》、诺贝尔物理学奖得主费曼的《费曼物理学讲义》、戴维斯的《可计算性与不可解性》、维特根斯坦的《数学基础研究》、南京大学莫绍揆教授的《可计算性理论》、中国科学院心理研究所潘菽（1955年当选中国科学院学部委员，中国现代心理学奠基人之一）的《中国古代心理学思想》，等等。这些专业著作"讲高度"，受众主要限于专业内部，实际的读者相对少一些，但将相关专业研究推到了一个极高的高度上。

本书的编著者读过的且对撰写本书有所帮助的比较著名的科普著作有伽莫夫的《从一到无穷大》、乌镇智库理事长尼克的《人工智能简史》、美国经济学家曼昆的《经济学原理》、中国经济学研究者薛兆丰的《薛兆丰经济学讲义》、诺贝尔物理学奖得主薛定谔的《生命是什么》、南京大学周三多教授的《管理学——原理与方法》等。这些科普著作"讲面积"，受众不限于某个专业，发行量很大，具有极大的普及、推广和传播效应。

本书包括翻译和解析两个部分，译文采用宋体，解析采用彩色仿宋体。大部分文章还没有看到中文译文。在本书撰写之前，我们只看到关于《计算机器与智能》《论可计算数及其在判定性问题中的应用》《计算机与人脑》的中文译文，发现有不少理解上的错误和表达上的瑕疵，因此我们没有采取拿来主义的办法，而是适当参考，然后从零开始，仔细推敲，按照"信、达、雅"的标准，力求严谨、准确、精当、通顺。

准确完整地理解原著，是一项非常不容易的工作。不仅仅是语言的问题，还有技术的问题，需要极高的语言功底、技术功底，还需要严谨的态度。我们在研究中坚持"会、批、判"的办法，"会"就是"站在作者的立场，领会作者的本意"，"批"就是"站在作者的对立面，质疑作者的本意"，"判"就是"站在客观中立的立场，给出科学的判断"。有点令人意外的是，我们在解析过程中发现了一些原文的错误。这些错误可能是原文作者的笔误，也可能是编辑的打印错误，无论如何，指出这些错误对于正确理解原文是非常必要的。

本书选题独特，原始素材及其分析综合均具有宝贵价值，有广泛的读者适用群体。一方面，具有专业性，可以作为计算机科学专业大学生和研究生的教学、教辅读物，特别是文献综述类课程的教材。另一方面，具有科普性，可以供非计算机专业的大学生、研究生、信息技术在职研究人员和工程师参考使用，以培养兴趣，扩大知识面和学术视野。我们预期并希望读者阅读本书之后对计算机科学的理解能够焕然一新，对计算机系统有更浓厚的研究兴趣，有更为端正的态度避免陷入各种不良的倾向，有更清晰准确的概念作为自己思考演绎的原料，有更具体的方法作为自己研究路径的参照。

本书的撰写得到众多老师和业界同人、学生的鼓励和支持。祝明发教授给予本书的编著者刘宇航以严格的学术训练、启发、鼓励和指导，中国科学院计算技术研究所和处理器芯片全国重点实验室提供了优越的软硬件环境，陈明宇、詹剑锋等多位老师给予了支持，学生周嘉鹏参与了第11、12章的校阅。在此向以上人士表示衷心的感谢！本书的编著得到了国家自然科学基金面上项目"高并发数据访问的基础理论与系统设计"（批准号：61772497）、国家自然科学基金重大项目"处理器芯片敏捷设计方法与关键技术"（批准号：62090020）、国家自然科学基金专项项目"信息与电子领域工程科技未来20年发展战略"（批准号：L2124012）、中国科学院战略研究与决策支持系统建设专项（批准号：GHJ-ZLZX-2021-06）的资助。尽管作者力求严谨细致，但限于篇幅和水平，本书可能存在错误和遗漏，欢迎读者指正。

目录

序一
序二
前言

第1章　计算机器与智能
（艾伦·图灵，1950年）　　　　　　　　　　　1

 1.1　模仿游戏　　　　　　　　　　　3
 1.2　对新问题的评价　　　　　　　　　5
 1.3　游戏中的机器　　　　　　　　　　7
 1.4　数字计算机　　　　　　　　　　　11
 1.5　数字计算机的通用性　　　　　　　17
 1.6　关于主要问题的对立观点　　　　　21
  1.6.1　来自神学的异议　　　　　　23
  1.6.2　"鸵鸟"式的异议　　　　　　24
  1.6.3　来自数学的异议　　　　　　25
  1.6.4　来自意识的异议　　　　　　29
  1.6.5　来自各种能力缺陷的异议　　31
  1.6.6　来自洛芙莱斯夫人的异议　　34
  1.6.7　来自神经系统连续性的异议　35
  1.6.8　来自行为非正式性的异议　　36
  1.6.9　来自超感官知觉的异议　　　40
 1.7　具有学习能力的机器　　　　　　　41
 参考文献　　　　　　　　　　　　　　49
 思考题　　　　　　　　　　　　　　　50

第 2 章　论可计算数及其在判定性问题中的应用
（艾伦·图灵，1936 年）　　　　　　　　　　　　　　　51

 2.1　计算机器　　57
 2.2　定义　　58
  2.2.1　自动机　　58
  2.2.2　计算机器　　60
  2.2.3　循环机和非循环机　　61
  2.2.4　可计算序列和可计算数　　62
 2.3　计算机器的实例　　64
 2.4　简缩表　　68
 2.5　可计算序列的枚举　　73
 2.6　通用计算机器　　76
 2.7　通用机器的详细描述　　78
 2.8　对角线方法的应用　　81
 2.9　可计算数的范围　　85
 2.10　可计算数的大类的实例　　89
 2.11　在判定性问题中的应用　　95
 附录　可计算性和能行可计算性　　99
 思考题　　102

第 3 章　关于 EDVAC 的报告初稿
（约翰·冯·诺依曼，1945 年）　　　　　　　　　　103

 3.1　定义　　107
  3.1.1　自动数字计算系统　　107
  3.1.2　这种系统功能的准确描述　　107
  3.1.3　这种系统产生的数值信息与其输出结果的区别　　108
  3.1.4　校验和纠正故障（错误），自动识别和纠正故障的可能性　　109
 3.2　系统的主要组成部分　　109
  3.2.1　细分需求　　109
  3.2.2　第一个特定部分：CA（中央算术运算器）　　109
  3.2.3　第二个特定部分：CC（中央控制部件）　　110

3.2.4　第三个特定部分：M（存储器）的不同形式　110
3.2.5　第三个特定部分：M（存储器）的不同形式（续）　111
3.2.6　CA、CC（统称C）和M一起是关联部件。传入和传出部件：输入和输出，调解与外部的联系。外部记录介质：R　111
3.2.7　第四个特定部分：I（输入设备）　112
3.2.8　第五个特定部分：O（输出设备）　112
3.2.9　M和R的对比，考虑3.2.4节中的（a）~（h）　113

3.3　讨论的步骤　114
3.3.1　计划：讨论3.2节列举的所有组成部分（特定部分），以及基本决策　114
3.3.2　需要对特定部分进行曲折讨论　114
3.3.3　自动校验错误　114

3.4　元件，同步，神经元类比　114
3.4.1　像继电器一样的元件的作用。实例：同步的作用　115
3.4.2　神经元、突触、兴奋性突触和抑制性突触　115
3.4.3　使用常规类型真空管的可取性　116

3.5　控制算术运算的原理　117
3.5.1　真空管元件：门或触发器　117
3.5.2　二进制与十进制　118
3.5.3　二进制乘法的反应时间　119
3.5.4　套叠式操作与节省设备　119
3.5.5　超高速（真空管）的作用：连续操作的原则　120
3.5.6　重构原则　121
3.5.7　原则的进一步讨论　121

3.6　电子元件　122
3.6.1　引入假设的电子元件的原因　122
3.6.2　简单电子元件的描述　122
3.6.3　同步，由中央时钟门控　123
3.6.4　阈值的作用。具有多个阈值的电子元件。多倍延迟　123
3.6.5　与真空管的比较　124

3.7　加法和乘法算术运算的电路　125
3.7.1　二进制数的输入方法：按时间顺序排列的数字　125

3.7.2	电子元件网络和块符号	125
3.7.3	加法器	126
3.7.4	乘法器：需要存储器	126
3.7.5	讨论存储器	127
3.7.6	讨论延迟	128
3.7.7	乘法器：详细结构	128
3.7.8	乘法器：进一步需求（时序、本地输入和输出）	129
3.8	减法和除法算术运算的电路	130
3.8.1	符号的处理	130
3.8.2	减法器	130
3.8.3	除法器：详细结构	131
3.8.4	除法器：进一步需求	133
3.9	二进制小数点	133
3.9.1	二进制小数点的主要作用：在乘法和除法中的作用	133
3.9.2	必须从乘积中省略多位数字。决策：仅限在 -1 和 1 之间的数字	133
3.9.3	规划的结果。加、减、乘、除运算的规则	134
3.9.4	四舍五入：舍入规则和电路	134
3.10	开平方算术运算的电路及其他运算	135
3.10.1	开平方：详细结构	135
3.10.2	开平方：进一步观察	136
3.10.3	加、减、乘、除、开平方运算列表	137
3.10.4	排除其他进一步的运算	138
3.11	运算器的组织和操作的完整列表	139
3.11.1	运算器的输入和输出，与存储器连接	139
3.11.2	操作 i、j	140
3.11.3	操作 s	141
3.11.4	运算（操作）的完整列表	142
3.12	存储器的容量及一般原理	142
3.12.1	周期性（或延迟性）存储器	142
3.12.2	存储器容量：单元、存储字、数字和指令	143

3.12.3 存储器容量：3.2.4 节中存储类型（a）~（h）的
容量需求 144
3.12.4 存储器容量：总存储容量需求 146
3.12.5 周期性存储器：物理可能性 147
3.12.6 周期性存储器：单个 dl 部件和多个 dl 部件的容量。
M 所需的 dl 部件数 148
3.12.7 交换与时间序列 151
3.12.8 映像管存储器 151
3.13 存储器的组织 154
3.13.1 dl 部件和其终端器件 154
3.13.2 SG 和其连接 154
3.13.3 SG 的两种状态 155
3.13.4 SG 和其连接：详细结构 156
3.13.5 SG 的切换问题 157
3.14 控制器和存储器 157
3.14.1 控制器和指令 157
3.14.2 关于分类（b）指令的评述 158
3.14.3 关于分类（c）指令的评述 158
3.14.4 关于分类（b）指令的评述（续） 159
3.14.5 等待时间和枚举存储字 160
3.15 代码 161
3.15.1 存储器的内容 161
3.15.2 标准的数字 162
3.15.3 指令 162
3.15.4 合并指令 164
3.15.5 合并指令（续） 164
3.15.6 制定代码 165
思考题 166

第 4 章 计算机与人脑

（约翰·冯·诺依曼，1955 年） 167

第 3 版序言 169

第 2 版序言	181
第 1 版序言	187
引言	191
第一部分　计算机	192
4.1　模拟过程	192
4.1.1　传统的基本运算	193
4.1.2　不常用的基本运算	193
4.2　数字过程	196
4.2.1　标识及它们的组合与实例	196
4.2.2　数字计算机的类型及基本元件	196
4.2.3　并行和串行方案	197
4.2.4　传统的基本运算	197
4.3　逻辑控制	198
4.3.1　插件式控制	198
4.3.2　逻辑带的控制	199
4.3.3　每个基本运算只有一个器官的原则	199
4.3.4　由此引起的特殊记忆器官的需要	199
4.3.5　通过"控制序列点"进行控制	200
4.3.6　记忆存储控制	201
4.3.7　记忆存储控制的工作方式	202
4.3.8　混合的控制方式	203
4.4　混合数字方法	203
4.5　精度	205
4.6　现代模拟机器的特征	207
4.7　现代数字机器的特征	207
4.7.1　能动元件，速度的问题	207
4.7.2　需要的能动元件的数量	208
4.7.3　记忆器官，存取时间和记忆容量	209
4.7.4　以能动器官构成的记忆寄存器	210
4.7.5　记忆器官的层次化原理	210
4.7.6　记忆元件，存储访问问题	211
4.7.7　存储访问时间概念的复杂性	212

	4.7.8	直接寻址的原理	213
第二部分	人脑		213
4.8	神经元功能的简化描述	213
4.9	神经脉冲的本质	214
	4.9.1	激励的过程	215
	4.9.2	由脉冲引起的激励脉冲的机制，它的数字特性	215
	4.9.3	神经反应、疲乏和恢复的时间特性	216
	4.9.4	神经元的大小，它和人工元件的比较	217
	4.9.5	能量的消散，与人工元件的比较	218
	4.9.6	相关比较的总结	218
4.10	激励的判据	220
	4.10.1	最简单的——基本的逻辑判据	220
	4.10.2	更复杂的激励判据	221
	4.10.3	阈值	221
	4.10.4	总和时间	221
	4.10.5	接收器的激励判据	222
4.11	神经系统内的记忆问题	223
	4.11.1	估计神经系统中记忆容量的原理	224
	4.11.2	运用上述规则估计记忆容量	225
	4.11.3	记忆的各种可能的物理体现	225
	4.11.4	和人造计算机相比拟	226
	4.11.5	记忆的基础元件不需要和基本能动器官的元件相同	227
4.12	神经系统的数字部分和模拟部分	227
4.13	代码及其在控制机器运行中的作用	228
	4.13.1	完全码的概念	229
	4.13.2	短码的概念	229
	4.13.3	短码的功能	230
4.14	神经系统的逻辑结构	231
	4.14.1	数值方法的重要性	231
	4.14.2	数值方法与逻辑的交互作用	232
	4.14.3	预计需要高精度的理由	232
4.15	使用的记号系统的性质：它不是数字的而是统计的	232

4.15.1 算术运算中的恶化现象及算术深度和逻辑深度的作用 233
4.15.2 算术的精度或逻辑的可靠度,它们的相互转换 233
4.15.3 可以运用的消息系统的其他统计特征 234
4.16 人脑的语言不是数学的语言 234
思考题 236

第5章 论以单处理器的方式实现大规模计算能力的有效性
(吉恩·M. 阿姆达尔,1967年) 237

5.1 引言 237
5.2 串行负载的比例 238
5.3 影响并行度的非规则性等因素 239
5.4 串行负载的比例和问题非规则性的影响的量化结果 240
5.5 多处理器的性价比较低 241
5.6 关联处理器与非关联处理器的比较分析 243
思考题 243

第6章 多高速缓存系统中一致性问题的一个新解决方案
(卢西恩·M. 申瑟等,1978年) 244

6.1 引言 245
6.2 传统解决方案 248
6.3 "存在标识"技术 249
    6.3.1 指令处理器命令 251
    6.3.2 高速缓存命令 251
    6.3.3 主存命令 253
    6.3.4 存在标识技术的可变因素 253
    6.3.5 性能估计 253
6.4 结论 255
附录 256
参考文献 260
思考题 260

第7章　第三代体系结构可虚拟化的形式化条件

（杰拉尔德·J. 波佩克等，1974年）　　261

    7.1　虚拟机概念　　262
    7.2　第三代计算机的一个模型　　264
    7.3　指令行为　　268
    7.4　虚拟机监控器　　270
    7.5　虚拟机特性　　272
    7.6　定理讨论　　273
    7.7　递归虚拟化　　277
    7.8　混合虚拟机　　277
    7.9　结论　　278
    附录　　279
    参考文献　　280

第8章　将更多的元件填塞到集成电路上

（戈登·E. 摩尔，1965年）　　281

    8.1　引言　　282
    8.2　现状与未来　　283
    8.3　集成电子技术的建立　　284
    8.4　可靠性十分重要　　285
    8.5　成本曲线　　285
    8.6　边长两密耳的方块　　287
    8.7　增加良品率　　287
    8.8　发热问题　　288
    8.9　实现的时机　　288
    8.10　线性电路　　289
    思考题　　290

第9章　支持精简指令集计算机的理由

（大卫·A. 帕特森等，1980年）　　291

    9.1　引言　　292

9.2	复杂性增加的原因	292
	9.2.1　内存速度与 CPU 速度	293
	9.2.2　微码和 LSI 技术	293
	9.2.3　代码密度	293
	9.2.4　营销策略	294
	9.2.5　向上兼容性	294
	9.2.6　对高级语言的支持	294
	9.2.7　多程序设计的使用	294
9.3	复杂指令集是如何被使用的	295
9.4	复杂指令集计算机实现的后果	295
	9.4.1　更快的内存	295
	9.4.2　不合理的实现	296
	9.4.3　更长的设计时间	296
	9.4.4　更多的设计错误	296
9.5	精简指令集计算机与超大规模集成电路	297
	9.5.1　实现的可行性	297
	9.5.2　设计时间	297
	9.5.3　速度	298
	9.5.4　较好地利用芯片面积	299
	9.5.5　支持高级语言计算机系统	299
9.6	为 RISC 架构做出的努力	300
	9.6.1　伯克利的工作	300
	9.6.2　贝尔实验室的工作	301
	9.6.3　IBM 的工作	301
9.7	结论	301
参考文献		302
思考题		303

第 10 章　存储墙问题及其反思
（威廉·A. 沃尔夫等，1994 年）　　　　　　　　　　　　304

第一部分　触及存储墙：显而易见的现象背后的隐秘含义　　304
10.1　引言　　　　　　　　　　　　　　　　　　　　　305

10.2	存储墙问题	306
10.3	预测何时触及存储墙	308
10.4	一些可能的解决方案	312
第二部分	有关"存储墙"的一些反思	313
10.5	引言	313
10.6	存储墙的一些相关工作	314
10.7	一些趋势	316
10.8	存储墙在哪里	318
参考文献		319
思考题		320

第 11 章 基础数据流处理器的初步架构
（杰克·B. 丹尼斯等，1974 年） 321

11.1	引言	321
11.2	初步处理器	323
11.3	基础数据流语言	326
11.4	基础数据流处理器	328
11.5	分支选择功能	329
11.6	指令单元的操作	331
11.7	两级存储器层次结构	334
11.8	指令存储器	335
11.9	单元块的操作	336
11.10	总结	338
参考文献		339
思考题		340

第 12 章 廉价磁盘冗余阵列的实例
（大卫·A. 帕特森等，1988 年） 341

12.1	背景：不断提高的 CPU 和内存性能	341
12.2	即将发生的 I/O 危机	344
12.3	一个解决方案：廉价磁盘阵列	345
12.4	注意事项	346

12.5　现在的坏消息是：可靠性　347
12.6　更好的解决方案：RAID　347
12.7　一级 RAID：镜像磁盘　350
12.8　二级 RAID：ECC 的汉明码　352
12.9　三级 RAID：每个组一个校验磁盘　353
12.10　四级 RAID：独立读取/写入　356
12.11　五级 RAID：无单个校验磁盘　357
12.12　讨论　359
12.13　结论　361
附录　可靠性计算　362
参考文献　363
思考题　365

第 13 章　微处理器的未来

（虞有澄，1996 年）　366

13.1　引言　366
13.2　性能与资金成本　367
13.3　重新审视 2000 年的微处理器　369
 13.3.1　硅技术　369
 13.3.2　性能　370
 13.3.3　体系结构　370
 13.3.4　人机接口　371
 13.3.5　带宽　372
 13.3.6　设计　372
 13.3.7　测试　373
 13.3.8　兼容性　373
 13.3.9　市场细分规模　374
13.4　2006 年微处理器情况会如何　374
 13.4.1　晶体管与晶片尺寸　375
 13.4.2　性能与体系结构　375
 13.4.3　障碍　375
 13.4.4　市场细分　376

参考文献 377
思考题 378

第14章 微处理器的未来
（谢哈尔·博尔卡尔等，2011年） 379

14.1 引言 379
14.2 20年性能的指数级增长 381
14.2.1 晶体管速度扩展 381
14.2.2 核心微体系结构技术 382
14.2.3 高速缓存存储架构 384
14.3 下一个20年 386
14.3.1 封装功耗/总能耗限制了逻辑晶体管的数量 387
14.3.2 组织逻辑：多核与定制 390
14.3.3 精心编排数据移动：存储层次结构和互连 394
14.3.4 挑战极限：极限电路、变异性、弹性 397
14.3.5 软件挑战重现：可编程性与效率 398
14.4 结论 399
参考文献 401
思考题 403

术语汉英对照 404
参考文献 407

第 1 章
计算机器与智能

(艾伦·图灵，1950 年)

为什么选取这篇文章进入本书，而且作为第 1 章首先进行解析呢？艾伦·图灵的一生中有两篇非常重要的文章，分别是《计算机器与智能》和《论可计算数及其在判定性问题中的应用》。有趣的是，同样一个人撰写的文章，这两篇文章一个是肯定的，一个是否定的。在《计算机器与智能》中，艾伦·图灵论证了"数字计算机在理论上可以思考"。在《论可计算数及其在判定性问题中的应用》中，图灵论证了"不是所有的可定义的问题都可以被计算"。图灵的这两篇文章，一篇说明了计算机"能"的一面，另一篇说明了计算机"不能"的一面。

这两篇文章的论证方法是不同的。为了让读者有一个乐观的状态，我们首先介绍和解析说明了计算机"能"的一面的这篇文章。

第二篇文章运用了大量的数理逻辑知识，全篇各种形式化的符号，对这篇文章，大家争议不多。第一篇文章没有任何形式化的符号，对这篇文章，大家有一些争议（尽管艾伦·图灵已经在文章中反驳了 9 种典型的反对意见）。有争议的论文，不代表就是错误的，更不代表没有价值。

人类的历史走到现在，人工智能经历了多次兴衰起伏，当前正处于一个蓬勃发展的阶段（主要归功于计算能力和存储能力的提高）。让我们在历史中找到现阶段的定位，回归基本问题，追根溯源，看看我们已经取得了哪些进展，还有哪些差距，未来可能走多远，以及未来可能的前进方向。

《计算机器与智能》是艾伦·图灵在 1950 年于《心智》(*Mind*) 杂志上发表的在计算机科学发展史上具有奠基意义的一篇经典文章，这篇文章相距 1936 年《论可计算数及其在判定性问题中的应用》的发表已过去了 14 年。

艾伦·图灵出生于 1912 年，与我国的华罗庚、"三钱"（钱学森、钱伟长、钱三强）几乎同龄，他在发表《计算机器与智能》这篇文章时只有 38 岁。今天，设想如果没有艾伦·图灵，在过去的一个世纪中，计算机的面貌将发生怎样的变化？如果没有华罗庚和"三钱"，我国的科学技术面貌将发生怎样的变化？这给我们的启示是，我们需要尽力包容、鼓励、尊重、支持年轻科学家的成长和探索。

下面给出一些科学家的出生时间：
- 约翰·冯·诺依曼（计算机科学家，出生于1903年12月28日）
- 库尔特·哥德尔（数理逻辑学家，出生于1906年4月28日）
- 华罗庚（数学家，出生于1910年11月12日）
- 艾伦·图灵（计算机科学家，出生于1912年6月23日）
- 钱学森（空气动力学家，出生于1911年12月11日）
- 钱伟长（力学家，出生于1912年10月9日）
- 钱三强（核物理学家，出生于1913年10月16日）
- 莫里斯·威尔克斯（计算机科学家，1967年图灵奖得主，世界上第一台存储程序式电子计算机 EDSAC 的设计者，出生于1913年6月26日）

之所以将上述科学家列在一起，至少有两点考虑：一方面，他们都将在本书中的不同地方被提到，熟悉他们的事迹有助于理解本书的主题；另一方面，他们的出生时间较为接近，"江山代有才人出"，以同时代涌现的人才群体的视角审视和怀念这些科学家，或许能给我们一些启示。

《心智》杂志是心理学和哲学领域的一本期刊，每个季度出版一次。艾伦·图灵这篇论文是1950年第四季度这一期的第一篇文章。一篇计算机科学的经典文献发表在心理学和哲学领域的期刊上，这说明学科之间存在着密切的联系，因此多学科之间的融合是必要的。

这篇文章涉及了很多哲学上的观点，比如唯我论、行为主义、不可知论、形式主义、符号主义、联结主义。

这篇文章的标题是两个非常基本的名词，一个是计算机器（Computing Machinery），一个是智能（Intelligence），即使我们在70多年后讨论这两个基本概念仍很容易陷入空谈，或者原地踏步，表面热闹但却是循环论证，或者"盲人摸象"，总之不容易取得实质性的、全面的、正确的新结果。注意，艾伦·图灵在文章中使用了"intellectual capacity"表达"智能"这个意思，这充分说明智能是能力的一种，智能不是全部能力。

注意到艾伦·图灵在标题中说计算机时，没有用 Computer 这个词，因为这个词从本意上可以指从事计算的人（Human Computer）。虽然今天 Computer 一般指计算机，但为了避免歧义，艾伦·图灵使用 Computing Machinery 来指代进行计算的机器，是非常精准和恰当的。

什么是计算机？什么是智能？计算机能否思考？这样的"基本"问题值得回答吗？能够回答吗？有的人不仅仅对问题的答案有不同意见，对问题本身也有不同意见，他们认为：不要"正名"，只管用就好了；或者说，只去做具体的设计和应用就好了，不要思考"空洞""好高骛远""虚无缥缈"的问题；或者说，只关注怎样做（How）就好了，不要关注为什么（Why）和是什么（What）。持这些观点的人看到艾伦·图灵撰写的《计算机器与智能》或许应该有所反思。一个 38 岁的年轻人，在计算机刚刚起步（只有 4 年）的时刻，讨论"计算机器与智能"，我们应该持鼓励、赞赏的态度，而不是持讥笑、反对的态度，这对中国基础科学的发展或许有益处。

这里顺便提一下，我国古代有关于"正名"的研究，包括《论语》和《吕氏春秋》等典籍都有关于名实的文章。"正名"就是修正或端正事物的指称、名号，使名实相符。"名"是对事物的指称，规定事物的属性及其与他者的关系。"实"是名所指称的事物、实体。名的规定应与其所指之实相符。但在现实中，往往名不符实。针对这种情况，就要求事物所用之名不能超过事物自身的属性，名所指之实也不能超出名所规定的范围。"正名"是维护名所构建的社会秩序的重要方法。各家都认同"正名"的主张，但其所修正的"名"的具体内容则有所不同。

这篇文章原文共 28 页，分 7 个章节，依次是（1）模仿游戏、（2）对新问题的评价、（3）游戏中的机器、（4）数字计算机、（5）数字计算机的通用性、（6）关于主要问题的对立观点、（7）具有学习能力的机器。全文内容丰富，涉及神学、物理、化学、生物、信息论、数理逻辑等多个学科，但紧扣"机器是否能够思考"这一主题，语言简练，逻辑严谨，可以看出艾伦·图灵能够得心应手地驾驭多学科的知识，他不是对这些知识一知半解，相反，这些知识深深地融入他的意识之中。

本书的第 1 章和第 2 章是艾伦·图灵的两篇流芳百世的著作，尽管两篇文章都比较有名，但有人认为第一篇的技术性要差一些。我们认为，这是两篇不同风格的文章，第一篇文章没有符号化的东西，没有定量的东西，没有定理，没有具体的结构设计，但不代表第一篇文章不重要。第一篇文章讲计算机能做什么，第二篇文章讲计算机不能做什么。人类中的大多数是"入世"的，是建设者，所以更关心前者。

我们在写作本书的时候，将做两个方面的新工作，一是对第一篇文章（也就是本章）做一些定量的拓展，挖掘其中可以定量化、符号化、形式化的内容，二是对两篇文章进行类比和对比研究，形成"单独-类比-对比-整体"的思考路线。

1.1 模仿游戏

本节的标题是"模仿游戏"（The Imitation Game），也就是后人所称的"图灵测试"（Turing Test）。

我打算考虑这样一个问题："机器能思考吗？"要回答这个问题，需先给出术语"机器"和"思考"的定义。虽然可以用尽可能反映其普通用法的方式给出定义，但是这种方式是危险的。

如果"机器"和"思考"这些词语的含义是通过审视它们通常怎样被使用而发现的，将很难避免这样的结果：用盖洛普调查那样的统计方式寻找到"机器能思考吗？"这一问题的含义和答案。但是，这是荒谬的。因此，我不是试图给出这样的定义，而是提出另外一个问题，这个问题和原问题紧密相关，而且是用相对不含糊的词语表达的。

定义有时比设计还要困难。什么是"机器"？什么是"计算机"？什么是"思考"？给出一个科学的定义并不容易。有时容易陷入同义反复，有时容易用更高级的概念来定义较为低级的概念（更高级的概念本身还没有定义）。

通常的词典和辞海，在定义概念时是"用尽可能反映其普通用法的方式给出定义"，同时给出一些例句，然后归纳出一种定义。语言学家王力是这方面的泰斗。

盖洛普民意测验（Gallup poll）是指由一位叫盖洛普的人设计的用以调查民众的看法、意见和心态的一种测试方法，产生于20世纪30年代。它根据年龄、性别、教育程度、职业、经济收入、宗教信仰这六个标准，在美国各州进行抽样问卷调查或电话访谈，然后对所得材料进行统计分析，得出结果。此方法在美国仍经常运用，并有相当高的权威性。

在理解新生事物时，一种比较常见的做法是组织一些专家分别给出意见，然后按照"少数服从多数"的统计方式做出决定。艾伦·图灵指出这种做法是危险的。他把问题等价转化了，这是一个具有非凡创造性的做法。

问题的新形式可以通过一个我们称为"模仿游戏"的游戏来描述。这个游戏有三个人参与，一个男人（A）、一个女人（B）和一个男女皆可的提问者（C）。提问者处在一个与另外两人相隔离的屋子里，对提问者来说游戏的目标是要判断另外两个人哪个是男人，哪个是女人。提问者用标签X、Y指称外面的两个人，游戏结束时，他要说出"X是A，Y是B"或者"X是B，Y是A"。提问者C允许向A和B提出下面这样的问题：

C：X，请告诉我你头发的长度。

提问者C之所以要问这个问题，是希望利用"女人的头发通常比男人的头发长"这个常识去判断A和B的性别。

现在假如X实际上是A，那么A必须回答。A在游戏中的目标是努力使C做出错误的识别。因此他的回答可以是："我的头发乌黑发亮，最长的一缕大概九英寸长。"

A是男人（大多数男人的头发较短），但他为了蒙骗提问者C，让C做出错误的判断，所以故意说假话。

为了排除声音帮助提问者得出结论的可能性，问题的答案应该写出来，或者最好是打印出来。理想的安排是，让两个屋子用远程打印通信，也可以通过中间人传递答案。对第三个人 B 来说，她在这个游戏中的任务是努力帮助提问者。她的最优策略可能就是给出正确答案。她可以在自己的答案中加入"我是女的，别听他的"这样的话，但是这并不能提供更多的帮助，因为男人 A 也能做出相似的回答。

为什么要排除声音帮助提问者得出结论的可能性呢？因为声音在智能中所起的作用不是本质的，也就是说，如果通过声音做出判断，即使不具有智能或者具有很低的智能，也能够做到。

文章共 7 节，第 1 节标题为"模仿游戏"。这一节涉及"虚拟化在智能中具有什么作用？""功能和性能有何区别？"这样的本质问题。

现在提出这样一个问题："如果用机器代替 A，将会发生什么情况？"同与两个人玩这个游戏相比，提问者判断错误的概率是否发生变化？这些问题取代了原问题（机器能思考吗）。

1.2 对新问题的评价

我们除了问"新形式的问题的答案是什么"，还可以问"这个新问题值得研究吗"。我们先立即考察第二个问题，以避免进入无限回归。

新问题的好处在于，在一个人的体能（physical capacity）和智能（intellectual capacity）之间画出了一条截然分明的界线。没有一个工程师或化学家宣称能够生产出和人的皮肤完全相同的材料。在未来的某天，这可能成为现实，但是给一个"能思考的机器"包装上人造的皮肤对于让它更像人没有什么意义。我们设置问题的方式考虑到了这一点，防止让提问者看到、接触到其他游戏者或听到他们的声音。所提议的标准的其他好处在下面示例的问题和答案中显示出来：

这一段明确指出，新问题的好处在于，在一个人的体能和智能之间画出了一条截然分明的界线。

第 2 节标题是"对新问题的评价"。艾伦·图灵指出"外表与智能无关"。一个外表（比如皮肤）很像人的机器，可能只有很低的智能；一个外表不像人的机器，可能具备很高的智能。

图灵测试的一个关键之处是"防止让提问者看到、接触到其他的游戏者或听到他们的声音"，背后暗含的是虚拟化、功能主义、行为主义的思想。

问：请写一首以福斯桥为主题的诗。

福斯桥（Forth Bridge），又叫福斯铁路桥，是指英国爱丁堡城北福斯河（Firth of Forth）上的铁路桥。铁路桥建成于 1890 年，是英国人引以为豪的工程杰作。桥梁的大部分结构为钢，传说中等到把桥梁全部刷一遍油漆之后，前面的已经褪色，就又得开始重新刷油漆了，所以"paint the Forth Bridge"（给福斯桥刷漆）成为英国俗语，形容一件永远都做不完的工作。

提问者之所以问这个问题，是希望基于"计算机可能不会写诗，或者计算机写出的诗与人类写出的诗有明显不同"，从而判断回答者是机器还是人类。

答：这件事上饶过我吧，我从来不会写诗。

问：34 957 加 70 764 等于多少？

答：（停了 30 秒后给出答案）105 721。

计算机本身可能只需要 1 纳秒（10^{-9} 秒）就可以回答，这里为什么停了 30 秒后才给出答案呢？是因为计算机想假装得更像人。"假装"换个说法就是虚拟化。

问：你玩国际象棋吗？

答：是的。

问：我的王在 K1，没有别的棋子了，你只有王在 K6，车在 R1。轮到你走，你走哪步？

答：（停顿了 15 秒后）车移动到 R8，将军。

与上面类似，计算机本身可能只需要几纳秒就可以回答，这里为什么在 15 秒的停顿后才给出答案呢？是因为计算机想假装得更像人。

这种问答方式似乎适用于我们希望考察人类能力的任何领域。我们不希望因机器不能在选美比赛中取胜而被惩罚，正如我们不希望因人不能在和飞机赛跑中取胜而被惩罚一样。我们的游戏的条件让这些无能变得无关紧要，如果参与者认为是明智的，他们可以尽兴地吹嘘自己的魅力、力量或勇敢，而提问者不能要求他们做实际的展示。

智能只是各种能力中的一种。就人类、动物、机器来说，除了智能，还有力量（爆发力、耐力）、听觉、视觉、味觉、嗅觉、运动（敏捷性、持久性）、魅力、勇敢等各种能力属性。有智能不代表一定全能，某些维度上无能不代表没有智能或智能低下。

人类的视觉范围只是电磁光谱中的一部分，被称为可见光光谱，波长范围为 380nm～760nm。人类的眼睛之所以只对可见光有反应，与眼睛视觉神经细胞上的色素分子有关，色素分子的谐振频率在可见光波段，这就是人只能看见可见光的原因。换句话说，如果色素分子或者视觉神经细胞（电磁波谐振器）能够接收其他电磁频段，就可以看见光谱波长在 380nm ~ 760nm 范围之外的电磁波了。

这个游戏可能会因为太不利于机器而被批评。如果一个人试图伪装成机器，他的表演将会很糟糕。他会因为算术上的缓慢（slowness）和不准确（inaccuracy）而立即暴露。难道机器不能执行一些本应被描述为思考但与人的行为截然不同的事情吗？这个反对意见是很有力的，但是，尽管如此，我们至少可以说，如果机器被设计得可以令人满意地玩这个模仿游戏，那我们不必担心此异议。

上面这段话中，第一句的前半句想表达的意思是，游戏的条件对机器不利。为什么说"游戏的条件对机器不利"？

上面这段话中，中间一句的意思是：机器如果思考，为什么必须要看起来和人思考一样呢？也就是说，即使机器通过不了"图灵测试"，机器仍然有可能在思考。正式地说，"机器通过图灵测试"不是"机器能够思考"的必要条件。艾伦·图灵承认了这一点，他说"这个反对意见是很有力的"。

但是，"机器通过图灵测试"是"机器能够思考"的充分条件。艾伦·图灵说："但是，尽管如此，我们至少可以说，如果机器被设计得可以令人满意地玩这个模仿游戏，那我们不必担心此异议"。如果能构造一台机器通过图灵测试，那就能说明"机器可以思考"了。

再回到刚刚的问题：为什么说"游戏的条件对机器不利"？

"机器通过图灵测试"是"机器能够思考"的充分条件，但不是必要条件。如果机器在图灵测试中表现不好，就可能被错误地判定为"不能思考"，但实际上机器可能是在以与人类不同的方式思考（比如速度、精度就不一样）。所以，从这个意义上说，"游戏的条件对机器不利"。

在经济学意义上，对人类来说，时间、耐心、注意力都是稀缺资源。数字计算机就是用来弥补人的这些稀缺资源。数字计算机相对人，在运算的速度和精度、重复做某件事的耐心上有优势。

有人可能会争辩，在玩"模仿游戏"时机器的最佳策略不是模仿人的行为，这是可能的，但我认为这种做法不可能有什么大的影响。无论如何，这里都不打算研究游戏理论，并且假定最优策略是努力提供和人自然提供的答案一样的答案。

1.3　游戏中的机器

只有当"机器"这个词的意义确定下来后，在第 1 节中提出的问题才能明确下来。自然的是，我们应该希望允许一切技术被用在我们的机器上。我们也希望允许这种可能：一个或一队工程师制造出一个可以工作的机器，但是却不能令人满意地描述机器的工作方式，因为他们主要使用实验（experimental）的方法来设计它。最后，我们希望从机器的定义中排除以通常方式出生的人。要构造一种定义来同时满足这三个条件是困难的。有人可能会要求这些工程师都是同一性别，但这实际上也不会令人满意，因为通过一个人的一个皮肤细胞养育一个完整的个体不是完全不可能的，这将是值得最高奖赏的生物科技的功绩，但我们不认为这是"建造一台能够思考的机器"的案例。这促使我们放弃允许一切技术的那个要求，我们之所以这样，是鉴于目前"能思考的机器"的研究兴趣是由一种特殊的通常被称为"电子计算机"或"数字计算机"的机器唤起的，因此，我们仅仅允许"数字计算机"参加我们的游戏。

艾伦·图灵是严谨务实的，在使用概念之前对概念做出清晰的界定，在这里他对"机器"的含义做了界定。

（1）在一个现实的机器上，不可能同时使用人类的一切技术或大多数技术，艾伦·图灵在本文中没有把DNA计算、量子计算等技术作为基础，而是将"电子计算机"或"数字计算机"作为基础。

（2）能制造机器，不代表能清晰准确地描述机器，通过实验的方法制造的机器与采用递归函数等数学方式构思的机器是不同的。

（3）为了方便讨论，艾伦·图灵将以通常方式出生的人排除在机器的定义之外。

关于人与机器之间的关系，存在多种不同甚至截然相反的观点。例如，法国科学家拉·梅特里（1709~1751）认为"人是机器"，并出版了名著《人是机器》，中译版由商务印书馆出版。拉·梅特里在《人是机器》中有这样一段表述："人是一架如此复杂的机器，要想一开始便对它有一个明确的完整的概念，也就是说，一开始便想给它下一个定义，这样的事是不可能的。就是因为这个缘故，那些伟大的哲学家们先天地、也就是说想借助于精神的羽翼做出来的研究，结果证明都是枉费心机。因此除了后天地，是别无他法可想的；也就是说，只有设法，或者说，通过从人体的器官把心灵解剖分析出来，这样我们才有可能——我不说这样便无可争辩地发现了人性本身，但至少是——在这个问题上接近最大限度的或然性。"

定义"人"是困难的，定义"机器"或"计算机器"也是困难的。拉·梅特里在他的书中，反复提到"经验和观察"。这里需要提醒注意的是，数学不是自然科学，因为数学是先验的，也就是当你确定公理之后，所有的数学结论就已经确定了，不需要做实验就可以通过逻辑推理来得到它们。但是自然科学是经验的，因为自然科学基于实验，必须通过实验才能归纳出原理，而且原理是可能被新的事实推翻的。

拉·梅特里的《人是机器》是18世纪法国第一部以公开的无神论形式出现的系统的机械唯物主义的著作，书中列举了大量的医学、解剖学、生理学的论据来论证"人是机器"，说明人和其他动物一样也是机器一般的物质实体，所谓灵魂只是肉体的产物，从而抨击灵魂不朽的宗教教义。拉·梅特里曾做过军医，而他自己却不幸患病。他根据对自己病情的观察，获得这样的信念：人的精神活动取决于人的机体组织；思想只不过是大脑中机械活动的结果，当体力上变得更虚弱时，精神功能也会衰退。全书的主题是讨论宗教神学、形而上学所主张的心灵实体问题，在当时反对封建制度和宗教神学的斗争中起到了积极的作用。

与拉·梅特里类似，马文·明斯基（Marvin Lee Minsky，1969 年图灵奖获得者）也认为"大脑不过是肉做的机器而已"。但莫里斯·威尔克斯（Maurice Vincent Wilkes，1967 年图灵奖得主）认为"动物和机器使用完全不同的材料，是按十分不同的原理构成的"。

为什么有人可能会要求这些工程师都是同一性别呢？因为不同性别的工程师之间可能通过受精怀孕的方式产生后代，需要排除发生这种情况的可能性。艾伦·图灵的思维极其缜密，他考虑到了利用体细胞而非性细胞进行繁殖的可能性。性细胞是决定性别的细胞（精子、卵子），其形态、结构、功能与体细胞有别，其染色体数目为体细胞的一半。

威尔克斯 1913 年 6 月 26 日生于英国。1946 年 5 月，他获得了冯·诺依曼起草的 EDVAC 计算机的设计方案的一份复印件。EDVAC（Electronic Discrete Variable Automatic Computer）在宾夕法尼亚大学莫尔学院于 1945 年开始研制，是按存储程序式思想设计的，并能对指令进行运算和修改，因而可自动修改其自身的程序。但由于在工程上遇到困难，EDVAC 迟至 1952 年才完成，造成"研制开始在前，完工在后"的局面，而让威尔克斯占去先机。

威尔克斯仔细研究了 EDVAC 的设计方案，8 月又亲赴美国参加了莫尔学院举办的计算机培训班，广泛地与 EDVAC 的设计研制人员进行接触和讨论，进一步弄清了它的设计思想和技术细节。回国之后，威尔克斯立即以 EDVAC 为蓝本设计自己的计算机并组织实施，起名为 EDSAC（Electronic Delay Storage Automatic Calculator）。

EDSAC 采用水银延迟线作为存储器，可存储 34bit 字长的字 512 个，加法时间 1.5ms，乘法时间 4ms。威尔克斯还首次成功地为 EDSAC 设计了一个程序库，保存在纸带上，需要时送入计算机。但是 EDSAC 在工程实施中同样遇到困难：不是在技术上，而是资金缺乏。在关键时刻，威尔克斯成功地说服了伦敦一家面包公司 Lyons 的老板投资该项目，终于使计划绝处逢生。1949 年 5 月 6 日，EDSAC 首次试运行成功，它从纸带上读入一个生成平方表的程序并执行，正确地打印出结果。作为对投资的回报，Lyons 公司取得了批量生产 EDSAC 的权利，这就是于 1951 年正式投入市场的 LEO（Lyons Electronic Office）计算机，这通常被认为是世界上第一个商品化的计算机型号，因此这也成了计算机发展史上的一件趣事：第一家生产出商品化计算机的厂商原先竟是面包房。Lyons 公司后来成为英国著名的"国际计算机有限公司"（ICL）的一部分。

除了能生成平方表，EDSAC 在试运行期间就完成了一系列重大任务，向世人展示了计算机的巨大潜力。著名的统计学家罗纳德·艾尔默·费希尔（Ronald Aylmer Fisher）写了一个二阶非线性微分方程，程序员编出程序后，输入 EDSAC 很快就给出了解，这令费希尔叹为观止。

EDSAC 还为剑桥大学著名的生物学家约翰·肯德鲁（John Kendrew）分析了成百上千张有关分子结构的 X 射线衍射图像的照片，肯德鲁因为这方面的成就而荣获 1962 年诺贝尔化学奖，他多次提到 EDSAC 在他的研究工作中所发挥的无可比拟的作用。射电天文学的主要创始人、因发明综合孔径射电望远镜而荣获 1974 年诺贝尔物理学奖的马丁·赖尔（Martin Ryle），也是在 EDSAC 上对获得的天文照片进行分析和综合从而取得成果的。

在设计与制造 EDSAC 的过程中，威尔克斯绝不是简单地模仿和照搬 EDVAC 的设计，而是创造和发明了许多新的技术和概念。诸如"变址"（威尔克斯当时称为"浮动地址"）、"宏指令"（威尔克斯当时称为"综合指令"）、微程序设计、子例程及子例程库、高速缓冲存储器（Cache）等。所有这些都对现代计算机的体系结构和程序设计技术产生了深远的影响。

此限制第一眼看上去过于严格，我会试图说明事实并非如此。要做到这一点，必须简要说明这些计算机的性质（nature）和特点（properties）。

为什么说"此限制第一眼看上去过于严格"？是因为有的人会提出，能思考的机器为什么是电子计算机或数字计算机呢？DNA 计算机、量子计算机、模拟计算机是否也可以呢？

或许也可以这样说：如果最终发现数字计算机在游戏中不能表现出色（与我所认为的相反），将机器等同于数字计算机，与我们对"思考"所制定的标准一样，将不会令人满意。

艾伦·图灵对"思考"和"机器"均做了定义。

有人问艾伦·图灵自己的观点到底是什么？在上面这段话中的括号中，艾伦·图灵给出了明确的态度或断言：机器可以通过图灵测试，更具体地，数字计算机可以通过图灵测试，或者直接回答原问题，机器可以思考。

如果数字计算机不能通过图灵测试，有的人会说，这并不意味着所有机器不能通过图灵测试，DNA 计算机、量子计算机、模拟计算机或许可以通过图灵测试。

目前已经有许多数字计算机处于正常工作状态，人们可能要问："为什么不尝试直接做实验？这样很容易就能满足游戏的条件。让许多提问者同时参加游戏，然后统计出判断正确的概率。"对这个问题的简要回答是，我们并不是要问是不是所有的数字计算机都能在游戏中表现良好，也不是要问现在可用的计算机是否在游戏中表现良好，而是要问是否存在可想象（imaginable）的计算机在游戏中表现良好。这仅仅是一个简要回答，我们稍后将以一个不同的角度看待这个问题。

"为什么不尝试直接做实验？"，这个问题背后是实证主义的思想。

艾伦·图灵在这里做的是一个关于存在性的思维实验。就像伽利略关于自由落体的思维实验一样，这是一个思维实验，而不是一个现实实验。思维实验是指使用想象力去进行的实验，所做的都是在现实中无法做到（或现实未做到）的实验。

伽利略做了这样一个思维实验：亚里士多德认为，越重的物体越快，伽利略通过思维实验认为亚里士多德的认识是错误的。假设有一个重量为 8 的物体，另一个重量为 4 的物体。那么，重量为 8 的物体应该比重量为 4 的这个物体下落快。如果我们把两个物体用绳子牵在一起，由于速度慢的那个物体对速度快的物体的牵连，二者连在一起，速度应该介于二者单独下落的速度之间。但是，换一个角度考虑，重量分别为 8 和 4 的两个物体连在一起，可以被视为一个重量为 12 的物体，那么，根据亚里士多德的观点，这个新物体的速度应该比分开的两个物体都快！这与我们刚才得到的结论（速度介于二者之间）是矛盾的。伽利略如果真的做实验的话，就算二者同时下落，也非常不容易观察，并且还会被人辩驳说"明明有差距只是没有观察到"，伽利略用他巧妙的思维实验解决了这个问题。

证明（Proof）与证实（Verification）是有重要区别的。不要求所有的数字计算机都能在游戏中表现良好，即使 99% 的数字计算机表现不合格，只要有一台数字计算机表现合格就可以。不要求现在的数字计算机在游戏中表现良好，10 年以后或者 100 年以后的数字计算机在游戏中表现良好即可。这样的思想与艾伦·图灵 1936 年发表的《论可计算数及其在判定性问题中的应用》中关于可计算性的思想是一致的：存储空间是无限的，时间是无限的，在这个意义上讨论可计算性。有不少人认为只要存储空间是无限的，时间是无限的，总是能够算完，这是错误的。实际上即使假设存储空间是无限的，时间是无限的，仍有很多的问题是不可计算的；何况在现实中存储空间和计算时间的限制是很大的，不可计算的问题更多。以存储空间和时间均是无限为前提的可计算性，称为图灵可计算性；以存储空间和时间均是有限为前提的可计算性，称为现实可计算性。图灵机不可计算的，一定是现实不可计算的；但是，图灵机可计算的，却可能是现实不可计算的。

1.4 数字计算机

数字计算机（Digital Computer）背后的思想可以解释成，这些机器旨在执行任何可以通过人类计算员（Human Computer）计算而完成的操作。人类计算员被假设遵循确定的规则，没有一点偏离规则的权力。我们可以假设这些规则写在一本书上，人类计算员每次被分配新的任务时，这本书的内容就会改变。他有无限的纸进行计算，也可以用"台式机器"进行乘法和加法运算，但这并不重要。

第 4 节开篇第一句是一个映射，将数字计算机映射到人类计算员。这个映射在虚拟化论文中将再次被提到，在冯·诺依曼《计算机与人脑》的论文中也将被提到。数字计算机与人类计算员（具体指人脑）之间的关系是人工智能科学的根本问题。

艾伦·图灵在这里提出了人类计算员（Human Computer）和数字计算机（Digital Computer）的概念。在今天的关于人工智能的讨论中，Human Computer 这个词不常用，这是不应该的，人类计算员（Human Computer）和数字计算机（Digital Computer）是相互参照和对应而存在的。人类计算员的"规则书"（Book of Rules）对应于数字计算机的程序（Program）。

如果我们使用上述解释定义数字计算机，可能陷入循环论证（circularity of argument）。我们通过概述达到预期效果的手段来避免循环论证。数字计算机通常由以下三个部分组成：存储器、执行单元、控制器。

为什么说"使用上述解释定义数字计算机，可能陷入循环论证"？因为这个定义把负担转移到"人类计算员"的定义上，而"人类计算员"没有被定义清楚或者又依赖机器的定义。

艾伦·图灵在这里提到了计算机的三个部分，没有提到输入设备和输出设备。

存储器用来存储信息，对应于人类计算员的纸，人类计算员既在纸上计算，也在纸上打印他的规则书。至于说人类计算员在头脑中进行计算，那么一部分存储器将对应于他的记忆。

存储器中存放的是数据和程序，其中数据是程序的处理对象，数据可被分为初始数据、计算过程中产生的中间数据、计算过程结束后产生的最终数据。一个人（人类计算员）具有很强的心算能力，通常是指在没有纸、笔等工具的条件下进行计算，这就需要这个人具备很强的记忆力，特别是关于计算过程中的中间数据的记忆能力，更具体地说，是对应于高速缓存的那部分记忆能力。

这里要提一下数学家欧拉，他于 1707 年生于瑞士巴塞尔，1783 年卒于俄国圣彼得堡。在欧拉的数学生涯中，他的视力一直在恶化。在 1735 年一次几乎致命的发热后的三年，他的右眼近乎失明，但他把这归咎于他为俄国圣彼得堡科学院进行的辛苦的地图学工作。在德国期间他的视力也持续恶化。欧拉原本正常的左眼后来又遭受白内障的困扰。在他于 1766 年被查出患有白内障的几个星期后，他的双眼近乎完全失明。即便如此，病痛似乎并未影响到欧拉的学术生产力，这大概归因于他的心算能力和超群的记忆力。比如，欧拉可以从头到尾不犹豫地背诵维吉尔的史诗《埃涅阿斯纪》，并能指出他所背诵的那个版本的每一页的第一行和最后一行是什么。在书记员的帮助下，欧拉在多个领域的研究其实变得更加高产了。在 1775 年，他平均每周就完成一篇数学论文。

海伦·凯勒和欧拉的事迹，是研究智能和计算的本质时需要考虑的。

执行单元是一次计算中涉及的各种操作被执行的地方，这些操作是什么，将随着机器的变化而变化。通常相当冗长的操作可能是"3540675445 乘以 7076345687"，但是一些机器可能只执行"写下 0"一类的简单操作。

操作（Operation）是一个落实计算（Computing）的实体。指令集体系结构（ISA）是软件与硬件的接口。

我们上面曾经提到人类计算员的"规则书"由机器中的一部分存储器代替，不妨把它们称为"指令表"。控制器的功能就是保证指令按照正确的顺序执行。控制器的设计使得这种情况必然发生。

规则书（对人类而言）、指令表（对机器而言）都是指程序，控制器是解读和遵循程序的实体，显然程序与智能之间存在很强的关联。

存储器中的信息通常被分解成大小适中的数据块，例如，在一个机器中，一个数据块由十个十进制数组成，数据以某种系统的方式被赋值到各种数据块所在的存储器中。一个典型的指令可以是：

"把存放在 6890 的数加上存放在 4302 的数，并把结果存入后面的单元。"

显然，此指令在机器中不会用英语表达，而是更有可能编码成 6890430217 这样的形式，这里 17 表示对这两个数进行哪一种操作，在这里就是加法操作。请注意，这个指令占用了 10 个数字，因此正好是一个数据块，非常方便。控制器通常按照指令的存储顺序取指令执行，但是偶尔会碰到这样的指令：

艾伦·图灵在这里介绍了指令的格式，即指令由操作码和操作数构成。注意上面这段话中，17 是操作码，6890 和 4302 均是存放操作数的地址。寻址方式就是计算机组成原理课程中要讲授的重要内容。寻址方式对编程的难易、程序的执行效率具有重要影响。

"现在遵守存储在 5606 的指令，并从那里继续执行。"或者，"如果 4505 位置是 0，那么执行存储在 6707 的指令，否则紧接着继续执行。"

上面两个指令介绍了指令的顺序执行和跳转执行，这是冯·诺依曼结构的特征。程序通常包括三大结构：顺序结构、分支结构、循环结构。

后面这些类型的指令非常重要，因为它能重复执行一段指令直到满足某种条件，但不是通过每次执行新指令来做的，而是一遍又一遍执行相同的指令。可以类比家庭生活：如果妈妈想让汤姆每天上学时都到修鞋匠那里看看她的鞋是不是修好了，妈妈可以每天都告诉他一遍；另一种方式是，在大厅里汤姆每天上学都能看到的一个地方贴个便条，告诉他到修鞋匠那里去看一下，当汤姆拿回鞋时，就撕掉那个便条。

机器的一个优势是擅长做重复的操作，弥补人类耐心（是一种稀缺资源）的不足。循环是程序中表达语义的重要程序结构，也往往是最耗时的部分，因此成为性能瓶颈，被称为"热点"。

"一遍又一遍执行相同的指令"是什么呢？就是循环！循环的概念据说是后面将会提到的阿达·洛芙莱斯（Ada Lovelace）发明的。艾伦·图灵上面提到的例子，实际上就是 while 循环。

```
while（便条在）
{
到修鞋匠那里看一下妈妈的鞋子是不是修好了；
  if（妈妈的鞋子修好了）
  {
  撕掉便条；
  }
}
```

有了循环结构，程序员只需要写少量的程序就可以对应地运行很多指令，而且指令的具体数量也不需要提前知道，事实上在很多情况下也很难提前知道。

这里要区分动态指令数量和静态指令数量。动态指令数量是一个程序在处理器上实际被执行的指令数量，静态指令数量是一个程序被编译后的指令数量。动态指令数量与静态指令数量一般是不同的，原因有二，一是因为循环的存在，一个循环体对应的少量的静态指令可以对应大量的动态指令；二是因为分支的存在，有些静态指令没有在选中的分支中，所以没有被执行，也就没有成为动态指令。

读者必须接受的一个事实是，数字计算机可以建造，而且确实已经按照我们所描述的原理被建造，并且能够很接近地模仿人类计算员的动作。

请注意这里的"模仿"（Mimic），实际上这是虚拟化的概念，而且可以从功能和性能上进行解读。

当然，上面描述的人类计算员所使用的规则书仅仅是为了方便而做的杜撰。实际的人类计算员真正记得他要做什么。如果一个人想让机器模仿人类计算员执行复杂的操作，就必须问人类计算员操作是怎样做的，然后把答案翻译成指令表的形式。构造指令表的行为通常被描述为"编程"，"给一个机器编程使之执行操作 A"，意味着把合适的指令表放入机器，从而它将执行 A。

这一段给出了编程（Programming）的实质。

按照艾伦·图灵的表述，存在几个同义词：程序（Program）、指令表（Instruction Table）、规则书（Book of Rules）。

"给一个机器编程使之执行操作 A"，意味着把合适的指令表放入机器以使它能够执行 A，从这个意义上，是人类通过编程把自己的智能赋予了机器。当前"赋能"这个词汇被广泛使用，此处应该是"赋能"的本源出处。

数字计算机的一个有趣变体是"带有随机元素的数字计算机"，它们有特定的指令进行掷骰子或者别的等价的电子过程，例如一个这样的指令可能是"掷骰子并把结果的数字存入存储位置 1000"。有时，这样的机器被描述为具有自由意志（尽管我自己并不使用这一短语）。通常并不能通过观察判断出一个机器是否有随机元素，因为一个相似的效果可以依据 π 小数部分的数字做出选择来产生。

π 的十进制位数是确定的，但是是无限不循环的。π 本身不是一个随机数，但它的小数位因为无限不循环，所以具有随机性。

计算机的程序是确定的，规则的含义不是模棱两可的，但不代表计算机不能包括随机数。现在的计算机硬件中可以实现人工智能的应用，同样，人工智能的算法（如神经网络等）可以用于体系结构设计，比如用于预取器和高速缓存替换策略的设计。这说明什么呢？

人工智能不仅仅是上层应用，还可以融入底层体系结构。

一定的随机性、不确定性是智能的特征。但完全的随机性（随机行走和布朗运动）则不是智能的特征。简言之，智能允许甚至需要一定的随机性，但仍以确定性为主。

值得注意的是，图灵在本文中多次提到随机数，也就是说，他注意到并且仔细考察了智能与随机性（Randomness）之间的关系。除此之外，图灵还考察了智能与行为的非正式性（Informality of Behaviour）之间的关系，以及智能与神经系统的连续性（Continuity of Nervous System）之间的关系。

大多数现实中的数字计算机仅有有限的存储空间，让一个计算机具有无限的存储空间并不存在理论上的困难，当然在任何时候都只有有限的部分被使用。同样，只有有限的存储空间能够被建造，但我们可以想象越来越多的存储空间可以根据要求被添加。这样的计算机具有特殊的理论价值，将被称为无限容量计算机（Infinitive Capacity Computer）。

存储容量是可以逐步扩展的，存储受限的加速比模型（Memory-bound Speedup）就是基于这一前提提出的。

无限容量的计算机是不存在的，过去、现在、将来都不存在，但具有特殊的理论价值。从这里可以看出，不存在的东西不一定没有价值。

在本章第 2 节，图灵给出的图灵机就是无限容量计算机。

有关数字计算机的想法是一个旧想法。1828 年至 1839 年担任剑桥大学卢卡斯数学教授的查尔斯·巴贝奇（Charles Babbage）规划设计了这样的机器，并称之为分析机（Analytical Engine），但是并没有实现。尽管巴贝奇有了所有的关键思想，但他的机器在那个时代却没有很吸引人的前景。它能够达到的运算速度肯定比人类计算员要快，但仅相当于曼彻斯特机速度的约百分之一，而曼彻斯特机本身是现代计算机中较慢的一台。巴贝奇分析机的存储全部由轮子和卡片组成的机械实现。

艾伦·图灵是熟知计算机发展历史的，他对巴贝奇分析机和曼彻斯特机具有深入的了解。本书中将有多处提到查尔斯·巴贝奇分析机。

卢卡斯数学教授席位（Lucasian Professor of Mathematics）是英国剑桥大学的一个荣誉职位，授予对象为数学及物理学相关的研究者，同一时间只授予一人，牛顿在 1669~1702 年、查尔斯·巴贝奇在 1828~1839 年、狄拉克在 1932~1969 年、霍金在 1980~2009 年都曾担任此教席。现任此职的是英国物理学家迈克尔·盖茨（Michael Cates）。

巴贝奇分析机全部由机械实现这一事实，将帮助我们破除一个迷信。现代数字计算机是电子的，神经系统也是电子的，这一事实常常被强调。既然巴贝奇的机器没有使用电，而所有的数字计算机在某种意义上都是等价的，那么我们看到是否使用电在理论上并不重要。当然，快速发信号的地方通常需要电，因此，我们就会发现在这两个地方使用电是理所当然的。在神经系统中，化学现象至少和电现象同样重要，某些计算机的存储器主要基于声学原理。因此，计算机和神经系统都使用电仅仅是表面的相似。如果我们希望寻找这样的相似性，倒不如寻找功能上的数学相似性。

什么是计算机？什么是数字计算机？什么是电子计算机？什么是离散状态机？

是否用电，对本质没有影响。通过化学过程、电、机械，都可以实现功能等价的数字计算机，只有速度（性能）上的差别。艾伦·图灵的可计算性是忽略速度（性能）意义上的可计算性。中国科学院计算技术研究所徐志伟研究员提出了考虑速度（性能）的可计算性，被称为实用可计算性。

1.5　数字计算机的通用性

第 5 节的英文标题是 "Universality of Digital Computers"。这里 "Universality" 如何翻译呢？有几种候选的译法：万能性、全能性、通用性、一般性、普适性。我们经过斟酌，发现用 "通用性" 可能较为准确。

数字计算机的通用性，重点在于强调 "通用性"，与 "存储程序" 的思想有关。

为什么不翻译为 "一般性" 呢？因为，数字计算机毕竟是一种具体的离散状态机。

为什么不翻译为 "万能性" 呢？"万能" 本身含义模糊，有时表达 "全能" 的含义。但是，数字计算机不是全能的（这是很重要的结论）。

为什么不翻译为 "普适性" 呢？这个容易导致歧义，不宜理解为现在人们常说的 "普适计算" 中的 "普适"。普适计算（Ubiquitous Computing，Pervasive Computing），又称普存计算、普及计算、遍布式计算、泛在计算，是一个强调和环境融为一体的计算概念，而计算机本身则从人们的视线里消失。在普适计算的模式下，人们能够在任何时间、任何地点、以任何方式进行信息的获取与处理。

上一节考虑的数字计算机可以被归类为 "离散状态机"（Discrete State Machine），这类机器可以从一个明确的状态通过突然的跳变或点击移动到另一个明确的状态。状态之间有足够的差别，以至于可以忽略混淆这些状态的可能。严格地说，这样的机器是不存在的。一切物体实际上都是连续移动的。但是有许多种机器能够有益地被看作离散状态机。例如在照明系统中的开关，为了简便，我们可以假想把开关看成只有开和关两个状态。它们之间肯定有中间状态，但是在绝大多数情况下可以忽略它们。作为离散状态机的例子，我们可以考虑一个每秒旋转 120 度的轮子，这个轮子可能因一个可以从外部操纵的杠杆的阻挡而停下来，在轮子上某个位置有一个发光的灯。这个机器可以被抽象地描述为下面的形式。机器的内部状态（通过轮子的位置来描述）可以是 q_1、q_2 或 q_3。输入信号是 i_0 或 i_1（杠杆的位置）。任何时候的内部状态可以根据上一状态和输入信号由下表确定：

		上一状态		
		q_1	q_2	q_3
输入信号	i_0	q_2	q_3	q_1
	i_1	q_1	q_2	q_3

本书第 7 章关于虚拟化的论文中也提到离散状态机。

我们看过数学家华罗庚关于高等数学的一段宝贵的教学录像，他说 "离散与连续" 是高等数学特别是微积分要研究的一对基本矛盾。微积分开篇要讲的内容是"极限",讲"无穷小"这个概念。有了无穷小,就可以把连续和离散统一或者互相转化。华老在那次报告中,提到数与形、离散与连续、抽象与具体、能行性与存在性、必然性与可能性、理论与应用一共六对辩证统一的关系。由此可见数学与哲学存在联系。毛主席在《矛盾论》中引用恩格斯的话"高等数学的主要基础之一,就是矛盾……""就是初等数学,也充满着矛盾……"。我们需要克服反哲学或忽视哲学的倾向,这样会促进工作,使得我们对相关问题的认识更加深入。哲学不是点缀品,也不是捣乱的空谈,哲学具有具体科学不可替代的加深认识的作用。

上面这段话中提到的轮子上为什么要有一个发光的灯呢?灯是作为参照物。没有灯的轮子是一个中心对称图形,有了灯的轮子就不再是中心对称图形。

输出信号可以用下表描述,它是唯一能够被外部观测的内部状态指示器(指示灯)。

| 状态 | q_1 | q_2 | q_3 |
| 输出信号 | o_0 | o_0 | o_1 |

这个例子是一个典型的离散状态机。只要离散状态机的可能状态是有限的,离散状态机就可以用这样的表格描述。

可以看出,只要给出初始状态和输入信号,所有的未来状态都是可以预测的,这让我们想起了拉普拉斯(Laplace)的观点,那就是,从由所有粒子的位置和速度所描述的某一时刻宇宙的完整状态,就能够预测所有的未来状态。但是,我们考虑的预测与拉普拉斯相比更接近实用性。"宇宙作为一个整体"的系统,使得初始条件中的一个非常小的误差,可以在稍后的时间引起系统产生巨大的效应。某个时刻一个电子在位置上亿万分之一厘米的偏移,将决定一个人会在雪崩中死去还是逃脱。我们称为"离散状态机"的机械系统的一个基本特性是,这样的现象不会发生。即使是考虑实际的物理机器而不是理想机器,只要相当准确地知道了某个时刻状态,就可以相当准确地知道任意数量步骤之后的状态。

艾伦·图灵提到了经典物理学中的确定论(Determinism)观点。拉普拉斯(Laplace,1749~1827)是法国分析学家、概率论学家和物理学家。1816年被选为法兰西学院院士,1817年任该院院长,著作有《天体力学》《宇宙系统论》等,发明有"拉普拉斯变换"。他是确定论的支持者,1814年提出科学假设:如果一个智能生物能确定从最大天体到最轻原子的运动的现时状态,那这个智能生物就能按照力学规律推算出整个宇宙的过去状态和未来状态。后人把他所假定的智能生物称为拉普拉斯妖。

正如我们所提到的,数字计算机属于离散状态机。但是这样的机器所能够达到的状态通常是相当大的。例如，现在在曼彻斯特工作的机器可以有 $2^{165\,000}$ 个状态，也就是大约 $10^{50\,000}$ 个状态。而我们上面描述的轮子仅有三个状态。找到有如此多状态的原因并不困难，计算机具有一个对应于人类计算员的纸存储器。任何能够写入人类计算员所用纸上的符号的组合，都应该能够被写入存储器中。为简单起见，假设仅仅用从 0 到 9 的数字作为符号，且忽略手写体的差别。假如计算机具有 100 张每张 50 行每行 30 个数字的存储空间，那么状态的数量就是 $10^{100 \times 50 \times 30}$，即 $10^{150\,000}$，这大约是三个曼彻斯特机组成的整体的状态的数量。状态数量的底数为 2 的对数通常被称为机器的"存储容量"（Storage Capacity），因此曼彻斯特机的存储容量是约 165 000，而我们例子中轮子的存储容量是约 1.6。如果两个机器组成整体，合成的机器的存储容量应该是原来各自的存储容量之和。因此我们可以说"曼彻斯特机具有 64 个磁带存储器（每个容量是 2560），还有 8 个真空管（每个容量为 1280）。杂项（Miscellaneous）存储器的容量大约为 300，总共的存储容量大约是 174 380。"

英文原文有一句话有两个拼写错误，可能是编辑排版时导致的。

For instance, the number for the machine now working at Manchester it about $2^{165,000,}$ i. e. about $10^{50,000}$.

上句中 it 应为 is，$2^{165,000,}$ 的第 2 个逗号应在下方，全句修改后为：For instance, the number for the machine now working at Manchester is about $2^{165,000}$, i. e. about $10^{50,000}$.

2^{10} 等于 1024，大约等于 10^3，这是二进制数与十进制数换算时经常用到的关系。

注意艾伦·图灵关于存储容量的定义：

设机器可以具有的状态数量为 N，存储容量为 n，则有关系式：

$$\log_2 N = n$$

或者说

$$N = 2^n$$

为什么"有指示灯的轮子"的存储容量约为 1.6？

"有指示灯的轮子"有三种可能的状态，即 $N = 3$，所以，$n = \log_2 3 \approx 1.6$。

如何体现"如果两个机器合并在一起，它们的存储容量应该是原来各自的存储容量之和"？

设机器 1 可以具有的状态数量为 N_1，存储容量为 n_1；机器 2 可以具有的状态数量为 N_2，存储容量为 n_2。

两个机器融合在一起之后，状态数量为 $N_1 \times N_2$，

$$\log_2(N_1 \times N_2) = \log_2 N_1 + \log_2 N_2 = n_1 + n_2$$

上式体现了"如果两个机器融合在一起，它们的存储容量应该是原来各自的存储容量之和"，也是为什么要将 n 而不是 N 定义为存储容量。

如果将 N 定义为存储容量，会导致出现"如果两个机器融合在一起，它们的存储容量是原来各自的存储容量之**积**"的现象。

机器的存储容量大，意味着机器的可能的状态数量很大。

存储容量、自由度，与智能水平的高低密切相关。

根据机械原理，机构具有确定运动时所必须给定的独立运动参数的数目（即为了使机构的位置得以确定，必须给定的独立的广义坐标的数目），称为机构自由度。

上一段中，曼彻斯特机的存储容量为 174 380，是如何算出来的？曼彻斯特机分三个部分，第一部分是 64 个磁带存储器，每个容量是 2560；第二部分是 8 个真空管，每个容量为 1280；第三部分是杂项存储器，容量为 300。所以 $2560 \times 64 + 1280 \times 8 + 300 = 174\,380$。

只要给出对应于离散状态机的表格，就能够预测出机器将会做什么。没有理由这样的计算不能通过数字计算机来完成。只要运行足够快，数字计算机就能够模拟任何离散状态机的行为。这样，模仿游戏就可以在所谈论的机器（B）和进行模仿的数字计算机（A）之间进行，而提问者将不能区分它们。当然，数字计算机除了运行足够快，还必须有足够的存储空间，而且在模仿不同的机器之前必须被重新编程。

这里对进行模仿任务的数字计算机提出了三点要求，一是运行足够快，二是有足够的存储空间，三是在模仿不同的机器之前必须被重新编程。

数字计算机可以模拟任意离散状态机的特殊性质被描述为数字计算机是通用（universal）机器。存在具有这样性质的机器带来的一个重要结果就是，若不考虑速度，就没有必要设计出不同的新机器来执行不同的计算过程，它们都可以用一个根据每一种情况适当地被编程的数字计算机来实现。由此可见，所有的数字计算机在某种意义上是等价的。

所有的数字计算机在考虑功能而不考虑性能的意义上都是等价的。

我们现在可以重新考虑在第 3 节末尾提出的问题。建议暂时把问题"机器能思考吗"用"是否存在可想象的数字计算机在模仿游戏中表现良好"代替，如果愿意，我们可以让这一问题在表面上更一般化，问"是否存在表现良好的离散状态机"。但是从通用性的角度，我们可以看出这两个问题都等价于"让我们把注意力集中在一个特定的数字计算机 C 上。如果我们可以让其具有足够大的存储空间，足够快的计算速度，而且对它进行适当的编程，C 扮演角色 A，人扮演角色 B，C 能不能在模仿游戏中表现良好？"

从上面可以看出艾伦·图灵对智能采取的是行为主义的观点。

1.6 关于主要问题的对立观点

本节介绍并反驳了 9 个方面的对立观点。

经过前面几节的讨论，现在我们可以认为，情况已经明朗，我们准备就"机器能思考吗"及上一节结尾提到的该问题的变体展开辩论了。我们并不能完全放弃问题的原始形式，因为对替换的合理性存在不同意见，我们至少应该听一听这方面的有关意见。

根据这一段的首句，本文前 5 节都是为了"打基础"，第 1 节提出"模仿游戏"是什么，第 2 节对问题的合理性进行说明，第 3 节对游戏中的"机器"进行说明，第 4 节对"数字计算机"进行了详细的说明，第 5 节对"数字计算机"进行了更深入的说明。

如果我先解释自己在这一问题上的看法，对读者来说将会简化问题。首先让我们考虑这一问题更确切的形式。我相信，大约 50 年后计算机的存储量可达到 10^9 左右，从而可在模仿游戏中表现很好，以至于一般提问者在提问 5 分钟后能准确判断的概率不会超过 70%。我认为原来那个"机器能思考吗"的问题没有意义，从而不值得讨论。尽管如此，我认为到 20 世纪末，由于词语的使用和由教育形成的一般见解会发生很大改变，那时候人们能谈论机器思维而不用担心被反驳。我还认为，掩盖这些看法不会有益处。一种流行的观点是，科学家进行科学研究工作总是从可靠的事实到可靠的事实，从来不受任何未经证明的猜想所影响，这种观点实际上是相当错误的。假如能清楚哪些是经过证明的事实，哪些是猜想，将不会产生害处。猜想是极其重要的，因为它们能够提示有用的研究线索。

上面这段话在讨论研究方法，具有启示意义。科学研究需不需要猜想、展望、预言、信念？艾伦·图灵明确指出：需要！在这篇文章结束的时候，他还会提到，他是在展望一个不太远的未来，虽然目光所及并不太远，但已经有很多事情要做。

艾伦·图灵估计 50 年后，也就是 2000 年，计算机的存储容量是 1Gb（注意存储容量的单位为 bit），所以计算机在模仿游戏中的表现会更好。但艾伦·图灵没有预言说，计算机在 2000 年就可以具有思维了，能够思考了。他的表述是"一般提问者在提问 5 分钟后能准确判断的概率不会超过 70%"。这是一个很睿智的表述。

把这个表述一般化，"一般提问者在提问 n 秒后能准确判断的概率不会超过 m%"。n 越大，m 越小，机器的智能水平越高。这里实际上考虑了性能、响应时间的因素，所以含有"实用可计算"的思想。

艾伦·图灵指出猜想是重要的，因为它们能够提示有用的研究线索。

当前，计算机科学的理论与"希尔伯特23个问题""理查德·卡普21个NP-完全问题""克雷数学研究所7个千禧年问题"中的某些问题有直接或间接的联系，一方面要研究这些联系并吸收已有研究成果，另一方面要根据新时代的需求特征提出自己的一组基本问题，以问题为导向，经历"理论顶层设计－问题并发突破－理论收敛融合"的三个发展阶段。

学科可以带动任务，任务也可以带动学科，但无论是学科还是任务，最根本的内在驱动力是问题。例如，在美国芝加哥市，物理学方面，芝加哥大学以学科为主，费米国家实验室以任务为主，两者相互强有力地促进和带动；在国内长春市，车辆工程方面，吉林大学以学科为主，中国第一汽车集团有限公司以任务为主，两者也相互强有力地促进和带动，但以满足新需求为目的的新问题，是学科和任务的共同驱动力。根据到19世纪为止数学发展的整体状况，1900年希尔伯特在巴黎第二次世界数学家大会上提出23个重要的数学问题，统称为"希尔伯特23个问题"，有力地推动了20世纪数学的发展。希尔伯特十分强调"问题"的重要性，他在关于23个问题的报告中说，"只要一门科学分支能提出大量问题，它就充满着生命力，而问题缺乏则预示着独立发展的衰亡或终止"。新时代计算机科学的理论与"希尔伯特23个问题"中的某些问题有直接或间接的联系，比如"希尔伯特第1问题"连续统假设问题，"希尔伯特第8问题"素数问题，"希尔伯特第10问题"丢番图方程可解性的判定性问题。

对于新时代计算机科学的理论，要提出一组问题（例如前述的命题中提到的一些问题），对每个问题的终极形式或弱化形式的解决方案提出一些猜想，在科学研究的"四个范式"（实验、理论分析、数值模拟、数据分析）的辅助指导下，完成猜想的真、伪或不可判定的证明。哥德巴赫猜想于1742年被提出，虽然至今还没有被证明，但从1920年开始世界各国科学家逐步证明了它的一系列弱化版本，越来越逼近猜想本身，在这个过程中，大量的数论技术被发明出来，推动了整个学科的发展，这些伴随产出物的意义实际上已经超过了猜想本身，体现了"钓胜于鱼"的理念，因此猜想驱动的研究成为学科发展的一种有效模式。

有些猜想完全靠人脑思考且耗时，例如安德鲁·怀尔斯用了7年时间完成了费马大定理的证明，论文长达109页（WILES A. Modular Elliptic Curves and Fermat's Last Theorem [J]. Annals of Mathematics, 1995, 141(3)：443-551.）；有些猜想可以依赖计算机验证找出反例，例如Lander和Parkin在1966年用CDC 6600计算机通过搜索找到欧拉猜想（与费马大定理有关）的一个反例，全文只有1句话。这两个例子给我们的启示是：

（1）验证比求解容易，这一点与NP/P问题有关。

（2）50多年前人类就成功将计算机用于证明（主要用于证伪），现在的计算机的计算和存储能力已经远远高于 50 多年前，更有理由广泛将计算机用于理论研究。

（3）怀尔斯一定程度上代表了人类的智能水平，很难想象让现在的计算机去写出怀尔斯完成的 109 页的证明，但是如果 NP = P，就有可能了，那时强人工智能可能在一定程度上被实现了。

所有这些问题、猜想、证明就构成了一个有组织、有条理的理论体系，由于问题之间存在着联系，关于某一个问题的猜想首先得到解决，会带动其他问题及其猜想的解决，所以理论体系中会有一个基本的核心，它是新的时代条件下计算机科学理论经过收敛融合之后的形式。这个形式的理论是简洁的，又是本质的，就像牛顿经典力学三大定律、麦克斯韦方程组、爱因斯坦质能方程那样。就像传统可计算理论有递归函数、图灵机、波斯特机等三种形式，新时代计算机科学理论的形式可能不唯一，衡量理论优劣的一个指标是，呈现本质性和关键性细节的程度/理论描述的长度，这个指标越大，理论质量越高。

现在我来考虑与我的看法相对立的观点。

1.6.1　来自神学的异议

来自神学的异议的论据是：思维（thinking）是人类永恒灵魂的一个功能。上帝赋予每个男人和女人一颗永恒的灵魂，但从未将它赋予任何其他的动物或机器。因此，动物或者机器不能思考。

上面这段话是神学的观点。先把靶子竖起来，接下来，就要进行批驳了。

我不能接受这种观点的任何部分，但是我试图用神学的术语来回复。如果将动物和人划为一个类别，我将发现这个论据更有说服力，因为在我看来，生物与非生物之间的差别要比人和其他动物之间的差别大。如果站在其他宗教团体成员的立场看，这种正统观点的武断性会更明显。但是，现在暂不管这一点，让我们回到主要论据上来。在我看来，上面所引的论据对上帝的全能性有严重的限制。人们承认上帝对有些事情也无能为力，比如，他不能让 1 等于 2，但是难道我们不应该相信，如果上帝觉得合适，他完全可以赋予一头大象以灵魂吗？我们可以期望上帝实践自己的威力，同时大象产生变异，有了一个适度改善的大脑以满足灵魂的需要。形式相似的论据也可以用在机器上。这或许看起来不同，因为更难以"忍受"。但这只是说明我们认为不太可能上帝认为这些环境适合被赋予灵魂。所说的环境将在本文的其余部分被讨论。在企图制造这样的机器时，我们不应该无礼地篡夺上帝创造灵魂的权力，就像不应该剥夺我们生儿育女的权力那样。在两种情况下，我们其实都是上帝意志的工具，为他所创造的灵魂提供住所。

艾伦·图灵采取科学的态度，中立、谦卑但不失锐利，有判断但不武断，能用神学的语言去换位思考，去回复对立的观点。神学认为只有人才被赋予灵魂，动物或机器均没有被赋予灵魂。艾伦·图灵首先从距离的角度去考虑问题：

D（动物，人）< D（生物，非生物）

这提出了神学观点的改进版。若一个观点被改进之后更合理，那这个观点被改进之前就具有很大的不合理性。

实际上，我们可以展开思考：

D（动物，人）< D（动物，植物）< D（植物，非生物）

D 函数肯定是与智能相关的一个重要函数。

神学本身不是铁板一块，显然神学不同派别之间存在教义上的矛盾。

既然认为上帝是万能的，那么上帝为什么不能赋予动物灵魂呢？

然而，这只是猜测。我对神学的论据没有深刻印象，不管它们被用来支持什么。这样的论据在过去经常被发现不令人满意。在伽利略时代，有人提出"于是日头停留……不急速下落，约有一日之久"（《约书亚书》第 10 章第 13 节），以及"将地立在根基上、使地永不动摇"（《诗篇》第 104 章第 5 节）。这些经文是对哥白尼理论的充分驳斥。从我们今天的知识来看，这种论据是无效的。当没有这些知识时，它就会造成一个相当不同的印象。

1.6.2 "鸵鸟"式的异议

什么是"鸵鸟"式？关于鸵鸟比较流行的一个观点是：鸵鸟性格怯懦胆小，面对危险时常常会选择把头迅速埋进沙子里，以为这样敌人就无法发现自己了。

"鸵鸟"式的异议的论据是："机器思维的后果太令人恐惧了。让我们希望和相信机器不会思考。"

这一论据不如上面的说法那样直言不讳，但对考虑过这一论据的大多数人有影响。我们都倾向于认为人类以某种微妙的方式比其他生物优越。要是能证明人类一定是优越的，那再好不过了，因为那样一来，人类就没有失去领导地位的危险。神学论据的流行明显与这种态度密切有关。这种看法在知识分子中会更强烈，因为他们比其他人更看重思维的力量，更倾向于将他们关于人类的优越性的看法建立在思维能力的基础上。

我认为这个论据不足够牢固，从而不需要反驳。

知识分子容易清高，可能源于有知识而产生的优越感。

"鸵鸟"式的异议在人工智能发展较为顺利的时期往往更为凸显。主要是担心人类的优先性和优越感被挑战。

1.6.3　来自数学的异议

数理逻辑（mathematical logic）中的一些结果可以用来指出离散状态机能力的局限，其中最著名的就是哥德尔定理，此定理声称，在任何足够强大的逻辑系统中，能够构造一些在本系统中既不能被证真也不能被证伪的陈述，除非这个系统本身就是不一致的。丘奇、克莱因、罗瑟和图灵等人也得到了在一些方面相似的结果。图灵的结果最方便考虑，因为它直接涉及机器，而其他人的结果只能被用于相对间接的论据中。例如，如果使用哥德尔定理，我们还需要某些附加手段，通过机器描述逻辑系统，通过逻辑系统描述机器。所论及的结果涉及一种实质上是一台具有无限存储容量的数字计算机的机器。这样的一台机器，对有些事情是无能为力的。如果计算机被操纵能在模仿游戏中回答问题的话，对有些问题它将给出错误的答案，或者不管给它多长时间它也回答不上来。当然，可能存在着许多这样的问题，这台机器回答不了的问题，另一台机器却能给出令人满意的答案。我们现在假定，问题是只要回答"Yes"或"No"就可以的类型，而不是"你认为毕加索怎么样"这类问题。我们知道机器必定无法回答的问题是下述这类问题："考虑有以下特点的机器……这台机器会不会对任何问题做出'Yes'的回答？"这里省略的是对某台机器的标准形式的描述，这种机器与第5节中所用到的机器相同。如果所描述的机器与那台被提问的机器具有某些相对简单的联系，那么，我们就能知道，不是答案错了，就是还没有得到答案。这就是数学的结论：此结论证实机器能力有限，而人类智能则没有这种局限性。

"你认为毕加索怎么样"是疑问句，不是命题。之所以数理逻辑的研究对象是命题，原因也在这里。

上面这段话提到逻辑学家哥德尔，并提到了丘奇、克莱因、罗瑟和图灵。注意图灵自己说"图灵的结果最容易理解"，他"肯定了"自己，但给出了理由——他的结果"直接涉及机器"。这是客观的结论。

对于来自数学的异议，艾伦·图灵在反驳时具有得天独厚的发言权，因为他直接做了这方面的工作，而且所做的工作在全部的工作中与机器结合最直接、直观。所以，这里出现了人类科学研究史上一个难得的奇观：一个人如何批驳与自己之前工作有关的观点？

艾伦·图灵在上一段中提到，机器必定无法回答的问题是下述这类问题："考虑有以下特点的机器……这台机器会不会对任何问题做出'Yes'的回答？"这里省略的是对某台机器的标准形式的描述，这种机器与第5节中所用到的机器相同。如果所描述的机器与那台被提问的机器具有某些相对简单的联系，那么，我们就能知道，不是答案错了，就是还没有得到答案。

艾伦·图灵为什么这么说呢？这说的是不可计算问题，在本书第2章将会专门论述。

我们在这里先略微论述一下这个问题，想表达这样的观点：有些工作，例如图灵可计算性理论、实用可计算性理论、物理学中的守恒定律等，需要联系在一起。

我们研读过康托尔、哥德尔、丘奇、克莱因、图灵等人的著作，阅读过中国科学院徐志伟研究员关于云计算数据中心的"实用可计算理论"，听过南方科技大学数学系主任夏志宏教授关于"尺规作图不能问题"的一次报告，注意到钱学森特别强调系统的开放性，华为任正非把系统的开放性作为企业"减熵"的两大举措之一（另外一个举措是"艰苦奋斗"）。

尺规作图是指用无刻度的直尺和圆规作图。尺规作图是起源于古希腊的数学课题。只使用圆规和直尺，并且只准许使用有限次，来解决不同的平面几何作图问题。

尺规作图不能问题就是不可能用尺规作图完成的作图问题。其中最著名的是被称为古希腊三大几何问题的古典难题：

（1）三等分角问题：三等分一个任意角。

（2）倍立方问题：作一个立方体，使它的体积是已知立方体的体积的两倍。

（3）化圆为方问题：作一个正方形，使它的面积等于已知圆的面积。

在2400年前的古希腊已提出这些问题，直至1837年，法国数学家万芝尔才首先证明"三等分角"和"倍立方"为尺规作图不能问题。1882年德国数学家林德曼证明 π 是超越数后，"化圆为方"也被证明为尺规作图不能问题。

我们知道合外力为0时，动量是守恒的；合力矩为0时，角动量是守恒的。系统的封闭性是系统能力的有限性的根源。合外力、合力矩为0，都是系统封闭性的体现。

标签化资源管理（DIP）、性能优化，都是产生"合外力"或"合力矩"，让系统远离平衡态，这也是普里高津耗散系统的思想。

我们再想一想，如何理解熵呢？克劳修斯熵、玻尔兹曼熵、香农熵、云计算熵，虽然形式不同，但都是相通的，有必要也有可能把它们统一起来。

高熵对应的是"具有很多微观态的宏观态"，低熵对应的是"具有很少微观态的宏观态"，"曲高和寡""学如逆水行舟，不进则退""由俭入奢易，由奢入俭难"，这些都蕴含着这样的思想。

系统内还是系统外，这是很重要的分别。

系统的整体具有系统的各个部分所不具有的性质，是系统的整体性。系统的内部与外部的分别，是系统的边界性。

从广义上说，系统的边界性隶属于系统的整体性。系统的整体性是系统的灵魂。当系统的整体性对内或对外有一个消失的时候，系统就消亡了。

人是一个系统，计算机是一个系统。人的整体性，对内表现为人具有他的各个器官单独所不具有的性质，对外表现为人与环境有清晰的界限。

我们现在举一个计算机不可计算的问题——停机问题。对于任意的图灵机和输入，是否存在一个算法，用于判定图灵机在接收初始输入后可达停机状态。若能找到这种算法，停机问题可解；否则不可解。通俗地说，停机问题就是判断任意一个程序是否在有限的时间内结束运行的问题。

问题：能否找到一个测试程序，这个测试程序能判定任何一个程序在给定的输入下能否终止。

证明：我们用反证法证明（图灵在本书第 2 章使用的对角线法也是反证法），就是说，先假设存在这样的测试程序，然后再构造一个程序，该测试程序不能测试。

假设存在测试程序 T，若输入程序 P 能终止，输出 $x=1$；若输入程序 P 不能终止，输出 $x=0$。

```
        程序P
         ↓
    ┌─────────┐
    │ 测试程序T │
    └─────────┘
         ↓
         x
```

我们总能构造这样一个测试程序 S，当 P 终止时，S 不终止；当 P 不终止时，S 终止。

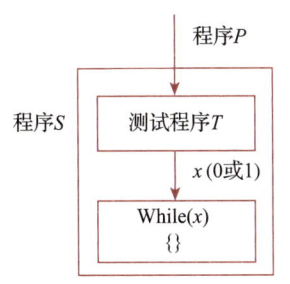

```
              程序P
               ↓
   ┌──────────────────────┐
   │   ┌──────────────┐   │
   │   │  测试程序T    │   │
程序S │   └──────────────┘   │
   │          ↓ x(0或1)   │
   │   ┌──────────────┐   │
   │   │  While(x)    │   │
   │   │    {}        │   │
   │   └──────────────┘   │
   └──────────────────────┘
```

这样如果我们把 S 当作输入（S 本身的输入），就会得出一个悖论：当 S 能终止时，S 不终止；当 S 不能终止时，S 终止。

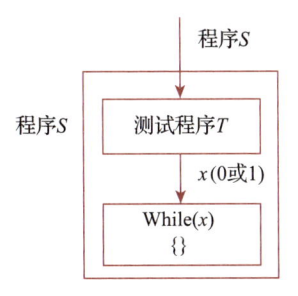

```
              程序S
               ↓
   ┌──────────────────────┐
   │   ┌──────────────┐   │
   │   │  测试程序T    │   │
程序S │   └──────────────┘   │
   │          ↓ x(0或1)   │
   │   ┌──────────────┐   │
   │   │  While(x)    │   │
   │   │    {}        │   │
   │   └──────────────┘   │
   └──────────────────────┘
```

对上面这种现象，读者可以结合"元数学与元物理"进行深入思考。元数据（Metadata）是描述数据的数据（data about data），是对数据的观察、分析和归纳。形而上学（Metaphysics）

是超越物理的，即"元物理"。《易经·系辞》中有"形而上者谓之道，形而下者谓之器"。"元数学"（Metamathematics）是一种将数学作为人类意识和文化客体的科学思维或知识，即元数学是一种用来研究数学和数学哲学的数学。将元数据进一步递归，可以有元元数据，以此类推。具体地，为了表示事物的运动规律，有速度、加速度、加加速度；为了表示事物的不确定性，有熵、超熵、超超熵，李德毅院士据此提出了不确定性人工智能，等等。信息、知识、预测、洞察、智能、智慧是逐级递升的元数据。

系统因为自己能力的局限，往往在讨论系统自身的时候就出现了悖论那样的纠缠不清的问题。"当局者迷，旁观者清"，所以我们需要在系统外部对系统做一些观测，这就是"元××"的思想，例如对于数学的外部观测就是"元数学"，对计算机数据访问的外部观测就是"元数据"，这也是标签化冯·诺依曼体系结构 DIP（可区分、可隔离、可优先调度）这三种能力从"元数据"角度必然需要的原因。

"元××"这个可递归的重要概念在从数据、信息、知识直到智慧的逐级不断抽象的过程中具有重要作用。

罗素悖论是由罗素发现的一个集合论悖论，其基本思想是：对于任意一个集合 A，A 要么是自身的元素，即 $A \in A$；A 要么不是自身的元素，即 $A \notin A$。根据康托尔集合论的概括原则，可将所有不是自身元素的集合构成一个集合 S，即 $S = \{x : x \notin x\}$。

也就是说，罗素构造了一个集合 S：S 由一切不属于自身的集合所组成。然后问：S 是否属于 S 呢？根据排中律，一个元素或者属于某个集合，或者不属于某个集合。因此，对于一个给定集合，问是否属于它自己是有意义的。但对这个看似合理的问题的回答却会陷入两难境地。如果 S 属于 S，根据 S 的定义，S 就不属于 S；反之，如果 S 不属于 S，同样根据定义，S 就属于 S。无论如何都是矛盾的。

理发师悖论：有一位理发师说："我将为也只为本城所有不给自己理发的人理发"。那么，他给不给自己理发？如果他不给自己理发，他就属于"不给自己理发的人"，他就要给自己理发，而如果他给自己理发，他又属于"给自己理发的人"，他就不该给自己理发。

书目悖论：一个图书馆编纂了一本书名词典，它列出这个图书馆里所有不列出自己书名的书。那么，它列不列出自己的书名？这个悖论与理发师悖论基本一致。

对这个论点的简短答复是，尽管已经确定任何特定机器的能力都存在限制，但人的智能不受限制，仅仅被陈述，并没有任何证明。我认为这个论点不能就这么轻易驳回，每当一台这样的机器被问及适当的关键问题，并给出确定的答案，而我们知道此答案一定是错的，我们无疑会产生一种优越感，这种感觉是错觉吗？毫无疑问，这是真实的，但我认为不应该过分重视它。我们自己经常会答错一些问题，却会对机器的错误而沾沾自喜。而且，我们的优越感来自对付一台机器，但我们无法同时对付所有的机器而且不出差错。总而言之，人可能比任何特定的机器聪明，但是可能有更聪明的其他机器。

图灵在《论可计算数及其在判定性问题中的应用》一文中，说明了任何机器都有不可计算的问题。表面看起来，这是一个悲观的观点或结论，因为它说明了机器的智能有无能的一面。但图灵指出，人的智能也可能有无能的一面，机器有时会犯错误，但这没什么，因为人也经常犯错误，人类犯了太多的错误，所以没有资格因为机器犯错误而产生优越感。

我认为，坚持数学论证的人大多愿意接受模仿游戏作为讨论的基础，那些相信前两个反对意见的人可能对任何标准都不感兴趣。

第 3 种观点与第 1、2 两个观点一样，都是错误的，但坚持第 3 种观点的人比坚持第 1、2 两个观点的人要进步。坚持数学论证的人至少是科学界的人，是尊重或相信数学和逻辑的结论的，只是在严谨性上做得不好（比如错误地不加证明地认为人的智能没有限制），而第 1、2 两个观点则充满了主观主义的色彩。

1.6.4　来自意识的异议

"consciousness"指意识。"argument"有时译为"论据"，有时译为"异议"。

这个论点在杰斐逊教授于 1949 年的一次演讲（Lister Oration）中有很好的表达，我引用他的一段话："除非机器能够出于思绪和情感的流露，写出十四行诗或者协奏曲，而且不是随机地落下音符，那才能说机器能够媲美大脑——也就是说，它不但会写，而且知道自己在写。没有什么机械装置能够感受到（而不仅仅是人工地发出信号，这是一个简单的发明）成功的喜悦、阀门熔断时的悲伤、被赞美的温暖、犯错后的痛苦、性的吸引、求而不得时的气恼或难过。"

1949 年 6 月 9 日，同在曼彻斯特大学的神经外科教授杰弗里·杰斐逊（Geoffrey Jefferson）在一次演讲中表达了自己对于数字计算机的现状与前景的看法。这场演讲以"机器人的心灵"（The mind of mechanical man）为题，评论了包括图灵参与的项目在内的几个数字计算机项目。杰斐逊以人类为参照，为机器智能设立了极高的标准，表示"机器人不可能有心灵"。

杰弗里·杰斐逊教授的想法是很多人（包括很多现代人）的想法："机器只不过是人工信号，只是发明""机器没有情感和意识"。

这个论点看上去否定了我们测试的有效性（validity）。按照这种观点的最极端形式，一个人确信机器思维的唯一途径就是成为那台机器，自己去感受思维活动，然后向世人描述这种感受，但是当然没有人有理由相信人成为机器后所说的话。同样，依照此观点，要想知道某人是否在思考，唯一的途径就是成为那个人，这实际是唯我论（solipsism）的观点，这也许是所持的最有逻辑的观点，但若真是这样，那思想交流就太困难了，A 倾向于相信"A 在思考，而 B 没在思考"，而 B 倾向于相信"B 在思考，而 A 没在思考。"与其为此争执不休，不如客气地约定大家都在思考。

注意此段首句中的"有效性"（validity）一词，本书第 5 章的标题中也将出现这一词语。

按照唯我论的观点，一个人想知道机器是怎样想的，但是必须成为机器才可以，抛开一个人没有办法成为机器，即使有办法成为机器，他成为机器之后向世人诉说的话，我们敢信吗？不敢。有正当理由相信面前这位由人变的机器所说的话吗？没有正当理由。

唯我论是认为除"我"或"我"的精神之外没有任何东西存在，整个世界及其他人都是"我"的感觉、经验和意识的一种观点，是主观唯心主义走向极端的必然结论。在中国哲学史上，孟子所说的"万物皆备于我"（《孟子·尽心上》），王阳明所说的"心外无物"（《与王纯甫书二》），都代表了一种唯我论的观点。在西方哲学史上，英国主观唯心主义哲学家乔治·贝克莱（George Berkeley）是唯我论的典型代表，他把世界上的一切事物及其性质都消融在"我"的感觉经验之中，认为除了感觉经验之外别无他物存在。他宣称，"存在就是被感知"，"物是观念的集合"，认为物体之所以存在，是因为它被感觉到，如果感觉不到它，它就不存在。因此，一切都仅仅由于我的感觉而存在，而一切都存在于我的感觉中。世界上剩下的只是我的感觉、一个唯一存在的"自我"。现代西方哲学中的许多流派，都把全部哲学建立在感觉经验的基础之上，因而往往走向唯我论。

注意，为纪念乔治·贝克莱，加州大学的创始校区定名为加州大学伯克利分校（University of California at Berkeley），"贝克莱"和"伯克利"只是译法不同，所指相同。

奥地利主观唯心主义者恩斯特·马赫和他的信徒继承了贝克莱的衣钵，但又采用了一些新名词术语，如他们把"物是观念的集合"，改换为"物是要素的复合"，颜色、声音、气味等就是这样的"要素"，也就是感觉。马赫主义的另一个创始人理查德·海因里希·阿芬那留斯则公然声称，只有感觉才能被设想为存在着的东西，在感觉以外没有任何东西。一切坚持主观唯心主义的哲学思潮或个人，其最终都必然要陷入唯我论的泥潭。

我肯定杰斐逊教授并不希望采纳极端的和唯我论的观点，他也许很愿意接受模仿游戏作为一个测试。模仿游戏（省略了游戏者 B）在实际中经常采用"口试"的方式来发现某人是真的理解某事，还是"鹦鹉学舌"。让我们听听这种"口试"的一部分：

询问者：你在十四行诗的第一行写道，"我欲比君为夏日"，若将"夏日"改成"春日"，是否更好？

见证人：这样就不押韵了。

询问者：改为"冬日"呢？这样会押韵。

见证人：可以，但是没有人愿意被比作冬日。

询问者：你说匹克威克先生让你想到圣诞节了？

见证人：某种程度上。

询问者：然而圣诞节也是冬日的一天，我认为匹克威克先生不会在意这个比喻。

见证人：我认为你在开玩笑，冬日是指一个典型的冬日，而不像圣诞节那样特殊的一天。

不再赘述。如果那台写十四行诗的机器在"口试"中能够这样对答，杰斐逊教授会做何感想呢？我不知道他会不会把机器的那些答复当作"人工信号"，但是，如果这些答复如上面所引的那样令人满意并且持续下去，我认为他不会将其形容为"简单的设计"。"简单的设计"是说用来播放一个人念十四行诗的录音，并可通过适当的开关不时地将其打开。

总之，我认为大多数支持来自意识方面异议的人会被说服而放弃原来的主张，不至于陷入唯我论的困境，这些人因此也就有可能愿意接受我们的测试。

我不想给人留下这样的印象：我认为关于意识的事情没有神秘感。例如，存在着与任何企图捕捉意识有关的悖论，但我认为在我们能够回答我们在本文中关注的问题之前，并不一定要解决这些谜团。

什么是意识？意识的本质什么？艾伦·图灵认为在回答"计算机能否思维"这个问题时，不一定需要解决这些谜团。

1.6.5　来自各种能力缺陷的异议

这些异议具有以下形式："我担保，你可以让机器做任何你提到的事情，可你永远也不能使一台机器做 X。" X 被建议具有各种特征，这里我列举一部分：

是善良的，机敏的，美丽的，友善的，有创新精神的，有幽默感的，明辨是非的，犯错误，坠入爱河，享受草莓和奶油，让某人爱上它，从经验中学习，恰当使用词汇，成为自己思想的主题，像人一样有多样化的行为，做一些真正新颖的事情（一些能力缺陷将在后面内容中给出特别的考虑）。

上面是待批驳的观点。成为自己思想的主题，就是自我反思、自省。

这些说法通常是没有根据的。我相信它们大多是建立在科学归纳原理的基础上的。一个人一生中见过数千台机器。从所看到的机器，他得出一些一般结论：它们形态丑陋，每台机器是为有限的目的而设计的，只要目的略有变动，它们就无用了，行为变化也小，等等。自然地，他得到结论，这些就是一般机器的必要性质。这些能力缺陷中的很多缺陷与机器存储容量小有关（我假设，存储容量这个概念不仅仅限于离散状态的机器，还可以扩展到别的机器。确切的定义不那么重要，因为目前讨论中还没有断言数学精度）。数年前，由于很少提及数字计算机，要是你光说其特征而不提其构造，就会以为你在信口开河。这大概是因为人们类似应用了科学归纳原理。这些对科学归纳原理的应用很大程度上是无意识的。当一个被火烫过的小孩害怕蜡烛，从而回避使用蜡烛时，应该说他是在应用科学归纳原理（当然，也可以用许多其他的方式来解释这一现象）。人类的工作和习惯似乎并不适合运用科学归纳法。如果你想获得可靠的结果，就要对大部分时空进行研究，否则我们会（像大多数英国儿童一样）以为世界上所有的人都讲英语，学习法语很愚蠢。

"数年前，由于很少提及数字计算机，要是你光说其特征而不提其构造，就会以为你在信口开河。"历史是创造出来的，历史是无数个偶然事件编织串联在一起组成的画卷。历史的发展有时在人们的预期之中，有时比预期要更坏更慢，有时比预期要更好更快。

归纳的一个弊端是容易坐井观天、以偏概全。不要认为自己看到的或知道的就是全部。

"如果你想获得可靠的结果，就要对大部分时空进行研究，否则我们会（像大多数英国儿童一样）以为世界上所有的人都讲英语，学习法语很愚蠢。"艾伦·图灵的这句话对今天大数据的研究具有重要意义。大数据为人类提供了"对大部分时空进行研究"的机遇和素材。但需要指出的是，对大部分时空进行研究是困难的，背后需要的数据量是极其庞大的，有些时间和空间上的数据并不总是容易获得的，且采集和标记数据往往需要极高的成本。

艾伦·图灵在这里提到"光说其特征而不提其构造"，这一句背后是两种指示事物的方法。"说其特征"是"描述法"，"提其构造"是"构造法"。

这里需要注意一下柏拉图的"理念世界"。柏拉图认为，人的一切知识都是由天赋而来，它以潜在的方式存在于人的灵魂之中，因此知识不是对世界物质的感受，而是对理念世界的回忆。教学的目的是恢复人的固有知识，教学的过程就是回忆理念的过程。就此而言，柏拉图的教学认识是一种先验论，而图灵所持的是归纳基础上的认识论。

然而，关于刚才提到机器的许多能力缺陷，还要特别说几句，说机器没有能力享受草莓和奶油，会使读者觉得有点轻率。我们有可能使机器喜欢这些美味，但任何强迫这样做的企图都是愚蠢的。值得重视的是，这种能力缺陷会引起一些其他能力缺陷（比如，难以使人与机器之间形成那种像人与人之间的友好情感）。

断言"机器不能犯错误"，似乎是一个奇怪的说法。我们不禁要反问，"机器会因此更糟吗？"让我们采取更加同情的态度，来看看这究竟意味着什么。我认为可以用模仿游戏来解释这种批评。有人声称，在游戏中提问者简单问几道算术题就能分辨出哪个是机器，哪个是人。由于自身的极高的精度，机器会被暴露。对此做法很简单，（被编程用于玩模仿游戏的）机器将不试图给出算术问题的正确答案，而是故意算错，以蒙骗提问者。机器由于机械故障，会在做算术题时出现错误而做出不妥当的决定，因而暴露了自己。即使这种对批评的解释也不足够有同情心。但是限于篇幅不再进一步讨论。在我看来，这种批评源于混淆了两个不同性质的错误，这两个错误我们称为"功能错误"（errors of function）和"结论错误"（errors of conclusion）。功能错误是由某些机械或电气故障引起的，这些故障导致机器的行为与预先设计的不符。在进行哲学讨论时，我们希望忽略发生这种错误的可能性，这样的话，我们实际上是在讨论"抽象的机器"，而这些抽象的机器是数学上的虚构，而不是物理上的物体。从定义上讲，我们完全可以说"机器从不出差错"。只有当机器的输出信号被附加一定的含义时才会出现结论错误。比方说，机器能够自动打出数学方程或英语句子。当机器打出一个错误的命题时，我们就认为这台机器犯了结论错误。很明显，找不到丝毫理由说，机器从不犯这类错误，一台机器有可能别的什么也不能做，只会重复地打出"0 = 1"。举一个不太反常的例子，可能有通过科学归纳得出结论的方法，但这种办法有时会导致错误的结果。

如果能证明机器的某些思想具有某些题材的话，就能答复机器不能成为它自己思想的主题这种断言。尽管如此，"机器操作的题材"确实有点意义，至少对于研究它的人来说是这样的。比如，如果一台机器试图解 $x^2 - 40x - 11 = 0$ 这个方程，我们会想要将此时这个方程描述为机器题材的一部分。从这种意义上说，机器无疑能够成为它自己的题材。这对编排它自己的程序，对预测因本身结构变化带来的后果都会有所帮助。机器能够通过观察自己行为的结果，修改自己的程序，以便更有效地达到某种目的。这是不久的将来可能办到的事，而不是乌托邦式的空想。

批评机器不能有多样化的行为，就是变相地说，机器不能有很大的存储容量。直到最近，达到 1000 位的存储容量都很罕见。

在 1950 年，距离世界上第一台数字计算机 EDVAC 诞生刚刚五年，机器的存储能力极为有限，连 1KB 的存储量都很罕见。

我们这里考虑的批评，实际上都是来自意识的那个异议的改头换面。通常，如果我们坚持认为，一台机器**能够**做其中的一件事，并对机器所能采用的方法进行描述，不会给别人多深的印象。人们会认为机器所使用的方法（不管是什么方法，总是机械性的）实在太基础了。请参见前面所引杰斐逊演讲中括号内的话。

1.6.6 来自洛芙莱斯夫人的异议

关于巴贝奇分析机（Babbage's Analytical Engine）最详细的信息来自洛芙莱斯夫人的回忆录，她写道："分析机没有意图想要**原创**（originate）什么。它可以做**我们知道该怎样去指挥它去做的任何事情**"（粗体为她本人所加）。哈特里（Hartree）引用了这段话，并补充道："这并不意味着就无法制造能'独立思考'的电子设备，用生物学的话说，我们能够在其中建立条件反射，用作'学习'的基础。此设想在原则上是否可行，从最近的进展来看，是一个吊人胃口、令人兴奋的问题。但是，当下制造的或者计划制造的机器似乎还不具备此特点。"

艾伦·图灵的思想不是凭空产生的，艾伦·图灵对他之前的人类的已有探索成果具有深入详细的了解，并能跳出局限之外，给出富有深刻洞察力的见解。艾伦·图灵是具有历史思维的人。

注意，巴贝奇分析机的英文全称是 Babbage's Analytical Engine，Engine 有引擎、发动机的意思。

阿达·洛芙莱斯（Ada Lovelace）是著名英国诗人拜伦之女，数学家。

文献的标题是"译者关于巴贝奇分析机的一篇文章的注记"。1840 年，巴贝奇被邀请在意大利演讲分析机，台下听众中有个叫路易吉·梅纳布雷亚（Luigi Menabrea）的人（此人后来担任了意大利的总理）把巴贝奇的演讲用法文做了记录，取名《分析机概论》。

这份法文笔记传到了阿达·洛芙莱斯手上，于是她就着手开始将其翻译成英文，此外她还对论文做了详尽的注释，长度将近原论文的三倍，这些注释给出了一个比巴贝奇以往提出的观点更具普遍性和前瞻性的未来设想。按照阿达·洛芙莱斯这些注释的说法，这台机器不仅仅执行计算，它还执行运算（operation），即"任何改变了两种或多种事物之间相互关系的过程"，因而"这是一个最普遍的定义，涵盖了宇宙间的一切主题"。

阿达·洛芙莱斯还设想这台机器能够计算出无穷数列——伯努利数，并专门为此设计了一个程序，这是世界上诞生的第一个程序，因而阿达·洛芙莱斯被称为计算机程序创始人，建立了循环和子程序概念。她为计算程序拟定"算法"，制作了第一份"程序设计流程图"，被公认为人类第一位程序员，也是人类第一位女程序员。

1843 年阿达·洛芙莱斯将论文译稿交给了巴贝奇，巴贝奇看后给出了热情的回应，并鼓励她进行更多的研究与合作。由于阿达·洛芙莱斯在 19 岁时嫁给了贵族威廉·金，并在婚后几年内生了三个孩子，平时除了管理家族事务，还要忙于上流阶层的各种应酬，所以贵为伯爵夫人的阿达·洛芙莱斯还能有这样的成就更是令人钦佩。

1852 年，年仅 36 岁的阿达·洛芙莱斯因病去世，按照她的遗愿她被葬在诺丁汉郡其父亲墓旁。巴贝奇分析机被公认为是最早期的计算机雏形，而阿达·洛芙莱斯的算法则被认为是最早的计算机程序和软件。

为了纪念阿达·洛芙莱斯对现代计算机与软件工程所产生的重大影响，美国国防部将耗费巨资、历时近 20 年研制成功的高级程序语言命名为 Ada 语言，它是第四代计算机语言的主要代表。

在这点上我完全同意哈特里的看法。值得注意的是，他并没有断言当时的机器不具备这个特点，而是指出洛芙莱斯夫人所能获得的证明还不足以使她相信这些机器已具备了这个特点。从某种意义上讲，这些机器很有可能已具备了这个特点，因为，我们设想某些离散机器有这个特点，分析机实际上是一台通用数字计算机，因此如果它的存储能力和速度达到一定程度，就能通过适当的编程模仿我们讨论的机器，也许伯爵夫人或巴贝奇都没有想到这一点。无论如何，他们没有义务陈述所有能陈述的事物。

整个问题将在 1.7 节再次考虑。

洛芙莱斯夫人的异议还有另外一种说法，即机器"永远不能创新"，这种说法可以用谚语"太阳底下无新事"抵挡一阵。谁能保证，他的"独创性工作"不是通过教育让身上的种子成长的结果，或者不是遵循著名的普遍原则的结果？此异议还有另一个稍好的说法，即机器永远也不能"让我们吃惊"，这种说法是一个可以直接回应的更直接的挑战。机器经常令我吃惊，这主要是由于我对机器能做什么估算不足，更确切地说，是由于即使我做了估算，也匆忙粗糙。我也许这样对自己说："我认为此处的电压应与彼处相同：不管怎样，就假设一样吧。"自然我经常出错，结果让我大吃一惊，因为在实验完成时，这些假设已经被遗忘了。我坦诚面对自己这样的错误，我证实了所经历的吃惊，但人们并未失信于我。

我的回答并不会使批评者就此缄口沉默，他也许会这样认为，所谓吃惊都是因为我自己富于想象力的心理活动，与机器本身毫不相干。这样，我们又重新回到来自意识的那个论证上去，而背离了吃惊不吃惊的话题。我们不得不认为这种论证方式是封闭式的，但是，也许值得一提的是，要将某事物认作令人吃惊，则需要许多"富于想象力的心理活动"，不管这件令人吃惊的事件是由一个人、一本书、一台机器还是其他任何东西引起的。

我相信，那种认为机器不会令人吃惊的观点，是哲学家和数学家特别关注的一个谬误。它是这样一个假设，即心灵一旦接受了某个事实，由此事实所引起的一切后果都会同时涌入心灵。在许多情况下，这种假设十分有用，但人们太容易忘了这是个错误的假设，如果照这样做的话，其必然结果就是认为仅仅从数据和普遍原则得出结论会毫无效力可言。

1.6.7 来自神经系统连续性的异议

神经系统肯定不是一台离散状态机，关于撞击神经元的神经脉冲大小的信息的一个小的偏差，就可能导致输出脉冲大小的很大差别。既然如此，或许就可以说：不能期望用一个离散状态系统去模仿神经系统的行为。

上面是待批驳的观点。

离散状态机肯定与连续机器有差异。但是如果我们遵循模仿游戏的条件，提问者就无法利用这种差异。如果我们考察其他一些更简单的连续机器，情况会变得更清楚。一台差分分析机（differential analyser）就足以胜任了（差分分析机是一种用来进行某种计算的非离散状态类型的机器）。有些差分分析机能打出答案，所以可以参加模仿游戏。一台数字计算机不可能确切地预测差分分析机对一个问题究竟做何答复，但它却能给出正确的回答。比如，如果你要它回答 π 的值是多少（实际上约等于 3.1416），它就会在 3.12、3.13、3.14、3.15、3.16 之间做随机选择，（比方说）其选择概率依次分别为 0.05、0.15、0.55、0.19、0.06。这样的话，提问者就很难分辨差分分析机与数字计算机。

数学家华罗庚先生曾经指出"离散"与"连续"是数学需要研究的六对基本矛盾之一。但是图灵指出，就是否能够思考而言，机器是离散的还是连续的，并没有本质的区别。比较本书第 1、2 两章，可以发现一个共同特点，图灵特别能抓住本质，经过仔细的论证和甄别，将非本质的变量或因素一个一个剔除，只留下最本质的最简单的因素。

1.6.8　来自行为非正式性的异议

不可能制定一套旨在描述一个人在每种情况该做什么的规则。比方说，可能有这样一条规则：行人见到红灯止步，见到绿灯行走，但是，如果由于某种错误红绿灯同时亮了，该怎么办？我们也许会这样决定，为安全起见最好止步，但稍后这个决定还会带来一些进一步的困难。试图制定一套考虑到各种可能性的行为规则，甚至是那些由红绿灯引起的可能性，似乎都是不可能的。对此我完全同意。

由此，有人认为我们不能成为机器。我会尽力重现此论证，但我担心很难做到公正。似乎可以这么说："如果每个人都有一套行为规则来调控其生活，那么他与机器就相差无几了。但不存在这样的规则，因此人不能成为机器。"这里不周延的中项（undistributed middle）显而易见，我认为没人这样论证过，但实际上用的就是这样的论证。然而，"行为规则"（rules of conduct）和"行为规律"（laws of behaviour）之间可能存在一定的混淆，所谓"行为规则"是指诸如"见到红灯止步"这样的规则，你能采取行动，并意识到；而所谓"行为规律"则是指用于人体的自然法则，例如"如果你捏他，他会叫"。如果我们在引用的论据中用"规范他的生活的行为规律"来替代"规定他的生活的行为规则"，那么，这个论证中的不周延的中项就不再是不可克服的了。因为我们认为，受行为规律调控意味着人就是某种机器（尽管不一定是离散状态机），而且反过来说，这样的机器意味着受这样规律调控。然而，我们很难轻易地说服自己，不存在完备行为规律，就像不存在完备行为规则一样。我们知道，找到这些规律的唯一方法是科学观察，而在任何情况下都不能说"我们已充分寻找过了，不存在这样的规律"。

艾伦·图灵在这一段中所说的"不周延的中项"是什么意思？

我们发现艾伦·图灵在原文中其实犯了一个错误，发生不周延的不是中项，而是大项。

这里我们介绍一下什么是三段论。三段论是由亚里士多德（Aristotle，公元前 384～前 322）创建的。亚里士多德是古希腊人，世界古代史上伟大的哲学家、科学家和教育家之一，堪称希腊哲学的集大成者，他是柏拉图的学生。

三段论的形式结构为：M-P(大前提)，S-M(小前提)，S-P(结论)。

三段论中，在两个前提中出现而在结论中不出现的共同项叫作中项，结论的主项叫作小项，结论的谓项叫作大项。大前提中包含大项和中项，小前提中包含小项和中项，结论由小项和大项构成。

在三段论前提中，两次出现的概念称为中项（或中词），以 M 表示。中项作为小项和大项的中介，把两者联系起来，从而推出结论。例如，在三段论"科学是学问（大前提），物理是科学（小前提），所以物理是学问（结论）"中，"学问"就是大项（P），"科学"是中项（M），"物理"是小项（S）。这里大、中、小如何理解？

如下图所示，大项、中项、小项依次对应三个不同的圈，大项对应最大的圈，小项对应最小的圈，中项对应中间的圈。从集合论的观点看，中项是大项的子集，小项是中项的子集，所以小项是大项的子集。

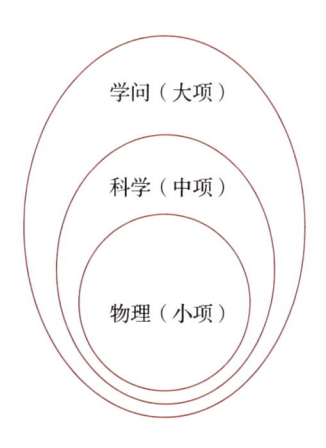

三段论的推理规则：

（1）一个正确的三段论有且只有三个不同的项。

（2）三段论的中项至少要周延一次。

（3）在前提中不周延的词项，在结论中不得周延。

（4）两个否定前提推不出结论。

（5）前提有一个是否定的，其结论必是否定的；若结论是否定的，则前提必有一个是否定的。

（6）两个特称前提推不出结论。

（7）前提中有一个是特称的，结论必须也是特称的。

词项的周延性是指对直言命题的主项或谓项的外延的断定情况。在直言命题中，如果直接或间接地断定了主项或谓项的全部外延，我们就说主项或谓项是周延的，反之则不周延。

词项的周延性是由直言命题的联项和量项来决定的。具体来说，主项的周延性由量项来决定，量项是全称的，则主项周延，量项是特称的，则主项不周延。谓项的周延性由联项来决定，联项是否定的，则谓项周延，联项是肯定的，则谓项不周延。

联项分为肯定和否定两种。肯定一般用"是"表示，否定一般用"不是""没"等否定词表示。"是"在有些命题中可以省略。

量项有全称量词、特称量词和单称量词三种。全称量词一般用"所有""每一个""凡"等表示，特称量词一般用"有""有些"表示，单称量词一般用"某个"表示。

例如："有的鸟不会飞"中的主项"鸟"的周延性是由量项决定的，"有的"是特称，所以主项不周延；而谓项"会飞"的周延性是由联项决定的，"不"是否定的，所以谓项是周延的。

判断"项是否周延"的规则如下：

（a）全称或单称判断的主项都周延。（单称判断的主项只包含一个个体，所以必定是周延的。）

（b）特称判断的主项都不周延。

（c）肯定判断的谓项都不周延。

（d）否定判断的谓项都周延。

我们对原文这句话"如果每个人都有一套行动规则来调控其生活，那么他与机器就相差无几了。但（人）没有这样的规则，因此人不能成为机器。"进行分析。

"如果一个人有一套行为规则来调控其生活，那么他是机器"是大前提，"（人）没有这样的规则"是小前提，"人不是机器"是结论。这个逻辑是不成立的。

设"一个人有一套行为规则来调控其生活"为 A，"他是机器"为 B，上面的逻辑是 $(A \rightarrow B) \wedge (\neg A) \rightarrow \neg B$，显然，这个逻辑是错误的。但是，错误不是因为"中项不周延"，而是"大项不周延"。

S 是"人"，M 是"存在规则的事物"，P 是"机器"。现在三段论是：M 是 P（大前提），S 不是 M（小前提），S 不是 P（结论）。

分析小项 S：在小前提中，小项 S 是全称判断的主项，所以是周延的。在结论中，小项 S 也是全称判断的主项，所以也是周延的。

分析中项 M：在大前提中，中项 M 是全称判断的主项，所以是周延的。在小前提中，中项 M 是否定判断的谓项，所以也是周延的。所以，中项是周延的（而且是周延了两次，绰绰有余了，因为规则（2）指出"三段论的中项至少要周延一次"即可）。

分析大项 P：在大前提中，大项 P 是肯定判断的谓项，所以是不周延的。在结论中，大项 P 是否定判断的谓项，所以是周延的。根据规则（3），"在前提中不周延的词项，在结论中不得周延"，所以发生了"大项不周延"。

这样就不能判断小项与大项之间的关系，因为可能存在以下关系：第一种情况，人是机器；第二种情况，部分人是机器；第三种情况，没有人是机器。

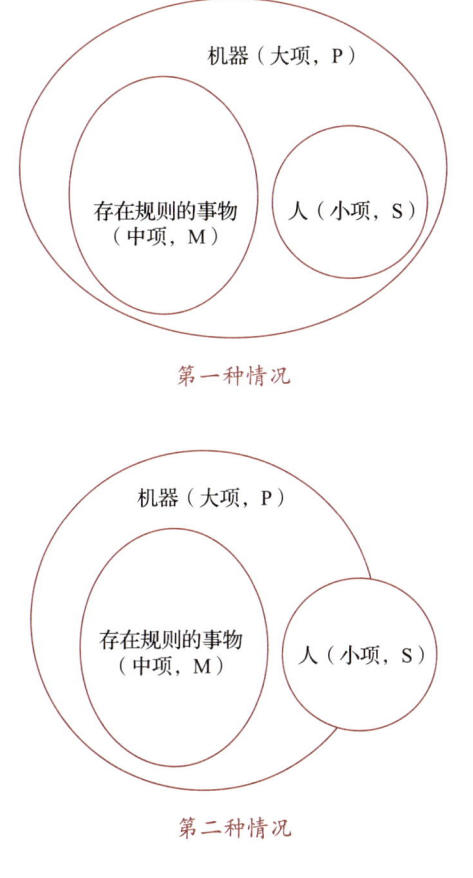

第一种情况

第二种情况

第三种情况

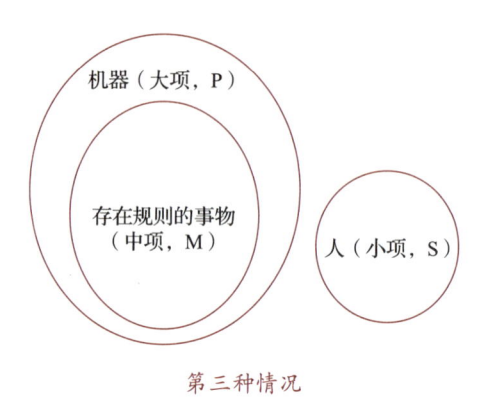

我们可以更有力地证明这种说法不合理。假定存在这种规律,我们肯定能够找到。然后给定一个离散状态机,应该有可能通过观察找到规律,预测其未来行为,在合理的时间内,比如说一千年。但似乎并非如此,我在曼彻斯特机上安装了一个只有 1000 个存储单元的小程序,其中配备有一个十六位数字在两秒钟内做出回答。我敢说任何人都无法从这些回答中了解这个程序的足够信息,从而能够预测对未试值的任何回答。

1.6.9　来自超感官知觉的异议

我假设读者熟悉超感官知觉(Extra-Sensor Perception,ESP)的概念,其四种方式为:心灵感应(telepathy)、千里眼(clairvoyance)、先知(precognition)和心灵致动(psychokinesis)。这些令人不安的现象似乎否认了一般的科学观念。我们多么想抹黑它们!不幸的是,统计证据至少对心灵感应是压倒性支持的。人们很难重新调整自己已有的观念以接受这些新事物,一个人一旦接受了这些事物,就离相信鬼魂不远了。走向此方向的第一步是,相信我们的身体除了按照已知的物理学规律运作外,还按照尚未发现的但有些相似的其他规律运作。

图灵对超感官知觉这个话题,采取了大胆的、直接面对的方式,没有避而不谈。这是一种极其宝贵的、真正的科学精神。除了图灵,我国科学家钱学森、朱清时等也曾思考过这方面的问题。我们的一些刊物或项目往往有一些"范式",符合范式的就受欢迎,反之受排斥。范式一方面提供了一种标准化、程式化,另一方面限制甚至扼杀了那些突破性的想法。

在我看来这是一个十分有力的论点。一个人可以这样回答,许多科学理论尽管同超感官知觉有冲突,但实际上还是可行的;事实上,人若是对这些现象置之不理,依然能活得很好。这是一种甚为冷漠的安慰,人害怕思维与超感官知觉现象可能有特殊的关系。

基于超感官知觉的更具体的论证大致如下:"让我们来玩模仿游戏,让一个善于接受心灵感应的人和一台数字计算机参加。提问者可以问'我右手中的那张牌是哪个花色?'这样的问题。具有心灵感应或千里眼的人在 400 张牌中可以答对 130 张，而机器只能随机猜测，可能答对约 104 张，因此提问者就能正确地判断了。"这里开启了一个有趣的可能性。假使这台数字计算机有一个随机数生成器，那么，我们就会很自然地用它来决定给出什么回答。但是，这个随机数生成器又受提问者的心灵致动能力的影响，这个心灵致动或许就能让计算机猜对的次数比概率计算高，于是提问者就无法做出正确的判断。而另一方面，提问者也能通过千里眼，不用提问就猜对。有了超感官知觉，什么样的事都会发生。

扑克有四种花色，分别为黑桃（Spade）、红桃（Heart）、方块（Diamond）、梅花（Club），它们的数量是相同的，所以随机猜测正确的概率为 1/4，也就是说，400 张牌，能答对 100 张左右。

上面的论证还可以换一种方式：具有心灵感应或千里眼的人在 400 张牌中可以答对 130 张，但可以故意答错一些，最终答对 100 张左右，而机器只能随机猜测，可能答对约 104 张，因此提问者无法做出正确的判断，于是数字计算机就通过图灵测试了。

如果允许心灵感应介入模仿游戏，我们就有必要严格规定测试方式。此情景就好比在模仿游戏中，提问者在自言自语，参赛者正贴墙侧耳倾听。要是将参赛者置入一间"防心灵感应室"，就能满足所有要求。

艾伦·图灵具有非凡的思考力，能列举 9 个方面的对立观点，然后简明扼要地进行有力的批驳。那么能否列举第 10、11 乃至更多方面的对立观点呢？这是值得我们现在和未来去思考的问题。

1.7 具有学习能力的机器

英文与中文有差异，第 7 节的英文标题是 "Learning Machines"，这该如何翻译呢？直接翻译过来就是"学习机器"，但中文会有歧义，至少可以有三种理解，第一种，有人可能会联想到"学习他人"；第二种，有人可能会联想到"小霸王学习机"，指"辅助人类学习的机器"；第三种，指"本身具有学习能力的机器"。在这里，艾伦·图灵想表达的是第三种意思，即指"具有学习能力的机器"。

读者会猜测我没有令人信服的正面论据来支持我的观点，否则，我就不会花费那么多精力来指出那些异议中的谬论。现在我就给出这样的证据。

我们不要仅仅满足于批驳对立的观点，也要善于给出建设性的具体措施。在本节，图例将从正面论证"有可能存在可以思考的机器"。

让我们暂时回到洛芙莱斯夫人的反对意见,这个意见认为机器只能做我们告诉它去做的事。有的人说,人能够把一个思想"注入"机器,机器在某种程度上做出反应,然后回归静止,就像钢琴弦被一个小锤敲击了一下那样。另一个比喻就是一个小于临界体积的原子堆:注入的思想就像从原子堆外部轰击的中子。每个这样的中子会引起一定的扰动但是最后将逐渐消失。然而,如果原子堆的大小变得足够大的时候,轰击进来的中子产生的扰动很可能会持续地增加,直到整个原子堆解体。思维中是否存在一种对应的现象呢?机器中是否也存在一种对应的现象呢?这样的现象在人类头脑(human mind)中应该是存在的。绝大多数头脑都处于"亚临界"(sub-critical)状态,对应于处于亚临界体积的反应堆。一个想法进入这样的头脑中,平均下来只会产生少于一个的想法作为回复(in reply)。有一小部分思维处于超临界(super-critical)状态,进入其中的想法将会产生二级三级越来越多的想法,最终成为一个完整的"理论"。动物的头脑看起来肯定是处于亚临界状态的。从这种类比出发,我们要问:"机器可以被制造成超临界的吗?"

艾伦·图灵有时交替使用 mind 和 brain 这两个词,思维、人脑(大脑)、心灵、心智,这些词语同义。

这是一段值得深思的话。我们至少可以得到下面三点:

(1) 艾伦·图灵具有扎实的物理学基础,能够得心应手地驾驭原子的裂变反应、临界体积这些知识,显然他已经深刻地理解了这些知识,表现出极高的人类智能。人类现在生活在一个大数据的时代,数据不等于知识,知识不等于智能,"填鸭式"的应试教育将越来越不能适应时代的要求,重要的是培养学生的分析能力、洞察能力、联想和想象能力。

(2) 今天,"赋能"这个词很流行,在这段话中可以找到出处。有人说,计算机的"智能"就是把人类的智能通过编程的方式"注入"计算机。这种观点,在 1950 年也就是 70 年前就存在且被艾伦·图灵提到了。

(3) 能不能举一反三(注意,我们在译文中特意把 in reply 标记了出来)、触类旁通,是智能高低的一个判断准则。现在机器学习中一个词"泛化能力"就是说这个事情。

"洋葱皮"的比喻也有用。在研究思维或大脑的功能的时候,我们发现一些操作完全可以用纯机械的方式解释,我们说这并不对应着真正的心灵。但是在剩下的部分,我们发现还有洋葱皮需要被剥除,一直这样下去。用这样的方式,我们是否能够达到"真正"的心灵,或者最终发现皮里面什么也没有了?如果是后一种情况,那么整个心灵都是机械的。(但它不是一个离散状态机,这一点我们已经讨论过。)

上面两段并没有提供令人信服的论据，倒不如称作"为了产生信仰的诵读"。

为 1.6 节开始时提出的观点给出真正令人满意的支持，只能等到 20 世纪末了，在那时再进行所描述的实验。但是在等待的这段时间里，我们可以做些什么呢？如果实验将来会成功，我们现在应该采取什么步骤？

艾伦·图灵说到公元 2000 年的时候，也就是要等 50 年，才可能"有真正令人满意的支持"。艾伦·图灵这样说，是否正确呢？需要从两个方面去看，也正确，也不正确。一方面，相对 1950 年，2000 年时计算机的存储容量和计算速度有了极大的提升，人工智能的发展和智能计算机的研发经历了多次跌宕起伏；另一方面，在大部分人看来，2000 年没有制造出"能够思考的机器"，2022 年也没有制造出。

正如我所解释，问题主要是程序设计，工程上的进步也是必要的，但所需不被满足的可能性似乎不大。估计大脑的存储容量在 10^{10} 到 10^{15} 个二进制位之间。我倾向于下界，而且认为只有一小部分用来进行高级的思考，其余大部分用来保存视觉印象。在模仿游戏中对阵一个盲人，若所需要的存储容量超过 10^9，会让我惊讶（注意，《大英百科全书》第 11 版的容量为 2×10^9），即使采用现有技术，10^7 的存储量也是完全可行的，也许根本不需要提高机器的运行速度。那些可当作神经细胞对应物的现代机器部件，其速度比神经细胞快 1000 倍，这可以为补偿各种情况引起的速度损失提供"安全裕度"，剩下的问题主要就是如何编程让机器能够完成游戏。按照我现在的工作速度，我一天大概能编 1000 个二进制位的程序，所以大约 60 个工人在未来 50 年稳定工作，并且没有东西扔进废纸篓，就可以完成这项工作。似乎需要一些更迅速且有效率的方法。

艾伦·图灵强调了程序设计对智能的重要性。没有软件，计算机就没有灵魂。

艾伦·图灵这里提到"工程上的进步"，这是指什么呢？材料、电源、散热、芯片封装等都属于工程范畴。

艾伦·图灵所说的"那些可当作神经细胞对应物的现代机器部件"在冯·诺依曼的报告中被提到过。具体指什么呢？运算器！

艾伦·图灵在这里提出两个论断：对使得机器能够思考来说，

$$编程的重要性 > 工程的重要性$$

$$存储容量的重要性 > 运算速度的重要性$$

艾伦·图灵善于找参照物，他在这里以《大英百科全书》第 11 版为参照物，该参照物的容量为 2GB。

为什么说，对阵一个盲人，1GB 的存储容量就够了？因为人脑的大部分用于存储视觉印象，而盲人不需要存储视觉印象。

如何编程让机器能够完成游戏？艾伦·图灵估算了编程的进度，他的估算方法有合理性，但也有缺陷。

艾伦·图灵说，他一天大概能编1000个二进制位的程序，所以大约60个工人在未来50年稳定工作，并且没有无效劳动，就可以完成这项工作。

$$1000 \times 365 \times 60 \times 50 = 1.095 \text{GB}$$

现在组织一个600人的团队攻关一个项目是可能的，五年的时间也可以完成上面的工作量。

但是，之所以程序设计效率低、进展缓慢，主要不是编程语言本身的问题，而是对大脑及其思维规律的认知不足。

在试图模仿成人心灵的过程中，我们必须对那个把心灵带入它所处状态的过程进行大量的思考。我们可能需要注意三个因素：

（a）大脑的初始状态，即出生时的状态。
（b）大脑所接受的教育。
（c）大脑所经历的经验，此经验不被称为教育。

上面三个因素是一个划分。所谓划分，就是三个部分没有交叉（交集为空），它们的并是全集。

与其试图编程模拟成人大脑，不如模拟儿童大脑，如果让儿童大脑接受正确的教育课程，就可能获得成人大脑。儿童大脑大概就像一个刚从文具店买来的笔记本，只有非常简单的机制和许多空白的纸张（机制和书写在我们看来是几乎同义的），我们希望儿童大脑中的机制足够少使得容易被编程。我们可以假设，对机器进行教育的工作量和教育一个人类儿童的工作量基本相当。

这里提到两种思路，一种是直接模拟成人大脑，一种是先模拟儿童大脑，然后使之接受教育变成成人大脑。

假设儿童的大脑为 B，成人的大脑为 B'，教育为 E，模拟为 f，

$$E(B) = B'$$

$f(B)$ 为模拟儿童大脑的程序，
$f(B')$ 为模拟成人大脑的程序，

$$f(B') = f(E(B))$$

这样，我们把问题分为两部分：儿童程序和教育过程。这两个部分有紧密的联系。我们不能指望一下就找到一个好的儿童机器。我们必须对一个这样的机器进行教育试验，看其学习效果，然后再试另外一个，判断哪个更好。显然这个过程与进化有联系，通过这样类比：

儿童机器的结构＝遗传物质

儿童机器的变化＝变异

试验者的判断＝自然选择

上面这三行，是在做什么？在做类比！类比思维，更广义地说是历史思维的一部分，也就是将当前研究的事物与过去已经被研究的事物之间建立一种映射或关联。

然而，人们可能希望这个过程比进化更迅速且更有效率，适者生存是衡量优势的一种较慢的方法。试验者的判断通过智能实验将会加快这一过程。同样重要的是，试验者并不需要局限于随机的变异，如果能够找出某些缺陷的原因，就可能想到改进它的变异。

对机器不可能应用与儿童完全相同的教学过程，例如，它没有腿，因此就不会被要求出去装煤斗；它也可能没有眼睛。但是不管聪明的工程师采取何种方法克服这些缺陷，只要这样的机器被送进人类的学校，其他的学生肯定会嘲笑它，它必须得到专门的训练。我们不必太注意腿和眼等，海伦·凯勒女士的例子表明只要老师和学生能够以某种方式进行双向的交流，教育就能进行。

艾伦·图灵再次强调：在研究智能时，应该忽略非本质的属性。

海伦·凯勒（Helen Keller，1880～1968年），美国著名的女作家、教育家、慈善家、社会活动家。她于1880年6月27出生，在出生的第19个月因患急性胃充血、脑充血而失去视力和听力。1887年她与安妮·莎莉文老师相遇。1899年6月她考入哈佛大学拉德克利夫女子学院。她于1968年6月1日逝世，享年88岁，在其生命中有87年生活在无光、无声的世界里。在此时间里，她掌握了英语、法语、德语、拉丁语、希腊语五种语言，先后完成了14本著作，其中最著名的有《假如给我三天光明》《我的生活故事》《石墙故事》等。她致力于为残疾人造福，建立了许多慈善机构，1964年荣获"总统自由勋章"，次年入选美国《时代周刊》评选的"二十世纪美国十大偶像"之一。

一个人，没有听力，没有视力，仍然可以学习，而且可以取得杰出的成就！海伦·凯勒的事迹不仅仅说明了人类在坚强意志方面的潜力可以有多大，也对理解"学习"的过程、建立"学习"的理论具有重要意义。显然，艾伦·图灵在讨论构造具有学习能力的机器的时候，注意到海伦·凯勒的事迹，并得出了有益的启示。再一次地显示出，艾伦·图灵具有极其广博的知识面和极其深邃的洞察力，以及得心应手驾驭知识的能力。

这里再一次提醒大家注意教师的作用。

1887年3月3日，对海伦·凯勒来说这是个极重要的日子（那时她不到7岁）。这一天，家里为她请来了一位教师——安妮·莎莉文小姐。莎莉文老师跟海伦·凯勒很投缘，她们认识没有几天就相处融洽，而且海伦·凯勒还从莎莉文老师那里学会了认字，让她能与别人沟通，再学习一些生字的意思，她陆续学懂了鲜花、水、太阳等，并认为爱就是那温暖的阳光。其后再教导海伦·凯勒用手指点字以及基本的生活礼仪。

安妮·莎莉文老师十分有爱心，她首先了解了海伦的脾气，她终于知道凯勒的脾气为什么会如此躁动，是因为父母不忍看她做错事（打人、不守规矩、破坏东西等）被惩罚的模样。于是在她做错事时都给她糖吃，所以安妮·莎莉文老师必须要纠正父母的这些错误行为，并且与她建立互信的关系，再耐心地教导海伦手语，一天，老师在海伦凯勒的手心写了"'water'水"这个字，海伦·凯勒总是把"杯"和"水"混为一谈。到后来，她不耐烦了，把老师给她的新陶瓷洋娃娃摔坏了。但莎莉文老师并没有放弃海伦，她带着海伦·凯勒走到水井房边，要海伦·凯勒把她小手放在水管口下，让清凉的水滴滴在海伦·凯勒的手上。接着，莎莉文老师又在海伦·凯勒的手心，写下"'water'水"这个字，写了几次，从此海伦·凯勒就牢牢记住了，再也不会搞不清楚。海伦后来回忆说："不知怎么回事，语言的秘密突然被揭开了，我终于知道水就是流过我手心的一种液体。"

海伦·凯勒所写的"假如给我三天光明"这篇文章对于我们理解"学习过程"是很有帮助的。

我们通常将惩罚（punishment）和奖励（reward）与教学过程（teaching process）联系在一起，一些简单的儿童机器可以按照这种原则来构建或编程，使得遭到惩罚的事件不大可能重复，而受到奖励的事件则会增加重复的可能性。我已经用一台这样的儿童机器做了一些实验，并成功地教会了这台机器做几件事情，但教育方法太不正规以致不能被认为是真正成功的。

惩罚、奖励是教学过程中所必需的。教学的过程本质上是训练的过程，也就是学习的过程。"使得遭到惩罚的事件不大可能重复，而受到奖励的事件则会增加重复的可能性"这不就是神经网络的反向传播的基本原理吗？不就是提升（Adaboost）算法的基本原理吗？

惩罚和奖励的使用最好是教学过程的一部分。粗略地说，如果教师没有与学生沟通的其他方式，那么能到达学生的信息量不会超过所用的奖励和惩罚的总次数。当学生只能通过"二十个问题"的方法学习重复诗作《卡萨布兰卡》时，会感到非常痛苦，每一次"No"都会是一次打击。因此还必须采用其他"不动声色的"（unemotional）沟通渠道，如果"不动声色的"沟通渠道是可用的，就有可能通过惩罚和奖励让机器服从以某种语言（例如符号语言）给出的命令，此命令通过"不动声色的"渠道传达。这种语言的使用将会大大降低所需要的惩罚和奖励的次数。

学习的方法是重要的，无论是对机器，还是对人，都是如此。

惩罚和奖励是比较生硬的方法，就像法律上的"赏罚分明"也有些生硬一样。

对于什么样的复杂度更适合儿童机器可能有不同的看法，有人主张尽可能简单以保持通用性，有人主张嵌入一个完整的逻辑推理系统。在后一种情况下，大多数存储空间将被用来存储定义和命题，这些命题可能具有各种各样的形式，例如确定的事实、推测、数学上证明的定理、权威给出的判断、具有逻辑形式却没有确定值的表达式等。一些命题可以被称作"命令"，机器应该设计成当命令确定时立即自动执行合适的动作。例如，如果老师对机器说"现在做你的家庭作业"，这将使"老师说'现在做你的家庭作业'"成为确定的事实；另一个事实可能是"老师说的一切都是对的。"这两个结合在一起将使"现在做你的家庭作业"成为确定的事实。而根据机器的设计规则，这意味着立即开始做家庭作业，效果还是令人满意的。机器所使用的推理过程并不需要像严格的逻辑家所为，例如可能没有类型的层次结构，但这并不意味着出现类型谬误的概率会比我们从悬崖摔下的概率高。合理的命令（在系统内部表达，并不是系统规则的一部分），比如"不要使用一个类，除非它是老师提到的类的一个子类"这样的命令就与"不要让他接近边缘"具有相似的效果。

没有肢体的机器人所能执行的命令具有智力性质，就像上面的例子（做家庭作业）。在这些命令中，最重要的是调节逻辑系统规则的执行顺序，因为在使用这个系统的每一步，都会有许多不同选择，在遵守逻辑系统规则的情况下，任意选择一个都是允许的。如何选择将区分聪明推理者还是愚蠢推理者，而不是区分正确推理者还是谬误推理者。导致这类命令的命题可能是"当提到苏格拉底的时候，使用芭芭拉的三段论"或者"如果有一个方法被证明比另外的方法快，不要使用慢的方法"。这些命题可能来自权威，也可能来自机器本身，例如科学归纳。

每个人从出生到死亡，乃至死亡之后，都处于静止与运动的这一对矛盾之中，每个瞬间的前后，每个人（特别针对大脑来说）似乎没有发生变化，但肯定又在发生变化。

"这些命题可能来自权威，也可能来自机器本身，例如科学归纳。"来自权威，就是专家知识；来自机器本身，就是归纳的结果。

具有学习能力的机器这个想法对某些读者来说似乎有些矛盾，机器的操作规则怎么能改变呢？无论机器过去经历什么，未来会有什么变化，其操作规则都应该完整地描述机器会如何反应，即这些规则是不随时间变化的。确实是这样的，悖论的解释是，在学习过程中发生变化的规则是一类不那么自命不凡的规则，只声称短暂的有效性。

具有学习能力的机器的一个重要特征是，教师通常对其内部发生的事情不了解，尽管教师仍然可以在一定程度上预测其学生的行为。这一点对具有经过多次试验的设计（或编程）的儿童机器所产生的机器的后期教育来说尤其适用。这一点与使用机器进行正常计算的过程形成鲜明对比：那里的目标是要清楚明白机器在计算中任意时刻的状态，而要达到此目标则需要付出艰苦的努力。如此，"机器只能按我们的要求做事"⊖的观点就会显得很奇怪了，能够输入机器的大部分程序终归会做一些我们无法理解的事情，或者被认为是完全随机的行为。智能行为很可能与完全服从命令的行为有差别，但只是较小的差别，不会引起随机行为或无意义的重复循环。通过教育和学习使我们的机器能够胜任模仿游戏中的角色的一个重要结果是，"人类易错性"（human fallibility）可能会以相当自然的方式（即不需要专门的"指导"）被忽略。学习的过程并不会产生百分之百的确定结果，否则就不是学习了。

人类的教师在正式从事这个职业之前，需要获得教师资格证，通常要学习教育心理学等课程。为什么要学习教育心理学呢？其中一个原因就是要了解学生的心理活动，以避免或减少图灵所说那种"对其内部的事情不了解"的情况。

图灵提到"对……后期教育来说尤其适用"，联想一下人类在中学时代要经历的青春期和逆反期，那时自主意识相对之前显著增强，教师对学生心理了解的难度也相应地提高了。中学生相比于小学生，智能水平更高，更难被管理，更难被透视心理。

在一个具有学习能力的机器中加入随机元素或许是明智的（参见 1.4 节）。当我们寻找某个问题的解时，随机元素相当有用。例如，我们想找到一个介于 50 和 100 之间的数，它等于各个数字的和的平方。我们可以从 51、52 开始一直试下去直到找到满足条件的数。另一个方法是随机地选数直到找到满足条件的数，这种方法的优点是不需要跟踪已经尝试过的值，但缺点是一个数可能被重复试两次，如果存在多个解，这一点并不是很重要。系统化方法有一个缺点，是可能存在很大一段数中并不存在解，但我们需要先判断它。现在的学习过程可以看成寻找满足教师的要求（或一些其他的标准）的行为，既然可能存在大量的可能解，随机方法可能比系统方法更好。应该注意到，在进化过程中有相似的方法，那里系统方法是不可能的，如何跟踪已经尝试过的不同基因组合，从而避免重复呢？

姚启智是研究随机数的专家。

⊖ 请注意与阿达·洛芙莱斯的说法（在 1.6.6 节）比较，阿达·洛芙莱斯的说法中没有包括"只"（only）。——原文注

我们希望机器最终能和人在所有纯智力领域竞争，但何处是最好的开端？甚至这也成为困难的选择。许多人认为抽象的活动，例如国际象棋可能是最好的选择；也有人认为最好是花钱给机器买最好的传感器，然后教它听说英语，就像教一个正常的小孩一样，教它命名事物等。我并不知道正确的答案，但是我想两方面都应该试试。

这里图灵再次指出本文讨论的是机器与人在"所有纯智力领域"竞争。需要注意两点。第一，不是在非智力领域竞争，例如人类不如挖掘机那样有很强大的臂力，但这没有讨论的必要。第二，不是仅仅在部分智力领域竞争，而是在所有智力领域竞争，比如机器与人不仅仅要比赛下棋，还要在写十四行诗等其他领域比赛。

我们的目光所及，只是不远的前方，但是可以看到，那里有许多工作需要去完成。

艾伦·图灵是一个具有深邃思考力的远望者，但他深知一个人的视距是有限的。这篇文章的最后一句，非常有深意，一方面是文章结束语，表示即使不远的将来，也有很多工作要做，另一方面，这是人工智能的思考范式，下棋时，我们只是看到不远的前方，但即使这样，这中间也有很多选择。

参考文献

[1] Samuel Butler, Erewhon, London, 1865. Chapters 23, 24, 25, The Book of the Machines.

[2] Alonzo Church, "An Unsolvable Problem of Elementary Number Theory", American J. of Math., 58 (1936), 345-363.

[3] K. Gödel, "Über formal unentscheidbare Sätze der Principla Mathematica und verwandter Systeme, I", Monatshefte für Math. und Phys., (1931), 173-189.

[4] D. R. Hartree, Calculating Instruments and Machines, New York, 1949.

[5] S. C. Kleene, "General Recursive Functions of Natural Numbers", American J. of Math., 57 (1935), 153-173 and 219-244.

[6] G. Jefferson, "The Mind of Mechanical Man". Lister Oration for 1949. British Medical Journal, vol. i (1949), 1105-1121.

[7] Countess of Lovelace, "Translator's notes to an article on Babbage's Analytical Engine", Scientific Memoirs (ed. by R. Taylor), vol. 3 (1842), 691-731.

[8] Bertrand Russell, History of Western Philosophy, London, 1940.

[9] A. M. Turing, "On Computable Numbers, with an Application to the Entscheidungsproblem", Proc. London Math. Soc. (2), 42 (1937), 230-265.

图灵一共引用了9篇文献。第一篇是巴特勒于1865年英国伦敦出版的《埃瑞璜》中的部分内容，图灵特别指出引用的是第23、24、25章，章的标题是"The Book of the Machines"。在1865年，英国就出版了关于机器的论著，当时英国已经完成了工业革命，正享受工业革命的成果，在全球各地殖民统治，而中国正处于内忧外患的阶段。第二篇是丘奇1936年在《美国数学杂志》发表的关于可计算性理论的著作。

第三篇是哥德尔在1931年发表的文章。第四篇是哈特里在1949年在纽约发表的文章《计算装置与机器》。图灵在评述第6个对立观点时提到哈特里的话。第五篇是克莱因在《美国数学杂志》上发表的《自然数的一般递归函数》一文。第六篇是斐弗逊在1949年在《英国医学杂志》上发表的《数学家的思想》。第七篇是洛芙莱斯介绍巴贝奇分析机的文章。第八篇是罗素1940年在伦敦出版的《西方哲学史》。第九篇是艾伦·图灵自己在1936年发表的《论可计算数及其在判定性问题中的应用》的文章（见本书第2章）。

思考题

1. 艾伦·图灵反驳了哪些对立的观点？分别是如何反驳的？
2. 在艾伦·图灵看来，如何设计具有思维能力的机器？你是否认同他的思路？在你看来，他的思路是否可行，或者是否还有可改进之处？

第 2 章

论可计算数及其在判定性问题中的应用

(艾伦·图灵,1936 年)

这是艾伦·图灵于1936年在《伦敦数学学会会报》(Proceedings of the London Mathematical Society, 2 s. vol. 42 (1936 – 1937), pp. 230 – 265) 上发表的一篇关于可计算性(同时也是关于不可计算性)的彪炳人类文明史册的论文。

这篇文章正文157段,加上附录和勘误一共约180段,原文一共39页。

这篇文章的英文标题是"On Computable Numbers, with an Application to the Entscheidungsproblem"。有人很困惑:艾伦·图灵为什么要研究可计算数,而且为什么提到一个很古怪的德文单词"Entscheidungsproblem"?按照这些人的想法,这篇文章的标题应该是"论不可计算问题的存在性"或者"论图灵机"或两者结合之类。有这样的想法,是因为没有了解当时国际学术界的背景。

1972 年图灵奖得主艾兹格·W. 迪杰斯特拉(Edsger W. Dijkstra)有一句名言:Computer science is no more about computers than astronomy is about telescopes。这句话,我们翻译为:"计算机科学之关注于计算机并不甚于天文学之关注于望远镜。"我们看到很多其他的翻译。译法1:"计算机科学与计算机无关,正如天文学与望远镜无关。"译法2:"计算机科学不是研究计算机,正如天文学不是研究望远镜。"译法3:"计算机之于计算机科学,正如望远镜之于天文学。"译法1、2偏左,译法3偏右。

计算机是一种工具,属于工程层面;计算机科学是理论,属于科学层面。

艾兹格·W. 迪杰斯特拉有很多原创性的贡献:①提出"Go To 语句有害论";②提出信号量和 PV 原语;③解决了"哲学家聚餐"问题;④Dijkstra 最短路径算法和银行家算法的创造者;⑤设计并实现了第一个 ALGOL 60 编译器;⑥设计并开发了 THE 操作系统。迪杰斯特拉曾经说过一些名言:

(1)"有效的程序员不应该浪费很多时间用于程序调试,他们应该一开始就不要把故障引入。"

(2)"程序测试是表明存在故障的非常有效的方法,但对于证明没有故障,调试是很无能为力的。"

（3）"对于我来说，计算机科学上的第一个挑战是如何把命令维持在有限个内，然而巨大的、分立的宇宙是复杂地缠绕着的。第二个也是同样重要的挑战是如何传授解决第一个挑战的方法：只培养你个人的才智（那会随你进入坟墓的东西）是不够的，你必须教会其他人如何去发挥他们的才智。你越关注这两个挑战，你越会清楚地看到它们只不过是同一枚硬币的两面：自学是去发现什么东西是可以被教会的。"

操作系统是最复杂的软件，1965 年迪杰斯特拉在《国际计算机学会通讯》上发表了仅一页长的短文《并行程序的控制》，这是他在操作系统领域的第一个重要贡献。该文提出了并行程序互锁问题的一个解决方案。"死锁"（deadly embrace）这一术语是迪杰斯特拉发明的。1967年在首届操作系统原理研讨会上，迪杰斯特拉介绍了他和几个博士生研制的 THE 多道程序系统。THE 系统的目的是验证迪杰斯特拉关于操作系统原理、结构、同步进程通信机制等方面的一系列新想法。今天已经普遍采用的系统的多层结构、抽象、上层不需了解下层的详细细节等科学原则就是当时迪杰斯特拉提出的，引起了强烈反响；同步进程通信的信号量（semaphore）这一术语也是迪杰斯特拉当时创造的。

1968 年迪杰斯特拉给《国际计算机学会通讯》写了一篇短文，提出："Go To 语句太容易把程序弄乱，应从一切高级语言中去掉；只用三种基本控制结构就可以写各种程序，而这样的程序可以由上而下阅读而不会返回。"这篇短文引起了激烈的讨论。人们逐渐认识到这不是一个简单地去掉 Go To 语句的问题，而是在促进一种新的程序设计观念、方法和风格，以期显著提高软件生产率和降低软件维护代价。

当时有两个采用结构程序设计方法的最著名项目：一是纽约时报信息库管理系统，含 8.3 万行源代码，只花了 1 年时间就完成，在系统第一年使用过程中，只发生过一次使系统失效的软件故障；二是美国国家航空航天局（NASA）空间实验室操作的模拟系统，含 40 万行源代码，只用两年时间就全部完成。20 世纪 60 年代末到 70 年代初，上述这两个系统可以算得上是大型软件了。

任何创新都是基于历史，又归于历史。所以，我们需要具备历史思维。

Entscheidung 是判定的意思，德国数学家希尔伯特的助手海因里希·贝曼在 1921 年首次将 Entscheidung 与 problem 合成在一起使用。

奥地利哲学家维特根斯坦的《数学基础研究》（北京大学哲学系韩林合教授翻译）的中译本的第 10 页的脚注 2 提到："数理逻辑的'首要问题'"一语出自兰姆西。兰姆西所讨论的问题是所谓"判定性问题"：如何找到一个规则性的程序，以判定任何一个给定的公式是真的还是假的？

这里要讲一下提携后进的作用。艾伦·图灵在剑桥大学国王学院读书时，马克斯·纽曼（Max Newman）是该学院的讲师，1935 年艾伦·图灵学习的哥德尔不完备定理课程是由纽曼讲授的。在这门课程中，艾伦·图灵第一次知道了判定性问题。一年之后，纽曼意识到，艾伦·图灵研究计算的方法具有极高的原创性和重要性，鼓励艾伦·图灵发表论文。纽曼致信伦敦数学学会的编辑，解释艾伦·图灵做了哪些工作，敦促编辑发表艾伦·图灵的论文。纽曼帮助艾伦·图灵下决心去普林斯顿大学进修，与丘奇一同工作。

可见，一位慧眼识才、造诣精深的导师对学生的成长是极其重要的。这里我们提一下另外一个相似的故事，沈元和陈景润。沈元（1916—2004），空气动力学家和航空工程学家，中国航空航天高等教育事业开拓者和教育家，中国科学院院士。沈元1940年毕业于清华大学，1945年获英国伦敦大学帝国理工学院博士学位，1980年当选为中国科学院学部委员（院士）。沈元曾经担任北京航空航天大学校长，现在北京航空航天大学学院路校区的东门进去可以迎面看到他题写的校风"艰苦朴素、勤奋好学、全面发展、勇于创新"。沈元和陈景润是同乡，都是福建福州人。1949年至1950年，沈元曾回乡在福州英华中学任教，其间教过的学生中有后来成为著名数学家的陈景润，他是陈景润开始对"哥德巴赫猜想"产生浓厚兴趣的启蒙老师。

熊庆来对华罗庚的提携也是类似的典型例子。

艾伦·图灵这篇关于可计算性的论文是计算机科学的奠基之作，没有这篇论文，计算机即使出现，也不能称为科学。文中将计算定义为：应用形式规则，对（未加解释的）符号进行形式操作。

这篇文章有大量的数学公式，反映出艾伦·图灵极高的数学造诣。研究计算机科学需要数学，不然容易陷入空谈，或者可操作性比较弱。拉·梅特里所著的《人是机器》一书没有一个数学公式，在认识上就有瓶颈。

什么是计算机？有的人认为计算机就是做加减乘除比较快的机器；有的人认为计算机就是可以打字的机器；有的人认为计算机是上网的工具；有的人认为计算机是收发电子邮件的工具……这些说法似乎都是正确的，但到底什么是计算？什么问题可以计算？所有的问题都可以计算吗？

20世纪30年代以来，形式化的传统可计算性理论（computability theory）逐渐建立起来，定义了什么是计算，在计算时间和存储空间足够大的前提下区分了可计算与不可计算，成为计算机科学的基本理论。也就是说，如果没有可计算性理论，即使出现了计算机，也是处于工程阶段，不能称为计算机科学。传统的可计算性理论，诞生在计算机出现之前，属于数学家和逻辑学家研究的内容。

对传统的可计算性理论做出贡献的科学家有德国数学家希尔伯特，美国数学和逻辑学家哥德尔、丘奇、波斯特、戴维斯（本科的导师是波斯特，博士导师是丘奇）、冯·诺依曼，英国数学和逻辑学家艾伦·图灵等，我国科学家有南京大学莫绍揆教授（他于1947年留学瑞士苏黎世高等工业大学，导师为贝尔奈斯，而贝尔奈斯的导师是希尔伯特）、清华大学张鸣华教授、北京航空航天大学李未教授、北京大学陈平教授（1987 在美国获博士学位，导师为普里高津）等。在自动推理领域，我国科学家有中国科学院研究员吴文俊和高小山等。在并行计算领域，我国科学家有原总参谋部第五十八所研究员张效祥、中国科学技术大学陈国良教授、国防科技大学周兴铭教授等，他们较早且系统地开展了并行计算的研究和并行计算机的设计。

需要指出的是，上文提到的张效祥、周兴铭、陈国良、李未、吴文俊和高小山均当选为中国科学院院士。

20 世纪 10 年代后期诞生的几乎同龄的一批对计算机科学有影响的科学家

科学家	出生年份	主要学术贡献	高等教育背景
莫绍揆	1917 年	数理逻辑	中央大学、瑞士苏黎世高等工业大学、法国巴黎大学、南京大学
张效祥	1918 年	大型计算机研制	武汉大学和苏联科学院精密机械及计算技术研究所
普里高津	1917 年	"耗散结构"理论	比利时布鲁塞尔自由大学
吴文俊	1919 年	拓扑学和数学机械化	上海交通大学和法国斯特拉斯堡大学

在本章开始之前，我们谈谈数学，特别是数理逻辑，主要围绕几个重要的概念：集合、关系、函数、序、数。

人类对数的认识有一个过程，先是自然数（对加法、乘法是封闭的），再是整数（对加法、乘法和减法是封闭的），然后是有理数（对加法、减法、乘法、除法是封闭的），再是实数（对加法、减法、乘法、除法、开方是封闭的），最后是复数（对虚数是封闭的）。

如果存在一个以集合 X 为定义域，以集合 Y 为值域的双射，就称集合 X 和 Y 是等势的，用符号表示为 $|X|=|Y|$。

如果存在集合 X 到集合 Y 内的单射，就称 X 的势小于或等于 Y 的势，表示为 $|X| \leqslant |Y|$。

康托尔 - 伯恩斯坦定理的内容是，如果 $|X| \leqslant |Y|$ 并且 $|Y| \leqslant |X|$，则 $|X|=|Y|$。

对任意集合 X，如果存在 $n \in \mathbf{N}$，使得 $|X|=n$，就称 X 为有穷的；如果对任意 $n \in \mathbf{N}$，都有 $|X| \neq n$，就称 X 为无穷的；如果 $|X|=|\mathbf{N}|$，就称 X 是可数的；不是可数的无穷集合称为是不可数的。

这里，我们讲一下自然数的性质：

(1) 如果有一批自然数都不大于一个给定的自然数，那么其中一定有一个最大的。或者说，在有上界的自然数集合中一定有一个最大的。

(2) 一个有上界的自然数集合不能和它的真子集建立起一一对应的关系。或者说，n 个物体不能和少于 n 个物体具有一一对应的关系。

为什么要强调性质 (2) 这一似乎简单的事实？因为这是有限集合的性质，不是无限集合的性质。任何一个无限集合都有可能与它的子集一一对应。例如，自然数集合可以和偶自然数集合一一对应：$n \leftrightarrow 2n$。同样，自然数集合可以和奇自然数集合一一对应：$n \leftrightarrow 2n+1$。自然数集合、偶自然数集合、奇自然数集合三者是等势的。

"可计算"（computable）数或许可以被简单描述成小数表达式可以用有限手段（by finite means）计算出来的实数。尽管从表面上看本论文的主题是可计算数（computable number），但是我们很容易用几乎相同的方法定义和研究关于整数变量、实数或可计算数变量的可计算函数（computable function）、可计算谓词（computable predicate）等。各种情况下所涉及的基本问题都一样。我之所以选择可计算数进行显式的处理，是因为它所涉及的累赘的技术最少。我希望可以很快就给出可计算数、可计算函数等之间的关系。这将包括开发用可计算数表达的实变函数的理论。根据我的定义，一个数如果它的小数形式可以被机器写下来，那么它就是可计算的。

这篇文章开篇的第一句话，给出了"可计算数"的定义。第一句话的原文是："The 'computable' numbers may be described briefly as the real numbers whose expressions as a decimal are calculable by finite means." 这句话实际上是不容易翻译的。

这里，列举几种不准确的翻译或理解：

错误翻译1：可计算数可以被简单描述成小数形式可以在有限步骤内计算出来的实数。

错误翻译2：可计算数或许可以像实数一样被简单描述，实数的十进制表达式可以用有限手段计算。

这是两个原则性的错误。严复倡导翻译要"信、达、雅"，上面的两种翻译在"信"上出错了。

"finite means"不是"有限步骤"，艾伦·图灵对运算步骤的数量没有做限制。比如圆周率 π 是一个可计算数，但它是一个无限不循环小数。我们想得到小数点后第 N 位的数字，是有办法去算的，对 N 是没有限制的，N 可以趋于无穷大。只要我们愿意，机器可以一直算下去。

"finite means"被译为"有限手段"，就是指算法。从代码上看，算法的描述是清晰的、有限的（如果一个算法需要写无穷多行，那么这个算法不是可行的，对应的问题是不可计算的）。但在执行时，可以使用循环结构，只要我们不愿意停，机器就一直计算下去。操作系统就是一个死循环，只要我们不关机，它就一直运行下去。

"be described as"是"被描述成"，不是"像……一样被描述"。在数量上，可计算数比实数少。

数是可计算的？有些读者可能比较疑惑：有不可以计算的数吗？什么叫"可计算"？数字可以有很多形式，比如圆周率 π，它可以有各种表达式，那么它可以计算吗？艾伦·图灵指出"如果一个数的小数形式可以被机器写下来，那么它就是可计算的"。机器的最终结果要体现在输出上，能体现就是"可计算"，不能体现就是"不可计算"。

把上面这段话的首句和末句结合起来，我们现在看看艾伦·图灵关于"可计算数"的定义：如果一个数的小数形式可以在有限手段内被机器写下来，那么它就是可计算的。

在2.9、2.10节，我会给出一些论据以说明可计算数包括所有可被自然地认为是可计算数的数。特别地，我会指出某几大类的数都是可计算的，例如所有代数数（algebraic number）的实部、贝塞尔函数零点的实部、数 π 和 e 等。但是，可计算数并不完全包括所有可定义的数（definable number），我将给出一个可定义的却不可计算的数的例子。

在这篇文章中有两处提到代数数。任何整系数多项式的根，称为代数数。不是代数数的实数，称为超越数，例如 π。

上面这一段给出了该文一个重要的结论——"可计算数并不完全包括所有可定义的数"。"可定义数"比"可计算数"要多。很多人至今不理解这一点。

虽然可计算数类如此之大，并且在很多方面可计算数类与实数类相似，但它是可数的（enumerable）。在2.8节中，我将仔细审查某些论据，它们似乎证明与此相反的结论。正确地应用其中的某个异议，得到的结论与哥德尔的结论⊖大致相似。这些结果具有宝贵的应用价值。特别地，在2.11节将表明希尔伯特的判定性问题（Hilbertian Entscheidungsproblem）是无解的。

如何理解这一段中"在2.8节中，我将仔细审查某些论据，它们似乎证明与此相反的结论"？这里"与此相反的结论"就是"可计算数是不可数的"，这是一个错误的结论，图灵将在2.8节进行推敲。

如果集合中的元素能与自然数一一对应，则称这个集合为可数的。注意"屈指可数"是指扳着手指就可以数清楚，形容数量稀少。常人有十个手指，数量不多，与这些手指一一对应，数量也就不多。"与自然数一一对应"意义上的可数，不是"有限"的意思。

"可计算数"是可数的，但实数是不可数的。数 π 本身是实数，但又是可计算的。读者可能会对这些感觉困惑或难以理解。具有一定的数学功底或造诣才能把这些关系梳理清楚。该文具有极高的理论价值和不可替代的奠基性历史地位，也与这种深刻性有关。

该文是数学与具体科学紧密结合的典范，也是科学与工程紧密结合的典范。在研究中，经常出现的两种倾向：过于高级和抽象，或是过于底层和具体。该文没有脱离计算机的讨论，在2.6节专门讨论通用计算机器的组成与结构。如果把人才分为四类：①只能具体（普通工程师）；②只能抽象（普通理论研究者）；③能从具体到抽象再到具体（卓越工程师）；④能从抽

⊖ Gödel, "Über formal unentscheidbare Sätze der Principia Mathematica und verwandter Systeme, I", *Monatshefte Math. Phys.*, 38 (1931), 173-198。——原文注

象到具体再到抽象（卓越理论研究者）。显然从该文看，艾伦·图灵属于卓越理论研究者，做到了理论联系实际、科学与工程相融合。

阿隆佐·丘奇在其近期的论文中[一]引入了"有效可计算性"（effective calculability）的概念，这个概念和我的"可计算性"（computability）是等价的，但是以很不同的方式被定义的。丘奇也就判定性问题得到了类似的结论[二]。关于"可计算性"和"有效可计算性"之间的等价性的证明将在本文的附录中给出。

2.1 计算机器

注意，本节的标题是"计算机器"，英文是 computing machines，在《计算机器与智能》中，艾伦·图灵使用的是 computing machinery，machine 与 machinery 几乎同义，无论如何，他没有用 computer 这个词，因为 computer 最初的主体是人。

我们已经提到，可计算数是那些其小数表达式可以用有限手段计算出来的实数。这一概念需要更加显式的定义。在 2.9 节之前，我们不会真正尝试解释这个定义的合理性。现在我只能说，合理性（justification）存在于人类的记忆必然是有限的这一事实之上。

可计算性的定义中涉及对"有限手段"含义的界定，这一点非常重要，在现实世界中我们总是希望以有限达成无限，比如以有限的指令集达成无限种类的程序，以有限的记忆容量和有限的生命长度达成无限多样化的人脑计算。

我们或许可以将一个正在进行实数计算的人与一台只能处理有限种情况 $q_1, q_2, q_3, \cdots, q_R$ [这些情况将被称为"m-格局"（m-configuration）]的机器相比较。该机器被提供一条"纸带"（纸的类似物）。纸带穿过机器运转，同时被分成一个个部分（称为"方格"），每个方格中都可以放置一个符号。在任意时刻，只有一个方格，比如第 r 个，它里边的符号 $\mathfrak{S}(r)$ 是"在机器里"的。我们可以称这个方格为"被扫描格"，被扫描格中的符号可以称为"被扫描符"。可以说，"被扫描符"是机器当前唯一可以"直接感知"的符号。但是，通过改变 m-格局，机器可以有效地记住之前"看到的"（扫描到的）一些字符。机器在任意时刻可能的（possible）行为都是由当前的 m-格局 q_n 和被扫描符 $\mathfrak{S}(r)$ 决定的。q_n 与 $\mathfrak{S}(r)$ 的配对将被称为"格局"

[一] Alonzo Church, "An unsolvable problem of elementary number theory", *American J. of Math.*, 58（1936），345-363。——原文注

[二] Alonzo Church, "A note on the Entscheidungsproblem", *J. of Symbolic Logic*, 1（1936），40-41。——原文注

（configuration）。因此，格局决定了机器的可能行为。在某些格局里，被扫描格为空（即没有承载任何符号），机器会在这个被扫描格写下一个新的符号，在其他格局中则会擦除这个被扫描符。机器也可以改变正被扫描的方格，但只能移到左边一格或右边一格。除了这些操作外，m-格局也可能会变化。写下的符号中的一部分将组成一串数字序列，即被计算的实数的小数表达式；写下的符号中的其他部分只不过是用来"协助记忆"的粗略的注释。只有这些粗略的注释才可以被擦除。

"m-格局"就是机器（machine）格局。机器被提供一条纸带，以类比人被提供一张纸。

这一段中提到了几个重要概念：机器格局、被扫描符、格局。

机器在任意时刻可能的（possible）行为都是由当前的 m-格局 q_n 和被扫描符 $\mathfrak{S}(r)$ 决定的。q_n 与 $\mathfrak{S}(r)$ 的配对将被称为"格局"（configuration）。因此，格局决定了机器的可能行为。

在上面这一段中，我们翻译时特别标注了"possible"一词，这个词与自动机及选择机的概念有关，将在 2.2 节第二段讨论。

本书第 2 章、第 7 章运用了形式化技术，是计算机体系结构方向的形式化研究的典范。第 2 章和第 7 章之间也具有千丝万缕的联系。

我的观点是：这些操作包括了计算一个数的过程中用到的所有操作。对这一观点的辩护在读者熟悉机器的理论后将会更容易一些。因此，下一节我将开始研究这一理论，且假设读者已理解"机器""纸带""被扫描的"等词的含义。

2.2　定义

在这一节中，艾伦·图灵给出了四个定义：自动机，计算机器，循环机和非循环机，可计算序列和可计算数。

2.2.1　自动机

如果一台机器（在 2.1 节的定义下）在每一阶段的动作**完全地**被格局决定，我们将称这台机器为自动机（automatic machine）或 a-机器。

注意，在这一段中，艾伦·图灵特别说明"在 2.1 节的定义下"，我们可以发现：艾伦·图灵在定义计算机这个概念时经历了一个"机器－自动机－计算机器"的逐步演进的过程。第一步，他在 2.1 节给出了"机器格局""纸带""被扫描符""方格""被扫描格""格局"等概念（这实际上给出了机器的硬件结构和运行原理）。第二步，他在 2.2 节上面这一段强调和明确了自动的概念。第三步，他将在 2.2 节的第三段强调能打印 0 和 1 数字。满足第一步的叫作机器，满足第二步的叫作自动机，满足第三步的叫作计算机器，约束越来越多，内涵越来越丰富，外延越来越小。

"a-机器"中的记号"a"表示 automatic，即"自动"。

什么是机器（Machine）？我们查阅了《大英百科全书》关于"机器"的定义。英文原文如下：

Machine, device, having a unique purpose, that augments or replaces human or animal effort for the accomplishment of physical tasks. This broad category encompasses such simple devices as the inclined plane, lever, wedge, wheel and axle, pulley, and screw (the so called simple machines) as well as such complex mechanical systems as the modern automobile.

翻译为中文："机器是一种装置，目的是协助或代替人或动物完成体力任务。这一大类包括诸如斜面、杠杆、楔块、轮轴、滑轮和螺钉（所谓的简单机器）等简单装置以及诸如现代汽车这样复杂的机械系统。"

这个定义是归纳出来，既有合理性，也有片面性。把上面这个定义用来作为"拖拉机"的父类时，是比较恰当的，因为拖拉机是协助或代替人或动物（比如牛）完成耕地等体力任务的一种装置。但是，把上面这个定义作为"计算机"的父类时，定义中的"体力劳动"就不正确了。艾伦·图灵明确说，计算机的优势不在于体力方面。

我们又查阅了《大英百科全书》关于"计算机"（Computer）的定义，英文原文如下：

Computer, device for processing, storing, and displaying information. Computer once meant a person who did computations, but now the term almost universally refers to automated electronic machinery.

翻译为中文："计算机，处理、存储和显示信息的装置。计算机曾经是指做计算的人，但现在这个术语几乎普遍指的是自动化的电子机器。"

"计算机"（Computer，现在最普遍的指代方式）、"计算机器"（艾伦·图灵曾用过 Computing Machinery 和 Computing Machine 这样的名称）、"电脑"（Electrical Brain，寒武纪人工智能芯片以"DianNao"为名称发表了多篇论文）、"解算装置"（Calculating and Solving Device，1958 年北京航空航天大学设立"解算装置研究室"）、"计算系统"（Computing System）都是指代同一事物，但又分别有所侧重。

去伪存真，我们下了这样一个定义供读者参考：计算机是人类发明的协助或代替人类完成包括数值的或非数值的部分或所有纯智力任务的半自动化或全自动化的装置。

对这个定义，我们提几个问题：

是否有必要强调为"半自动化或自动化的装置"？有必要。算盘、算筹是纯手动的计算工具，但不是计算机。"程序存储"是计算机的核心特征，目的就是要实现"自动化"。

是否有必要强调"纯智力"？有必要。见本书第 1 章艾伦·图灵给出的理由。

是否有必要强调"部分或所有"？有必要，见本书第 1 章最后结尾处艾伦·图灵给出的理由。一个能算"1 + 2 = 3"的装置是计算机，但不能满足于此，还要能写十四行诗，最终能代替人做所有的纯智力活动。

是否有必要强调"数值的或非数值的"？有必要，计算机早期主要用于科学计算，现在仍然可以做科学计算，但除此之外，现在还用于非数值计算，而且这方面的重要性越来越突出。智能更多的时候是与非数值计算联系在一起的。

是否有必要强调"协助或代替"？有必要，需要人参与才能继续进行下去的机器是下面所说的"选择机"，"协助"对应的是"选择机"，"代替"对应的是"自动机"。

定义中是否有必要像《大英百科全书》关于"机器"的定义那样强调"人或动物"？计算机协助或代替的对象只能是人吗？不可以是动物吗？纯智力活动只有人才能进行吗？艾伦·图灵在《计算机器与智能》一文中批判了"出于优越感将人视为唯一可以思考的主体"的观点。在我们看来，机器都可以思考，动物为什么不可以？动物是可以思考的，不同的动物有着不同水平的智能。但是，因为人造计算机只能由人进行编程，所以计算机协助或代替的直接对象只能是人。我们设想这样的情形：对于一只像熊猫这样的珍稀动物，出于保护它的目的，在它的大脑受到损伤时，我们用一个经过合适编程的计算机芯片替代它的大脑的全部或一部分，这样可以协助或代替它的智力活动吗？这种可能性是存在的。但无论如何，这种协助或替代是通过人类完成的。

出于某些目的，我们可能使用那些格局只能部分决定动作的机器（选择机或 c-机器。因此，我们在 2.1 节里用了"可能"一词）。当这样的一台机器达到那些模棱两可（ambiguous）的格局之一时，它不能继续运行，直到机器外部的操作者给出某种任意的选择。我们用机器来处理公理系统（axiomatic system）时将会出现这种情况。在本文中，我只讨论自动机，因此将会经常省略前缀 a。

自动机与选择机的区别是什么？在程序的执行过程中，如果机器还需要自己之外的因素（比如人）参与（做出选择），那机器就没有实现完全自动化，所以它就是选择机。在程序的执行过程中，如果机器不需要自己之外的因素参与，全部自主完成所有操作，那机器就实现了完全自动化，所以它就是自动机。

2.2.2 计算机器

如果一台自动机（a-机器）打印两种符号，第一类符号（称为数字，figure）完全由 0 和 1 组成（其他符号称为第二类符号），那么这台机器将被称为计算机器（computing machine）。如果给机器提供空白的纸带,并且从正确的初始 m-格局开始运行,那么机器打印出的第一类符号组成的子序列就叫作**机器计算出的序列**(sequence computed by the machine)。在这个二进制小数序列的最前面加上一个二进制小数点,所得的实数就称为**机器计算出的数**。

什么是计算机?在上一段首句,艾伦·图灵给出了定义:计算机就是能打印 0 和 1 符号的自动机。打印就是输出。输出是对彼岸的靠近。计算机通过不断输出,获得所求问题的解。

在机器运转中的任何阶段,被扫描格的编号、纸带上所有符号的完整序列以及 m-格局,共同描述了这个阶段的**完整格局**(complete configuration)。在相邻的两个完整格局之间机器和纸带发生的变化,称为机器的**移动**。

真理具有彼岸性。计算机的计算过程,本质上是问题求解的过程,中间在算法的指引下需要经过一系列"移动",最终完成从此岸到彼岸的过渡。

到目前为止,有"机器格局""格局""完整格局"这三个信息量递增的概念。

在这篇文章中,"moves""motion""operation"表达的都是"计算"的意思。注意,"move"也可以作为名词。

2.2.3 循环机和非循环机

如果一台计算机器只能写下有限数量的第一类符号,它就被称为**循环机**(circular machine),否则,它被称为**非循环机**(circle-free machine)。

如果一台机器运行到了某个格局之后不能继续移动,或者它能继续移动并有可能打印出第二类符号但不能打印出更多第一类符号,那么它就是循环的。"循环的"这个概念的意义将在 2.8 节中进行解释。

什么是"非循环机"?注意,"非循环机"是完成可计算数所需计算的主体。有人可能对这一点产生困惑。"非循环机"就是能输出小数点后任意位数的数字的机器。对于循环机,机器运行到了某个格局之后不能继续移动,或者能继续移动但不能打印出更多第一类符号。

什么是计算机器?什么叫计算?我们以圆周率 π 这个数为例来说明。在计算之前,我们只知道它表示数量,是一个数,但关于这个数等于多少,我们并不知道。

如果我们能知道 π 这个数的二进制形式的小数点后第任意位是 0 还是 1,我们就说 π 这个数是可计算的。计算机器就是告诉我们"π 这个数的二进制形式的小数点后第任意位是 0 还是 1"的一种装置。比如我们想知道 π 的二进制小数形式的小数点后第 1 位的数字是 0 还是 1,计算机器把答案写在纸带上,这时我们说"π 的二进制小数形式的小数点后第 1 位的数字被计算出来了"；我们想知道 π 的二进制小数形式的小数点后第 2 位的数字是 0 还是 1，计算机器把答案写在纸带上，这时我们说 "π 的二进制小数形式的小数点后第 2 位的数字被计算出来了"。

通常，我们想知道 π 的二进制小数形式的小数点后第 N（N 为任意自然数）位的数字是 0 还是 1，计算机器把答案写在纸带上，这时我们说 "π 的二进制小数形式的小数点后第任意位的数字被计算出来了"。这样，π 的二进制小数形式就被应有尽有、淋漓尽致地呈现给我们了。这时，我们就说 π 是可计算的。

"π 的二进制小数形式的小数点后第任意位的数字被计算出来了" 与 "π 是可计算的" 是等价的。

2.2.4　可计算序列和可计算数

如果一个序列可以被非循环机计算出来，那么这个序列是可计算序列（computable sequence）。如果一个数与非循环机计算出来的数只相差一个整数，那么这个数是可计算数（computable number）。

为了防止混淆，我们将更多地提及可计算序列而不是可计算数。

为什么必须是被非循环机计算出来，才说是可计算的？比如 1/2 这个数，它的二进制小数形式为 0.1，为什么要 "输出小数点后任意位的数字"？小数点后面不就只有一位吗？让我们来还原计算机器计算的过程：

计算机器通过执行一种算法，确定了 1/2 这个数的二进制小数形式的第 1 位为 1，这时第 2 位开始的后面所有位的数值在纸带上没有任何体现，可以用下面的形式表示：

0.1??? …

有人说，人类计算员（human computer）在此时明明一下子同时知道 "从第 2 位开始的后面所有位的数值均为 0"，所以不会无休止地计算，为什么计算机器那么愚蠢，非要一位一位地输出那无穷无尽的 0？从这个意义上，计算机器与人类计算员不就不等价了吗？

答案是：至少在这个问题上，计算机器与人类计算员是等价的，计算机器并不愚蠢。和人类计算员一样，计算机器也可以一下子同时知道 "从第 2 位开始的后面所有位的数值均为 0"，它可以同时（不用一位一位顺序地）在 "从第 2 位开始的后面所有位" 上写上 0。

注意，0.1*** 表示小数点后只有第一位已经被计算出来了。0.1 表示 0.1000…，更准确地说，表示 0.10。

所以，对一个数来说，如果说它被计算，是指它作为一个整体，它的二进制形式的所有位都可以被计算，这个任务绝不可能由循环机完成（因为根据循环机的定义，循环机只能在纸带上写下有限个 0 或 1 数字）。也就是说，任何数 x（无论是有限的还是无限的）的二进制小数后面都有无穷多位（这些位上只要有 1 位不能被计算，x 这个数作为一个整体就是不可计算的）。

再举一个例子：当 x 表示 "0" 时，x 这个数是不是可计算的？

答案是：是可计算的，因为 x 的准确表达形式是 $x=0.\dot{0}$。注意，只有非循环机能够表达 $0.\dot{0}$。

我们在这里想谈一下计算与推理的关系。计算与推理是有区别的。计算往往是针对具体的特定对象的问题，推理往往是针对抽象的一般对象的问题。中国古代没有发展出逻辑推理，有工程计算但无逻辑推理。

我们研读过法国学者吉尔·多维克的《计算进化史》[一]。在该书中有这样几段话："20 世纪 20 年代，希尔伯特提出了一个问题，并称之为'判定性问题'：有没有一种算法，能够判定在谓词逻辑下的命题是否可以证明成立？如果一个问题可以用算法解决，我们就说它是'可判定'或是'可计算'的。对于一个函数，比如由两个数得出其最大公约数的函数，如果用 x 的值可以计算出 $f(x)$ 的值，我们就说它是'可计算'的。于是，希尔伯特的判定性问题就可以这样表述：设有一个关于命题的函数，该函数可证明成立则函数值为 1，否则为 0，那么这个函数可计算吗？"

注意，上面这段中有这样一句：如果一个问题可以用算法解决，我们就说它是"可判定"或是"可计算"的。

这里"可计算性"的定义就依赖"算法"的定义。什么是"算法"？算法（algorithm）是指解题方案的准确而完整的描述，是一系列解决问题的清晰指令，算法代表着用系统的方法描述解决问题的策略机制。也就是说，能够对一定规范的输入，在有限时间内获得所要求的输出。如果一个算法有缺陷，或不适合于某个问题，执行这个算法将不会解决这个问题。不同的算法可能用不同的时间、空间或效率来完成同样的任务。一个算法的优劣可以用空间复杂度与时间复杂度来衡量。

算法中的指令描述的是一个计算，当其运行时能从一个初始状态和（可能为空的）初始输入开始，经过一系列有限而清晰定义的状态，最终产生输出并停止于一个终态。一个状态到另一个状态的转移不一定是确定的。随机化算法包含了一些随机输入。

形式化算法的概念部分源自尝试解决希尔伯特提出的判定性问题，并在其后尝试定义有效计算性或者有效方法中成形。这些尝试包括：

（1）雅克·埃尔布朗和库尔特·哥德尔提出的"埃尔布朗-哥德尔方程组"。

（2）库尔特·哥德尔、雅克·埃尔布朗和斯蒂芬·科尔·克莱尼分别于 1930 年、1934 年和 1935 年提出的递归函数。

[一] 人民邮电出版社出版了该书中文版。

(3) 阿隆佐·丘奇于 1936 年提出的 λ 演算。

(4) 埃米尔·莱昂·波斯特于 1936 年提出的 Formulation 1。

(5) 艾伦·图灵于 1936 年提出的图灵机。

事后证明，上面这些定义都是相互等价的，"变换"或"重写"是这些定义的共通之处，也是今天计算理论的核心。

2.3 计算机器的实例

在本节中，作者将会介绍两个计算机器的实例，其中一个是计算"010101…"这个序列的，另一个是计算"001011011101111011111…"这个序列的。这两个例子将在后面几节多次讨论。

怎样才算比较了解或理解这篇论文？其中一个标志是能随手写下这一节的两个数字序列对应的表格，为此要看穿对应的形式化的表格的实质。

I 可以建造一台机器来计算 010101…这个序列。

这台机器将具有四种 m-格局："b""c""e""f"，并且可以打印"0"和"1"。表 2-1 描述了机器的行为，其中"R"是指"机器移动以扫描紧跟在刚才扫描的方格右边的那个方格"。同样，"L"是指机器移动以扫描紧跟在刚才扫描的方格左边的那个方格，"E"表示"擦除被扫描符"，"P"是指"打印"。表 2-1（以及接下来所有这类表格）将可以这样理解：对于前两列中描述的格局，第 3 列的操作紧接着被执行，接着机器会转到在最后一列中描述的 m-格局。如果第 2 列是空白的，则被理解为第 3 列和第 4 列的行为适用于任何符号以及没有符号的情形。机器运行从 m-格局 b 开始，且纸带是空白的。

表 2-1

格局		行为	
m-格局	符号	操作	最终 m-格局
b	None	$P0, R$	c
c	None	R	e
e	None	$P1, R$	f
f	None	R	b

上面是艾伦·图灵给出的第一个图灵机实例，有很多读者实际上并不理解其中的奥妙。如何计算"0101…"这个序列？

有的人会想"0101…"是一个数字序列，不是一个问题，怎样计算（求解）？之所以提出这个问题，原因是不理解艾伦·图灵所定义的"computing machine""sequence computed by the machine"概念。计算一个 0 和 1 组成的数字序列，就是要打印输出这个数字序列，当然打印输出需要一个自动化的装置，这个装置就是计算机。

表 2-1 对应一个图灵机，是一个图灵机对应的程序，是一个有限规则的集合。当然，我们说这个表格对应一个图灵机，并不是说这个表格就是图灵机本身。图灵机本身有纸带、读写头等硬件装置，这些都是表格默认的条件和基础。注意，表格最左上角的机器格局与最右下小角的机器格局是相同的，从而实现一个循环节（即"01"），机器可以一直运算下去，无限地重复这个循环节。看起来表只有有限的四行，但可以无限多次运行，这体现了"以有限实现无限""不需要人工中间干预，全自动执行"的思想。

如果（不同于 2.1 节中的描述）我们允许字母 L 和 R 在操作列中多次出现，就可以大大地简化表格（见表 2-2）。

表 2-2

格局		行为	
m-格局	符号	操作	最终 m-格局
ƀ	None	$P0$	ƀ
	0	$R, R, P1$	ƀ
	1	$R, R, P0$	ƀ

上面这个简化的表格，规则一共三行，第 1 列的机器格局与第 4 列的最终机器格局是一样的。注意第 2 行第 2 列的 0 与第 3 行第 3 列的 $P0$（内容一样，实现了衔接），第 3 行第 2 列的 1 与第 2 行第 3 列的 $P1$（内容一样，实现了衔接）。

II 作为一个稍微难一点的例子，我们可以建造一台机器来计算序列 001011011101111011111…。这台机器可以有 5 个 m-格局，即"ɔ""q""ƥ""f"和"ƀ"，并能打印"ə""x""0""1"。纸带上的最前面三个符号会是"əə0"，其他数字在后面相间的方格中出现。在中间的方格中，我们除了打印 x，不打印别的内容。它们用来帮我们"记位置"，用完之后就被擦除。我们还安排，相间方格里的数字序列中没有空格，见表 2-3。

表 2-3

格局		行为	
m-格局	符号	操作	最终 m-格局
ƀ		$Pə, R, Pə, R, P0, R, R, P0, L, L$	ɔ
ɔ	1	R, Px, L, L, L	ɔ
	0		q
q	Any (0 or 1)	R, R	q
	None	$P1, L$	ƥ

(续)

格局		行为	
m-格局	符号	操作	最终 m-格局
$\mathfrak{p}$	$\begin{cases} x \\ \partial \\ \text{None} \end{cases}$	E, R R L, L	$\mathfrak{q}$ $\mathfrak{f}$ $\mathfrak{p}$
$\mathfrak{f}$	$\begin{cases} \text{Any} \\ \text{None} \end{cases}$	R, R $P0, L, L$	$\mathfrak{f}$ $\mathfrak{o}$

类似上面这样的表格就是程序，就是有限规则的集合。

上面这个表格并不直观，不能一下子看出这个表格与它计算出的序列之间的联系。于是，这里有个问题：图灵在自己的头脑中经过怎样的思考过程之后才构思出上面的表格？上面的表格与程序设计语言之间是如何对应的？

理解自动机对应的表格的第一个技巧是，观察最左列的机器格局和最右列的最终机器格局，特别是如果在同一行上两者相同，则表示模式的重复，也就是循环。如果跨行上两者相同，则表示模式的迁移。

理解自动机对应的表格的第二个技巧是，把复杂的自动机分解为若干个简单的自动机，分别去研究对应的简单表格，然后把简单的表格组合起来，就是复杂自动机对应的表格。

为此，我们设计一些较为基本的例题。

例题1：设计一台机器，从右到左依次扫描数字格，每遇到1就在1的右边打印 x。

解答：见表2-4。

表 2-4

格局		行为	
m-格局	符号	操作	最终 m-格局
$\mathfrak{o}$	1	R, Px, L, L, L	$\mathfrak{o}$

例题2：设计一台机器，从左到右依次扫描数字格，若遇到空格，则在空格上打印1，然后向左移动到非数字格上。

解答：见表2-5。

表 2-5

格局		行为	
m-格局	符号	操作	最终 m-格局
$\mathfrak{q}$	$\begin{cases} \text{Any}(0 \text{ or } 1) \\ \text{None} \end{cases}$	R, R $P1, L$	$\mathfrak{b}$ $\mathfrak{p}$

例题 3：设计一台机器，每遇到 x，就擦除 x，然后在最右端的数字格上打印 1，再向左搜寻 x，直到整个纸带上没有 x。

解答：见表 2-6。

表 2-6

格局		行为	
m-格局	符号	操作	最终 m-格局
$\mathfrak{p}$	x ə None	E, R R L, L	$\mathfrak{q}$ $\mathfrak{f}$ $\mathfrak{p}$
$\mathfrak{q}$	Any(0 or 1) None	R, R $P1, L$	$\mathfrak{q}$ $\mathfrak{p}$

例题 4：设计一台机器，在纸带最右端打印 0。

解答：见表 2-7。

表 2-7

格局		行为	
m-格局	符号	操作	最终 m-格局
$\mathfrak{f}$	Any None	R, R $P0, L, L$	$\mathfrak{f}$ $\mathfrak{o}$

如果要建造一台机器来计算序列 "0010110111011110111110…"，基本算法是：我们希望打印 ($n+1$) 个 1，为此需要在 n 个 1 的序列后面先打印 1，这样就表示了 "+1"，然后复制之前的 n 个 1 即可。怎样复制之前的 n 个 1？这就需要一一对应的思想：在之前的 n 个 1 的序列的每个 1 后面打印一个 x，每有一个 x 就在新序列中打印一个 1。做完这些之后，把所有的 x 擦除。

图灵所建造的计算序列 "0010110111011110111110…" 的机器实际是我们在上面例题中所建造的多个较简单的机器的复合。

为了说明机器的运作，我将给出一个表格（见表 2-8），其中包括了开始的几个完整格局。通过写下纸带上的符号序列，并把 m-格局写在扫描符下面，以此来描述这些完整格局。连续的完整格局之间用冒号隔开。

表 2-8

:	ə	ə	0		0 :	ə	ə	0		0 :	ə	ə	0		0 :	ə	ə	0 0	: ə ə 0 0 1 :
	b					o					p					q			p
ə	ə	0	0		1 :	ə	ə	0		0 1 :	ə	ə	0		0 1 :	ə	ə	0	0 1 :
	p					p						f					f		
ə	ə	0	0		1 :	ə	ə	0		0 1		ə	ə	0		0 1	0 :		
	f											f					o		
ə	ə	0	0		1	x	0 :	...											
	o																		

这个表格也可以被写成如下形式：

$$b : ə ə 0 \ 0 \ e \ 0 \ 0 : ə ə q 0 \ 0 \ 0 : \cdots, \qquad (C)$$

其中，被扫描符的左侧留出了一个空格，m-格局被写在这个空格里。这个形式不那么容易明白，但我们出于理论目的稍后将会用到它。

完整格局包括三个部分：机器格局、被扫描符、纸带上的全部内容。机器格局并没有被显式表达。这是需要深入思考和理解的。在本书第 7 章将要介绍的关于计算机系统虚拟化的论文中用四元组表示机器状态。

将数字只写在相间的方格中，这个约定是非常有用的，我将一直利用这一约定。我会将其中一个由相间的方格组成的序列称为**数字格**（*F*-figures），另一个这样的序列称为**可擦除格**（*E*-figures）。可擦除格中的符号可以被擦除。数字格中的符号形成一个连续的序列，在到达纸带末端之前没有空格。

这里 "*F*-figures" 表示数字格，"*E*-figures" 表示可擦除格。

在每对数字格的中间只需要一个可擦除格，明显需要多个可擦除格时，可以允许在可擦除格中打印足够多样的字符。

如果符号 β 在数字格 S 中，符号 α 在紧邻 S 右侧的可擦除格中，那么 S 和 β 就叫作是用 α 标记的。打印这个 α 的过程称为用 α 来标记 β（或 S）。

2.4 简缩表

某些类型的过程被几乎所有的机器使用，而且这些过程在一些机器中在很多情况下被使用。这些过程包括复制符号序列、比较序列、删除某一形式的所有符号等。在使用这些过程的地方，我们可以使用"框架表"（skeleton table）来大大地缩短 m-格局的表格。框架表里通常使用大写德文字母和小写希腊字母。这些是"变量"的性质。通过把每一个大写德文字母处处（throughout）用一个 m-格局代替，每一个小写希腊字母用一个符号代替，我们得到一个关于 m-格局的表。

这一段的首句给出了一个重要的思想，就是高频指令或过程的思想，这一思想在指令集（ISA）和库函数的设计中发挥重要作用。

我们在图灵的论文中经常看到"处处"（throughout）一词，因为要对同一符号的所有出现做出某种操作。

框架表仅仅是个简缩表，它们并不是必不可少的。只要读者明白了如何从框架表中得到完整的表，在这方面就没有必要给出任何确切定义了。

我们来考虑一个例子（见表2-9）。

表 2-9

m-格局	符号	行为	最终 m-格局
$\mathfrak{f}(\mathfrak{C},\mathfrak{B},\alpha)$	$\begin{cases} \mathtt{e} \\ \text{not } \mathtt{e} \end{cases}$	L L	$\mathfrak{f}_1(\mathfrak{C},\mathfrak{B},\alpha)$ $\mathfrak{f}(\mathfrak{C},\mathfrak{B},\alpha)$
$\mathfrak{f}_1(\mathfrak{C},\mathfrak{B},\alpha)$	$\begin{cases} \alpha \\ \text{not } \alpha \\ \text{None} \end{cases}$	 R R	$\mathfrak{C}$ $\mathfrak{f}_1(\mathfrak{C},\mathfrak{B},\alpha)$ $\mathfrak{f}_2(\mathfrak{C},\mathfrak{B},\alpha)$
$\mathfrak{f}_2(\mathfrak{C},\mathfrak{B},\alpha)$	$\begin{cases} \alpha \\ \text{not } \alpha \\ \text{None} \end{cases}$	 R R	$\mathfrak{C}$ $\mathfrak{f}_1(\mathfrak{C},\mathfrak{B},\alpha)$ $\mathfrak{B}$

在 $\mathfrak{f}(\mathfrak{C},\mathfrak{B},\alpha)$ 这个 m-格局中，如果机器找到最左边的 α 符号（第一个 α），则 m-格局转向 $\mathfrak{C}$。如果没有 α，则 m-格局转向 $\mathfrak{B}$。

假设把所有的 $\mathfrak{C}$ 用 $\mathfrak{q}$ 代替，$\mathfrak{B}$ 用 r 代替，α 用 x 代替，那么我们会得到 m-格局 $\mathfrak{f}(\mathfrak{q},r,x)$ 的一个完整表。$\mathfrak{f}$ 被称作"m-格局函数"或"m-函数"。

m-函数中允许被替换的表达式只有机器的 m-格局和符号。还是有必要或多或少明确地把它们列举出来，它们可能包括 $\mathfrak{p}(e,x)$ 这样的表达式。事实上，如果使用了任何 m-函数，则一定会包含这样的表达式。如果我们不坚持这样明确地列举，而只是简单地声明这个机器有某些特定的 m-格局（并列举出来），以及所有可以通过替换某些特定 m-函数中的 m-格局得到的 m-格局，那么通常情况下，我们会得到无穷个 m-格局。例如，假设机器拥有 m-格局，以及所有可以通过替换 $\mathfrak{p}(\mathfrak{C})$ 里的 m-格局 $\mathfrak{C}$ 得到的 m-格局，则我们会得到如下无穷个 m-格局：$\mathfrak{q},\mathfrak{p}(\mathfrak{q})$,

$\mathfrak{p}(\mathfrak{p}(\mathfrak{q})),\mathfrak{p}(\mathfrak{p}(\mathfrak{p}(\mathfrak{q}))),\cdots$。

这便是我们的解释规则。已知的机器的 m-格局的名字大多数以 m-函数的形式给出。框架表也给出了。我们需要的是一张机器的 m-格局的完整表，它可以通过对框架表的重复替换操作得到。

更多例子（解释中的符号"→"用来表示"机器转向某个 m-格局……"）如下。

如表 2-10 所示，经过 $e(\mathfrak{C},\mathfrak{B},\alpha)$，如果遇到第一个 α，则擦除它，并且→$\mathfrak{C}$；如果没有 α，则→$\mathfrak{B}$。

表 2-10

$e(\mathfrak{C},\mathfrak{B},\alpha)$		$\mathfrak{f}(e_1(\mathfrak{C},\mathfrak{B},\alpha),\mathfrak{B},\alpha)$
$e_1(\mathfrak{C},\mathfrak{B},\alpha)$	E	$\mathfrak{C}$

如表 2-11 所示，经过 $e(\mathfrak{B},\alpha)$，将擦除所有的 α，然后→$\mathfrak{B}$。

表 2-11

$e(\mathfrak{B},\alpha)$	$e(e(\mathfrak{B},\alpha),\mathfrak{B},\alpha)$

最后的例子看上去比其他例子更难解释。假设某个机器的 m-格局列表中出现 $e(\mathfrak{b},x)$（或许会 = $\mathfrak{q}$）。

这个表是：

$$e(\mathfrak{b},x) \quad e(e(\mathfrak{b},x),\mathfrak{b},x)$$

或者

$$\mathfrak{q} \quad e(\mathfrak{q},\mathfrak{b},x)$$

或者，更详细的表示见表 2-12。

表 2-12

$\mathfrak{q}$		$e(\mathfrak{q},\mathfrak{b},x)$
$e(\mathfrak{q},\mathfrak{b},x)$		$\mathfrak{f}(e_1(\mathfrak{q},\mathfrak{b},x),\mathfrak{b},x)$
$e_1(\mathfrak{q},\mathfrak{b},x)$	E	$\mathfrak{q}$

这里，我们使用 $\mathfrak{q}'$ 代替 $e_1(\mathfrak{q},\mathfrak{b},x)$，然后（进行适当的替换）给出 $\mathfrak{f}$ 的表，终于可以得到一个不包含任何 m-函数的表。

如表 2-13 所示，经过 $\mathfrak{pe}(\mathfrak{C},\beta)$，机器在符号序列的末尾打印 β，然后→$\mathfrak{C}$。

表 2-13

$\mathfrak{pe}(\mathfrak{C},\beta)$			$\mathfrak{f}(\mathfrak{pe}_1(\mathfrak{C},\beta),\mathfrak{C},\mathfrak{d})$
$\mathfrak{pe}_1(\mathfrak{C},\beta)$	Any	R,R	$\mathfrak{pe}_1(\mathfrak{C},\beta)$
	None	$P\beta$	$\mathfrak{C}$

如表 2-14 所示，$\mathfrak{f}'(\mathfrak{C},\mathfrak{B},\alpha)$ 与 $\mathfrak{f}(\mathfrak{C},\mathfrak{B},\alpha)$ 类似，不同的是，它在 →$\mathfrak{C}$ 之前需要向左移动。

表 2-14

$\mathfrak{l}(\mathfrak{C})$	L	$\mathfrak{C}$
$\mathfrak{r}(\mathfrak{C})$	R	$\mathfrak{C}$
$\mathfrak{f}'(\mathfrak{C},\mathfrak{B},\alpha)$		$\mathfrak{f}(\mathfrak{l}(\mathfrak{C}),\mathfrak{B},\alpha)$
$\mathfrak{f}''(\mathfrak{C},\mathfrak{B},\alpha)$		$\mathfrak{f}(\mathfrak{r}(\mathfrak{C}),\mathfrak{B},\alpha)$

如表 2-15 所示，$\mathfrak{c}(\mathfrak{C},\mathfrak{B},\alpha)$ 表示机器在尾部写下由 α 标记的第一个符号，然后 →$\mathfrak{C}$。

表 2-15

$\mathfrak{c}(\mathfrak{C},\mathfrak{B},\alpha)$		$\mathfrak{f}'(\mathfrak{c}_1(\mathfrak{C}),\mathfrak{B},\alpha)$
$\mathfrak{c}_1(\mathfrak{C})$	β	$\mathfrak{pe}(\mathfrak{C},\beta)$

最后一行代表了用机器纸带上可能出现的任意符号代替 β 后得到的所有的行。

在表 2-16 中，$\mathfrak{ce}(\mathfrak{B},\alpha)$，表示机器从尾部按顺序复制所有用 α 标记的符号，然后擦除这些 α，最后 →$\mathfrak{B}$。

表 2-16

$\mathfrak{ce}(\mathfrak{C},\mathfrak{B},\alpha)$	$\mathfrak{c}(\mathfrak{e}(\mathfrak{C},\mathfrak{B},\alpha),\mathfrak{B},\alpha)$
$\mathfrak{ce}(\mathfrak{B},\alpha)$	$\mathfrak{ce}(\mathfrak{ce}(\mathfrak{B},\alpha),\mathfrak{B},\alpha)$

在表 2-17 中，$\mathfrak{re}(\mathfrak{C},\mathfrak{B},\alpha,\beta)$，机器用 β 来替换第一个 α 并 →$\mathfrak{C}$，如果没有 α，则 →$\mathfrak{B}$。

表 2-17

$\mathfrak{re}(\mathfrak{C},\mathfrak{B},\alpha)$		$\mathfrak{f}(\mathfrak{re}_1(\mathfrak{C},\mathfrak{B},\alpha,\beta),\mathfrak{B},\alpha)$
$\mathfrak{re}_1(\mathfrak{C},\mathfrak{B},\alpha,\beta)$	$E,P\beta$	$\mathfrak{C}$

在表 2-18 中，$\mathfrak{re}(\mathfrak{B},\alpha,\beta)$，机器用 β 替代所有的 α 字符，然后 →$\mathfrak{B}$。

表 2-18

$\mathfrak{re}(\mathfrak{B},\alpha,\beta)$	$\mathfrak{re}(\mathfrak{re}(\mathfrak{B},\alpha,\beta),\mathfrak{B},\alpha,\beta)$

在表 2-19 中，$\mathfrak{ce}(\mathfrak{C},\mathfrak{B},\alpha)$ 与 $\mathfrak{ce}(\mathfrak{B},\alpha)$ 的区别仅在于，前者的 α 字母不被擦除。当纸带上没有字母 α 时，m-格局 $\mathfrak{ce}(\mathfrak{B},\alpha)$ 就被转走。

表 2-19

$\mathfrak{ce}(\mathfrak{C},\mathfrak{B},\alpha)$	$\mathfrak{c}(\mathfrak{re}_1(\mathfrak{C},\mathfrak{B},\alpha,\alpha),\mathfrak{B},\alpha)$
$\mathfrak{ce}(\mathfrak{B},\alpha)$	$\mathfrak{ce}(\mathfrak{ce}(\mathfrak{B},\alpha),\mathfrak{re}(\mathfrak{B},\alpha,\alpha),\alpha)$

如表 2-20 所示，比较第一个 α 标记的字符和第一个 β 标记的字符。如果既没有标记 α 也没有标记 β，则 →$\mathfrak{C}$。如果标记 α 和 β 都存在，并且所标记的字符一样，那么 →$\mathfrak{C}$；否则 →$\mathfrak{A}$。

表 2-20

cp($\mathfrak{C},\mathfrak{A},\mathfrak{C},\alpha,\beta$)		f'(cp$_1$($\mathfrak{C}_1,\mathfrak{A},\beta$),f($\mathfrak{A},\mathfrak{C},\beta$),$\alpha$)
cp$_1$($\mathfrak{C},\mathfrak{A},\beta$)	γ	f'(cp$_2$($\mathfrak{C},\mathfrak{A},\gamma$),$\mathfrak{A},\beta$)
cp$_2$($\mathfrak{C},\mathfrak{A},\gamma$)	$\begin{cases}\gamma \\ \text{not }\gamma\end{cases}$	$\mathfrak{C}$
		$\mathfrak{A}$

如表 2-21 所示，cpe($\mathfrak{C},\mathfrak{A},\mathfrak{C},\alpha,\beta$) 与 cp($\mathfrak{C},\mathfrak{A},\mathfrak{C},\alpha,\beta$) 的不同之处在于，如果存在一对相同的字符，那么第一个 α 和 β 将被擦除。

表 2-21

cpe($\mathfrak{C},\mathfrak{A},\mathfrak{C},\alpha,\beta$)	cp(e(e($\mathfrak{C},\mathfrak{C},\beta$), ($\mathfrak{C},\alpha$),$\mathfrak{A},\mathfrak{C},\beta$)

如表 2-22 所示，cpe($\mathfrak{C},\mathfrak{A},\mathfrak{C},\alpha,\beta$)，比较 α 标记的符号序列和 β 标记的符号序列，如果它们是相似的，则→$\mathfrak{C}$；否则→$\mathfrak{A}$。一些 α 和 β 将被擦除。

表 2-22

cpe($\mathfrak{C},\mathfrak{A},\alpha,\beta$)	cp(cpe($\mathfrak{A},\mathfrak{C},\alpha,\beta$),$\mathfrak{A},\mathfrak{C},\alpha,\beta$)

如表 2-23 所示，q($\mathfrak{C},\alpha$)，机器找到形如 α 的最后一个符号，然后→$\mathfrak{C}$。

表 2-23

q($\mathfrak{C}$)	$\begin{cases}\text{Any} \\ \text{None}\end{cases}$	R	q($\mathfrak{C}$)
		R	q$_1$($\mathfrak{C}$)
q$_1$($\mathfrak{C}$)	$\begin{cases}\text{Any} \\ \text{None}\end{cases}$	R	q($\mathfrak{C}$)
			$\mathfrak{C}$
q($\mathfrak{C},\alpha$)			q(q$_1$($\mathfrak{C},\alpha$))
q$_1$($\mathfrak{C},\alpha$)	$\begin{cases}\alpha \\ \text{not }\alpha\end{cases}$		$\mathfrak{C}$
		L	q$_1$($\mathfrak{C},\alpha$)

如表 2-24 所示，$\mathfrak{pe}_2$($\mathfrak{C},\alpha,\beta$)，机器在纸带尾部打印 α 和 β。

表 2-24

$\mathfrak{pe}_2$($\mathfrak{C},\alpha,\beta$)	$\mathfrak{pe}(\mathfrak{pe}(\mathfrak{C},\beta),\alpha)$

如表 2-25 所示，ce$_3$($\mathfrak{B},\alpha,\beta,\gamma$)，机器在尾部首先复制用 α 标记的字符，接着是用 β 标记的字符，最后复制 γ 标记的字符。之后，这些 α、β 和 γ 标记被擦除。

表 2-25

ce$_2$($\mathfrak{B},\alpha,\beta$)	ce(ce($\mathfrak{B},\beta$),α)
ce$_3$($\mathfrak{B},\alpha,\beta,\gamma$)	ce(ce$_2$($\mathfrak{B},\beta,\gamma$),$\alpha$)

如表 2-26 所示，经过 e($\mathfrak{C}$)，所有的标记将从被标记的字符上擦除，然后→$\mathfrak{C}$。

表 2-26

e($\mathfrak{C}$)	$\begin{cases} ə \\ \text{not } ə \end{cases}$	R	$e_1(\mathfrak{C})$
		L	e($\mathfrak{C}$)
$e_1(\mathfrak{C})$	$\begin{cases} \text{Any} \\ \text{None} \end{cases}$	R,E,R	$e_1(\mathfrak{C})$
			$\mathfrak{C}$

2.5 可计算序列的枚举

一个可计算序列 γ 是通过描述计算它的机器被确定的。因此，序列 001011011101111… 是由 2.3 节的表 2-3 决定的，而且事实上任何可计算序列都可以通过这样的表被描述。

可计算数（序列）是由算法决定或确定的。算法就是诸如 2.3 节的表。

把这些表变成一种标准形式是有用的。首先，我们假设表仍以与 2.3 节的表 2-1 那样的形式给出。也就是说，操作列的条目总是下列形式之一：$E;E,R;E,L;P\alpha;P\alpha,R;P\alpha,L;R;L$，或者没有任何条目。通过引入更多的 m-格局，总是可以把表表示成这种形式。现在我们给这些 m-格局编号，在 2.1 节中分别把它们称作 $q_1, q_2, \cdots, q_R$。初始 m-格局总是 q_1。我们也为符号 $S_1, \cdots, S_m$ 编号，特别是，空格 = S_0，0 = S_1，1 = S_2。现在表中各行的形式如下：

m-格局	符号	操作	最终 m-格局	
q_i	S_j	PS_k, L	q_m	(N_1)
q_i	S_j	PS_k, R	q_m	(N_2)
q_i	S_j	PS_k	q_m	(N_3)

注意，$E;E,R;E,L;P\alpha;P\alpha,R;P\alpha,L;R;L$，其中的冒号表示分隔，相当于顿号。机器可能的操作有：①擦除；②擦除后右移；③擦除后左移；④打印；⑤打印后右移；⑥打印后左移；⑦右移；⑧左移；⑨什么也不做。

如下这样的行：

q_i	S_j	E, R	q_m

可以被写为：

q_i	S_j	PS_0, R	q_m

"PS_0" 就是打印空格，相当于擦除（E）。

而如下这样的行：

q_i	S_j	R	q_m

可以被写为：

q_i	S_j	PS_j, R	q_m

读到 S_j，然后打印 S_j，也就是打印读取的内容自身。

通过这种方法，我们把表的每一行都简化为（N_1）、（N_2）或（N_3）三种形式之一。

在数学中经常需要标准化（standardization）或归一化（normalization），比如求线性空间的标准正交基，需要先正交化，再单位化；再如最大信息系数（maximal information coefficient）是在互信息的基础上进行单位化，量化两个随机变量之间的相关性（RESHEF D N, et al. Detecting novel associations in large data sets [J]. Science, 2011, 334：1518）。

对于形式为（N_1）的每行，我们形成表达式 $q_iS_jS_kLq_m$；对于形式为（N_2）的每行，我们形成表达式 $q_iS_jS_kRq_m$；对于形式为（N_3）的每行，我们形成表达式 $q_iS_jS_kNq_m$。

我们把机器的表中这样形成的表达式写下来，并且用分号分隔开来。用这个办法，我们就得到机器的完整描述。在下面的描述里，我们将用 D 和后面 i 个字母 A 来代替 q_i，用 D 和后面 j 个字母 C 表示 S_j。机器的这种新描述被称为**标准描述**（Standard Description，SD）。它完全由字母 A、C、D、L、R、N 和分号 ";" 组成。

在这一段中，图灵在阐述机器对应的表的标准描述，实际上在将机器的完整描述标准化。

如果最后用 1 代替 A，2 代替 C，3 代替 D，4 代替 L，5 代替 R，6 代替 N，7 代替 ";"，我们将得到机器的阿拉伯数字形式的描述。由这些数字表示的整数被称为机器的**描述数**（Description Number，DN）。DN 唯一地决定了 SD 以及机器的结构。DN 为 n 的机器被描述为 $M(n)$。

图灵在这里所说的描述数与哥德尔数有相通之处，本质上都是在字符串与整数之间建立了一个映射。

每个可计算序列至少对应一个描述数，但不存在一个描述数对应多个可计算序列。因此，可计算序列和可计算数是可数的。

上面这段话第二句是全文关乎主旨的一句话，属于点睛之笔。一个描述数对应一个算法，对应一台专用机器，任何一个算法或专用机器的结果是唯一的，也就是说，产生唯一的可计算数。算法（描述数）的个数：可计算数（可计算序列）的个数 = n:1，而描述数是可数的，所以可计算数也是可数的。

我们来寻找2.3节中机器 I 的描述数。重命名这些 m-格局之后，机器 I 的表格（表2-1）变成：

q_1	S_0	PS_1, R	q_2
q_2	S_0	PS_0, R	q_3
q_3	S_0	PS_2, R	q_4
q_4	S_0	PS_0, R	q_1

为什么说"每个可计算序列至少对应一个描述数"？下面这一段指出了原因：机器对应的表可能不是唯一的，比如可以通过增加无关紧要的行（即从不执行的行或者冗余重复的行）得到新表，新表对应的描述数与旧表的描述数不一样，但新表对应的机器与旧表的机器在本质效果上是一样的。

通过添加诸如下面这样的无关紧要的行（irrelevant line），可以得到其他表：

q_1	S_1	PS_1, R	q_2

我们得到的第一个标准形式如下：

$$q_1 S_0 S_1 R q_2 ; q_2 S_0 S_1 R q_3 ; q_3 S_0 S_2 R q_4 ; q_4 S_0 S_0 R q_1 ;$$

标准描述为：

$$DADDCRDAA ; DAADDRDAAA ; DAAADDCCRDAAAA ; DAAAADDRDA ;$$

31332531173113353111731113322531111731111335317 是一个描述数，而
3133253117311335311173111332253111173111133531731323253117 也是一个描述数。

例题：为什么说第一个数"31332531173113353111731113322531111731111335317"和第二个数"3133253117311335311173111332253111173111133531731323253117"都是描述数？两者的联系和区别是什么？

解答：2.3节中机器 I 的表的标准形式是"$q_1 S_0 S_1 R q_2 ; q_2 S_0 S_1 R q_3 ; q_3 S_0 S_2 R q_4 ; q_4 S_0 S_0 R q_1 ;$"，标准描述是"$DADDCRDAA ; DAADDRDAAA ; DAAADDCCRDAAAA ; DAAAADDRDA ;$"，数字化之后是第一个数。无关紧要的行"$q_1 S_1 S_1 R q_2$"被标准化为"$DADCDCRDAA$"，然后被数字化为"31323253117"，接在第一个数后面就是第二个数。

□

一个数如果是非循环机的描述数，则被称为**令人满意的**（satisfactory）数。在2.8节中，将会指出不存在一个一般过程来判定一个给定的数是否是令人满意的数。

非循环机的描述数就是算法的描述数，也就是令人满意的数。不是所有的数，都是令人满意的数。不存在一个一般过程来判定一个给定的数是否是令人满意的数。也就是说，不存在一个一般过程来判定一个过程是否是算法。

标准形式、标准描述、描述数是三个重要概念。

2.6 通用计算机器

本节的标题是"通用计算机器"（The universal computing machine）。如何理解通用？2.3节中介绍的两个机器是计算某些特定的可计算序列的，属于专用计算机器，具有"一机一能"的特点。如果一台计算机器能计算所有的可计算序列，那么这台计算机就被称为通用计算机器，具有"一机多能"或者"一机全能"的特点（实际上"一机多能"或者"一机全能"都有表达不准确的地方："多能"具体有多少？通用计算机器不是少量的若干个专用计算机器的复合，而是可枚举的无限多个专用计算机器的复合。"全能"具体有多全？实际上，存在不可计算的数，所以"全"是有限度的，"全能"是在可计算数的范围内而言）。

我们有可能发明一台可以计算任意可计算序列的机器。如果为机器 U 提供一条纸带，纸带开头写入的是某台计算机器 M 的标准描述，那么 U 将能够计算出与 M 计算出的序列一样的序列。在本节中，我概括地解释机器的行为。下一节着重给出 U 的完整表。

首先假设我们有一台机器 M'，它会在纸带的数字格处写下 M 的连续完整格局。这些完整格局可以使用同2.3节一样的形式表达，使用第二种描述（C，见第68页），所有的符号都在同一行。或者更好的方法是，用 D 后跟适当数目的 A 所构成的字符串代替每个 m-格局，用 D 后跟适当数目的 C 所构成的字符串替代每个符号，以此来转换当前的描述（如2.5节）。字母 A 和 C 的数目和2.5节中的数目是一致的，因此，"0"被"DC"替代，"1"被"DCC"替代，空格（blank）被"D"替代。只有在完整格局组合在一起后，才能进行这些替换，比如在（C）中。如果先进行替换就会出现问题。每个完整格局中的空格都必须被替换为"D"，否则完整格局不能被表示为一个连续的符号序列。

如果在2.3节机器Ⅱ的描述中，把"ə"替换为"DAA"，把"ə"替换为"$DCCC$"，把"q"替换为"$DAAA$"，则序列（C）变为：

$$DA:DCCCDCCCDAADCDDC:DCCCDCCCDAAADCDDC:\cdots \tag{C_1}$$

（这是数字格处的符号序列。）

我们集中把替换规则完整地列出来：把"0"替换为"DC"，把"1"替换为"DCC"，把空格替换为"D"，把"ə"替换为"DA"，把"ɒ"替换为"DAA"，把"ə"替换为"$DCCC$"，把"q"替换为"$DAAA$"。

我们把 2.3 节例 II 的（C）抄在下面：

$$\text{b:əə0 0:əəq0 0:}\cdots, \tag{C}$$

注意，第二个完整格局两个 0 之间有一个空格，第三个完整格局两个 0 之间也有一个空格，这些空格都需要被替换为"D"，否则完整格局不能被表示为一个连续的符号序列。

不难看出，如果我们能构造出 M，那么我们也能构造出 M'。M' 的操作方式可以取决于将 M 的操作规则（即标准描述）写进自身（即 M'）的某个地方，每一步的执行都参考这些规则。我们只需要认为这些规则可以被取出并被替换，那么我们便得到了某种本质上非常类似通用机器的东西。

上面这段话的最后一句，点出了"通用计算机"或者"存储程序式计算机"的思想主旨。将 M 的操作规则（即标准描述）写进 M' 的某个地方（就是内存），M' 的操作方式就与 M 的操作方式一样；而且 M 并不是特指的，可以指任意机器，内存中程序是可替换的，这两点结合起来，就使得 M' 是一台通用计算机器。

读者读到这里（1936 年图灵写的这段话），然后再读到本书第 3 章（1945 年冯·诺依曼撰写的文章），就会对"存储程序"的思想来源和演进有较为深刻的理解。

我们忽略了一个问题：现在的机器 M' 没有打印数字。我们可以在每个连续的完整格局对之间打印数字，这些数字在新格局里出现而未在旧格局里出现，以此来修正这个问题。（C_1）就变成（C_2）：

$$DDA{:}0{:}0{:}DCCCDCCCDAADCDDC{:}DCCC\cdots \tag{C_2}$$

注意，（C_2）中的第一个字母"D"是多余的，可能是笔误或印刷错误。

总体而言，可擦除格可以为这些必要的"粗活"留下足够的空间，这一点虽然不明显，但事实上确实是这样的。

可以把表达式 [（如（C_1）] 中冒号之间的字母序列作为完整格局的标准描述。如果用数字代替这些字母，就像在 2.5 节中那样，那么我们将得到这个完整格局的数字描述，该数字描述被称为它的描述数。

2.7 通用机器的详细描述

表 2-27 给出了通用机器的行为。机器能执行的 m-格局就是表中第一列和最后一列中的全部格局，以及把表中的 m-函数展开成未简缩表后将会出现的所有格局。比如，表 2-27 中出现的 $e(ɑnf)$ 就是一个 m-函数。因此，$e_1(ɑnf)$ 是 U 的一个 m-格局。

表 2-27

$e(ɑnf)$	$\begin{cases} ə \\ \text{not } ə \end{cases}$	R	$e_1(ɑnf)$
		L	$e(ɑnf)$
$e_1(ɑnf)$	$\begin{cases} \text{Any} \\ \text{None} \end{cases}$	R,E,R	$e_1(ɑnf)$
			$ɑnf$

当 U 准备开始工作的时候，穿过它的纸带会在某个数字格上印有符号 ə，下一个可擦除格上又是一个 ə。在此之后是只打在数字格上的机器标准描述，然后是一个双冒号"::"（单个符号，出现在数字格处）。标准描述由若干指令构成，中间用分号隔开。

每条指令由五个连续的部分组成：

（ⅰ）"D"后接若干个"A"构成的序列，描述了相关的 m-格局。

（ⅱ）"D"后接若干个"C"构成的序列，描述了被扫描符。

（ⅲ）"D"后接另一若干个"C"构成的序列，描述了被扫描符将要转变成的符号。

（ⅳ）"L""R"或"N"，描述了读写头左移、右移还是不移动。

（ⅴ）另一个"D"后接若干个"A"构成的序列，描述了最终 m-格局。

现在的机器 U 可打印"A""C""D""0""1""u""v""w""x""y""z"。标准描述由"$;$""A""C""D""L""R""N"构成。

辅助的骨架表。

$\text{con}(\mathfrak{C},\alpha)$，以一可擦除格（比如 S）开始，用 α 标记描述距离 S 右边近的那个格局的符号序列 C，然后 $\rightarrow \mathfrak{C}$。进入最终格局时，机器会扫描 C 的后一格右侧的第四格，C 没有被标记。如表 2-28 所示。

表 2-28

$\text{con}(\mathfrak{C},\alpha)$	$\begin{cases} ə \\ \text{not } ə \end{cases}$	R,R	$\text{con}(\mathfrak{C},\alpha)$
		$L,P\alpha,R$	$\text{con}_1(\mathfrak{C},\alpha)$
$\text{con}_1(\mathfrak{C},\alpha)$	$\begin{cases} ə \\ \text{not } ə \end{cases}$	$R,P\alpha,R$	$\text{con}_1(\mathfrak{C},\alpha)$
		$R,P\alpha,R$	$\text{con}_2(\mathfrak{C},\alpha)$
$\text{con}_2(\mathfrak{C},\alpha)$	$\begin{cases} ə \\ \text{not } ə \end{cases}$	$R,P\alpha,R$	$\text{con}_2(\mathfrak{C},\alpha)$
		R,R	$\mathfrak{C}$

机器 U 的表。

b，在::之后的数字格处打印：DA，然后→$\mathfrak{anf}$。如表 2-29 所示。

表 2-29

b		$\mathfrak{f}(\mathfrak{b}_1,\mathfrak{b}_1,::)$
$\mathfrak{b}_1$	$R,R,P:,R,R,PD,R,R,PA$	$\mathfrak{anf}$

$\mathfrak{anf}$，机器用 y 标记后一个完整格局中的格局，然后→$\mathfrak{fom}$。如表 2-30 所示。

表 2-30

$\mathfrak{anf}$	$\mathfrak{g}(\mathfrak{anf}_1,:)$
$\mathfrak{anf}_1$	$\mathrm{con}(\mathfrak{fom},y)$

$\mathfrak{fom}$，机器寻找后一个没有被 z 标记的分号。它把这个分号标记上 z，并且把该分号之后的格局标记为 x。如表 2-31 所示。

表 2-31

$\mathfrak{fom}\begin{cases};\\z\\\text{not }z\text{ nor}\end{cases}$	R,Pz,L	$\mathrm{com}(\mathfrak{fmp},x)$
	L,L	$\mathfrak{fom}$
	L	$\mathfrak{fom}$

$\mathfrak{fmp}$，机器比较标记为 x 和 y 的序列。它擦除所有的 x 和 y。如果这些序列相似，就→$\mathfrak{sim}$，否则→$\mathfrak{fom}$。如表 2-32 所示。

表 2-32

$\mathfrak{fmp}$	$\mathrm{cpe}(\mathrm{e}(\mathfrak{fom},x,y),\mathfrak{sim},x,y)$

$\mathfrak{anf}$，从长远角度考虑，与后一个格局相关的后一条指令找到了。因为这条指令跟在用 z 标记的后一个分号后，所以今后能被识别出来。然后→$\mathfrak{sim}$。

$\mathfrak{sim}$，机器标记出这些指令。那些表示机器必须执行的操作的指令标记为 u，最终 m-格局标记为 y。字母 z 被擦除。如表 2-33 所示。

表 2-33

$\mathfrak{sim}$		$\mathfrak{f}'(\mathfrak{sim}_1,\mathfrak{sim}_1,z)$
$\mathfrak{sim}_1$		$\mathrm{con}(\mathfrak{sim}_2,)$
$\mathfrak{sim}_2$	$\begin{cases}A\\\text{not }A\quad R,Pu,R,R,R\end{cases}$	$\mathfrak{sim}_3$
		$\mathfrak{sim}_2$
$\mathfrak{sim}_3$	$\begin{cases}A\quad L,Py\\\text{not }A\quad L,Py,R,R,R\end{cases}$	$\mathrm{e}(\mathfrak{mf},z)$
		$\mathfrak{sim}_3$

mf，后一个完整格局被标记成四个部分。这个格局未被标记。它之前的符号标记成 x。其余的完整格局分成两个部分，第一部分标记为 v，第二部分标记为 w。后打印一个冒号，然后→𝔰𝔥。如表 2-34 所示。

表 2-34

mf			$\mathfrak{g}(\mathfrak{mf},:)$
$\mathfrak{mf}_1$	not A	R,R	$\mathfrak{mf}_1$
	A	L,L,L,L	$\mathfrak{mf}_2$
$\mathfrak{mf}_2$	C	R,Px,L,L,L	$\mathfrak{mf}_2$
	:		$\mathfrak{mf}_4$
	D	R,Px,L,L,L	$\mathfrak{mf}_3$
$\mathfrak{mf}_3$	not :	R,Pv,L,L,L	$\mathfrak{mf}_3$
	:		$\mathfrak{mf}_4$
$\mathfrak{mf}_4$			$\mathrm{con}(\mathfrak{l}(\mathfrak{l}(\mathfrak{mf}_5)),)$
$\mathfrak{mf}_5$	Any	R,Pw,R	$\mathfrak{mf}_5$
	None	$P:$	$\mathfrak{sh}$

𝔰𝔥，表示检测标记为 u 的指令。如果指令中包含 "打印 0" 或 "打印 1"，那么在末尾打印 0：或 1：。如表 2-35 所示。

表 2-35

𝔰𝔥			$\mathfrak{f}(\mathfrak{sh}_1,\mathrm{inst},u)$
$\mathfrak{sh}_1$		L,L,L	$\mathfrak{sh}_2$
$\mathfrak{sh}_2$	D	R,R,R,R	$\mathfrak{sh}_2$
	not D		inst
$\mathfrak{sh}_3$	C	R,R	$\mathfrak{sh}_4$
	not C		inst
$\mathfrak{sh}_4$	C	R,R	$\mathfrak{sh}_5$
	not C		$\mathfrak{pe}_2(\mathrm{inst},0,:)$
$\mathfrak{sh}_5$	C		inst
	not C		$\mathfrak{pe}_2(\mathrm{inst},1,:)$

inst，写入下一个完整格局，用于执行被标记的指令。字母 u、v、w、x、y 被擦除。然后→𝔞𝔫𝔣。如表 2-36 所示。

表 2-36

inst			$\mathfrak{g}(\mathfrak{l}(\mathrm{inst}_1),u)$
inst_1	α	R,E	$\mathrm{inst}_1(\alpha)$
$\mathrm{inst}_1(L)$			$\mathfrak{ce}_5(ov,v,y,x,u,w)$
$\mathrm{inst}_1(R)$			$\mathfrak{ce}_5(ov,v,y,x,u,w)$
$\mathrm{inst}_1(L)$			$\mathfrak{ce}_5(ov,v,y,x,u,w)$
ov			$\mathfrak{e}(\mathfrak{anf})$

2.8 对角线方法的应用

或许有人认为，证明实数是不可数的论据也可以证明可计算数及可计算序列是不可数的[①]。例如，或许有人认为一个可计算数序列的极限一定是可计算的。显然，这只对通过某种规则定义的可计算数序列成立。

对角线方法由乔治·康托尔提出，用于证明实数集是不可数的。

极限的定义非常重要，在微积分中如此，在连续统问题中如此，在数论中如此，在可计算理论中也如此。计算机科学专业的学生学习数学分析是有必要的。

上面这一段提出了一个重要的问题：为什么"实数是不可数的"论据不可以用于证明"可计算数是不可数的"？可计算数是可数的，实数是不可数的，这背后的本质原因是什么？

或者我们可以应用对角线方法（diagonal process）。"假设可计算序列是可数的，令 α_n 为第 n 个可计算序列，$\phi_n(m)$ 为 α_n 中的第 m 个数。令 β 是以 $1-\phi_n(n)$ 为其第 n 个数的序列。由于 β 是可计算的，存在数 K，使得 $1-\phi_n(n)=\phi_K(n)$ 对任意 n 成立。令 $n=K$，我们有 $1=2\phi_K(K)$，即 1 是偶数。但这是不可能的，因此可计算序列是不可枚举的。"

"可枚举"与"可数"具有相同的含义。上面这一段是应用对角线方法的过程，问题出在"由于 β 是可计算的"这个地方。

这个证明的谬误在于假设 β 是可计算的。如果我们能够用有限步骤枚举可计算序列，那它便是成立的，但是枚举可计算序列的问题等价于确定给定的数是否是非循环机的描述数的问题，而不存在一般过程能够在有限步骤内处理这一问题。实际上，通过正确地使用对角线方法，我们能够证明不存在任何这样的一般过程。

要正确地使用对角线方法。错误地使用对角线方法，将得到错误的结论。
***例题**：图灵在 2.8 节要论证什么？论证思路是什么？*
***解答**：图灵在 2.8 节要论证"可计算数（序列）是可数（可枚举）的"。*

图灵的论证思路是：先沿用证明"实数是不可数的"对角线方法，去尝试得出"可计算数是不可数的"结论，然后论证前提"β 是可计算的"不成立，从而结论不成立。

[①] HOBSON E W. Theory of functions of a real variable[M]. 2nd ed. Cambridge University Press，1921：87-88. ——原文注

"如果我们能够用有限步骤枚举可计算序列，那它（指前提）便是成立的，但是枚举可计算序列的问题等价于确定给定的数是否是非循环机的描述数的问题，而不存在一般过程能够在有限步骤内处理这一问题。"

可以清晰地看到："停机问题不可解"导致"可计算数是可数的"。 □

这个命题最简单、最直接的证明是，说明如果存在这样的一般过程，那么就存在一台可以计算 β 的机器。这个证明虽然完全正确，但有个缺点，它很可能使读者产生"一定有什么地方出了问题"的想法。我将要给出的证明没有这一缺点，同时会给出对"非循环"这一概念的意义的一个洞察。它并不依赖于 β 的构造，而是依赖 β′ 的构造，这里 β′ 的第 n 个数字是 $\phi_n(n)$。

让我们假设存在这样一个过程，也就是说，我们可以发明一台机器 D，当为它提供了任一机器 M 的标准描述时，它将能够测试这个标准描述。如果 M 是循环机，则用符号 u 标记这个标准描述；如果 M 是非循环机，则用符号 s 标记这个标准描述。通过结合机器 D 和 U，我们可以构造机器 H 来计算序列 β′。机器 D 需要一条纸带。我们假设它使用了数字格上所有符号之外的可擦除格，并在它得出结论时，抹去 D 机器所做的中间工作。

符号 s 表示 satisfactory，符号 u 表示 unsatisfactory。

这一段话提到了一个非常有名的问题，现在称为停机问题（halting problem）。图灵文章原文对停机问题的表述为："可以发明一台机器 D，当为它提供了任一机器 M 的标准描述，它将能够测试（test）这个标准描述。如果 M 是循环机，则用符号 u 标记这个标准描述；如果 M 是非循环机，则用符号 s 标记这个标准描述。"

机器 H 可以调用机器 D 和 U，或者说机器 D 和 U 是机器 H 的一部分。这里，"机器"可以等同于"算法"去理解。

机器 H 的操作分成若干个部分（section）。在前 N-1 部分中，处理其他事情的同时，机器 D 写下整数 1, 2, …, N-1 并加以测试。其中已发现有 R(N-1) 个数是非循环机的描述数。在第 N 部分中，机器 D 测试数 N。如果数 N 是令人满意的，即它是非循环机的描述数，则 R(N) = 1 + R(N-1)，并且将计算描述数为 N 的序列的前 R(N) 个数字。这个序列的第 R(N) 个数字将被写为 H 计算出的序列 β′ 的一位。如果 N 是不令人满意的，则 R(N) = R(N-1)，机器转向第 N+1 个部分继续运行。

从 H 的构成，我们可以看出 H 是非循环的。H 的每一部分操作都在有限个步骤内终止。由我们关于 D 的假设，可在有限步骤内判定 N 是否是可接受的。如果 N 是不可接受的，那么第 N 部分终止；如果 N 是可接受的，意味着描述数是 N 的机器是非循环的，因此第 R(N) 个数字可在有限步骤内计算得到。当这个数字被计算出并写为 β′ 的第 R(N) 个数字时，第 N 部分终止，所以 H 是非循环的。

上面这一段话的首句是中心句，后面各句论证了原因。

令 K 为 H 的描述数，H 在第 K 部分的操作会是怎样的？它必须测试 K 是否令人满意，给出一个判定符号 s 或 u。因为 K 是 H 的描述数，而 H 是非循环机，所以判定结果不可能是 u。另一方面，判定结果也不可能是 s。因为如果是 s，那么机器 H 的第 K 部分的操作将一定要计算以 K 为描述数的机器所产生序列的前 $R(K-1)+1 = R(K)$ 个数字，并将第 $R(K)$ 个数字写下来作为 H 计算出的序列的数字。前 $R(K-1)$ 个数字的计算不会有问题，但是计算第 $R(K)$ 个数字的指令相当于"计算由 H 计算的前 $R(K)$ 个数字，并写下第 $R(K)$ 个数字"，这样的第 $R(K)$ 个数字永远不会找到。换言之，H 是循环的，这和我们在上一段的结论以及断言 "s" 都是矛盾的。因此这些断言都是不可能的，从而我们可以得出结论：不可能存在机器 D。

这一段就涉及"自己处理自己"的问题。H 要计算第 $R(K)$ 个数字，计算第 $R(K)$ 个数字的指令相当于"计算由 H 计算的前 $R(K)$ 个数字，并写下第 $R(K)$ 个数字"，这是在做"同义反复"，没有任何深化，所以不会实际落实（这里就是图灵所说的"循环"一词的含义）。这一段证明了"停机问题不可解"，即"不可能存在机器 D"。

理解了图灵所说的"循环"一词，整篇文章就比较容易理解了。图灵所说的"循环"就是"原地踏步"或"裹足不前"，具体来说就是无限多次地打印 0，或者无限多次地打印 1。

例题：可计算的本质是递归，试做出分析。

解答：可计算的，都是递归的。因为具有递归的本质特点，算法具有规整意义上的美，变中有不变（即随着规约的进行，问题形式稳定不变），不变中有变（即逐步规约，直至最简情形）。如果不是"不变中有变"，就变成了同义反复，就对应图灵所说的循环机，就不是算法。图灵所说的非循环机才是算法，算法是可数的。如果不是"变中有不变"，算法将杂乱无章，而不是有章可循。

算法的递归本质是客观存在的，是不以人的意志为转移的，这是算法"真"的一面。同时，算法的递归本质使得算法具有规整性意义上的美，易于被人脑构思，也易于被人脑理解，这是算法"美"的一面。

算法的构思设计非常重要。目前算法构思是由人脑完成的，且往往需要机遇、灵感，构思过程具有不稳定性、跳跃性。算法的构思需要对问题的本质进行理解和建模，抓住变与不变，建立递归模型。 □

例题：如何理解这段话中"H 是循环的，这和我们在上一段的结论以及断言 's' 都是矛盾的"？

解答："上一段的结论"是指"H 是非循环的"。断言 "s" 是指"H 的描述数 K 是令人满意的"，即"H 是非循环机"。 □

我们可以进一步证明，没有这样的机器 E，当给它提供了任意一台机器 M 的标准描述时，它可以判断 M 是否曾经打印过给定的符号（比如 0）。

我们首先证明，如果存在这样的机器 E，就会有一个一般过程来判定机器 M 是否无限频繁地打印 0。假设机器 M_1 打印的序列与机器 M 打印的序列相同，所不同的只是，在打印第一个 0 的地方，M_1 打印 $\bar{0}$；M_2 将头两个符号 0 替换成 $\bar{0}$，以此类推。这样，如果 M 打印

$$ABA01AAB0010AB\cdots,$$

那么 M_1 会打印

$$ABA\bar{0}1AAB0010AB\cdots$$

M_2 会打印

$$ABA\bar{0}1AAB\bar{0}010AB\cdots$$

例题：图灵为什么在上面这一段"首先证明，如果存在这样的机器 E，就会有一个一般过程来判定机器 M 是否无限频繁地打印 0"？

解答：图灵在这里是用反证法。前面已经知道停机问题不可解，如果存在这样的机器 E，则停机问题可解，那么显然假设不成立。 □

假设有一台机器 F，当给它提供了 M 的标准描述后，它就可以连续写出 M 的标准描述，M_1 的标准描述，M_2 的标准描述……（这样的机器是存在的）。我们将机器 E 和机器 F 合并为一个新的机器 G。G 的第一个动作就是使用 F 写下 M 的标准描述，然后让 E 来测试它，如果 M 从未打印过 0，那么写下：0:，然后 F 写下 M_1 的标准描述，再进行测试，仅当 M_1 从未打印 0 时才写下：0:，如此一直继续下去。现在，我们用 E 来测试 G。如果发现 G 从未打印过 0，那么 M 无限频繁地打印 0；如果 G 有时打印 0，那么 M 不无限频繁地打印 0。

例题：证明"如果发现 G 从未打印过 0，那么 M 无限频繁地打印 0；如果 G 有时打印 0，那么 M 不无限频繁地打印 0"。

解答：如果 M 从未打印过 0，则 G 打印 0，对 M_1、M_2 等也是如此。如果发现 G 从未打印过 0，那么 M、M_1、M_2 等都打印过 0，由 M、M_1、M_2……之间的构造特点可知 M 无限频繁地打印 0。如果 G 有时打印 0，那么 M、M_1、M_2 等机器中至少有一个从未打印过 0，由 M、M_1、M_2……之间的构造特点可知 M 不无限频繁地打印 0。 □

同样，有一个一般过程来判断 M 是否经常无限频繁地打印 1。通过将这些过程结合起来，我们有了一个过程来判断是否无限频繁地打印一个数字。也就是，我们可以有一个过程来判断

是否是非循环的，所以不会存在这样的机器 E。

本节中普遍使用的"有一个一般过程来确定……"的表述等价于"有这样一台机器能确定……"。这种用法可以证明是合理的，当且仅当我们可以证明"可计算"的定义是合理的。每一个这样的"一般过程"问题都能被表达成一个关于确定某一整数 n 是否具有性质 $G(n)$ ［如 $G(n)$ 表示"n 是令人满意的"或者"n 是可证明公式的哥德尔表示"］的一般过程的问题，并且等价于计算一个数，如果 $G(n)$ 成立，则这个数的第 n 个数字为 1，否则为 0。

2.9　可计算数的范围

至今还没有人尝试证明，"可计算"数包括所有被自然地视为可计算的数字。所有能给出的论据从根本上都局限于需要诉诸直觉，因此在数学上相当不令人满意。真正有争议的问题是："计算一个数时可能执行的过程有哪些？"

我将使用的论据有三类：（a）直接诉诸直觉；（b）关于两种定义等价的证明（以防新定义更具直觉吸引力）；（c）给出大量可计算数的例子。

一旦假定可计算数都是"可以计算的"，便会产生具有相同特点的另外一些命题。特别是可以得出，如果存在可以判定希尔伯特函数演算的公式是否可证明的一般过程，那么这个判定就可以由机器来完成。

希尔伯特函数演算就是现在常说的"一阶谓词逻辑"。

Ⅰ［类型（a）］。

这个论据只是对 2.1 节观点的详细阐述。计算通常可以通过在纸张上书写某些符号来完成。我们可以假设这张纸就像小孩子的算术书，分成一个个方格。在初等算术中，有时会利用纸的二维性。但是，这种用法总是可避免的，并且我认为，大家应该认同纸张的二维特性对于计算并不重要。我假定计算是在一张一维的纸上完成的，例如在一条分成方格的纸带上。另外，假设可打印符号的数目是有限的。如果我们允许数目是无限的，那么将会存在一些差异程度任意小的符号⊖。限制符号数目并不会有严重的影响，因为总是可以使用符号序列代替单个符号。因此，像 17 或 999999999999999 这样的阿拉伯数字通常被视为单个符号。同样，任何欧洲语言

⊖ 如果我们认为一个符号字面上被打印在一个方格内，我们可以假设方格是 $0 \leq x \leq 1$，$0 \leq y \leq 1$。符号被定义为这个方格内的一个点集，即被打印机油墨占据的点的集合。如果这些点集是可测量的，且将单位面积的打印机油墨移动单位长度的开销是统一的，我们可以将两个符号的"距离"定义为将一个符号变换为另一个符号的开销，而在 $x = 2$，$y = 0$ 的地方有无限多的油墨被供应。在这种拓扑结构下，符号组成了一个有条件的稠密空间（compact space）。——原文注

里的单词都被当作单个符号（但是，汉语倾向于拥有可枚举的无限多的符号）。在我们的观点里，单一符号和复合符号的区别在于，复合符号如果太长将不能被一眼就识别出来。这与我们的经验是一致的。我们不能一下子辨别出 9999999999999999 与 999999999999999 是否是同一个数。

在这一段中，图灵讲了这样一个重要的观点：在我们通常的经验中，纸张是二维的，但是纸张的二维性对计算来说并不重要，完全可以假定计算是在一张一维的纸上完成的。

有一个问题，这一段中先说"999999999999999"通常被视为单个符号，后面又说它是复合符号，如何理解？应该这样理解：1、7、9 这样的符号是单个符号，17 或 999999999999999 是复合符号，但总是可以使用符号序列代替单个符号，所以，17 或 999999999999999 这样的阿拉伯数字也可以被视为单个符号，具有整体性。同样，任何欧洲语言里的单词，因为具有整体性，都可以被当作单个符号。

很有趣的一点是，图灵注意到汉语（Chinese），他说"但是，汉语倾向于拥有可枚举的无限多的符号"。《牛津英语词典》1989 年第 2 版收录了 301 100 个词汇。《康熙字典》收录汉字47 035 个，《新华字典》收录了约 52 万个词语，显然不是无穷多。"汉语倾向于拥有可枚举的无限多的符号"可能是图灵对汉字博大精深的印象所引起的错觉。

计算者任一时刻的行为都由当时他观察到的符号和他的"思维状态"（state of mind）决定。我们可以假设，计算者在某一个时刻所能观察到的符号的数量或者说能观察到的方格的数量，存在一个上限 B。如果他想观察到更多，就必须继续观察。我们假设需要考虑的思维状态的数量也是有限的。这样做的理由和限制符号数目的理由具有相同的性质。如果我们允许有无限多个思维状态，那么它们之中有些状态将会"无限地接近"（arbitrarily close）从而将会被混淆。同样，这种限制不会对计算造成严重影响，因为更复杂的思维状态可以通过在纸带上写更多的符号来避免。

我们想象一下，把机器的操作分解成"简单操作"，即基本的操作，以至于它们不能够再分解。每个这样的操作都是由计算者及其纸带组成的物理系统的变化构成的。如果我们知道纸带上的符号序列，就知道了系统的状态，这些都是由计算者（通过特定次序）和计算者的思维状态观察到的。我们假设在一个简单操作里最多有一个符号会改变。所有其他的变化都可以分解成这种简单的变化，其中，符号会被改变的那些方格的情况与被观察到的方格相同。因此，我们可以不失一般性地假设，符号变化的方格总是那些"被观察"的方格。

除了这些符号上的改变，简单操作还必须包含被观察方格分布的变化。新的被观察方格必须可以立即被计算者识别。我想可以合理地假设这些方格满足它们与最近的前一个立即被观察方格的距离不超过某个特定值。我们假设每个新的被观察方格与前一个立即被观察方格的距离

不超过 L 个方格。

谈到"立即识别",也许存在其他类型的可被立即识别方格。特别地,用特殊符号标记的方格可能被认为是立即识别的。若这些方格是由单个符号标记的,那么这样的方格数目就是有限的,可以遵循我们的理论将这些被标记的方格毗连到被观察的方格边。另一方面,如果标记方格的是序列符号,我们就不能将识别过程当作一个简单过程。这是一个应该强调的基本出发点。在绝大多数数学论文里,方程和定理都是附上标号的。通常,这些标号不会超过 1000,因此扫一眼标号就能迅速识别一个定理。但是如果论文很长,标记的定理可能到 157767733443477 号,接着我们可能要表述为"……因此通过应用 157767733443477 号定理,我们得到……"。为了确定相关定理,我们需要一位一位地比较两个数,可能需要用铅笔将比较过的数字划掉以免重复算两次。如果除了这些还存在其他"立即识别"的方格,只要这些方格可以在我的机器的运行过程中找到,也不会与我的论点相违背。这个观点会在第Ⅲ部分进一步阐述。

因此,简单操作必须包括:

(a) 改变一个被观察方格的符号。

(b) 将一个被观察方格移动到与前一个被观察方格距离 L 个方格以内的位置上。

这些改变有可能涉及一系列思维状态的转变。因此,普遍意义上的单个操作必须是下列情况之一:

(A) 一个可能的 (a) 型的符号改变以及一个潜在的思维状态转变。

(B) 一个可能的 (b) 型的被观察方格的改变以及一个潜在的思维状态转变。

前面已经介绍过,实际执行的操作是由计算者的思维状态和被观察的符号决定的。特别是,计算者的思维状态和被观察的符号决定了操作执行后计算者的思维状态。

我们现在可以构造一台做这种计算者工作的机器了。对于计算者的任意一个思维状态,机器都有一个相应的 m-格局。对应计算者观察 B 个方格,机器扫描 B 个方格。对于任意一次移动,机器要么改变被扫描方格上的符号,要么将任意一个被扫描方格移动到与其他被扫描方格距离不超过 L 个方格的位置。当完成移动后,后续的格局都由被扫描符和 m-格局决定。这里描述的机器与 2.2 节定义的计算机器并没有本质的区别,对应于任意这一类机器,都可以构造一个计算机器去计算相同的序列,也就是由计算者计算的序列。

Ⅱ [类型 (b)]。

如果修改希尔伯特的谓词演算[⊖]中的记号,使它们系统化并且只涉及有限的符号,那么就

⊖ "谓词演算"表示受限的希尔伯特谓词演算。——原文注

有可能构造一台自动机器①，用来寻找演算过程中所有可证明的公式②。

令 α 是一个序列，用 $G_\alpha(x)$ 表示命题"α 的第 x 个数字是1"，则 $-G_\alpha(x)$ 表示"α 的第 x 个数字是0"③。进一步假设我们可以找到一组性质来定义序列 α，并且可以用 $G_\alpha(x)$ 和命题函数 $N(x)$、$F(x,y)$ 来表达这些性质。其中，$N(x)$ 表示"x 是一个非负整数"，$F(x,y)$ 表示"$y=x+1$"。用合取符号把这些公式连接起来，我们可以得到一个定义 α 的公式，将其命名为 $\mathfrak{A}$。$\mathfrak{A}$ 的项中必须包含皮亚诺公理的必要条件，也就是：

$$(\exists u)N(u)\&(x)(N(x)\rightarrow(\exists y)F(x,y))\&(F(x,y)\rightarrow N(y))$$

后文中我们将其简写作 P。

我们说"$\mathfrak{A}$ 定义了 α"时，意思是 $-\mathfrak{A}$ 不是一个可证明的公式，并且对每一个 n，下面公式（A_n）或（B_n）中的一个是可证明的。

$$\mathfrak{A}\&F^{(n)}\rightarrow G_\alpha(u^{(n)}) \tag{A_n}④$$

$$\mathfrak{A}\&F^{(n)}\rightarrow(-G_\alpha(u^{(n)})) \tag{B_n}$$

其中 $F^{(n)}$ 代表 $F(u,u')\&F(u',u'')\&\cdots F(u^{(n-1)},u^{(n)})$。

我认为此时的 α 是一个可计算序列：稍微修改 K，便得到一个可以计算 α 的机器 K_α。

我们把 K_α 的操作分成几个部分。第 n 个部分用来寻找序列 α 的第 n 位数字。第 $(n-1)$ 个部分完成以后，在所有符号的末尾打印一个双冒号::，后续的工作全都在这个双冒号右边的格中进行。第一步是写入字母"A"，后面跟着写公式（A_n）；然后写入"B"，再紧跟着写公式（B_n）。随后，机器 K_α 开始从事 K 的工作，但是无论何时找到一个可证明的公式，这个公式都会与公式（A_n）和（B_n）进行比较。如果它和公式（A_n）相同，就打印数字1，这样第 n 个部分就完成了。如果它和公式（B_n）相同，则打印0，这个部分也就结束了。如果它与公式（A_n）和（B_n）都不相同，那么就从它停止的点继续工作，迟早会遇到公式（A_n）或（B_n）中的一个。这可以从我们对 α 和 $\mathfrak{A}$ 所做假设，以及 K 的已知性质中推断得到。因此，第 n 个部分最终会结束。K_α 是非循环的，α 是可计算的。

还可以证明，通过这种使用公理的方式得到的可定义的数字 α 包含了所有的可计算数，借助函数演算描述计算机器就可以做到。

必须牢记，我们为"$\mathfrak{A}$ 定义 α"这句话赋予了一个特别的含义。可计算数不包括所有（一

---

① 最自然的事情就是首先构造一台选择机器（2.2节）来完成这个工作，然后就可以很容易构造想要的自动机器了。我们假设总是在两个可能性0和1之间进行选择。这样，每个证明都由一个选择序列 $i_1,i_2,\cdots,i_n$（$i_1=0$ 或 1，$i_2=0$ 或 1，$\cdots$，$i_n=0$ 或 1）决定，因此，数 $2^n+i_12^{n-1}+i_22^{n-2}+\cdots+i_n$ 就完全决定了证明。自动机器依次执行证明1、证明2、证明3…… ——原文注

② 作者发现了对这样一台机器的描述。——原文注

③ 否定符号写在表达式的前面，而不是上面。——原文注

④ 包含 r 个上撇号的序列记为 $^{(r)}$。——原文注

般意义上）的可定义数。假设 δ 是一个序列，根据 n 是否可接受，它的第 n 位数字可以为 1 或 0。由 2.8 节中的定理可以直接得到 δ 是不可计算的。给定数目的 δ 中的数字是可计算的（就我们现在所知），但是无法采用统一的过程。一旦已经计算了足够多的 δ 的数字后，就有必要采用一个本质上更新颖的方法来得到更多的数字。

Ⅲ 这一部分可以看成是对 Ⅰ 的修正或 Ⅱ 的推论。

与 Ⅰ 中类似，我们假设计算在一条纸带上进行，但是通过考虑更加机械而确定的类似过程，我们可以避免引入"思维状态"这一概念。计算机总是能在某个时刻暂停，转向其他的操作，然后过一段时间后还可以再返回到之前停止的点继续运行。如果机器这样运行，那么它必须记录一些指令（以某种标准形式写入纸带），以便阐明如何继续当前已经停止的工作。这个记录与"思维状态"类似。我们假设计算机将以这种不连贯的方式运行，它每次不能执行超过一个步骤。记录的指令必须使得计算机可以执行一个步骤，并且写入下一条记录。因此，计算过程中任意阶段的状态都是由记录的指令和纸带上的符号完全决定的。也就是说，可以采用单一的表达式（符号序列）来描述系统的状态，这个表达式是由符号、之后的 △（假设 △ 不会在其他地方出现）和指令记录组成的，可以称这个表达式为"状态公式"。我们知道，每个给定阶段的状态公式都是由上一个步骤进行之前的状态公式决定的，我们假定这两个公式之间的关系可以采用函项演算来表示。换句话说，假定存在一个公理 $\mathfrak{A}$，它通过给出任意阶段的状态公式和前一阶段的状态公式之间的关系来表达控制计算机行为的规则。如果确实如此，我们可以构造一台机器记下连续的状态公式来计算得到所求的数。

2.10 可计算数的大类的实例

首先给出整数变量的可计算函数和可计算变量的可计算函数的定义，将会非常有用。有很多等价的方式来定义整数变量的可计算函数。下面的定义可能是最简单的。如果 γ 是一个可计算序列，其中 0 出现无穷多次[⊖]，n 是一个整数，我们定义 $\xi(\gamma,n)$ 为 γ 中第 n 个 0 和第 (n+1) 个 0 之间数字 1 的个数。如果对于所有的 n 和某个 γ，$\phi(n) = \xi(\gamma,n)$，则 $\phi(n)$ 是可计算的。一个等价的定义如下。让 $H(x,y)$ 表示 $\varphi(x) = y$。然后，如果我们能找到一个不会导致矛盾的公理 $\mathfrak{A}_\varphi$，使得 $\mathfrak{A}_\varphi \to P$，并且如果对每个整数 n 都存在一个整数 N，使得

$$\mathfrak{A}_\varphi \& F^{(N)} \to H(u^{(n)}, u^{(\varphi(n))}),$$

且使得如果 $m \neq \phi(n)$，则对某个 N'，有

$$\mathfrak{A}_\varphi \& F^{(N')} \to -H(u^{(n)}, u^{(m)}),$$

[⊖] 如果 M 计算 γ，则 M 是否无限打印 0 的问题与 M 是否是非循环的问题是具有同一性质的。——原文注

则 ϕ 可被称为可计算函数。

让 $H(x,y)$ 表示 $\varphi(x)=y$，是什么意思？就是，如果 $\varphi(x)=y$，$H(x,y)$ 为真，否则 $H(x,y)$ 为假。

由于没有描述实数的一般方法，因而我们无法定义一般的实数变量的可计算函数。但是，我们可以定义一个以可计算数为变量的可计算函数。如果 n 是令人满意的，假定 γ_n 为机器 $M(n)$ 计算得到的数字，并且让

$$\alpha_n = \tan\left(\pi\left(\gamma_n - \frac{1}{2}\right)\right),$$

除非 $\gamma_n=0$ 或者 $\gamma_n=1$。在这两种情况下，$\alpha_n=0$。那么，随着 n 遍历可接受数，α_n 遍历可计算数[⊖]。令 $\varphi(n)$ 为一个可计算函数，使得对任意的可接受参数，它的值都是令人满意的[⊖]。则由 $f(a_n)=\alpha_{\varphi}(n)$ 定义的函数 f 是一个可计算函数，并且一个可计算变量的所有可计算函数都可以表示成这种形式。

同样，也可以定义包含几个变量的可计算函数、包含整数变量且值为可计算数的函数，等等。

我将阐明一些关于可计算性的定理，但是只证明（ⅱ）及与（ⅲ）相似的一个定理。

（ⅰ）以整数或可计算数为变量的可计算函数是可计算的。

（ⅱ）以可计算函数递归定义的任何包含整数变量的函数是可计算的。也就是说，如果 $\varphi(m,n)$ 是可计算的，r 是某一整数，那么 $\eta(n)$ 是可计算的，其中，

$$\eta(0) = r,$$
$$\eta(n) = \varphi(n,\eta(n-1))$$

定理（ⅱ）说明了可计算的递归性。

（ⅲ）如果 $\varphi(m,n)$ 是一个包含两个整数变量的可计算函数，则 $\varphi(n,n)$ 是关于 n 的可计算函数。

（ⅳ）如果 $\phi(n)$ 是一个其值总为 0 或 1 的可计算函数，那么第 n 位数字为 $\phi(n)$ 的序列是可计算的。

如果我们用"可计算数"替换"实数"，那么一般形式表示的戴德金定理就不成立了。

[⊖] 函数 α_n 也可以用许多其他方式来定义，从而能够遍历可计算数。——原文注

[⊖] 尽管不可能找到可以判定某个给定的数字是否是可接受的一般过程，但是通常情况下，表明某一特定类的数字是可接受的还是有可能的。——原文注

什么是戴德金定理？戴德金定理可表述为，如果按照以下的方法把实数集合分割成 L 和 R 两类：

（1）每个数只属于两个类中的一类。

（2）每个类至少包含一个数。

（3）L 中的任意一个数都小于 R 中的任意一个数。

则存在一个数 α，满足小于它的所有数都属于 L 类，大于它的所有数都属于 R 类。数 α 本身可能属于 L 和 R 中的任意一类。

戴德金分割：已知对于戴德金分割，把实数域拆分成两个均非空集合 A 及 A'，使能满足：

情形 1：每一个实数必落在集合 A 和 A' 中的一个且仅一个之内。

情形 2：集合 A 的每一个数 α 小于集合 A' 的每一个数 α'。

戴德金定理是刻画实数连续性的命题之一，也称实数完备性定理。它断言，若 $A \mid A'$ 是实数系 R 的戴德金分割，则由它可确定唯一实数 β。若 β 落在 A 内，则它为 A 中最大元；若 β 落在 A' 内，则它是 A' 中最小元。这个定理说明，R 的分割与全体实数是一一对应的，反映在数轴上，它又说明 R 的分割不再出现空隙，因此，这个定理可用来刻画实数的连续性。

证明：

将属于 A 的一切有理数集合记成 A，属于 A' 的一切有理数集合记成 A'，容易证明，集合 A 及集合 A' 形成有理数域内的一个划分（partitioning），这个划分 $A \mid A'$ 确定出某一实数 β，它应该落在 A 组或 A' 组之一内。假定 β 落在下组 A 内，则这样就实现了情形 1，β 就是 A 组的最大数；假定如果不是这样，便可在这组内找出大于 β 的另一数 α_0，现在 α_0 与 β 之间插入有理数 r，使 $\alpha_0 > r > \beta$，r 亦属于 A，故必属于 A 的一部分。这样就得出了谬论，即有理数 r 属于确定 β 的戴德金分割的下组，却又大于 β，因此，就证明了戴德金定理的正确性。同理，如果假定 β 落在上组 A' 内，同样可以证明。

戴德金（Dedekind，1831—1916），德国数学家、理论家和教育家，近代抽象数学的先驱，抽象代数学创始人之一，著有《连续性与无理数》《整代数的理论》《数论讲义》《数是什么？数应当是什么？》等著作。

但是用下面的形式表示，戴德金定理仍然成立：

（V）如果 $G(\alpha)$ 是可计算数的命题函数，并且

(a) $(\exists \alpha)(\exists \beta)\{G(\alpha) \& (-G(\beta))\}$,

(b) $G(\alpha) \& (-G(\beta)) \to (\alpha < \beta)$

且存在判定 $G(\alpha)$ 真值的一般过程，那么存在一个可计算数 ξ 满足：

$$G(\alpha) \to \alpha \leq \xi,$$
$$-G(\alpha) \to \alpha \geq \xi$$

换句话说，对于任意的可计算数，只要存在判定某个给定的数属于哪一类的一般过程，戴德金定理都是成立的。

由于戴德金定理的这个局限性，我们不能声称一个可计算的有界递增可计算数序列是有可计算的极限的。看看下面的序列或许有助于理解：

$$-1, -\frac{1}{2}, -\frac{1}{4}, -\frac{1}{8}, -\frac{1}{16}, \frac{1}{2}, \cdots$$

图灵直接给出了上面这个数列，但没有给出解释。上面这个序列初看起来似乎是一个公比为 1/2 的等比数列，实则不然，因为 −1/16 之后不是 −1/32，而是 1/2，问题就出在这个地方。一个公比为 1/2 的等比数列显然是有可计算的极限的。当 −1/32 那个位置变为 1/2，数列不再是等比数列，而是一个可计算的有界递增可计算数序列，这个数列的极限未必存在。

另一方面，(ⅴ) 使得我们可以证明：

(ⅵ) 如果 α 和 β 是可计算的，且 $\alpha<\beta$，$\varphi(\alpha)<0<\varphi(\beta)$，其中，$\varphi(\alpha)$ 是一个可计算的递增连续函数，那么存在唯一的可计算数 γ 满足 $\alpha<\gamma<\beta$，且 $\varphi(\gamma)=0$。

可计算收敛（Computable Convergence）

如果对于可计算变量 ε 存在一个可计算整数函数 $N(\varepsilon)$，使得对于任意 $\varepsilon>0$，$n>N(\varepsilon)$，$m>N(\varepsilon)$，都有 $|\beta_n-\beta_m|<\varepsilon$，那么我们称这个由可计算数组成的序列 β_n 为可计算收敛的。

我们可以证明：

(ⅶ) 如果一个幂级数的系数构成了一个可计算数的可计算序列，那么这个幂级数在其收敛域内的可计算点处是可计算收敛的。

(ⅷ) 可计算收敛序列的极限是可计算的。

根据"一致可计算收敛"的定义，有：

(ⅸ) 由可计算函数组成的一致可计算收敛的可计算序列的极限是一个可计算函数。

(ⅹ) 一个其系数形成可计算序列的幂级数的和是在其收敛域内的可计算函数。

从 (ⅷ) 和 $\pi=4\left(1-\frac{1}{3}+\frac{1}{5}-\cdots\right)$，我们可推出 π 是可计算的。

从 $e=1+1+\frac{1}{2!}+\frac{1}{3!}+\cdots$，我们可以推出 e 是可计算的。

从 (ⅵ) 中，可以推出所有的实代数数都是可计算的。

从 (ⅵ) 和 (ⅹ) 中，我们推断出贝塞尔函数的实零点是可计算的。

定理 (ⅱ) 的证明：

令 $H(x,y)$ 表示 "$\eta(x)=y$"，并且令 $K(x,y,z)$ 表示 "$\varphi(x,y)=z$"。$\mathfrak{A}_\varphi$ 是 $\varphi(x,y)$ 的公理。我们将 $\mathfrak{A}_n$ 定义为：

$$\mathfrak{A}_\varphi \& P \& (F(x,y) \to G(x,y)) \& (G(x,y) \& G(y,z) \to G(x,z))$$

$$\&(F^{(r)} \to H(u,u^{(r)}))\&(F(v,w)\&H(v,x)\&K(w,x,z) \to H(w,z))\&$$
$$[H(w,z)\&G(z,t) \vee G(t,z) \to (-H(w,t))]$$

我不会给出 $\mathfrak{A}_n$ 一致性的证明。这些证明可以由希尔伯特和贝奈斯所著《数理逻辑基础》（Berlin，1934）一书第 209 页中所用的方法构造。从这个含义来看，一致性也非常清楚。

在这一段，艾伦·图灵再次提到了希尔伯特和贝奈斯所著《数理逻辑基础》（Berlin，1934），可见这本书对艾伦·图灵影响之深，对艾伦·图灵的这篇论文影响之深。顺便说一下，贝奈斯是我国数理逻辑学家莫绍揆的导师。

希尔伯特在 1922～1923 年教授一门课程，他的学生阿克曼帮助他整理了讲义。

我们来看一看希尔伯特 1928 年 1 月 16 日在德国哥廷根所写的该书第 1 版的序言："本书对理论逻辑（又名数理逻辑、逻辑演算或逻辑代数）的处理方式，是我在大学内关于数学基础问题的讲稿（数学原理，1917～1918 年冬季；逻辑演算，1920 年冬季；数学基础，1921～1922 年冬季）中所发展及使用的。在准备上述讲稿时，我曾得到同事贝奈斯的重要支持及商量，他对这些讲稿亦给以极精细的修正。我的学生阿克曼采用并补充了这些材料，遂完成了这个材料的目前安排形式及表述形式……"

《数理逻辑基础》在 1937 年 11 月和 1949 年 3 月分别出版了第 2 版和第 3 版，这两版的序言都是阿克曼写的。居住在维也纳的奥地利数学系学生库尔特·哥德尔（1906～1978）是《数理逻辑基础》的读者。考虑到哥德尔定理的重大意义，《数理逻辑基础》显然具有巨大影响力。可见，一本优秀的教材或专著有可能深刻地影响世界。

在《数理逻辑基础》的第 3 章第 12 节提到判定性问题："对这两个彼此等价的问题——普遍有效性与可满足性，我们常用一个公共名称，叫作狭义谓词演算中的判定性问题。根据第 11 节所做的注意，我们有理由把它当作数理逻辑的主要问题看待。"即判定性问题是数理逻辑的主要问题。

假设对于某个 n 和 N，我们有：
$$\mathfrak{A}_\eta \& F^{(N)} \to H(u^{(n-1)}, u^{(\eta(n-1))}),$$
则对于某个 M，有
$$\mathfrak{A}_\varphi \& F^{(M)} \to K(u^{(n)}, u^{(\eta(n-1))}, u^{(\eta(n))}),$$
$$\mathfrak{A}_\eta \& F^M \to H(u^{(n-1)}, u^{(n)}) \& H(u^{(n-1)}, u^{(\eta(n-1))}),$$
$$\& (u^{(n)}, u^{(\eta(n))}, u^{(\eta(n))}),$$
并且
$$\mathfrak{A}_\eta \& F^{(M)} \to [F(u^{(n-1)}, u^{(n)}) \& H(u^{(n-1)}, u^{(\eta(n-1))}),$$
$$\& K(u^{(n)}, u^{(\eta(n-1))}, u^{(\eta(n))}) \to H(u^{(n)}, u^{(\eta(n))})]。$$

因此
$$\mathfrak{A}_\eta \& F^{(M)} \to H(u^{(n)}, u^{(\eta(n))})。$$

同样，
$$\mathfrak{A}_\eta \& F^{(r)} \to H(u, u^{(\eta(0))})。$$

因此，对于每一个 n，符合下列形式的公式是可证明的。
$$\mathfrak{A}_\eta \& F^{(M)} \to H(u^{(n)}, u^{(\eta(n))})$$

同样，如果 $M' \geq M$，$M' \geq m$，$m \neq \eta(u)$，那么
$$\mathfrak{A}_\eta \& F^{(M')} \to G(u^{(\eta(n))}, u^{(m)}) \vee G(u^{(m)}, u^{(\eta(n))})$$

并且
$$\mathfrak{A}_\eta \& F^{(M')} \to [\{G(u^{(\eta(n))}, u^{(m)}) \vee G(u^{(m)}, u^{(\eta(n))})$$
$$\& H(u^{(n)}, u^{(\eta(n))})\} \to (-H(u^{(n)}, u^{(m)}))]$$

因此
$$\mathfrak{A}_\eta \& F^{(M')} \to (-H(u^{(n)}, u^{(m)}))$$

对于可计算函数的第二个定义的条件也满足了。因此，η 是一个可计算函数。

对于定理（ⅲ）的一个修改形式的证明：

假设给定一个机器 N，该机器初始时的 m-格局为 b，配备一条以 əə 开始且在后面的数字格中有任意个字母 "F" 的纸带，将会根据 "F" 的个数 n 来计算序列 γ_n。如果 $\phi_n(m)$ 是 γ_n 的第 m 个数字，那么第 n 个数字为 $\phi_n(n)$ 的 β 序列是可计算的。

我们假设 N 的格局表写成了这样的形式：每一行的操作列中只有一个操作。我们还假设 Ξ、Θ、$\bar{0}$ 和 $\bar{1}$ 都没有出现在表中，并将 ə 都替换为 Θ，0 都替换为 $\bar{0}$，1 都替换为 $\bar{1}$。然后，做进一步的替换。对于以下形式的任何一行

| $\mathfrak{A}$ | a | $P\bar{0}$ | $\mathfrak{B}$ |

我们将其替换为

| $\mathfrak{A}$ | a | $P\bar{0}$ | $\mathrm{re}(\mathfrak{B}, u, h, k)$ |

并将以下形式的任何一行

| $\mathfrak{A}$ | a | $P\bar{1}$ | $\mathfrak{B}$ |

替换为

| $\mathfrak{A}$ | a | $P\bar{1}$ | $\mathrm{re}(\mathfrak{B}, u, h, k)$ |

并且我们在表中增加以下几行：

u		pe $(u_1, 0)$
u_1	$R, Pk, R, P\Theta, R, P\Theta$	u_2
u_2		re (u_3, u_3, k, h)
u_3		pe (u_2, F)

同样用 $\mathfrak{b}$ 替代 u，1 替代 0，并加上下面一行：

$\mathfrak{c}$	$R, P\Xi, R, Ph$	$\mathfrak{b}$

这样我们就为计算 β 的机器 N' 制定了格局表。初始的 m-格局是 $\mathfrak{c}$，初始的被扫描符是第二个 ə。

2.11 在判定性问题中的应用

2.8 节的结论有一些重要的应用。特别地，它们可以被用来证明希尔伯特的判定性问题无解。现在，我就来证明这个定理。至于这个问题的构造，我建议读者阅读希尔伯特和阿克曼所著的《数理逻辑基础》（*Grundzügeder Theoretischen Logik*，Berlin，1931）的第 3 章。

我们按照艾伦·图灵的建议，阅读了德国人希尔伯特和阿克曼所著的《数理逻辑基础》。这本书一共四章：第 1 章为命题演算，第 2 章为类演算（一元谓词演算），第 3 章为狭义谓词演算，第 4 章为广义谓词演算。科学出版社引进出版了《数理逻辑基础》中文版（译者为我国数理逻辑学家莫绍揆），全书约 200 页，篇幅不算长，却是目前我们所看到的最好的数理逻辑著作。在这本书第 3 章第 12 节介绍了判定性问题，这一节的第三段指出，判定性问题是数理逻辑的主要问题。

艾伦·图灵是英国人，为什么艾伦·图灵在这篇论文中使用大量的德文符号？上面这段话给出了答案，因为艾伦·图灵阅读了德国人希尔伯特和阿克曼所著的《数理逻辑基础》，或者说艾伦·图灵关于数理逻辑的知识是从这本书获得的，书中有大量的德文符号，这样艾伦·图灵就沿用了那些德文符号。

因此我认为不存在一个一般过程来判定一个给定的函数演算 K 的公式 $\mathfrak{A}$ 是可证明的，也就是说，不存在这样的机器，为它提供这些公式中的任意一个 $\mathfrak{A}$，而最终可以说 $\mathfrak{A}$ 是否可证明。

"可证明"的定义见哥德尔关于不完备定理的论文的 2.4 节定义 46。在哥德尔论文中有 46 个预备性定义，其中最后一个定义就是"可证明"，这个概念是全部 46 个概念中唯一的一个不是原始递归的概念。

或许这里需要注意的是，我将要证明的结论与著名的哥德尔的结论[○]非常不同。哥德尔已经表明（在数学原理的形式系统中）存在命题 $\mathfrak{A}$，使得 $\mathfrak{A}$ 或 $-\mathfrak{A}$ 都是不可证明的。这个结论的一个后果是，在该形式系统内不能给出《数学原理》(*Principia Mathematica*)（或者 K）的一致性的证明。另一方面，我将展示的是不存在一个一般方法来判定一个给定的公式在 K 中是否可证明，或者换句话说，由 K 和一条额外公理 $-\mathfrak{A}$ 组成的系统是否一致。

《数学原理》是由英国哲学家罗素（Russell）和其老师怀特海（Whitehead）合著的一本著作，出版于 1910 年。

本书的参考文献中列出了怀特海著的《思维方式》一书，有兴趣的读者可以阅读。

注意，图灵要证明的结论与哥德尔要证明的结论（即哥德尔不完备定理）是不同的。上面这一段用简练准确的语言说明了具体区别。哥德尔证明的是存在不可判断真假的命题，图灵证明的是不存在一个一般方法判定命题的真假。

如果哥德尔所宣称命题的逆命题已经被证明，即如果对于每一个 $\mathfrak{A}$，$\mathfrak{A}$ 或 $-\mathfrak{A}$ 是可证明的，那么我们应该能够立即得到判定性问题的解。因为我们可以发明一台机器 K，它可以相继证明所有可证明的公式，这台机器早晚会证明 $\mathfrak{A}$ 或 $-\mathfrak{A}$。如果证明了 $\mathfrak{A}$，那么我们就知道 $\mathfrak{A}$ 可证明。如果证明了 $-\mathfrak{A}$，那么因为 K 是一致的（见希尔伯特和阿克曼所著的《数理逻辑基础》第 65 页），我们知道 $\mathfrak{A}$ 是不可证明的。

由于 K 中不存在整数，因而证明会显得有点冗长，但根本思想还是相当直白的。

对应于每个计算机器 M，我们都构造一个公式 Un(M)，并且表明，如果存在一个一般方法可以判定 Un(M) 是否可证明，则存在一个一般方法来判定 M 是否打印了 0。

上面这一段给出了证明的根本思想。在 2.8 节中，图灵已经证明"存在一个一般方法来判定 M 是否打印了 0"。因此如果上面这个命题成立，那么就可以得出"不存在一个一般方法可以判定 Un(M) 是否可证明"。

所涉及的命题函数的解释如下：

$R_{S_l}(x,y)$ 可以解释为"在（M 的）完整格局 x 中，y 格中的符号是 S_l"。

$I(x,y)$ 可以解释为"在完整格局 x 中，y 格会被扫描"。

$K_{q_m}(x)$ 可以解释为"在完整格局 x 中的 m-格局为 q_m"。

○ 在上述引文中。——原文注

$F(x,y)$ 可以解释为"y 是 x 的直接后继"。

指令 $\{q_iS_jS_kLq_l\}$ 是以下表达式的缩写：
$$(x,y,x',y')\{(R_{S_j}(x,y)\&I(x,y)\&K_{q_i}(x)\&F(x,x')\&F(y',y))$$
$$\to (I(x',y')\&R_{S_k}(x',y)\&K_{q_l}(x')$$
$$\&(z)[F(y',z)\vee(R_{S_j}(x,z)\to R_{S_k}(x',z))])\}$$

指令 $\{q_iS_jS_kRq_l\}$ 和指令 $\{q_iS_jS_kNq_l\}$ 是其他相似构造表达式的简写。

让我们把 M 的描述变成 2.6 节中的第一个标准形式。这个描述包含了很多表达式，例如 $\{q_iS_jS_kLq_l\}$（或者用 R 或 N 代替 L）。我们来构造出所有对应的表达式，例如指令 $\{q_iS_jS_kLq_l\}$，并计算它们的合取（conjunction）。我们称之为 $\text{Des}(M)$。

公式 $\text{Un}(M)$ 为：
$$(\exists u)[N(u)\&(x)(N(x)\to(\exists x')F(x,x'))\&(y,z)(F(y,z)\to N(y)\&N(z))\&(y)R_{S_0}(u,y)$$
$$\&I(u,u)\&K_{q_1}(u)\&\text{Des}(M)]$$
$$\to(\exists s)(\exists t)[N(s)\&N(t)\&R_{S_1}(s,t)]$$

$[N(u)\&\cdots\&\text{Des}(M)]$ 可以被缩写为 $A(M)$。

当我们采用这一节上面暗示的含义时，会发现 $\text{Un}(M)$ 可以解释为"在 M 的某个完整格局中，S_1（即 0）出现在纸带上"。与之对应，我将证明

(a) 如果 S_1 出现在 M 的某个完整格局下的纸带上，那么 $\text{Un}(M)$ 是可证明的。

(b) 如果 $\text{Un}(M)$ 是可证明的，那么 S_1 出现在 M 的某个完整格局下的纸带上。

完成这些证明之后，定理的其余部分就很直白了。

引理 1 如果 S_1 出现在的某个完整格局下的纸带上，那么 $\text{Un}(M)$ 是可证明的。

我们必须说明如何证明 $\text{Un}(M)$。我们假设在第 n 个完整格局中，纸带上的符号序列为 $S_{r(n,0)},S_{r(n,1)},\cdots,S_{r(n,n)}$，后面都是空格，并且被扫描符是第 $i(n)$ 个，m-格局为 $q_{k(n)}$。

那么我们可以构造这样的命题：
$$R_{S_{r(n,0)}}(u^{(n)},u)\&R_{S_{r(n,1)}}(u^{(n)},u')\&\cdots\&R_{S_{r(n,n)}}(u^{(n)},u^{(n)})$$
$$\&I(u^{(n)},u^{(i(n))})\&K_{q_{k(n)}}(u^{(n)})\&(y)F((y,u')\vee F(u,y)\vee F(u',y)\vee\cdots\vee F(u^{(n-1)},y)\vee R_{S_0}(u^{(n)},y)),$$
我们将其缩写为 CC_n。

同之前一样，$F(u,u')\&F(u',u'')\&\cdots\&F(u^{(r-1)},u^{(r)})$ 缩写为 $F^{(r)}$。

我会说明所有形如 $A(M)\&F^{(r)}\to CC_n$（缩写成 CF_n）的公式都是可证明的。CF_n 的意思是"M 的第 n 个完整格局是这样的"，其中"这样"指的是实际的第 n 个完整格局。因此，我们可以期待 CF_n 是可证明的。

CF_0 肯定是可证明的，因为在完整格局中，所有符号都是空格，m-格局为 q_1，被扫描格为 u，即 CC_0 是

$$(y)R_{S_0}(u,y) \& I(u,u) \& K_{q_1}(u)$$

然后易得 $A(M) \to CC_0$。

下面我们证明对于任何 n，$CF_n \to CF_{n+1}$ 是可证明的。在从第 n 个格局转换至第 $n+1$ 个格局时需要考虑三种情形：机器是向左移动、向右移动还是保持静止。我们假设是第一种情形，即机器向左移动。对其他情形，类似的论据也成立。如果 $r(n,i(n))=a, r(n+1,i(n+1))=c, k(i(n))=b$，并且 $k(i(n+1))=d$，那么 $\text{Des}(M)$ 一定包含指令 $\{q_a S_b S_d L q_c\}$ 作为其中一项，即

$$\text{Des}(M) \to \text{Inst}\{q_a S_b S_d L\ q_c\}$$

因此
$$A(M) \& F^{(n+1)} \to \text{Inst}\{q_a S_b S_d L\ q_c\} \& F^{(n+1)}$$

而 $\text{Inst}\{q_a S_b S_d L\ q_c\} \& F^{(n+1)} \to (CF_n \to CF_{n+1})$ 是可证明的，因此
$$A(M) \& F^{(n+1)} \to (CF_n \to CF_{n+1})$$

并且 $(A(M) \& F^{(n)} \to CC_n) \to (A(M) \& F^{(n+1)} \to CC_{n+1})$，

即 $CF_n \to CF_{n+1}$

对于每个 n，CF_n 都是可证明的。现在根据引理假设，S_1 在某些完整格局中出现在 M 所打印的符号序列的某处，也就是说，对某些整数 N、K，$R_{S_1}(u^{(N)}, u^{(K)})$ 是 CC_N 中的一项，因此 $CC_N \to R_{S_1}(u^{(N)}, u^{(K)})$ 是可证明的。那么我们可以得到

$$CC_N \to R_{S_1}(u^{(N)}, u^{(K)})$$

并且
$$A(M) \& F^{(N)} \to CC_N$$

我们同样有
$$(\exists u)A(M) \to (\exists u)(\exists u') \cdots (\exists u^{(N')})(A(M) \& F^{(N)}),$$

其中 $N' = \max(N, K)$。因此
$$(\exists u)A(M) \to (\exists u)(\exists u') \cdots (\exists u^{(N')})R_{S_1}(u^{(N)}, u^{(K)}),$$
$$(\exists u)A(M) \to (\exists u^{(N)})(\exists u^{(K)})R_{S_1}(u^{(N)}, u^{(K)}),$$
$$(\exists u)A(M) \to (\exists s)(\exists t)R_{S_1}(s, t),$$

即 $\text{Un}(M)$ 是可证明的。

这就完成了引理 1 的证明。

引理 2 如果 $\text{Un}(M)$ 是可证明的，那么 S_1 出现在 M 的某个完整格局下的纸带上。

如果我们在可证明的公式中用任意命题函数来代替函数变量，就会得到一个真命题。特别

地，如果我们采用含义"S_1 出现在 M 的某个完整格局下的纸带的某个地方"而非本节一开始所述的 Un(M) 中的含义，就能得到一个真命题。

我们现在来证明判定性问题不可解。先假设其否定命题成立，那么就存在一个一般的（机械的）过程可以判定 Un(M) 是否可证明。根据引理 1 和引理 2，这表明存在一个过程可以确定机器是否曾经打印了 0，但这在 2.8 节中已经证明是不可能的。因此判定性问题是不可解的。

这一段中提到"机械的"一词，机械的方法就是循规蹈矩的方法，按戴维斯的说法（见《可计算性与不可解性》引言第一段），就是要求算法对应的指令在执行过程中不带"创造性"的思维。

对于带一组受限量词的公式的判定性问题的一大类特殊情形的解，把 Un(M) 表示成所有的量词都在开头的形式，这会比较有趣。事实上，Un(M) 可以被表示成下面的形式

$$(u)(\exists x)(w)(\exists u_1)\cdots(\exists u_n)\mathfrak{B} \tag{I}$$

这里 $\mathfrak{B}$ 不包含任何量词，并且 $n=6$。通过一些不重要的修改，我们可以得到包含所有 Un(M) 基本性质的一个公式，形式与（I）相同，但 $n=4$。

附录　可计算性和能行可计算性

这个附录的标题是可计算性（computability）和能行可计算性（effective calculability），前者是图灵在本文中提出的，后者是丘奇提出的，图灵现在要证明两者的等价性。

在戴维斯的《可计算性与不可解性》一书的引言部分有这样一句："如果有一个确定的算法使我们对任给的 x 的值都能算出对应的函数值来，我们就说这种函数 $f(x)$ 是能行可计算的（effective calculable）。"

将这样的算法以英语表示成一组指令，且将这些指令组按所含的字母的数量从少到多依次进行排列（如果字母数量一样，则按字母表顺序排列）。排列之后，第 i 个指令组 E_i 就是第 i 个算法，与整数 i 一一对应，与 E_i 对应的函数称为 $f_i(x)$。

现在考察下面这个函数

$$g(x) = f_x(x) + 1$$

这个函数的计算过程如下：找出第 x 个指令组 E_x，然后把它作用于自变量 x 上，再把结果加 1。这一切看起来都很正常，但有下面这个结论成立：没有算法能计算 $g(x)$，也就是说，$g(x)$ 不是能行可计算的，即不存在使 $g(x) = f_i(x)$ 的 i。

证明：

假设存在某整数 i_0，有 $g(x) = f_{i_0}(x)$。

则根据 $g(x)$ 的定义式，$g(x) = f_x(x) + 1$，有

$$f_{i_0}(x) = f_x(x) + 1$$

当 $x = i_0$ 时，有

$$f_{i_0}(i_0) = f_{i_0}(i_0) + 1$$

这是不可能的，所以假设不成立，从而命题得证。□

戴维斯指出，有的读者可能不顾上面的结论，强行这样做：给定一个值 x_0，为了计算 $g(x_0)$，从产生出表 E_i 开始，直至得到 E_{x_0}，有了 E_{x_0}，把它的指令作用于数 x_0，最后在所得到的数上加 1。这个方法不可行，问题出在无条件地假定表 E_i 能由纯粹机械的方法产生。有人认为这样做就可以使得表 E_i 能由纯粹机械的方法产生："先把所有可能的英语文字段列成一张表，不管这些文字段有无意义。这是可以做到的，只需取字母和标点符号以及空格的所有可能的定长排列。每得到一个文字段，就检查它是否是计算某一数值函数的指令组，如果是，则保留，如果不是，则删除。"问题出在假定能机械地判断计算函数的过程是否确实是一个算法。

所有的能行可计算（λ-可定义）序列都是可计算的，反之也成立，这个定理的证明将在下面简略给出。假设人们已经理解了丘奇和克莱尼所使用的"合式公式"（Well-Formed-Formula，WFF）和"转换"（conversion）这些术语。在第二个证明中，我们假定了一些公式已经存在，不再证明。这些公式可以参考克莱尼的论文"形式逻辑的正整数理论"直接构造。

表示一个整数 n 的合式公式将被记为 N_n。我们就称第 n 个数字为 $\varphi_\gamma(n)$ 的序列 γ 是 λ 可定义的或者是能行可计算的，如果 $1 + \varphi_\gamma(n)$ 是 n 的 λ 可定义函数，也就是说，如果存在合式公式 M_γ，使得对于所有的整数 n，有

$$\{M_\gamma\}(N_n) \operatorname{conv} N_{\varphi_\gamma(n)+1},$$

即根据 γ 的第 n 位数是 1 还是 0，$\{M_\gamma\}(N_n)$ 可被转换为 $\lambda xy.x(x(y))$ 或者 $\lambda xy.x(y)$。

为了证明每一个 λ 可定义序列 γ 都是可计算的，我们必须首先构造一个可以计算 γ 的机器。使用机器，可以方便地在演算转换中进行简单的修改，这些修改包括使用 $x, x', x'', \cdots$ 作为变量，而不是使用 $a, b, c, \cdots$。我们现在构造一台机器 L，在提供了公式 M_γ 时可以写下序列 γ。L 的构造过程与 K 在某种程度上很相似，K 证明了函数演算中所有可证明的公式。我们首先构造一个选择机器 L_1，如果给 L_1 提供了一个合式公式，例如 M，并合理调整，使 L_1 包含任一 M 可转换到的公式，则可以调整 L_1 使之衍生出自动机器 L_2，L_2 相继得到所有 M 可转换到的公式。L_2 是机器 L 的一部分。提供公式 M_γ 时，L 的操作可以划分为很多部分，其中第 n 部分用来寻找 γ 的第 n 位。第 n 部分的第一阶段是公式 $\{M_\gamma\}(N_n)$。这个公式接下来提供给 L_2 用来将公式连续

地转换为其他公式。每一个可转换的公式都会最终出现，并与下列公式进行比较：

$$\lambda x[\lambda x'[\{x\}(\{x\}(x'))]]，即 N_2，$$
$$\lambda x[\lambda x'[\{x\}(x')]]，即 N_1$$

如果与第一个完全一样，那么机器打印 1，第 n 部分完成。如果与第二个完全一样，那么机器打印 0，这部分也结束了。如果与这两个都不一样，那么 L_2 的工作就要重新开始。根据假设，$\{M_\gamma\}(N_n)$ 可以转换为公式 N_2 或者 N_1，因此第 n 部分最终是会结束的，也就是说，γ 的第 n 位最终会写出来。

为了证明每一个可计算序列 γ 都是 λ 可定义的，我们必须先说明如何找到一个公式 M_γ，对于所有的整数 n，有

$$\{M_\gamma\}(N_n)\,\text{conv}\,N_{\varphi_\gamma(n)+1}$$

假设 M 是一台计算 γ 的机器，我们来用数字描述一下 M 的完整格局。正如 2.6 节中描述的，我们可以得到完整格局的描述数。令 $\xi(n)$ 为 M 的第 n 个完整格局的描述数。从 M 的格局表中，我们可以得到 $\xi(n+1)$ 及 $\xi(n)$ 之间的如下关系：

$$\xi(n+1) = \rho_\gamma(\xi(n))，$$

其中 ρ_γ 是一个严格受限的函数，尽管通常不是很简单，其形式由 M 的格局表决定。ρ_γ 是 λ 可定义的（此处略去了这部分的证明），即存在一个合式公式 A_γ，对于所有的整数 n，有

$$\{A_\gamma\}(N_{\xi(n)})\,\text{conv}\,N_{\xi(n+1)}$$

令 U 表示

$$\lambda\mu[\{\{u\}(A_\gamma)\}(N_r)]，$$

其中 $r = \xi(0)$；那么，对于所有的整数 n，有

$$\{U_\gamma\}(N_n)\,\text{conv}\,N_{\xi(n)}$$

可以证明，对于公式 V，有

$$\{\{V\}(N_{\xi(n+1)})\}(N_{\xi(n)}) \begin{cases} \text{conv} & N_1 \text{ 打印了 0，从第 } n \text{ 个完整格局转换至第 } n+1 \text{ 个完整格局} \\ \text{conv} & N_2 \text{ 打印了 1} \\ \text{conv} & N_3 \text{ 其他情况} \end{cases}$$

令 W_γ 表示

$$\lambda u[\{\{V\}(\{A_r\}(\{U_\gamma\}(u)))\}(\{U_\gamma\}(u))]，$$

因此，对于任意一个整数 n，有

$$\{\{V\}(N_{\xi(n+1)})\}(N_{\xi(n)})\,\text{conv}\,\{W_\gamma\}(N_n)，$$

令 Q 是一个公式，使得

$$\{\{Q\}(W_\gamma)\}(N_s)\,\text{conv}\,N_{r(s)}，$$

其中 $r(s)$ 是第 s 个整数 q，其中 $\{W_\gamma\}(N_q)$ 转换为 N_1 或 N_2。那么如果 M_γ 表示 $\lambda w[\{W_\gamma\}(\{\{Q\}(W_\gamma)\}(w))]$，那么它将具备所需的性质[一]。

思考题

1. 用自己的话表述：什么是可计算？什么是不可计算？图灵是如何定义的？
2. 图灵是如何定义计算机器的？图灵没有对计算机器的运行时间、存储容量做出限制，这样是否合理？或者说具有怎样的理论价值？
3. 为什么说算法的数量是可数的？为什么说实数的数量是不可数的？ 算法的数量是可数的，实数的数量是不可数的，这意味着什么？
4. "通用计算机器"具有哪些本质特征？"通用计算机器"与"存储程序式计算机"有何联系？

㊀ 在可计算序列的 λ 可定义性的完整证明中，最好修改这个方法，用我们的机器能够更容易处理的描述代替完整格局的数字描述。我们选择某些整数来代表这些符号和机器的 m-格局。假设在特定的完整格局中，那些代表纸带上连续符号的数字是 $s_1 s_2 \cdots s_n$，其中第 m 个符号被扫描到，m-格局的标号为 t；那么我们可以用下面的公式表示这个完整格局，

$$[[N_{s_1}, N_{s_2}, \cdots, N_{s_{m-1}}], [N_t, N_{s_m}], [N_{s_{m+1}}, \cdots, N_{s_n}]],$$

其中
$$[a, b] \text{ 代表 } \lambda u[\{\{u\}(a)\}(b)],$$
$$[a, b, c] \text{ 代表 } \lambda u[\{\{\{u\}(a)\}(b)\}(c)],$$

等等。

第 3 章
关于 EDVAC 的报告初稿

（约翰·冯·诺依曼，1945 年）

约翰·冯·诺依曼（John von Neumann）

宾夕法尼亚大学电子工程莫尔学院

1945 年 6 月 30 日

本书第 3 章和第 4 章的文章均是约翰·冯·诺依曼撰写的，在内容上有一些重叠，同时各有新的内容，可以相互补充。这也是本书同时收录这两篇文章并将它们放置在一起的原因。

EDVAC 报告包括 15 节，实际上还有一些计划写但没有实际写的章节，文中有些地方引用了这些没有写的章节（用括弧 {} 表示）。

EDVAC 的全称是 "Electronic Discrete Variable Automatic Computer"，它是世界上第一台 "存储程序"（stored program）式计算机。这是具有重大意义的。为什么这么说呢？

在 EDVAC 诞生之前人类已经发明计算机，人类历史上第一台机械式计算机在 1830 年开始研制，第一台电子数字计算机（Electronic Numerical Integrator And Computer，ENIAC，电子数值积分计算机）在 1946 年诞生。但是，这些都没有体现 "存储程序" 的思想，编程是以人类手动的方式进行的，十分费力，容易出错。EDVAC 开启了一个新纪元，人类开始使用软件来将自己从低层次的编程中解放出来！

阿塔纳索夫–贝瑞计算机（Atanasoff-Berry Computer，通常简称 ABC 计算机）是世界上第一台电子计算机。20 世纪 30 年代，保加利亚裔美国科学家阿塔纳索夫在爱荷华州立大学物理系任副教授，为学生讲授如何求解线性偏微分方程组时，不得不面对繁杂的计算，那是要消耗大量时间的枯燥工作……于是阿塔纳索夫开拓新的思路，从 1935 年开始探索运用数字电子技术进行计算工作的可能性。

经过两年反复研究试验，到 1937 年，阿塔纳索夫的思路越来越清晰，设计也大体上想清楚了。但他还需要一位聪明且懂得机械、又有动手能力的人共同完成这项发明，于是他找到当时正在物理系读硕士学位的研究生克利福德·贝瑞。两人终于在 1939 年造出了一台完整的样机，证明了他们的概念是正确的并且是可以实现的。人们把这台样机称为 ABC 计算机（Atanasoff-Berry Computer），即以他们两人名字命名的计算机。

ABC 计算机在 1942 年成功进行了测试。它具有历史开创意义的以下特点：

第一，采用电能与电子元件，在当时就是电子真空管。
第二，采用二进位制，而非通常的十进位制。
第三，采用电容作为存储器，可再生而且避免错误。
第四，进行直接的逻辑运算，而非通常的数字算术。

因为上述四个特点，ABC 计算机被公认为计算机先驱，为大型机和小型机的发展奠定了坚实的基础。

莫奇利和埃克特借鉴并发展了 ABC 计算机的思想制成了第一台数字电子计算机 ENIAC。但 ENIAC 的设计思想实际上是来源于 ABC 计算机的设计：可重复使用的内存、逻辑电路、基于二进制运算、用电容作为存储器。ABC 计算机在 1990 年被认定为 IEEE 里程碑之一。

阿塔纳索夫和克利福德·贝瑞的计算机在 1960 年才被认可，并且陷入了谁才是第一台计算机的冲突中。那时候，ENIAC 普遍被认为是第一台现代意义上的计算机，但是在 1973 年，美国联邦地方法院判决撤销了 ENIAC 的专利，并得出结论：ENIAC 的发明者是从阿塔纳索夫那里继承了电子数字计算机的主要设计构想。因此，ABC 被认定为世界上第一台电子计算机。

ABC 不可编程，仅仅设计用于求解线性方程组，是非图灵完全的。ENIAC 是图灵完全的，所以 ENIAC 是第一台数字式的电子通用计算机。

ENIAC 不是"程序存储式的"（注意 ENIAC 仍然有程序，只是程序不是存放在存储器中），它的程序是通过手动硬连接完成的。如果需要计算某个题目，必须首先用人工接通数百条线路，需要几十人干好几天之后才可进行几分钟运算。

ENIAC 和 EDVAC 的建造者均为宾夕法尼亚大学的电气工程师约翰·威廉·莫奇利和约翰·普雷斯伯·埃克特。1944 年 8 月，EDVAC 的建造计划就被提出；在 ENIAC 充分运行之前，EDVAC 的设计工作就已经开始。和 ENIAC 一样，EDVAC 也是为美国陆军阿伯丁试验场的弹道研究实验室研制。冯·诺依曼作为技术顾问加入，总结和详细说明了 EDVAC 的逻辑设计。表 3-1 给出了早期电子计算机的研制时间、设计者和首创性。

表 3-1

型号	研制时间	设计者	首创性
巴贝奇分析机	1830～1871 年	巴贝奇	世界上第一台十进制机械式计算机
ABC	1935～1942 年	阿塔纳索夫和克利福德·贝瑞	世界上第一台二进制数字电子计算机
ENIAC	1945～1946 年	约翰·威廉·莫奇利和约翰·普雷斯伯·埃克特	世界上第一台二进制数字电子通用计算机
EDVAC	1944～1951 年	约翰·威廉·莫奇利、约翰·普雷斯伯·埃克特、冯·诺依曼	世界上第一台概念上的"程序存储式"计算机
EDSAC	1949 年 5 月	威尔克斯	世界上第一台被实现的"程序存储式"计算机

我们希望提醒读者思考的是：张衡的地动仪是不是计算机？什么是计算机？一个 2000 年前的月食计算器是否可以被认为是人类第一台模拟计算机？李政道的老师费曼制作的计算工具是否可以算作计算机？

本文是冯·诺依曼于 1945 年 6 月 30 日（注意这只是技术报告上写的时间，EDVAC 在 1951 年研制成功）独自署名的 43 页的一篇技术报告。这个报告是团队观点的总结。虽然没有被正式发表或出版，但写好之后就被广泛传阅和传播，影响了后来的计算机设计，直到今天。

整个报告分 15 节。第 1 节为定义，第 2 节介绍系统的主要组成部分，第 3 节为讨论的步骤，第 4 节为"元件，同步，神经元类比"，第 5 节为"控制算术运算的原理"，第 6 节介绍电子元件，第 7 节介绍加法和乘法算术运算的电路，第 8 节介绍减法和除法算术运算的电路，第 9 节介绍二进制小数点，第 10 节介绍开平方算术运算的电路及其他运算，第 11 节为运算器的组织和操作的完整列表，第 12 节介绍存储器的容量及一般原理，第 13 节介绍存储器的组织，第 14 节介绍控制器和存储器，第 15 节介绍代码。

在这个技术报告中有以下创造：

（1）明确计算机系统由运算器、控制器、存储器、输入设备、输出设备五个部分组成。

（2）明确"存储程序"的思想。

（3）明确以二进制表示数据。

（4）将计算机与人脑的神经系统进行了类比。

除此之外，还有很多具体的、创造性的见解，我们将在正文部分具体解析。

为什么这份报告是冯·诺依曼在 1945 年撰写的？在第二次世界大战期间，武器研发属于刚性需求，很多偏微分方程求解需要很大的计算量，手工计算越来越不能适应战争进程的迫切需要。1943 年受阿伯丁弹道实验室的委托，宾夕法尼亚大学莫尔学院开始着手研制第一台电子计算机。中途冯·诺依曼偶然得知后加入了研制队伍。

这里，我们对冯·诺依曼进行简要介绍。冯·诺依曼出生于 1903 年 12 月 28 日，比艾伦·图灵大九岁，比威尔克斯大十岁。冯·诺依曼出生于匈牙利布达佩斯，父亲为犹太裔银行家。1913 年，也就是冯·诺依曼 10 岁时，他的父亲荣获贵族封号（Von）。家境良好、父亲的重视为他的成长奠定了基础。

1926 年，冯·诺依曼取得布达佩斯大学博士学位，学位论文题目是《集合论的公理化》。冯·诺依曼受到希尔伯特的影响，对数理逻辑有很深的造诣。冯·诺依曼在理论创造上的能力，与其博士阶段的训练密不可分。数学基础的三个派别是罗素的逻辑主义、希尔伯特的形式主义、布劳威尔的直觉主义。冯·诺依曼属于形式主义这一派别。

冯·诺依曼于 1954 年夏天被发现患有癌症，于 1957 年 2 月 8 日去世，享年不到 54 岁。

这里从寿命的角度谈谈另外几位历史人物：

- 艾伦·图灵（1912 年 6 月 23 日～1954 年 6 月 7 日）享年 42 岁。

- 巴尔扎克（1799年5月20日~1850年8月18日）享年51岁。
- 冯如（1884年1月12日~1912年8月25日）享年28岁。
- 郭永怀（1909年4月4日~1968年12月5日）享年59岁。
- 邓稼先（1924年6月25日~1986年7月29日）享年62岁。
- 陈景润（1933年5月22日~1996年3月19日）享年63岁。
- 伽罗瓦（1811年10月25日~1832年5月31日）享年21岁。
- 拉马努金（1887年12月22日~1920年4月26日）享年32岁。
- 麦克斯韦（1831年6月13日~1879年11月5日）享年48岁。
- 黎曼（1826年9月17日~1866年7月20日）享年40岁。
- 赫兹（1857年2月22日~1894年1月1日）享年37岁。
- 阿贝尔（1802年8月5日~1829年4月6日）享年27岁。
- 乔布斯（1955年2月24日~2011年10月5日）享年56岁。

在人类历史上，这些杰出人物发挥过重要作用，他们的离世是人类的重大损失，因为这些人具有较高的创造力、领导力或影响力，他们的离世造成了短时间内别人不能填充的很大空白，所以，他们在一定程度上影响了科学技术的发展。

表3-2总结了这些杰出人物的主要业绩。

表 3-2

人物	去世的可能原因	主要业绩
冯·诺依曼	因核辐射患癌	设计冯·诺依曼计算机体系结构，创立博弈论
艾伦·图灵	因性取向受当时法律迫害自杀	创立图灵机和图灵测试理论
巴尔扎克	劳累过度，咖啡过量	写出了91部小说，塑造了2472个栩栩如生的人物形象，合称《人间喜剧》
伽罗瓦	死于决斗	创立群论
冯如	飞行失事	中国第一位飞机设计师、制造师和飞行家，被誉为"中国航空之父"
郭永怀	飞机失事	获得"两弹一星功勋奖章"
邓稼先	因核辐射患癌	获得"两弹一星功勋奖章"
陈景润	交通事故受伤引发帕金森氏综合征	证明了（1+2），是世界上截至目前"哥德巴赫猜想"研究的最领先的结果
拉马努金	贫困和疾病	数学家
麦克斯韦	疾病	物理学家、数学家
黎曼	肺结核	数学家
赫兹	肉芽肿性血管炎	物理学家
阿贝尔	肺结核	数学家
乔布斯	胰腺神经内分泌肿瘤	美国苹果公司联合创始人

杰出的历史人物往往承担着沉重的历史使命，很多事情需要同时处理，脑力劳动强度非常大。要加强对他们的关心和爱护，营造包容的社会环境，注意实验安全、生活安全，让他们劳逸结合，为人类做出更大的贡献。

这里顺便谈一下科研工作者的奋斗动力或动机问题。科学研究的目的是什么？是为了国家的独立，为了民族的复兴，为了同胞的幸福。科学技术是与国家民族的命运紧密联系在一起的。

3.1 定义

3.1.1 自动数字计算系统

接下来的考虑涉及一个**非常高速的自动数字计算系统**（very high speed automatic digital computing system）的结构，特别是它的**逻辑控制**（logical control）。在讨论具体细节之前，对这些概念做一些一般性的说明可能是适当的。

开篇第一句指出了研究的对象"高速的自动数字计算系统"，其中，"高速"（不是低速的）、"自动"（不是手动的）、"数字"（不是模拟的）是几个重要的定语，"计算"是功能，"系统"强调这个机器的整体性。

计算机是信息论、控制论、系统论的集中体现。

3.1.2 这种系统功能的准确描述

自动计算系统（automatic computing system）是一种（通常是高度复合的）设备，它可以执行指令来进行相当复杂的计算，例如用数值方法求解具有 2 或 3 个自变量的非线性偏微分方程。

这句话括弧中"通常是高度复合的"是"系统"概念的注解，计算机是由很多部分复合在一起构成的整体，整体不是部分的简单相加，整体具有部分所不具有的性质，只有整体才能完成计算，部分则不能。

为什么这里举出"用数值方法求解 2 或 3 个自变量的非线性偏微分方程"这个例子呢？这与 EDVAC 的研制背景有关，EDVAC 是为了满足武器的研发需要。北京航空航天大学（当时称"北京航空学院"）在 1958 年建立了"解算装置教研室"，是我国最早创建计算机专业的高等院校之一。解算装置的一个功能就是求解空气动力学中经常涉及的非线性偏微分方程。

我们曾经拜读过老一辈卓越的爱国科学家钱学森在美国加州理工学院完成的博士论文《可压缩流体运动与反应推进问题》（"Problems in Motion of Compressible Fluids and Reaction Propulsion"），那是 1938 年（钱老当时 27 岁），距今已有 80 多年了，与艾伦·图灵《可计算数及其在判定性问题中的应用》的写作时间（1936年）很接近。这篇论文原文115页，里面有大量的偏微分方程。钱老论文中的公式是手写的（那时计算机没有诞生，没有软件的概念，更没有公式编辑器），我们能感受到钱老当时一丝不苟的治学态度。这种严谨的态度，当然是与之前在国内上海交通大学所受的教育是分不开的。

本书中，我们关注的主题词是"教育、学习、计算、机器、智能、理论、结构"，其中教育和学习不仅仅是指人的，还包括机器的，更主要的是人与机器所共同遵循的"一般的教育与学习规律"。因此，本书会探讨历史人物的成长规律，包括钱学森这样的科学家、海伦·凯勒那样的重度残疾人，我们的目的是通过这些规律去培养人、培养机器。

支配操作的指令必须被绝对详尽地提供给设备。这些指令包含解决所考虑问题所需的所有数值信息：因变量的初值和边界值、固定参数（常量）的值、问题声明中出现的固定函数的列表。这些指令必须以设备可以感知的某种形式给出：被打入打孔卡或电传磁带系统中、被磁压在钢带或钢丝上、光刻在电影胶片上、接入一个或多个固定的或可交换的线路连接板中——该列表绝不是完整的。所有这些过程都需要使用一些代码来表达所考虑问题的逻辑的和代数的定义，以及必要的数值信息（参见上述）。

支配操作的是指令，指令必须以绝对足够的细节提供给设备。这是一种显式的控制。与大脑的工作方式不同。

一旦这些指令被输入到设备，设备必须能够在不需要进一步的智能的人工干预的情况下即可完整地执行它们。在要求的操作结束时，设备必须以上述形式之一再次记录结果。结果为数值数据：它们是设备在执行上述指令过程中产生的数值信息的特定部分。

一旦这些指令被输入到设备，设备必须能够在不需要进一步的智能的人工干预的情况下即可完整地执行它们。这体现了"自动"的含义，也部分解释了"存储程序"的内涵。

3.1.3　这种系统产生的数值信息与其输出结果的区别

然而，值得注意的是，为了得到结果，设备通常会产生比所说的（最终）结果更多的数值信息。因此，如3.1.2节所暗示的，仅需记录数值输出的一小部分，剩下的部分将只在设备内部流动，而不会被记录用于人类的感知。随后，尤其是在3.12.4节中，将对这一点进行更深入的考虑。

设备的输出结果只是全部数据的一部分。

3.1.4 校验和纠正故障（错误），自动识别和纠正故障的可能性

当然，3.1.2 节关于设备的自动运行的功能的评论必须假设设备功能是完美无错的。但是，任何设备发生故障的概率都是存在的，对于一个复杂的设备和一个长的操作序列，这种概率不可忽略不计。任何错误都可能影响设备的整个输出。通常情况下，为了识别和纠正这些故障，智能人的干预一般来说是必要的。

然而，在某种程度上甚至可以避免这些现象。设备可以自动识别最常见的故障，并通过外部可见的标志显示故障的存在和位置，然后停下来。在某些情况下，它甚至可能自动对故障进行必要的纠正并继续运行（参见 3.3.3 节）。

第 1 节给出了"非常高速的自动数字计算系统""逻辑控制""自动计算系统"等概念的定义。

3.2 系统的主要组成部分

3.2.1 细分需求

在分析所设想的设备的功能时，某些分类上的区别是显而易见的。

第 2 节提出了冯·诺依曼结构计算机的五个组成部分。什么是冯·诺依曼计算机？这是我们需要思考的问题。五个组成部分是冯·诺依曼结构计算机的特征之一。这五个组成部分能否增加或删减？除了这些组成部分，冯·诺依曼计算机还有哪些特征？

3.2.2 第一个特定部分：CA（中央算术运算器）

首先，由于设备主要是一台计算机，所以它必须频繁地执行算术的基本运算：加减乘除（+、−、×、÷）。因此，它应该包括专门从事这些运算的部件（organ）。

注意，这里冯·诺依曼使用的是"organ"一词表示运算器件，类比生物的器官。

但是，必须注意的是，尽管这一原理可能听起来很合理，但实现它的具体方式仍待仔细考量。甚至上述的运算符列表（+、−、×、÷）也并非确定的，它们可能扩展为包括 $\sqrt{}$、$\sqrt[3]{}$、sgn、| |、lg、$\log_2$、ln、sin 及它们的逆，等等。我们也可以考虑一些限制，例如省略 ÷ 甚至 ×，或者考虑更灵活的安排。对于某些操作，来为其设定完全不同的过程是可能的，例

如使用逐次逼近方法或函数表。这些问题将在 3.10.3、3.10.4 节中讨论。无论如何，设备的中央算术运算（Central Arithmetical）部分必须存在，这构成了**第一个特定部分**：**CA**（中央算术运算器）。

上面这一段给出了计算机系统的第一个特定部分。

算术四则运算是小学数学的重要内容，$\sqrt{}$、$\sqrt[3]{}$、sgn、| |、lg、$\log_2$、ln、sin 及它们的逆是中学数学的重要内容。运算必须存在，这是"计算机"的应有之义，这样计算机才能名副其实。运算器是计算机必须包括的部件。运算器除了进行算术运算，还可以进行逻辑运算。

3.2.3 第二个特定部分：CC（中央控制部件）

第二，设备的逻辑控制，即中央控制部件可以最有效地对操作之间施加的定序。如果设备是**弹性**（elastic）的，即尽可能几乎**通用**（all purpose），那么我们必须将为特定问题提供特定指令和定义一个特定程序与通用控制部件区分开来，通用控制部件保证这些指令（无论什么指令）被执行。前者必须以某种方式存储——在现有设备中，这是按照 3.1.2 节中所述的方式存储的；后者由设备的特定操作部件表示。我们所说的**中央控制**（Central Control）仅指后一种功能，而执行这种功能的部件构成**第二个特定部分**：**CC**（中央控制部件）。

上面这一段给出了计算机系统的第二个特定部分。

3.2.4 第三个特定部分：M（存储器）的不同形式

第三，任何需要执行长而复杂的操作序列（特别是计算）的设备，都必须具有相当大的内存。至少以下操作阶段需要存储。

（a）即使在执行乘法或除法的过程中，也必须记住一系列中间的（部分的）结果。这适用于更小的范围，比如加和减（当一个进位数字可能需要越过几个位置进位时）；也适用于更大的范围，比如这些操作：$\sqrt{}$、$\sqrt[3]{}$，如果需要这些操作的话（参见 3.10.3、3.10.4 节）。

（b）处理复杂问题的指令可能构成很大的内容，特别是如果代码是依情况而定的（在大多数情况中都是如此），这些内容必须被保存。

（c）在许多问题中，特定的功能起着至关重要的作用。它们通常以表格的形式给出。实际上，在某些情况下，这是通过经验给出的（例如许多流体动力学问题中物质的状态方程式）；在其他情况下，它们可能是通过解析表达式给出的，但它从固定的列表中获取它们的值，而不是在需要某个值时在分析定义的基础上重新计算它们，从而可能实现更简单、更快捷的效果。通常，只有中等数量表项（数量为 100～200）的表并使用插值法（interpolation）是很方便的。

在大多数情况下，线性甚至二次插值是不够的，最好依靠三次或四次（甚至更高阶）的插值（参见 3.10.3 节）。

这一段提到插值法。

3.2.2 节中提到的某些函数可以用这种方式处理：lg、$\log_2$、ln、sin 及它们的逆，也可能是 $\sqrt{\ }$、$\sqrt[3]{\ }$，从而将 ÷ 减小为 ×。甚至倒数也可以这种方式处理。

（d）对于偏微分方程，初始条件和边界条件可以构成大量的数值信息，在整个给定问题的始终都要牢记这一点。

（e）对于沿变量 t 积分的双曲线型或抛物线型偏微分方程，在计算循环 $t+dt$ 时，必须记住属于循环 t 的（中间）结果。这种资料很多是（d）类型的，不同的是，它不是借助人类操作员放入设备中的，而是设备自身在自动操作过程中产生的（可能随后又被删除，并被 $t+dt$ 相应的数据替换掉）。

（f）对于全微分方程（d）、（e）也适用，但它们需要较小的内存容量。在依赖于给定常数、固定参数等的问题中，需要进一步使用（d）类型的内存。

（g）用逐次逼近法求解的问题（如用松弛法处理的椭圆型偏微分方程）需要（e）类型的存储：在计算下一个逼近的（中间）结果时，必须记住每次逼近的（中间）结果。

（h）分类问题和某些统计实验（高速设备为它们提供了有趣的机遇）需要存储要处理的信息。

3.2.5 第三个特定部分：M（存储器）的不同形式（续）

总结第三点：该设备需要相当大的内存。虽然看起来内存的各个部分执行性质略有不同、目的截然不同的功能，但将整个内存视为一个整体，并使其各部分尽可能可以互换，以实现上述各种功能。这一点将被详细考虑。

无论如何，全部的内存构成了设备的**第三个特定部分：M（存储器）**。

计算机系统的第三个特定部分是存储器。

3.2.6 CA、CC（统称 C）和 M 一起是关联部件。传入和传出部件：输入和输出，调解与外部的联系。外部记录介质：R

CA、CC（统称 C）和 M 这三个特定部分对应于人类神经系统中的**关联**（associative）神经元。有待讨论的是**感觉**（sensory）或**传入**（afferent）神经以及**运动**（mentor）或**传出**（efferent）神经元的对应物，这些是设备的**输入**（input）和**输出**（output）部件，我们现在将简要地考虑它们。

这一段指出了计算机系统包括五个组成部分，分别是运算器、控制器、存储器、输入设备、输出设备。这里有个问题需要注意，就是为什么冯·诺依曼将 CA、CC 统称为 C。CA 表示中央算术（Central Arithmetical）部件，CC 表示中央控制（Central Control）部件，它们都有中央的意思，所以统称为 C，也就是我们通常说的中央处理器（Central Processing Unit，CPU）。

换言之：设备的 C 和 M 部件之间的所有数字的（或其他的）信息的传输一定会受到这些部分中所包含的机制的影响。然而，仍然有必要将原始的定义性质的信息从外部输入到设备中，并且还需要将最终的信息（即结果）从设备输出到外部。

所谓外部，我们指的是 3.1.2 节中所述类型的介质：在这里，信息可以通过人为动作或多或少直接产生（打字，打孔，拍摄由相同类型的按键产生的光脉冲，以某种类似方式磁化金属带或金属丝，等等），信息可被静态地存储，并最终能被人类器官或多或少地直接感知。

设备必须被赋予保持与此类（参见 3.1.2 节）特定介质之间的输入和输出（感官和运动）联系的能力，该介质将被称为**设备的外部记录介质**（outside recording medium of the device）：R。现在我们有：

在本文中，"设备"是指计算机系统。注意，medium 的复数形式是 media。

3.2.7　第四个特定部分：I（输入设备）

第四，设备必须有部件负责把（数值的或其他类型的）信息从 R 传输到它的特定部分（C 和 M），这些部件构成其输入，也就是**第四个特定部分**：I。将会看到，最好使得所有的传输从 R（通过 I）到 M，而不是直接传输到 C（参见 3.14.1、3.15.3 节）。

上一段最后一句，有直接内存存取（DMA）的思想。
计算机系统的第四个特定部分是输入设备。

3.2.8　第五个特定部分：O（输出设备）

第五，设备必须有部件负责将数字信息从特定部分（C 和 M）传输到 R，这些部件构成其输出，也就是**第五个特定部分**：O。将会看到，最好也能使得所有的传输从 M（通过 O）到 R，而不直接从 C 传输到 R（参见 3.14.1、3.15.3 节）。

计算机系统的第五个特定部分是输出设备。

3.2.9　M 和 R 的对比，考虑 3.2.4 节中的（a）~（h）

进入到 R 的输出信息，当然代表着是设备对所考虑问题的运算的最终结果。这些结果必须与仍然存在于 M 中的中间结果区别开来，如 3.2.4 节（e）~（g）中所讨论的。此时，一个重要的问题出现了：除了具有与人类动作和感知能够或多或少直接交互的属性外，R 还具有记忆的属性。实际上，它是一种用来长期存储由自动设备在求解各种问题时获得的所有信息的自然介质。那么，为什么在设备中还需要提供另一种类型的存储 M？难道 M 的所有功能，或者至少某些功能——最好是那些涉及大量信息的功能——不能由 R 接管吗？

上面这一段讨论的是内存与外存的区别，内存的功能能否被外存全部接管？

审视 M 的典型功能［如 3.2.4 节（a）~（h）所列举的那样］表明：将（a）（进行算术运算时所需的短时记忆）从 M 传输到 R 将是很方便的，实际上（a）将在设备内部——即在 CA 中，而不是在 M 中（参见 3.12.2 节的末尾）。所有现有设备，甚至是现有的台式计算机，在这一点上都使用了 M 的等价物。然而（b）（逻辑指令）可能是从外部感知得到的，也就是从 R 通过 I 来感知的，对于（c）（函数表）和（e）、（g）（中间结果）也是如此。在设备产生后者时，它们可由 O 传输到 R，并在需要时通过 I 从 R 感知到。在某种程度上（d）（初始条件和参数）甚至可能（f）（全微分方程的中间结果）也是如此。至于（h）（分类和统计），情况有些不明确：在许多情况下，使用 M 肯定加速了问题的处理，但适当地混合使用 M 和更长范围地使用 R 可能是行得通的，不会造成严重的速度损失，并且可以大幅度增加能够处理的数据量。

这一段的讨论具体且系统。内存与外存之间是通过输入、输出来贯通和衔接的。"适当地混合使用 M 和更长范围地使用 R 可能是行得通的，不会造成严重的速度损失，并且可以大幅度增加能够处理的数据量"，就是众所周知的虚拟存储技术，长期以来一直被计算机系统所使用。

事实上，所有现有的（完全自动的或部分自动的）计算设备都使用 R（形式是一堆穿孔卡片或一段电传磁带）来达成所有那些目的［上文所指出的（a）除外］。然而，除非能依靠 M 而不是 R，对 3.2.4 节（a）~（h）［（e）、（g）、（h）时有一些受限］所列举的所有目的来说，一个超高速的设备将在用途上受限（参见 3.12.3 节）。

3.3 讨论的步骤

3.3.1 计划：讨论3.2节列举的所有组成部分（特定部分），以及基本决策

现在3.2节的分类工作已经完成，可以开始处理设备细分成的五个特定部分，一个一个地讨论。这样的讨论必须展现出各个部分需要的特征以及各个部分之间的关系。讨论还必须确定从设备的角度处理数字、执行算术运算和提供一般逻辑控制时所用的具体步骤。所有关于时序和速度以及各种因素的相对重要性的问题都必须在这些考虑的框架内加以解决。

3.3.2 需要对特定部分进行曲折讨论

理想的步骤是，按照一定的顺序处理这五个特定部分，对每一个部分都进行详尽的处理，直到前一个部分完全处理完后再进行下一个部分。然而，这似乎并不可行。各个部分的理想特征以及基于这些特征的决策，只有在经过一些曲折的讨论之后才能显现出来。因此，有必要先处理一部分，在不完整讨论之后转到第二部分，在对后者进行同样不完整的讨论之后再返回，并将结果合并到第一部分，延伸第一部分的讨论但无须做出结论，然后可能会继续进行第三部分的讨论，等等。对特定部分的讨论将与对一般原理、算术步骤、使用的元件等的讨论混合在一起。

在这样的讨论过程中，所需的特征和实现这些特征的最合适的安排将逐渐成形，直到设备及其控制装置呈现出相当确定的形状。如前面所强调的，这适用于物理设备以及控制其功能的算术和逻辑安排。

3.3.3 自动校验错误

在讨论过程中，3.1.4节中关于故障的检测、定位以及在某些条件下进行纠正的观点也要纳入考虑，也就是说必须注意**校验**（checking）错误。我们没有办法对这一重要问题做出完全公正的裁决，但将在看起来必要的时刻至少要粗略地考虑它们。

3.4 元件，同步，神经元类比

这一节提到神经元类比（analogy）。类比非常重要，本质是仿生学或者人脑逆向工程的思想。

3.4.1 像继电器一样的元件的作用。实例：同步的作用

我们以一些一般性的评论开始讨论：

每一个数字计算设备都包含一些像继电器一样的具有离散平衡的**元件**（element）。这样的元件有两种或两种以上可以一直存在的不同状态。这些状态可能是完美的平衡，在每一个平衡中，元件将在没有任何外部支持的情况下保持平衡，而适当的外界刺激将它从一个平衡转移到另一个平衡。或者，可能有两种状态，其中一种状态是没有外界支持时存在的平衡状态，另一种状态的存在则取决于是否存在外部刺激。继电器动作是这样显现的，当元件接收到上述类型的刺激时，就忽略刺激。发出的刺激必须与接收到的刺激是同一类型，也就是说，它们必须能够刺激其他元件。然而，在接收到的和发射的刺激之间必须没有能量关系，也就是说，一个接收了刺激的元件必须能够发射一些相同强度的刺激。换句话说：作为一个继电器，这个元件必须从另一个来源获得能量，而不是从输入的刺激中获得能量。

在现有的数字计算设备中，各种机械或电子设备被用作元件：比如轮子，它可以被锁定在十个（或十个以上）有效位置中的任何一个，并且当它从一个位置移动到另一个位置时会传递电脉冲，可能导致其他类似的轮子移动；由电磁铁驱动的单个或组合式电报继电器，其作用是闭合或都断开电路；最后，还存在一种可能性，即使用真空管，使栅极成为阴极板电路的阀门。在最后提到的情况中，栅极也可以用偏转器官（即阴极射线的真空管）来代替，但是很可能在未来一段时间内，真空管更大的可用性和各种电气优势将使真空管被优先选择。

任何这样的设备都可以通过其元件的连续反应时间自动计时。在这种情况下，所有的激励最终都必须源于输入。或者，它们通过一个固定的时钟来具备定时功能，这个时钟提供了对设备在确定的周期性重复时刻的运转来说所必需的某种激励。这种时钟可以是机械或机电混合装置中的旋转轴；也可以是纯电气设备中的电子振荡器（可能是晶体控制的）。如果依赖于该设备同时执行的多个不同的操作序列的同步，时钟所表达的时序显然是可取的。我们将在上述定义的技术意义上使用术语**元件**（element），并根据设备的时序是由时钟控制还是自治的，称设备为**同步的**（synchronous）或**异步的**（asynchronous）。

这一段论述了时钟的问题，论述了同步、异步等概念。提升计算机系统性能的最基本的方法是依靠并行，而时钟在各种并行技术中扮演了重要角色。这些论述至今仍然有效并在使用。

3.4.2 神经元、突触、兴奋性突触和抑制性突触

值得一提的是，高等动物的神经元也是上述意义上的元件。它们具有 0 和 1 二值的特性，即两种状态——静止（quiescent）和兴奋（excited）。它们通过一个有趣的变体满足了 3.4.1 节

的要求：一个兴奋的神经元沿着许多条线（轴突）发出标准的激励。但是，这样的线可以通过两种不同的方式连接到下一个神经元：第一种方式是，在**兴奋性突触**（excitatory synapse）中，这个激励引起神经元的兴奋；第二种方式是，在**抑制性突触**（inhibitory synapse）中，这个激励绝对地阻止神经元被任何其他的（兴奋性）突触上的激励激发。神经元也有确定的反应时间，即在收到一个激励与发出自己的激励之间的时间，这个时间被称为**突触延迟**（synaptic delay）。

根据麦卡洛赫和皮茨的论文［W. S. MacCulloch and W. Pitts. "A logical calculus of the ideas immanent in nervous activity," *Bull. Math. Biophysics*, Vol. 5（1943），pp. 115-133］，我们忽略了神经元运转的更复杂的方面：如阈值、时间总和、相对抑制、突触延迟之外的激励的后作用引起的阈值变化等。但是偶尔考虑具有固定阈值2和3的神经元是很方便的，即只有在2或3个兴奋性突触上（而在抑制性突触上没有）同时受到激励的神经元才可以被激活（参见3.6.4节）。

注意，冯·诺依曼直接引用了麦卡洛赫和皮茨的文献和结论。

容易看出，这些简化的神经元功能可以用电报继电器或真空管来模拟。虽然神经系统很可能是异步的（对于突触延迟），但可以通过使用同步的设置来获得精确的突触延迟（参见3.6.3节）。

3.4.3 使用常规类型真空管的可取性

很明显，按照理想的做法，一个非常高速的计算设备应该具有真空管元件。由真空管组成的集料（aggregates），例如计数器（counter）或定标器（scaler）已经被使用了，且被发现在反应时间（突触延迟）短至1微秒（10^{-6}秒）时是可靠的，这是其他设备无法比拟的性能。确实，纯机械的设备几乎可以完全忽略了，并且实际上电报继电器的反应时间大约为10毫秒（10^{-2}秒）或更长。有趣的是，人类神经元的突触延迟约为1毫秒（10^{-3}秒）。

在这一段中出现的集料在本书中出现多次。这一段话中，有一个重要的断言，纯机械装置几乎可以完全忽略了。正如艾伦·图灵所指出的，从计算的角度，机械设备与电设备没有本质上的区别，只有性能上的区别，后者更快。冯·诺依曼在这段话最后一句，仍然不忘将人工元件与人类神经元进行比较。

在接下来的考虑中，我们将相应地假定该设备将真空管作为元件。我们还将基于所使用的真空管的类型是传统的和商业上可获得的，对所涉及的真空管的数量、时序等进行估计。也就是说，不使用非常复杂或具有全新功能的真空管。在对常规类型的真空管进行深入分析后，使用新型真空管的可能性才会变得更加清晰和明确。

最后，同步设备似乎具有相当大的优势（参见 3.6.3 节）。

3.5 控制算术运算的原理

3.5.1 真空管元件：门或触发器

现在让我们考虑第一个特定部分的特定功能：中央算术部件（CA）。

中央算术部件就是运算器，在本书中"中央算术部件""运算器""CA"三者含义相同。

3.4.3 节意义上的元件，即用作电流阀或门的真空管，是一个或至少近似于一个全通或全关的 0 或 1（二值的）的设备：电流能否通过取决于栅极偏压是高于还是低于截止电压（cut-off voltage）。所有的电极上都需要恒定的电势以维持每个状态，但存在真空管的组合能实现完全的平衡：在没有任何外部支持的情况下，一些状态可以一直保持，而适当的外部激励（电脉冲）会将其从一种平衡转移到另一种平衡。这些就是所谓的**触发器电路**（trigger circuit），基本的触发器有两个平衡态，包含两个三极管或一个五极管。具有两种以上平衡态的触发电路不成比例地拥有更多的真空管。

因此，不管是将真空管用作门还是用作触发器，使用二值的 0 或 1 两个平衡的安排方式是最简单的。由于这些真空管安排方式用它们的数位（digits）来处理数字（number），使用二值的算术系统是自然的。由于这些原因，建议使用二进制系统。

使用二进制是冯·诺依曼结构的特征之一。

这里需要指出的是，不要认为二进制是唯一的选择。历史上，三进制计算机曾经被苏联莫斯科大学成功制造。三进制计算机是以三进法数字系统为基础而发展的计算机。随着技术的进步，真空管和晶体管等计算机元器件被速度更快、可靠性更好的铁氧体磁芯和半导体二极管取代。这些电子元器件组成了一个很好的可控电流变压器，这为三进制逻辑电路的实现提供了可能，因为电压存在着三种状态：正电压（1）、零电压（0）和负电压（-1）。

第一批三进制计算机 Сетунь 的设计计划由苏联科学院院士索伯列夫（С·Л·Соболев）在 1956 年发起。该计划旨在为大专院校、科研院所、设计单位和生产车间提供一种物美价廉的计算机。为此，索伯列夫在莫斯科大学计算机中心成立了一个研究小组，Сетунь 的样机于 1958 年 12 月准备完毕。在头两年测试期，Сетунь 几乎不需要任何调试就运行得非常顺利，它甚至能执行一些现有的程序。

1960 年 4 月，Сетунь 顺利地通过了公测，在不同的室温下都表现出惊人的可靠性和稳定性，生产和维护也比同期其他计算机要容易得多，而且应用面广，因此 Сетунь 被建议投入批量生产。可是，当时苏联政府官僚主义盛行，对这个经济计划外的产物持否定的态度且勒令其停产。而此时，对 Сетунь 的订单却如雪片般从各方飞来，但 30~50 台的年产量远不足以应付市场需求。很快，计划合作生产 Сетунь 的工厂倒闭了。1965 年，Сетунь 停产了。取而代之的是一种二进制计算机，但价格却贵出 2.5 倍。Сетунь 总共生产了 150 台（包括样机）。苏联各地都对 Сетунь 的反应不错，认为它编程简单（不需要使用汇编语言），适用于工程计算、工业控制、计算机教学等各个领域。

从 1949 年新中国成立以来，我国的科技发展与国际交流合作是分不开的。前三十年主要学习苏联，后四十年主要学习美国。中国科学家在谦虚学习国际先进技术的前提下，不唯美国是从，也不唯苏是从，而是综合吸纳和分析，唯真理是从，为世界科学共同体做出了自己应有的贡献。

革命家陈云的著作《陈云文选》文风朴实，有数据，有分析，条理清晰，对笔者启发很大。笔者在读书期间去八宝山革命公墓瞻仰过他的墓，墓碑正面是生平简介，两侧是他的两句话"不唯上，不唯书，只唯实""交换，比较，反复"，这是重要的治学态度和处世态度。从技术角度看，"交换，比较，反复"在计算机中也有对应。"交换"在计算机中就是通信（比如多处理器之间交换数据），"比较"在计算机中就是比较大小，"反复"在计算机中就是循环结构。这些都是值得我们深思的。

3.4.2~3.4.3 节中讨论的人类神经元的类似物同样是二值的（all-or-none）元件。看来这些元件对于真空管系统的所有初步的、导向性的考虑都是非常有用的（参见 3.6.1~3.6.2 节）。因此，使用二进制来设计算术系统是令人满意的。

这里，我们将"all-or-none"翻译为"二值的"（即"全有或全无的"）。

3.5.2 二进制与十进制

统一使用二进制也可能大大简化乘法和除法运算。具体地说，它没有采用十进制乘法表，也没有采用两步运算，即先通过加法算出每个乘数位或商位的倍数，然后再根据位置值，通过加法或减法将结果合并在一起。换句话说：二进制算术有着比其他任何算术特别是十进制算术更简单、更完整的逻辑结构。

当然，必须记住，人类直接使用数字资料很可能必须用十进制表示。因此，R 中的符号应该是十进制的。尽管如此，还是最好在运算器中使用严格的二进制程序，除此之外，可能会进入中央控制器的任何数字资料都应采用二进制。因此，存储器应该只存储二进制信息。

这使得有必要将十进制到二进制和二进制到十进制的转换设备合并到输入设备和输出设备中。由于这些转换需要大量的算术操作，最经济方法是连同输入设备和输出设备，使用运算器来处理，为了协调也需要控制器。但是，使用运算器意味着两次转换中使用的所有算术必须严格地是二进制的。有关详细信息请参见 3.11.4 节。

3.5.3　二进制乘法的反应时间

但在这时又出现了另一个原则性的问题。在所有现有的设备中，如果所使用的元件不是真空管，则元件的反应时间足够长，使所涉及的加法、减法以及更多的乘法和除法的步骤一定程度地套叠在一起。以二进制乘法为例。许多微分方程问题的合理精度是通过取 8 位有效十进制数来得到的，即把相对四舍五入误差保持在 10^{-8} 以内。这相当于二进制中的 2^{-27}，即取 27 位有效二进制数。因此，乘法就是将 27 个被乘数位中的每一位与 27 个乘数位中的每一位配对，并相应地形成乘积数字 0 和 1，最后按位置合并它们。这里实际上需要 $27^2 = 729$ 步，收集和组合操作的数量可能是它们的两倍。所以基本上需要 1000～1500 步。

显而易见，在十进制系统中，运算的步骤要少得多，需要 $8^2 = 64$ 步，也可能是它的两倍，即大约 100 步。然而，这个较低的数字是以使用乘法表或采用其他增加或复杂化设备的方式为代价换取的。在这个代价下，这个过程也可以用更直接的二进制技巧来缩短，这将在接下来讨论。由于这个原因，似乎没有必要单独讨论十进制过程。

3.5.4　套叠式操作与节省设备

如前所述，每次乘法需要的 1000～1500 个连续步骤会使任何非真空管器件的运算慢得不可接受。除了一些最新的特殊继电器外，所有这些设备的反应时间都超过了 10 毫秒，而这些最新的继电器（反应时间可能低至 5 毫秒）并没有被使用很长时间。这将使每次（8 位十进制数）乘法的最短时间达到 10～15 秒，而对于快速的现代台式计算机，这一时间是 10 秒，对于标准的 IBM 乘法器，这一时间是 6 秒。（关于这些反应时间的重要性以及可能的真空管器件的反应时间的重要性，当应用于典型问题时，请参见 {}。）

为了避免这种长时间的运算，逻辑过程采用**套叠式操作**（telescoping operation），即尽可能多地同时执行。由于进位的复杂性，即使是加法或减法这样的简单运算也无法同时进行。在除法中，除非它左边的所有数字都是已知的，否则该数位无法开始计算。即使这样，还是有很多操作可以同时进行：如在加法或减法中，所有对应的数位可以同时运算，所有的第一次进位可以在下一步中一起应用，以此类推。在乘法运算中，所有形式的（被乘数）×（乘数位）的部分积可以同时形成并确定单位——在二进制系统中，这样的部分积要么是零，要么是乘数本身，因此这只是一个定位的问题。在加法和乘法运算中，均可采用上述加减法的加速形式。此外，在乘法运算中，通过将第一对同时与第二对、第三对等相加，可以很快地求出部分积，然后将结果中的第一对与第二对、第三对等同时相加；以此类推，直到所有的数字都被收集。[由于 $27 \leq 2^5$，这允许在 5 次加法中收集 27 个部分和（假设二进制乘法器为 27 位）。这个方案是由 H. Aiken 提出的。]

这一段提出了"套叠式操作"的概念，套叠式操作就是并行或并发地执行操作。

所有现有计算机设备都在使用这种加速、套叠的过程。（正如 3.5.3 节结尾所指出的，十进制系统无论是否有进一步的套叠技巧也属于这种类型。实际上它的效率比纯粹的双值的过程要低一些。3.5.1～3.5.2 节的理由反对在这里考虑它。）但是，它们节省时间后的速度实际上恰好等于它们倍增必要装置的速度，即设备中元件的数量倍增的速度。也就是说，如果通过一次执行两次加法来使运算时间减半，则很显然需要双倍的元件（甚至假设它可以在没有成比例的控制设备且完全有效的情况下被使用）。

本节中，冯·诺依曼经常使用两个词，一个是"device"，指计算机，一个是"procedure"，指计算过程。上面这一段话论述了并行处理的好处和代价。

这种通过增加设备来换取时间的方法在非真空管元件设备中是完全合理的。在非真空管元件设备中，赢得时间是至关重要的，并且在处理包含许多元件的相关设备方面有丰富的工程经验可以借鉴。根据所有可用的经验，按照这些原则构建的真正通用的自动数字计算系统必须包含超过 10 000 个元件。

3.5.5　超高速（真空管）的作用：连续操作的原则

另一方面，对于真空管元件装置来说，似乎相反的方法更有希望。

正如 3.4.3 节所指出的，一个不太复杂的真空管装置的反应时间可以短到 1 微秒。在这个速度下，甚至没有被优化的乘法的耗时（在 3.5.3 节中得到）也是可以被接受的：1000～1500 步反应时间共计 1～1.5 毫秒，这个速度远超任何可以想到的非真空管装置。实际上这会导致一个保持设备平衡的严重问题，即在输入和输出端之外，需要保持必要的人为监督与其操作同步。

关于其他算术运算，可以说：加减运算肯定比乘法运算快多了。在 27 位二进制数的基础上（参见 3.5.3 节），并考虑到进位，每一位应该最多执行两次 27 步，即 30～50 步，或反应时间，总计 0.03～0.05 毫秒。在这个方案中，如果在乘法中没有尝试使用捷径或套叠方法，且使用的是二进制，那么除法的步数与乘法的步数大致相同（参见 3.7.7 节、3.8.3 节）。在这种情况下，开平方基本上不会比除法耗时长。

3.5.6　重构原则

因此，似乎没有必要加快这些运算的速度，至少要等到我们彻底熟悉这种超高速设备的使用，并且也已经充分理解并开始利用这些高速设备打开的可能性，即用数值方法处理复杂问题。此外，在这种情况下，通过套叠式过程以成倍增加所需的元件数量为代价，是否能实现加速似乎也是一个问题：真空管设备越复杂（即所需元件的数量越多），公差就越大。因此，在这个方向上的任何提升也将需要比上面提到的 1 微秒更长的反应时间。一般而言，很难用一般的方法来估计该因素精确的量化影响，但其对于真空管元件的重要性肯定比对于电报继电器来说要大得多。

是否并行，这是一个问题。也就是说，并行并不是显而易见的必然要选择的方法。这也是为什么阿姆达尔认为串行就足以提供较高性能，即论证以单处理器的方式即可实现大规模计算能力（见本书第 5 章）。

因此，似乎值得考虑以下观点：设备应该尽可能简单，即包含尽可能少的元件。如果同时执行两个运算将导致所需元件数量的显著增加，则应该选择不同时执行两个运算。这将使得该设备更可靠地工作，真空管可被驱动到更短的反应时间。

3.5.7　原则的进一步讨论

当然，这一原则的应用能否得到有效推广将取决于目前可用的真空管元件的实际物理特性。也许最优的方案不是完全应用此原则，而是采取一些折中办法。然而，这总是取决于真空管技术的发展现状，很明显，在这种情况下，真空管的速度越快，性能越可靠，这一原则的应用就越有说服力。从目前可使用的技术来看，应用该原则的解决方案似乎已经接近最优了。

还值得强调的是，截至目前，所有关于高速数字计算设备的想法都朝着相反的方向发展：以所需元件数量倍增为代价通过伸缩来加速。因此，尽可能彻底地考虑相反的观点，即绝对不采用上述程序，始终如一地执行 3.5.6 节中所规定的原则，似乎更有指导意义。

因此，我们将朝着这个方向推进。

3.6 电子元件

3.6.1 引入假设的电子元件的原因

3.5 节的考虑已经定义了对待运算器的主要原则。我们现在在此基础上接着介绍一些更具体的技术细节。

为此必须使用一些示意图来表示这些标准元件的运行。的确，对于设备的相关算术和逻辑控制过程以及其他功能的决策，只能基于有关元件运行的一些假设。

最理想的方法是把这些元件当作它们本来的样子：真空管。但是，这将需要在讨论的早期阶段对具体的无线电工程问题进行详细分析，而此时仍然有太多的替代方案尚待详尽地讨论。同样，从实际性能的角度分析，用于安排运算过程、逻辑控制等的多种替代方案，将叠加在选择真空管和其他电路元件的类型和尺寸等的多种可能性上。所有这一切将产生一种复杂和不透明的情况，在这种情况下，我们现在正在尝试的初步方向几乎是不可能的。

为了避免这种情况，我们将把我们的考虑建立在一个假设的元件上，它的功能基本上类似于真空管（例如，一个有适当相关 RLC 电路的三极管），但是它可以作为一个独立的实体来讨论，而不需要考虑详细的射频电磁问题。我们再次强调：这种简化只是暂时的，是为了使目前的初步讨论成为可能。在初步讨论得出结论之后，必须重新考虑这些元件的真正电磁特性。但到那时，初步讨论的结果将是可用的，而相应的替代方案也将随之取消。

3.6.2 简单电子元件的描述

在 3.4.2～3.4.3 节中讨论并在 3.5.1 节结尾再次提到的人类神经元的类似物，似乎提供了 3.6.1 节结尾所假定的那种元件。我们提议，在初步讨论期间，将它们作为计算机的组成部分。因此，我们必须对这些元件所假定的性质做出精确的说明。

我们将要讨论的元件，称为电子元件（E-element），表示为一个圆圈○，它接受兴奋性（excitatory）和抑制性（inhibitory）激励，并沿着与之相连的一条线发出自己的激励：○—。轴突可能分叉：○—<，○—←。原始激励经过一个**突触延迟**后发射出去，假设突触延迟是一个固定时间且对于所有电子元件都相同，用 τ 来表示。我们提议忽略 τ 之外的其他延迟。我们将延迟 τ 的存在通过线上的箭头表示出来：○→，○→<。这也有助于确定线的原点和方向。

3.6.3 同步，由中央时钟门控

在这一点上，以下的观察是必要的。在人类神经系统中，沿着轴突的传导时间可能比突触延迟更长，因此我们上面忽略除 τ 以外的时间是不合理的。但是在实际的真空管上这个过程是合理的，τ 大约是 1 微秒，电磁脉冲在这段时间中可以传播 300 米，而设备中信号线的长度要比这个短很多，因此传导时间可以被忽略。[需要超高频的设备（$\tau \approx 10^{-8}$ 秒或更短）来反驳这个观点。]

人类的神经系统与我们计划的应用之间另一点本质区别在于我们使用了一个明确定义的所有电子元件都有的无离差的突触延迟 τ。（重点是排除离差。实际上，我们将使用突触延迟为 2τ 的电子元件，请参阅 3.6.4 节、3.7.3 节。）我们使用延迟 τ 作为绝对时间单位来同步计算机设备中各个部分的功能。这种安排的好处是显而易见的，具体的技术原因将在 {} 中出现。

为了实现这一点，有必要将设备设计为 3.4.1 节中所述的同步设备。中央时钟最好是电子振荡器，该振荡器在每个周期 τ 产生时长为 τ' [约为 $(1/5)\tau \sim (1/2)\tau$] 的短的标准脉冲。实际上，由电子元件发出的激励就是时钟脉冲，而脉冲作为时钟的门。显然，门必须保持打开这段时间需要前后延伸以具备容差性，才能让时钟脉冲不失真地通过。如图 3-1 所示。因此，可以通过任何具有平均延迟时间 τ，且允许的离差相当大的设备来控制门的打开。在时钟的精度下，有效的突触延迟将为 τ，并且激励在每一步之后都将被完全更新和同步。

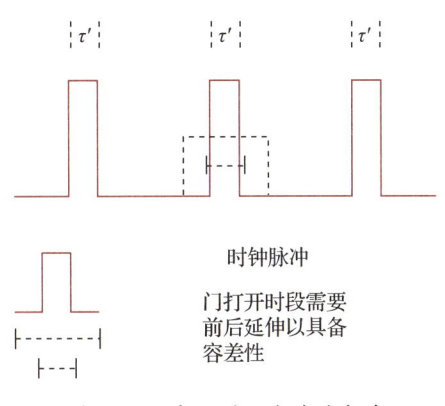

图 3-1　门打开时段允许的离差

3.6.4 阈值的作用。具有多个阈值的电子元件。多倍延迟

现在让我们回到对电子元件的描述。

电子元件通过兴奋性突触接受其前件的激励：—○→，或通过抑制性突触接受其前件的激

励：—○→。正如 3.4.2 节中所指出的，我们将考虑阈值为 1、2、3 的电子元件，也就是说，当电子元件同时接受的兴奋激励数量超过这些最小数量的时候才会被激活。另一方面，所有的抑制激励都被认为是绝对的。具有上述阈值的电子元件分别用①、②、③表示。

因为只有在 τ 的整数倍时间点时才会严格同步激励信号，所以我们可能会忽略疲劳和易化作用等现象。我们也忽略了相对抑制、激励的时间总和、阈值的变化、突触的变化等因素。在这里我们遵循的都是麦卡洛赫和皮茨的方法（参考 3.4.2 节）。我们还将使用双倍突触延迟 2τ 的电子元件：—○→→和混合型电子元件：—○→←。

> 易化作用是由大脑前叶的两侧部位实现。刺激小脑前叶两侧部位，可加强伸肌的紧张状态，并减弱屈肌的紧张状态。人类的这个部位的损伤则引起肌无力或低紧张现象。

我们使用这些变体的原因是它们在组合简单结构时灵活性更好，并且都可以通过同样复杂的真空管电路来实现。

值得注意的是，上面引用的作者已经表明，这些元件中大多数是可以相互构建的。因此，—○→→相当于—○→○→，对于②→，至少=②→相当于图 3-2 所示的电路。然而，在我们的应用程序中，用 2 个或 3 个电子元件来表示这些功能似乎是一种误导，因为它们用真空管实现的复杂度本质上并不比最简单的电子元件—○→大。

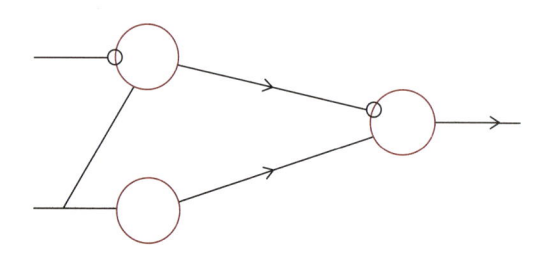

图 3-2 由—○→组成的与=②→等效的电路

通过观察得出结论：在设计电子元件电路时，必须避免沿着连接线的所有反向激励传递。具体地说，在上面的图中，兴奋性和抑制性突触以及发射点（即—○→上的三个连接点）被当作激励从左到右的单向阀门。但在其他任何地方，这些线条和它们之间的连接点>＜被假定为向各个方向传递激励。就延迟→而言，无论哪种假设都可以，最后一点在我们的电路中并不重要。

3.6.5 与真空管的比较

将一些典型的电子元件电路与它们的真空管实现进行比较，表明每个电子元件通常需要 1～2 个真空管。在复杂电路中，每个电子元件有许多激励线，这个数字可能会更高。但是，平均每个电子元件包含 2 个真空管似乎是一个合理的估计。这也应该考虑到放大和脉冲整形的要求，但当然不考虑电源。

3.7 加法和乘法算术运算的电路

3.7.1 二进制数的输入方法：按时间顺序排列的数字

对于一个设备，特别是对于运算器，实数被表示为一个二进制数字序列。我们在 3.5.3 节中看到，标准的 27 位二进制数字对应于 8 位十进制有效数字，因此对于许多问题来说是令人满意的。我们还不准备就这一点做出决定（参见 3.12.2 节），但我们将暂时假设，标准的数字大约有 30 位。

当要对这些数字执行算术运算时，它们必须以某种形式被表示在设备中，更具体地说，被表示在运算器中。每个（二进制）数字显然可以由设备中某一位置和时间的激励来表示，或者更准确地说，该数字的值 1 可以由存在激励表示，值 0 可以由不存在激励表示。现在问题来了，一个实数的 30 位（二进制）数字如何一起表示。它们可以同时由运算器中的 30 个不同位置的 30 个（可能的）激励来表示，或者一个数的全部 30 个数字可以由在同一位置上在 30 个连续周期 τ 中的（可能的）激励来表示。

这一段指出，同一个数的不同数位可以由空间上同时的（可能的）多个激励来表示，也可以由同一位置上连续多个周期中的（可能的）激励来表示。这一段话中加了括弧"（可能的）"是因为通过"存在激励"表示 1，通过"不存在激励"表示 0。

遵循 3.5.6 节的原则——将多个事件按时间顺序放置，而不是（同时）在空间并置，我们选择后面那种方案。因此，一个数字由一个信号线（signal line）表示，该信号线在 30 个连续周期 τ 中发出与其 30 个（二进制）数字对应的激励。

3.7.2 电子元件网络和块符号

在下面的讨论中，我们将绘制各种电子元件电路，以执行各种功能。同时，这些图也将被用于定义**块符号**（block symbol）。也就是说，在展示了特定电路的结构之后，将为其分配块符号，该块符号将被用于在更复杂的场景中代表它，包括在将其作为组成部分的更高阶电路中。块符号显示其电路的所有输入和输出线路，但不显示其内部连接。输入线路和输出线路将分别被标记为 ─○ 和 ─●。块符号包含了电路（或其功能）的缩写名称，其中电子元件的数量作为名称的下标。参见图 3-3。

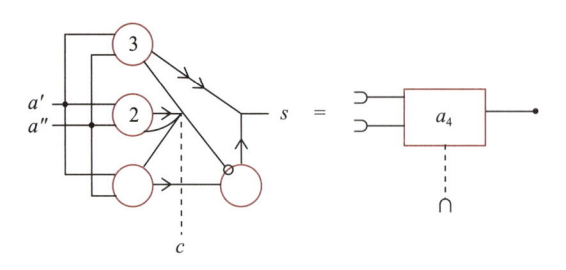

图 3-3　加法器电路及其块符号

块符号与其代表的实际电路等效，但只保留输入输出接口，省去了内部实现细节，用以画出更加复杂的电路。

3.7.3　加法器

我们继续描述**加法器**（adder）电路，如图 3-3 所示。两个加数分别从输入线路 a'、a'' 上输入，在经过 2τ 周期的延迟后，对输入的加数求和的结果会被输出到输出线路 s 上。虚线表示的额外输入线路 c，用于特殊用途，这将在 3.8.2 节中进行说明。进位数字由②生成。两个加数的对应数字与前一个进位数字（经过延迟 τ 后得到）会激励〇（左侧），②和③。在满足如下条件时，输出信号会被激励（即这一位求和的结果是数字 1）：〇被激励但②没有被激励，或者当③被激励时，也就是当提到的三个数字中 1 的数目是奇数时输出信号被激励。如前所述，进位激励（即进位数字 1）仅当②被激励时（即在所述三个数字中至少有两个 1）才产生。所有这些显然构成了一个正确的二进制加法过程。

在上文中，我们没有对数字符号的处理做出规定，也没有对其**二进制小数点**（binary point）[类似于**十进制小数点**（decimal point）] 的定位做出规定。这些概念将在 3.8 节中开始处理，但在考虑它们之前，我们将对乘法器和除法器进行初步讨论。

注意，"timing" 表示 "定时"，"positioning" 表示 "定位"。时间、位置是牛顿经典物理学中的两个基本量。注意，艾伦·图灵文章中（见本书第 2 章）说的小数点就是这一段中提到的二进制小数点。

3.7.4　乘法器：需要存储器

乘法器电路在这方面与加法器有质的区别：在加法中，被加数中的每一位只使用一次；在乘法中，被乘数的每一位被使用的次数与乘数的位数相等。因此，3.5.6 节的原则（也可参见 3.7.1 节的结尾）要求乘法器电路记住这两个因子相当长时间：由于每个数有 30 个数字，乘法的持续时间要求记住至少 $30^2 = 900$ 个周期 τ。换言之，不再可能像加法器那样，在两条输入线路上输入两个因子，并在输出线路上连续获得结果。这意味着乘法器中需要存储器［参见 3.2.4 节（a）］。

在讨论这个存储器时，我们不需要引入 M，因为这是需要在计算电路中立即使用的相对较小的存储空间，最好设计在运算器中。

3.7.5　讨论存储器

电子元件可用作存储设备：一个激励自身的元件将无限期地保持激励。该元件提供两个输入信号 rs、cs 用于接收和清除（遗忘）该激励，并提供输出信号 os 用于指示激励的存在（在此时间间隔内它被记住），电路如图 3-4 所示。

图 3-4　用作存储设备的电子元件及其块符号

这里，冯·诺依曼把"清除激励"注释为"遗忘激励"，这是一个深刻的见解，再一次看到冯·诺依曼始终把人工元件与天然元件做类比。

应注意，这个 m_1 与 3.5.1 节开头提到的实际真空管触发器电路相对应。值得一提的是，m_1 包含一个电子元件，而最简单的触发器电路包含一个或两个真空管（参见下文），与 3.6.5 节的估计一致。

另一个观察是 m_1 只记住一个激励，即一个二进制位。如果需要 k 倍的内存容量，则需要 k 个 m_1，或 k 个电子元件组成的环路：。这个循环可以通过各种方式提供输入和输出，这些输入和输出可以被安排成每当接收到一个激励（或者更确切地说，是该激励存在或不存在，即一个二进制位）需要记忆（比如说出现在循环的左端），旧激励（来自循环的右端）将自动被清除。但是，不去讨论这些细节，我们选择将循环开放：，并为其提供在每个特定情况下可能需要的终端设备（在两端，可能将它们连在一起）。这条简单的信号线展示在图 3-5 中。终端设备通常将在 l_k 右端的输出 os 传回到 l_k 左端的输入，但在 s 存在激励时，将抑制（清除）输出 os 的返回，改为将连接信号 rs 作为输入，如图 3-6 所示。

图 3-5　k 个电子元件及其块符号

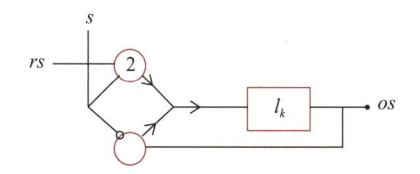

图 3-6　存在选择信号的 k 个电子元件

s 表示一个选择信号。图 3-6 是对图 3-5 的加强。

3.7.6 讨论延迟

l_k 有了图 3-6 所示的终端设备，是一个完美的记忆器官。但如果没有它（如图 3-5 所示的形式），它就只是一个延迟器官。实际上，它的唯一功能是在 k 个周期 t 内保留任何激励，然后重新发出，并且能够在中间不受任何干扰的情况下对连续激励这样做。

既然如此，由于每个电子元件代表（一个或两个）真空管，那么使用 k 到 $2k$ 个真空管仅仅用于实现延迟 kt 是一件很浪费的事情。有延迟装置可以更简单地做到这一点（在目前的情况下，t 大约是 1 微秒，k 大约是 30）。我们在这里不讨论它们，只是注意到有几种可能的结构（参见 3.12.5 节）。因此，我们用新的块 dl_k 替换图 3-5 中的块 l_k，用于表示这样一个设备。它不包含电子元件，它本身将被视为一个新元件。

我们观察到，如果 dl_k 是一个线性延迟电路，激励可以通过它回溯（参见 3.6.4 节的末尾）。为了防止这种情况发生，使用电子元件来保护其端部即可，即通过──◯→实现第一个和最后一个 t 延迟或者将其用于图 3-6 所示的组合，其中关联网络的电子元件提供了这种保护。

3.7.7 乘法器：详细结构

我们现在可以描述一个**乘法器**（multiplier）电路。

二进制乘法包括：对于乘数的每个数字位置（从左到右），被乘数向右移动一个位置，然后根据所考虑的乘数数字是 1 还是 0，将被乘数加到或不加到已经形成的部分积的和上。

因此乘法器必须包含一个辅助电路，它将根据当前乘数位是 1 或 0，决定会或不会将被乘数放入加法器。这可以通过两个步骤来实现。首先，需要一个电路，只要某一输入（与包含乘数的部件相连）在某一较早时刻（当适当的乘数位被发出时）受到激励，该电路就发出时长为 τ 周期（被乘数用于完成加法的时长）的激励。这样的电路被称为**鉴别器**。第二，需要一个阀门，它只有在它拥有的第二个输入也受到激励时才会传递激励。这两个模块一起解决了我们的问题：鉴别器必须得到适当的控制，其输出连接到阀门的第二个输入，被乘数通过阀门进入加法器。阀门非常简单，如图 3-7 所示。主要的激励从 is 传递到 os，第二个输入从 s 进入。

鉴别器（discriminator）如图 3-8 所示。输入 t 处的激励定义了必须在 is 处接收激励的时刻，该激励决定了之后 os 处是否应该发出激励。如果这两个激励同时发出，左边的②就会被激励。由于它的自反馈，它将一直保持激励，直到它成功地激励了中间的②。中间的②以这样的方式连接到 is 上，使得它只能在 is 受到激励的时

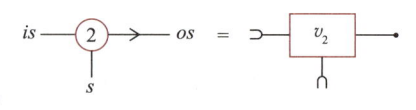

图 3-7 阀门电路及其块符号

刻被左边的②激励，但是在其前导 is 没有受到激励的时刻，也就是在 is 处一系列激励的开始，它将不会被激励。中间的②抑制左边的②，与 is 一起激励右边的②。中间的②现在变为静态并保持静态，直到 is 处的激励序列结束，然后继续保持静态，直到下一个激励序列的开始。因此，左边的②与另外两个②分离，从而准备为下一个 is 序列暂存 s，t 激励。另一方面，右边②的反馈是这样的，它将在这个 is 序列的持续时间内保持激励，并在 os 上发出激励。很明显，在输入 is 和输出 os 之间有一个 $2t$ 延迟。

图 3-8　简单的鉴别器电路及其块符号

现在乘法器电路可以组合在一起，如图 3-9 所示。被乘数循环通过 $dl\,\mathrm{I}$，乘数循环通过 $dl\,\mathrm{II}$，并且部分乘积的和（从 0 开始逐渐累加到完整乘积）循环通过 $dl\,\mathrm{III}$。两个输入 t，t' 接收鉴别器所需的时序激励（它们对应于图 3-8 中的 t 和 is）

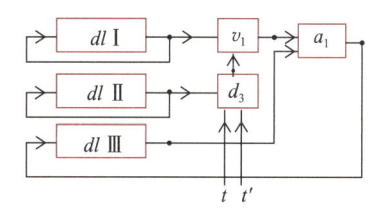

图 3-9　乘法器电路

当接收到所需的时序激励 t，t' 时，鉴别器 d_3 逐位接收 $dl\,\mathrm{II}$ 中的乘数，并根据当前乘数位的值决定是否向 v_1 发送激励，从而控制 0 或来自 $dl\,\mathrm{I}$ 中的被乘数进入加法器 a_1。

3.7.8　乘法器：进一步需求（时序、本地输入和输出）

在 3.7.7 节中的分析没有涉及乘法器的以下必要特性。（a）控制输入 t，t' 并在适当时刻激励它们的时序电路。显然它必须包含类似于 dl 的元件。（b）从 $dl\,\mathrm{I}$ 到 $dl\,\mathrm{III}$ 的延迟时长 k。它们也有一定的同步功能：每次加法器工作时（即在每个 it-ft 区间内），被乘数和部分乘积和（即 $dl\,\mathrm{I}$ 和 $dl\,\mathrm{III}$ 的输出）必须以这样一种方式汇集在一起，即与之前相比，前者相对于后者提前时间 t（向右移动一个位置）。

另外，如果这两个因子各有 30 位，则乘积有 60 位。因此，$dl\,\mathrm{III}$ 应该有 $dl\,\mathrm{I}$ 和 $dl\,\mathrm{II}$ 的 k 的大约两倍大小，在前者中的一个周期必须对应于后者中的两个周期。（t 上的时序激励最好与 $dl\,\mathrm{III}$ 同步调整。）另一方面，建议制定将乘积舍入到标准位数的规定，从而使 $dl\,\mathrm{III}$ 的 k 保持 30 附近。（c）将被乘数和乘数（从设备的其他部分）输入 $dl\,\mathrm{I}$ 和 $dl\,\mathrm{II}$ 并从 $dl\,\mathrm{III}$ 中取出运算结果的电路。（d）处理符号和二进制小数点位置所需的电路。它们显然取决于这些属性的算术处理方式（参见 7.3 节和 ‖ 的结尾）。

所有这些问题都将在之后处理。必须首先解决与（d）即符号和二进制小数点的算术处理有关的问题，因为符号是减法所必需的，也是除法所必需的，而二进制小数点对乘法和除法都很重要。

3.8 减法和除法算术运算的电路

3.8.1 符号的处理

直到现在，数字 x 是大约 30 个二进制数字的一个序列，还没有符号（sign）或二进制小数点的定义。我们现在必须明确约定如何处理这些概念。

最左边的数字将保留给符号，以便其值 0、1 分别表示符号 +、-。如果二进制小数点位于数字位置 i 和 $i+1$ 之间（从左起），则符号数字的位置值为 2^{i-1}。因此，如果没有符号约定，数字 x 将位于 $0 \leqslant x < 2^i$ 的区间内，而使用符号约定，子区间 $0 \leqslant x < 2^{i-1}$ 不受影响并对应于非负数，而区间 $2^{i-1} \leqslant x < 2^i$ 对应于负数。我们让后一个 x 表示负数 x'，因此 x 的剩余数字本质上是对 $-x'$ 数字的补数。更精确地说：$2^{i-1} - (-x') = x - 2^{i-1}$，即 $x' = x - 2^i$，其中 x' 的范围是 $-2^{i-1} \leqslant x < 0$。

换句话说：我们使用的数字序列在没有符号约定的情况下，表示区间 $0 \leqslant x < 2^i$，而在有符号约定的情况下，表示区间 $-2^{i-1} \leqslant x < 2^{i-1}$。第二个区间与第一个区间是相关的，只需要在必要的时候减去 2^i，即它们的对应关系是模 2^i。

由于加法和减法不影响模 2^i 的关系，我们在进行加法和减法时可以忽略这些安排。对于二进制小数点的位置也是如此：如果小数点从 i 移动到 i'，则每个数字乘以 $2^{i-i'}$，但是加法和减法也保持这种关系不变。（当然，所有这些都类似于传统的十进制程序。）

因此，我们不需要在 3.7.3 节的加法过程中添加任何内容，以同样的方式设置减法过程是正确的。然而，3.7.7 节的乘法过程必须重新考虑，同样的情况也适用于要设置的除法过程。

3.8.2 减法器

我们现在建立了一个减法器电路。如果一个加数（假设是第一个加数）是负数，我们可以使用加法器（参见 3.7.3 节）实现减法。根据上面的说明，这意味着这个加数 x 被 $2^i - x$ 代替。也就是说，x 的每个数字都被它的补码代替，然后最右侧数字位置的一个单位被加到这个加数上，就像一个额外的加数一样。

在计算机系统中，数值一律用补码来表示和存储。原因是使用补码可以将符号位和数值位统一处理；同时，加法和减法也可以统一处理。

计算机中的负数是以其补码形式存在的，补码 = 原码取反 + 1。以 -9 为例，补码是 11110111，计算过程是：9 的原码为 00001001，各位取反得到 11110110，然后在最低位加 1 即得到 11110111。

最后一个操作可以通过激励加法器的额外输入 c 来执行（参见图 3-3）。这会自动处理所有可能由额外的加法引起的进位。

每一个数字的补码可以通过一个与图 3-7 相反的阀门来完成：当在 s 激励时，它将主要激励的补码从 is 传递到 os，如图 3-10 所示。

现在**减法器**（subtracter）电路如图 3-11 所示。被减数和减数出现在输入线 s、m 上，差会在输入之后有 $3t$ 延迟被发射到输出信号 d 上。两个输入 t'、t'' 在整个减法期间接收必要的定时激励：t' 在整个减法周期中都接收激励，t'' 在其第一个 t 处（对应于最右数字位置，参见上文）接收激励。

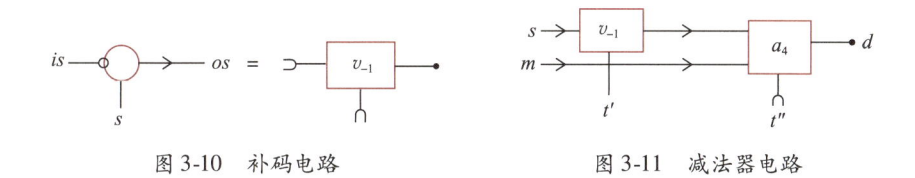

图 3-10　补码电路　　　　图 3-11　减法器电路

3.8.3　除法器：详细结构

下一步，我们建立一个**除法器**（divider）电路，与 3.7.7 节的乘法器电路一样，都具有初步性的意义。

二进制除法由以下部分组成：对于商中的每个数字位置（从左到右），除数从已经形成的（被除数）的中间余数（partial remainder）中减去；但在这个减法之前，中间余数被左移了一位。如果产生的差不是负的（即最左边的数字是 0），那么下一个商位是 1，下一个中间余数（在上述左移之前，用于计算下一个商位的中间余数）就是上面所讨论的差。如果产生的差是负的（即最左边的数字是 1），则下一个商位是 0，下一个中间余数（与上面意义相同）等于向左移位后的上一个中间余数。

在除法中，余数是指被除数中未被除尽的部分，而这里的"中间余数"则是指被除数在逐次减去除数的过程中剩余的被除数部分。由于该剩余部分最终会变为余数，在计算过程中是余数的中间形态，所以尽管"partial remainder"直译为"部分余数"，我们在这里还是将其译为"部分余数"。

在上面计算商位的规则中，体现的其实就是"够减商 1，不够减商 0"的原则。

因此，除法中的选择与乘法中的选择是相仿的（参见 3.7.7 节），但有一个显著的区别：乘法中的选择是传递或不传递一个加数：被乘数。除法中的选择是要传递两个被减数中的哪一个：上一个（移位过的）中间余数，或者是其减去除数。因此，我们现在的除法运算需要两个阀门，而在乘法运算中只需要一个。此外，我们还需要一个比图 3-8 中更复杂的鉴别器：它需要在 t 激励所定义的时刻且 s 有激励时，将激励序列从 is 传递一串激励到 os；在上述时刻且 s 没有激励时，将该序列从 is 传递到另一输出 os'。图 3-8 与图 3-12 的比较表明，后者具有所需的特性。is 与 os 或 os' 之间的延迟现在是 $3t$。

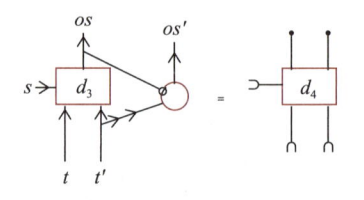

图 3-12　更复杂的鉴别器电路及其块符号

现在可以将除法器电路整合在一起，如图 3-13 所示。除数循环通过 $dl\;\mathrm{I}$，而被除数最初在 $dl\;\mathrm{III}$ 中，但随着除法的进行，不断地被中间余数代替。阀门 v_{-1} 把除数的补码送入加法器。它下面的两个阀门 v_1 选择中间余数（参见下面的内容），一方面将其从公共输出线路直接发送到 $dl\;\mathrm{II}$，另一方面将其发送到加法器中，在那里求和（实际上是求差），求和结果进入 $dl\;\mathrm{III}$。时序需要能够产生左移一位操作。$dl\;\mathrm{II}$ 和 $dl\;\mathrm{III}$ 中包含下一个中间余数的两个备选数字。中间余数的选择由连接到控制加法器的（第二个加数）输入的两个阀门（参见上文）的鉴别器 d_4 完成。加法器结果的符号位控制鉴别器，t 处的时序激励必须与其外部（和的最左侧数字）一致。t' 必须在两个加数（实际上是减数和被减数）将要进入加法器的时间段内（提前 $3t$）被激励。t'' 必须接收减法所需的额外激励（图 3-11 中的 t''），该激励与差的最右侧数字相同。商在 $dl\;\mathrm{IV}$ 中被组装，它的每一个数字都是由鉴别器的第二个输出端（图 3-12 中的 os'）发出的激励得到的。它在 t''' 的激励下通过最下面的 v_1 进入 $dl\;\mathrm{IV}$。

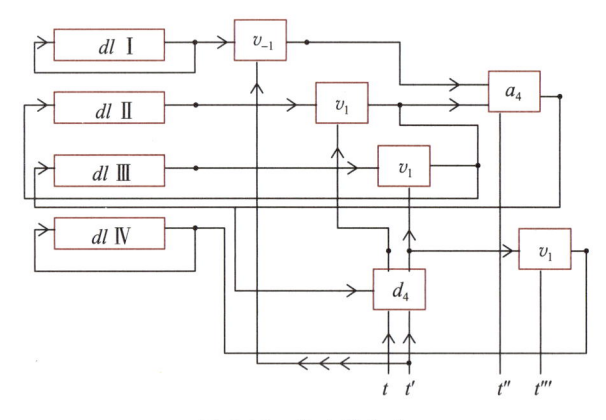

图 3-13　除法器电路

在上述除法器中，$dl\;\mathrm{I}$ 中存放的是除数，$dl\;\mathrm{II}$ 中存放的是中间余数，$dl\;\mathrm{III}$ 中存放的是中间余数与除数的差。d_4 根据加法器 a_4 的结果的符号位，控制上面的两个阀门 v_1，从 $dl\;\mathrm{II}$ 和 $dl\;\mathrm{III}$ 中选择下一个中间余数。将下一个中间余数送入 $dl\;\mathrm{II}$ 中，并将其与除数的差送入 $dl\;\mathrm{III}$ 中，如此循环进行以实现除法。dl Ⅳ 中存放的是商，它的每一位都是通过最下面的 v_1 传入，即使用中间余数与除数的差作为下一个中间余数时传入 1，每次传入后需要进行移位操作。

3.8.4　除法器：进一步需求

对 3.8.3 节的分析略过了除法器的一些基本特征，3.7.7 节略过了乘法器的一些基本特征，在 3.7.8 节中列举了这些特征：

（a）控制输入端 t、t'、t''、t''' 的**时序**（timing）电路。

（b）dl Ⅰ 到 dl Ⅳ 的 k（延迟长度）。这些细节与 3.7.8 节（b）中的不同，但问题是非常相似的。

（c）将被除数和除数输入到 dl Ⅲ 和 dl Ⅰ、并从 dl Ⅳ 得到商所需要的电路。

（d）处理符号和二进制小数点位置所需的网络。

在乘法的情况下，所有这些要点随后将被处理。

3.9　二进制小数点

3.9.1　二进制小数点的主要作用：在乘法和除法中的作用

正如 3.8.1 节结尾所指出的，3.8.1 节的符号约定和尚未确定的二进制小数点约定对加法和减法没有影响，但它们与乘法和除法的关系是极其重要的，需要加以考虑。

从分别在 3.7.7 和 3.8.3 节开头给出的乘法和除法的定义中可以清楚地看出，符号和二进制小数点仅在涉及的数字都为非负数时才适用，即当（乘数和被乘数，或除数和被除数）最左边的数字都为 0 时。因此，现在让我们假设以上成立（这个主题将在 ‖‖ 中再次讨论），并考虑二进制小数点在乘法和除法中的作用。

3.9.2　必须从乘积中省略多位数字。决策：仅限在 –1 和 1 之间的数字

如 3.7.8 节（b）所述，30 位数字之间的乘积有 60 位数字，由于该乘积应是一个与其因子具有相同有效位数的数字，因此必须从该乘积中省略 30 位数字。

如果二进制小数点在一个因子中的（左起）第 i 位和第 $i+1$ 位之间，在另一个因子中的第 j 位和第 $j+1$ 位之间，则这两个数字分别在 0 到 2^{i-1} 之间和 0 到 2^{j-1} 之间（最左边的数字是 0，参见 3.9.1 节）。因此，乘积在 0 和 2^{i+j-2} 之间。然而，如果已知其位于 0 和 2^{k-1}（$1 \leq k \leq i+j-1$）之间，则其二进制小数点位于 k 和 $k+1$ 之间。在其 60 位数字中，（左起）前 $i+j-1-k$ 位

为 0 并被省略，因此只需要通过一些舍入过程省略（右起）最后 $29-i-j+k$ 个数字。

这表明，二进制小数点的位置放在那里的本质效果是，它决定了乘积中多余的数字中哪些数字将被省略。

如果 $k<i+j-1$，则必须采取特殊预防措施，以使乘积大于 2^{k-1} 的两个数永远不会相乘（仅限于 $\leqslant 2^{i+j-2}$ 时）。在 IBM 或其他自动设备上规划计算时，这种困难是众所周知的。G. Stibitz 提出了一个很好的技巧用以克服这个困难，但由于它会使计算电路的结构变得有些复杂，所以我们在第一次讨论时不使用它。相反，我们更愿意通过一个在另一点上产生基本相同效果的安排来完全克服这一困难。然而，这意味着只有在计划计算时才必须要注意。它简化了设备及其讨论，这一过程也符合 3.5.6 节中的原则的精神。

这种安排要求 $k=i+j-1$，这样每次乘法都可以执行。我们还需要二进制小数点位于一个固定位置，所有数字的二进制小数点位置一样，即 $i=j=k$。因此 $i=j=k=1$，也就是说，二进制小数点总是位于（左起）第一个和第二个数字之间。换句话说，二进制小数点总是紧跟在符号数字之后。

因此，所有非负数都在 0 和 1 之间，（任一符号的）所有数字都在 -1 和 1 之间。这再一次清楚地表明，乘法总是可以执行的。

3.9.3 规划的结果。加、减、乘、除运算的规则

因此，上面提到的需要注意的地方是指在规划设备的任何计算时，必须确保计算过程中出现的所有数字始终保持在 -1 和 1 之间。这可以通过将实际问题中的数字乘以 2 的若干（通常为负）次方（实际上在许多情况下 10 次方是适当的）来实现，并相应地转换所有公式。从规划的角度来看，它的难度与在大多数现有的自动装置中定位二进制小数点的常见难度差不多。有必要在 I 和 O 中做出一些补偿安排。

具体来说，要求所有数字保持在 -1 到 1 之间，这就需要在规划计算中记住下面这些限制：

（a）如果结果是一个不在 -1 和 1 之间（当然是 -2 和 2 之间）的数字，则不必执行加法或减法。

（b）如果除数（绝对值）小于被除数，则不得进行除法。

如果违反了这些规则，加法器、减法器和除法器仍然会产生结果，但结果将不会是和、差和商。并不困难包含一个检查器官来对所有违反规则（a）、（b）的情况发出通知信号。

3.9.4 四舍五入：舍入规则和电路

关于乘法和除法，一些关于四舍五入的评论是必要的。

使这两个运算计算得到超出所需位数一位的数字是合理的，按照现在的假设应该是 31 位，然后通过某种舍入方法省略多余的数位。众所周知，简单地忽略这个数字会使系统的舍入误差偏向一个方向（即朝 0）。通常的高斯十进制对最接近要保留的最后一个数字的多余值进行四舍五入，如果将（多余的数字）5 舍入至最近的偶数，在二进制系统中意味着：数字对（第 30 位和第 31 位）00、10 四舍五入到 0，1；01 四舍五入到 00；11 通过加上 01 进行四舍五入。这需要带进位的加法，这并不方便。或者你可以按照 J. W. Mauchly 建议的十进制舍入方法，将 5 舍入到最接近的奇数。在二进制系统中，这意味着数字对（第 30 位和第 31 位）00、01、10、11 四舍五入为 0、1、1、1。

这个舍入规则可以非常简单地表述为：如果第 30 位或第 31 位是 1，则第 30 位舍入为 1，否则舍入为 0。

图 3-14 所示为一个完成此操作的**舍入阀**。当 s 被激励时，一个数字（激励）被从 is 传递到 os，

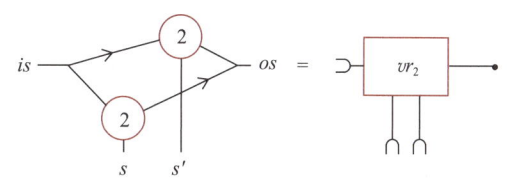

图 3-14　舍入阀的电路及其块符号

但是当 s' 也被激励时，该数字根据上述舍入规则与其前一位（即其左边的数字）结合。

3.10　开平方算术运算的电路及其他运算

3.10.1　开平方：详细结构

开平方（square rooter）的电路与除法器电路区别很小。下面的描述与 3.7.7 节中关于乘法器和 3.8.3 节中关于除法器的描述同样都是初步的。

二进制开平方操作包括以下步骤：对于平方根上的每一位数（从左到右），由（当前位置的）平方根 a 得到 $2a+1$，再将当前的（被开方数的）中间余数左移两位（不够的位数补 0）后减去这个 $2a+1$。若产生的差非负（即最左位的数是 0），那么接下来的平方根位是 1，接下来的中间余数（将用于生成接下来的商位，此时仍未进行上述的左移两位操作）是这个差。若产生的差是负数（即最左位的数是 1），那么接下来的平方根位是 0，接下来的中间余数（与上面的意思相同）是前一步的中间余数再左移两位。

这个过程显然很类似于除法器中所用的过程（参见 3.8.3 节），但存在以下差异：第一，（中间余数）左移两位（可能需要补 0）而非一位；第二，被减数不是开始给定的数（被除数），而是由当前结果得到的，若到当前位置的平方根是 a，则为 $2a+1$。

第一个差异是一个相当简单的时序问题，不需要必要的额外设备。第二个差异涉及连接上的变更，但也不需要额外的设备。$2a+1$ 必须由 a 运算得到，但这在二进制系统中是一个特别

简单的运算：$2a$ 可通过左移一位形成，因为 $2a+1$ 用于减法，所以最后的 $+1$ 可以通过省略减法中对最右位数的校正来实现（参见 3.8.2 节，将被省略的是图 3-11 中 t'' 上的激励信号）。

相对于图 3-13 的除法器电路，加法器 a_4 少了 t'' 上的激励，即在对中间余数取反加一过程中的"$+1$"与 $-(2a+1)$ 中的"-1"相抵消。

现在**开平方**电路可以被集中在一起如图 3-15 所示。可以看出，它与图 3-13 的除法器电路惊人地相似。需要注意的是，$dl\ \mathrm{I}$ 是不需要的。被开平方数最开始在 $dl\ \mathrm{III}$ 中，但随着开平方过程的进行不断被中间余数替代。阀门 v_{-1} 将（当前位置的）负数形式的平方根 a 传送到加法器中——时序必须能够进行左移一位操作以便于用 $2a$ 代替 a，由于缺少减法校正脉冲（图 3-11 和图 3-13 中的 t''，参见上面的讨论），其在减法中的作用相当于 $2a+1$。位于它下面的两个阀门 v_1 选择正确的中间余数（参见下文），并将其沿着公共输出线路一方面直接输送到 $dl\ \mathrm{II}$ 中，另一方面送入加法器，并将和（实际上是差）送入 $dl\ \mathrm{III}$ 中。时序必须能够产生所需的左移两位操作。因此 $dl\ \mathrm{II}$ 和 $dl\ \mathrm{III}$ 中分别存储的是下一个中间余数的两个备选数字。这个选择的过程是由控制决定加法器（第二个加数）输入的两个阀门（参见 3.8.3 节中关于图 3-12 的描述）的鉴别器 d_4 完成的。加法结果的符号位控制鉴别器 d_4。在 t 处的时序激励必须与它所呈现的（加法和的最左位数）一致，t' 必须在两个加数（实际上是被减数和减数）将进入加法器时（提前 $3t$）被激励。平方根在 $dl\ \mathrm{IV}$ 中组装。它的每一位数都是由鉴别器的第二个输出端（图 3-12 中的 os'）发出的激励得到的。它在 t''' 处的激励下，通过最下端的阀门 v_1 进入 $dl\ \mathrm{IV}$。

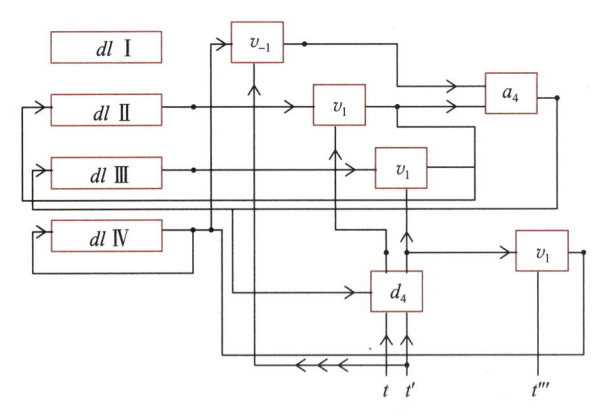

图 3-15 开平方电路

3.10.2 开平方：进一步观察

3.8.4 节中关于除法器的结论基本上可不加修改地适用于开平方电路。

3.9.3 节中关于各种运算中操作数的大小的规则很容易扩展到开平方运算中：被开平方数必须是非负的，产生的平方根必须是非负的。因此，只有当被开平方数都位于 0 和 1 之间，开平方运算才能执行，平方根也将位于 0 和 1 之间。

3.9.3 节和 3.9.4 节中的其他描述也适用于开平方运算。

3.10.3　加、减、乘、除、开平方运算列表

我们已描述进行加、减、乘、除、开平方运算的电路，现在考虑如何将它们集成到运算器中，以及运算器应该能够执行哪些运算。

第一个问题是运算器是否有必要或值得实现上述所有运算：加法、减法、乘法、除法、开平方。

关于加法和减法运算不用说太多，因为这些运算很基本、执行很频繁而且执行电路很简单（参见图 3-3 和图 3-11），显然应该被实现。

乘法运算是需要讨论的，在这里我们从另一个角度来看。表面上提供一个乘法器似乎是合理的，因为乘法运算非常重要，而图 3-9 中的乘法器虽然没有图 3-3 中的加法器那么简单，但与整个设备的复杂性相比起来它依然非常简单。此外，它也包含了一个加法器，因此可以在该设备上进行加法和减法运算，并且通过遵循 3.5.3～3.5.7 节中提出的原则，它已经变得非常简单。

然而，人们可能对这些考虑的严格性产生怀疑。实际上，乘法运算（以及与之类似的除法和开平方运算）可以通过使用对数表（底数最好为 2）和反对数表简化为加法运算（也可以是减法运算或者减半运算——后者指在二进制系统中右移一位）。现在，无论如何函数表都必须被整合到设备中，而且对数－反对数表是函数表中最常使用的一种，那么为什么不使用它们把乘法（以及除法、开平方运算）分解为特殊运算呢？这是因为没有函数表能够详细到不需要插值就可以使用（在预期的条件下，需要 $2^{30} \approx 10^9$ 项！），而插值也需要使用乘法运算得到！人们固然可以在插值中使用较低精度的乘法，并通过这种方法获得较高精度的乘法结果——这可以通过逐次逼近的方法细化为一个完整的乘法系统。但简单的估计表明，这种方法实际上比普通的算术乘法运算更加麻烦。所以除了上述方法之外，函数表只能用于系统实现乘法运算之后来简化算术运算（或其他操作），而非之前！那么，这似乎证明了使运算器支持乘法运算是合理的。

最后考虑除法和开平方运算。这些运算现在当然可以用函数表来进行处理：除法和开平方运算都有对数－反对数表，除法还有倒数表（在有乘法运算的情况下）。还有众所周知的快速收敛迭代过程，对于倒数 $u \leftarrow 2u - au^2 = (2 - au)u$（每个阶段两次乘法运算，结果收敛到 $\frac{1}{a}$），

对于平方根 $u \leftarrow (3/2)u - 2au^3 = (3/2 - (2au)u)u$（每个阶段三次乘法运算，结果收敛到 $\dfrac{1}{\sqrt{4a}}$，因此为了得到 $\sqrt{a}$，最后必须乘以 $2a$）。

然而，这些运算或多或少都需要一定的逻辑控制并且用庞大数量的乘法运算代替除法和开平方运算。现在我们对乘法、除法、开平方运算的讨论表明，对于 30 位的二进制数（参见 3.7.1 节），每一种运算持续时间约为 $30^2 t$，因此用一定量的乘法运算代替除法和开平方运算在时间上是一种浪费。另外，在使用元件数量上的节省也不是很显著：图 3-13 所示除法器使用的元件数比图 3-9 所示的乘法器多出 50%，除法器把乘法器作为它的一部分，以避免重复（参见下文）。如图 3-15 及其相关的讨论所示，开平方电路几乎等同于除法电路。

用若干乘法运算替换除法和开平方运算的技巧确乎是合理的，但这种合理性只存在于乘法运算已经被大大简化的设备中。正如 3.5.3～3.5.4 节中所提到的，乘法和除法的运算时间可以缩减到比我们所设想的更少数量的 t。正如上述引文中所指出的，这涉及压缩和同步操作，而且需要增加大量必要的设备。我们看到，这样的过程仅存在于不含真空管元件且元件速度不如真空管的设备中。更重要的是，在这些设备中，乘法运算可以比除法运算更加有效地被简化（参见 3.5.4 节），因此采取上述过程用一定量的乘法运算替换除法和开平方运算可能是值得的。然而，在一个基于 3.5.3～3.5.7 节中所描述原理由真空管构成的装置中，乘法、除法、开平方运算在用时和复杂度上是同阶的，因此与上面讨论的技巧相比，直接进行算术运算的方法似乎是合理的。

所以，所有的加法、减法、乘法、除法、开平方这些运算似乎都应该在运算器中进行实现，并且或多或少地以图 3-3、图 3-9、图 3-11、图 3-13、图 3-15 所示的电路形式出现。需要注意的是，所有这些电路需要合并为一个电路，一个本质上是由图 3-13 所示除法器的元件组成的电路。电子元件在必要的连接处充当阀门，通过适当的控制，可以选择电路的总体或部分，使电路执行加法、减法、乘法、除法、开平方中所需的那种运算。

3.10.4　排除其他进一步的运算

下一个问题是，除了加法、减法、乘法、除法、开平方运算外，运算器还需要包括哪些运算？

正如 3.10.3 节第一部分所指出的，当乘法运算可用时，其他任何运算都可以通过插值法从函数表得到结果。因此看起来，除了乘法（以及加法和减法，它们是乘法的前提），运算器中不需要再实现其他运算。而事实上，除法和开平方运算是需要实现的，并且采用直接运算的方法。因为它们所涉及的运算程序耗时与乘法运算大致相同，并且在元件数量上只需要增加 50%。

再进一步考虑其他可能需要实现的运算，它们则很难满足这些要求。开立方运算在算术处理上与开平方运算有着根本的区别，因为后者只需要一个在二进制系统中尤为简单的中间操作 $2a+1$（参见 3.10.1 节），而前者在同等情况下却需要一个中间操作 $3a^2+3a+1=3a(a+1)+1$，这显然要复杂得多，因为它包含了乘法运算。对于其他必要的运算，如对数、三角函数和它们的反函数，则几乎不能通过算术处理得到。在这些运算中，若进行直接运算需要使用到它们的幂级数，这要求设备的通用逻辑控制器必须充足。另一方面，如上所述，使用函数表和插值在大多数情况下比直接使用幂级数的方法更有效。

考虑到这些，在运算器中加入进一步的代数或分析运算是没有必要的。但是出于逻辑或结构方面的原因，有一些非常基本的运算还是应该被实现的。尽管我们还没有准备好充分论证在 3.7.8 节和 3.10.3 节末尾提出的观点，但为了讨论这些操作，我们有必要更加仔细地考虑运算器的功能。

3.11　运算器的组织和操作的完整列表

3.11.1　运算器的输入和输出，与存储器连接

正如 3.10.3 节最后所指出的那样，运算器本质上是一个除法器，它可以通过适当的控制来修改自身的行为以满足其他运算的需要。（当然，它还将包含对 3.7.8 节中所枚举的特性的控制。）这意味着它通常会处理进入图 3-13 所示除法器中存储部件 dl Ⅰ 和 dl Ⅱ 的两个实数变量。（它们应与图 3-9 所示乘法器的 dl Ⅰ 和 dl Ⅱ 一致。图 3-15 所示开平方电路不需要 dl Ⅰ，但需要用到 dl Ⅱ。图 3-3、图 3-11 所示的加法器和减法器并没有连接到这样的存储部件，但是当运算器的整个结构建立起来时，它们将不得不进行连接。）所以我们认为运算器有两个输入部件，dl Ⅰ 和 dl Ⅱ，当然还有一个输出部件。（参见上文，加法器和减法器电路中不存在这一输出部件。在乘法器电路中输出部件是 dl Ⅲ，在除法器和开平方运算的电路中输出部件是 dl Ⅳ。这些部件在运算器的最终结构上还会进行调整。）如图 3-16 所示，将两个输入记为 I_{ca} 和 J_{ca}，输出记为 O_{ca}（它们都有与之相连接的存储部件）。

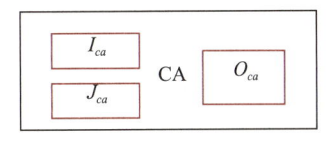

图 3-16　运算器的组成

现在我们必须考虑一些更复杂的问题：如前所述，特别是在 3.2.5 节中提到的，大容量存储器 M 是设备的一个重要组成部分。由于运算器是设备主要的内部操作单元（存储器用于存储，控制器用于管理，输入设备和输出设备用于与外部连接，参见 3.2 节中的分析），因此存储器和运算器之间用于传输的连接尤为重要。那么该如何组织这些连接呢？

显然我们必须要能够从 M 的任一位置传输到运算器，即传输到 I_{ca}、J_{ca}，反之也要能从运算器（即从 O_{ca}）传输到存储器的任一位置。因此，M 的各部分之间似乎没有直接连接的必要，我们始终可以通过运算器从存储器的一部分传输到另一部分（但也有例外，参见 3.14.2 节）。这些考虑会导致两个问题：第一，是否有必要将存储器的每一部分都与 I_{ca} 和 J_{ca} 相连接，或者是否可以进行简化；第二，在运算器只是中转站的情况下，如何处理从存储器的一部分到另一部分的传输。

第一个问题可以根据 3.5.6 节中的原理来回答——将多个事件按时间顺序连续放置而不是（同时的）空间并列放置。这意味着从存储器出发的两个实数必须通过两个连续步骤到达 I_{ca} 和 J_{ca}。所以，最好先在 I_{ca} 中为每个实数路由，然后在下一个（来自于存储器的）实数到达 I_{ca} 时，（在运算器内）将当前实数从 I_{ca} 移至 J_{ca}。

我们重申：从存储器到运算器的每个实数都会被路由到 I_{ca}。同时，之前存在于 I_{ca} 中的实数会移到 J_{ca}，之前存在于 J_{ca} 中的实数必然被覆盖。值得注意的是，可以假定 I_{ca} 和 J_{ca} 都包含 3.7.6 节中所讨论的存储部件。（参见图 3-6 以及图 3-9、图 3-13、图 3-15 所示乘法器、减法器、开平方电路中不同的 dl）在这种类型的存储部件中，所保存的实数可进行流通。所以运算器中 I_{ca} 和 J_{ca} 的连接如图 3-17 所示：线路 - - - 在（来自于 M 的）实数进入运算器时导通，线路—在所有其他情况下导通。I_{ca} 和 J_{ca} 与运算器的操作部分之间的连接从线路—•的两个端点延伸出来。输出 O_{ca} 通过线路—•—•与外界相连（对于运算器而言，即与存储器相连），该线路在产生的结果离开运算器（进入 M）时导通。图中未显示 O_{ca} 的循环连接以及它与运算器操作部分之间的连接，也未显示控制所示连接的电子元件（当然，也未显示运算器的操作部分）。

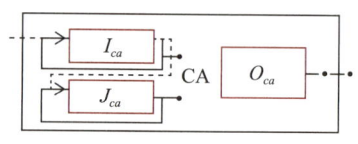

图 3-17 运算器的内部连接

3.11.2 操作 i、j

依据图 3-16、图 3-17，第二个问题也很容易回答。对于从 M 的一部分通过运算器到 M 的另一部分的传输，运算器内部路由的部分显然是从 I_{ca} 或 J_{ca} 传输到 O_{ca}。记 I_{ca} 或 J_{ca} 中的实数为 x、y，由于运算器所执行的一切运算（例如 +、-、×、÷、$\sqrt{}$）的结果都会呈现在 O_{ca} 处，这也就相当于将 x、y 结合为 x 或 y。接下来的操作只是一种微不足道的特殊情况，例如在加法中，若希望得到 x（或 y），则在 y（或 x）处取 0——即将 0 存入 I_{ca}（或 J_{ca}），然后再进行运算。但在另一方面，最好按照如下方式引入一些操作。首先，"将 0 存入 I_{ca}（或 J_{ca}）"会耗费不必要的时间。第二，这些操作所要求的从 I_{ca}（或 J_{ca}）到 O_{ca} 的直接传输很容易被 3.11.1 节开头介绍的运算器的一小部分电路所影响。第三，我们提议（对于 I_{ca} 也对于 J_{ca}）引入如下这两种操作，因为似乎每一种操作都可以在运算器的内部管理中单独扮演一个有用的角色（参见下文）。

相应地，我们引入了两个新的操作：i 和 j，它们对应 I_{ca} 到 O_{ca} 和 J_{ca} 到 O_{ca} 的直接传输。

这两个操作还有其他用处：可以看到运算器的输出（来自 O_{ca}）可以直接反馈到运算器的输入（反馈到 I_{ca}，这会将 I_{ca} 的数据移至 J_{ca}，并且清除 J_{ca} 原有数据，参见 3.11.1 节）。现在假设 I_{ca} 和 J_{ca} 存储着两个实数 x、y，并且 i 和 j 两种操作连同上述反馈一起被使用。那么，I_{ca} 和 J_{ca} 的内容会被替换为 (x,x) 或者 (y,x)，即从任何其他二元运算 $\left(+、-、\times、\div，即 x+y、x-y、xy、\dfrac{x}{y}\right)$ 的角度来看，变量 x，y 已经被 (x,x) 或 (y,x) 所替换。后者对于非对称运算 $\left(x-y、\dfrac{x}{y}\right)$ 而言很重要；前者对于对称运算（$x+y$、xy）而言很重要，因为它会导致翻倍和平方。这些操作在普通代数中很常见，足以证明使用 i 和 j 操作来直接处理的合理性。

3.11.3 操作 s

另一个必要的操作与检测一个数的符号相关，或者说是与检测两个数之间的大小关系并在两个（适当给定的）可选行动步骤之间做出相应的选择相关。以后将会看到，依据这种关系从两个给定的数 u、v 中选择谁大谁小的能力足以在两个给定的可选行动步骤之间进行选择。因此我们需要一个可以做到这一点的操作：给定四个数 x、y、u、v，如果 $x \geq y$，则它"产生"u，否则"产生"v。（这表示出了 x、y 之间的大小关系。如果我们令 $y=0$，结果就表示了 x 的符号。）

在这种操作中，有四个变量：x、y、u、v（从表示符号的角度考虑，则有三个变量：x、u、v）。3.11.1 节开头所示的运算器电路结构本质上是一个除法器，它只能容纳两个变量，这一说法同样适用于 3.11.1 节对运算器输入的讨论。因此，四个（或者说三个）变量太多了。因此我们有必要将操作分解成双变量操作，然后我们可以使用更一般的（四个变量而非三个变量）形式来执行这个操作。

看起来，我们可以从一个（部分）操作开始，该操作只判断 $x \geq y$ 或 $x < y$，并记录结果但不采取任何行动。最好是先计算 $x-y$，并且只记录它的符号位，即它的（左起）第一位（参见 3.8.1 节）。当 $x-y \geq 0$，即 $x \geq y$ 时，该位为 0；当 $x-y < 0$，即 $x < y$ 时，该位为 1）。因此，这个（部分）操作本质上是一个减法运算。对于已经实现减法的运算器而言，它不会带来新的难题。现在看来我们最好将一切都安排好，这样一旦这个操作被执行，运算器仅仅需要等待两个新的数据 u、v 移入 I_{ca} 和 J_{ca}（这样将会清除 x、y，如果 u、v 将分别占据 I_{ca} 和 J_{ca}，那么应该先输入 v，后输入 u），然后依据上述符号位是 0 还是 1，将 u 或 v 传输（不进行其他操作）至 O_{ca}（即执行 i 或 j 操作）。

相应地，我们引入了这样一种操作 s。最方便的做法是在 x、y 占据 I_{ca} 和 J_{ca}，进行减法运算，并且规定 x-y 的结果应保留在 O_{ca} 中。然后 I_{ca} 和 J_{ca} 中的 x、y 必须由 u、y 替代，并且 s 操作被执行。s 操作同时也会检测 O_{ca} 中的数是 ⩾0 还是 <0（即 x⩾y 还是 x<y），并将它从 O_{ca} 中清除，根据检测结果在 O_{ca} 中"产生" u 或 v。顺便提一下，在 s 之前所需的操作并不一定是减法，它可能是加法、i 操作或者 j 操作。所以作为为 s 操作提供依据的数据，O_{ca} 中的数据将不是 x-y，而是 x+y，或者 x 或 y。即 s 将依据是乘法还是除法运算来产生 u 或 v，有时前者可能确实很有用。

3.11.4 运算（操作）的完整列表

结合 3.10.2、3.10.4、3.11.2、3.11.3 节中的结论，可以得到运算器的八种操作的列表：

$$+、-、\times、\div、\sqrt{\ }、i、j、s$$

此外，如 3.5.2 节末尾所示，由于需要在二进制和十进制之间进行数据转换，还必须再添加两种操作。因此，我们还需要十进制到二进制转换（decimal-to-binary conversion，简称 db），以及二进制到十进制转换（binary-to-decimal conversion，简称 bd）：

$$db、bd$$

执行这两项操作的电路将在 {Section not incl} 部分进行描述。

注意，{Section not incl} 表示作者原计划撰写但实际没有撰写。

关于运算器的讨论到此结束。我们已经列举了运算器必须要执行的十种操作。3.7.8 节中的问题，3.11.1 节中的一般控制问题，db、bd 的具体电路描绘等问题还有待解决。但是我们最好在设备的其他各种特性被确定后，再回到这些问题上。因此我们推迟讨论这些问题，现在转去研究设备的其他部分。

3.12 存储器的容量及一般原理

3.12.1 周期性（或延迟性）存储器

接下来我们考虑设备的第三个特定部分：存储器（M）。

我们曾在第 3.7.5 节和第 3.7.6 节中讨论了存储设备，因为它们是乘法器、除法器电路的部件（乘法器电路参见 3.7.4 节、3.7.7 节，除法器电路参见 3.8.3 节，开平方电路参见 3.10.2 节），因此它们是运算器本身的一部分（参见 3.11.1 节开头）。在所有这些情况中，所考虑的存储结构都具有**顺序的**（sequential）或**延迟性**（delay）的特点，且在大多数情况下通过适当的终端部件，存储结构具有**周期性**（cyclical）。

更准确地说，3.7.5 节和 3.7.6 节中的块 l_k 和 dl_k 本质上属于延迟器，它们会在激励输入后保持 kt 时间再进行输出。因此，它们可以被转化为周期性存储器，这种存储器会无限期地保存一个激励并使它在任何时候都可用于输出，而输出的时间间隔是 kt 的倍数。只需将输出反馈到输入就足以达到目的：▯—l_k—▯ 或 ▯—dl_k—▯。由于周期 kt 包含着 k 个基本周期 t，所以这样一个存储器的容量就是 k 个激励。如图 3-6 所示，上面的方案缺少适当的输入、清除和输出功能。需要注意的是，在图 3-6 中，围绕着 l_k 的循环又经过了一个电子元件。因此，设备的周期实际上是 $(k+1)t$，相应地，它的容量是 $k+1$ 个激励。（当然，图 3-5 中的 l_k 也可由 dl_k 代替，参见 3.7.6 节。）

现在，完全没有必要使用这种循环（或延迟）类型的存储器。因此在对存储器做出决策之前，我们必须讨论其他可能的类型以及与它们相比循环类型存储器的优缺点。

3.12.2　存储器容量：单元、存储字、数字和指令

但在开始这个讨论之前，我们必须考虑期望存储器能达到的**容量**（capacity）。它就是这个器官能记忆的激励的数量，或者更精确地说，是它能够记住激励是否存在的时刻的数量。在某一时刻，激励的存在与否可以（在给定位置上）用二进制 1 或 0 来表示。因此，存储器的容量就是它能保持的二进制位的数量。换句话说：

存储器的（容量）单元就是保存一位二进制数的能力。

现在我们可以用这些存储单位来表达各种类型的信息的"成本"。

首先我们考虑一个标准（实）数所需的存储容量。正如 3.7.1 节所指出的，我们把这样一个数的大小固定为 30 个二进制数位（至少在大多数情况下是这样的）。这使得四舍五入的相对误差保持在 2^{-30} 以下，对应为 10^{-9}，即保留 9 位有效小数。因此，一个标准的数字对应 30 个存储单元。在此基础上必须再增加一个存储单元记录其符号位（参见 3.9.2 节末尾），此外最好再增加一个存储单元来替代表示该处为数据的符号（以便于和指令区分，参见 3.14.1 节）。这样每个数需要 $32=2^5$ 个存储单元。

由于一个数需要 32 个存储单元，所以最好这样细分整个存储器：首先，很明显我们要将其划分成**存储单元**，然后每 32 个单元为一组，称为**存储字**（minor cycle）。（关于长存储字（major cycle），参见 3.14.5 节。）每一个标准（实）数相应地占据一个存储字。若内存中的所有常量都细化为这样的存储字，便可以简化整个存储器的结构，同时也能简化设备的各种同步问题。

回顾 3.2.4 节中对存储器 M 假定内容的分类（a）~（h），我们注意到，根据我们目前的想法，（a）属于运算器而不属于存储器（它是由 dl I 到 dl IV 处理的，参见 3.11.1 节开头）；（c）~（g）都涉及标准的数字，（h）可能也涉及标准的数字；另一方面，（b）包括了控制设备功能的操作指令（operation instructions），这被称为**标准指令**（standard orders）。因此，有必要以某种方式来制定标准指令，在这种方式中每条指令都占据一个存储字，即 32 个存储单位。这将在 3.15 节中介绍。

现在我们一般用"instruction"指代"指令"，从上面这一段可以看出冯·诺依曼所说的"standard order"就是"instruction"。冯·诺依曼用"standard number"表示现在所说的"data"。之所以用"standard"只因为它们都是标准化之后的，存储格式统一。

3.12.3 存储器容量：3.2.4 节中存储类型（a）~（h）的容量需求

我们现在可以估计 3.2.4 节中存储类型（a）~（h）的容量需求了。

分类（a）：由于它存在于运算器中（参见上文），因此不需要进行讨论。实际上，由于它需要依靠 dl I 到 dl IV，每一个 dl 都容纳一个标准的数字，即 30 个存储单元，所以这相当于约有 120 个存储单元。由于它不属于存储器，所以不适合将其组织为存储字的形式，但是我们注意到 ≈120 个存储单元对应为 ≈4 个存储字。当然，运算器的一些其他部分也是存储结构，但通常只有一到几个存储单元的容量，例如图 3-8 和图 3-12 中的鉴别器。整个运算器实际上包含更多的 dl 结构，对应为存储单元，也就是存储字。

分类（b）：只有在所有的标准指令格式都被确定后，才能估计其所需的存储容量，并且几个典型问题已经在术语中被提出和"建立"了。这样看来，（b）所需的存储容量同（c）~（h）相比，特别是同（c）相比，是很小的。

分类（c）：如 loc. cit. 所示，我们需要依靠一个有 100~200 个条目的函数表。函数表主要涉及一个交换问题，一个交换系统的备选自然数是 2 的幂次方。因此 $128 = 2^7$ 是一个适合的函数表条目数。这样，直接得到的变量相对精度为 2^{-7}。由于结果要求的相对精度为 2^{-30}，且 $2^{(-7) \times 4} > 2^{-30}$，$2^{(-7) \times 5} \ll 2^{-30}$，因此插值误差必须是五阶的，即双二次插值。[我们可以使用更高阶的插值，这样函数表中的项就会更少。但就算函数表有 128 项，与（d）~（h）相比，（c）的存储容量需求似乎也很小。]对于双二次插值，每次插值需要 5 项函数表值：两个大于四舍五入的变量，两个小于四舍五入的变量。因此，128 项实际上只有 124 项能使用，这对应为 123 个间隔，即变量的相对精度变为 123^{-1}。但就算这样，$123^{-5} \ll 2^{-30}$（相差 25 倍）。

因此，一个函数表由 128 个数组成，也就是说，它需要 128 个存储字的容量。一般的数学问题使用到的函数表几乎不超过 5 个（超过 5 个是非常罕见的），所以 640 个存储字的存储容量对（c）来说似乎是一个稳妥的较高估计。

分类（d）：（d）所需的存储容量明显要小于（e），最多是与（e）相当。实际上，除了属于 t 的第一个值之外，（d）的初始值同（f）的中间值是相等的。在一个有着 $n+1$ 个变量的偏微分方程中，假设变量为 $x_1,\cdots,x_n$ 和 t，对于一个给定的 t，其中间值［这将在（e）下面讨论］以及初始值或 t 的所有边界值的总和，与 $x_1,\cdots,x_n$ 和 t 的所有 3 到 n 维流形相一致（在 $n+1$ 维空间中）。因此它们很可能包含相同量的数据。

另一个要点是，（部分或全部）初值和边界值通常由一个公式或由一定数量的公式给出。这就是说，与（e）的中间值不同，它们不需要作为单独的数来记录。

分类（e）：在一个有两个变量的偏微分方程中，假设变量为 x 和 t，对于所给定 t 的中间值，其数量是由计算中使用到的 x 格点数量决定。这个数量几乎不会超过 150，而且每个点相关的数不可能超过 5 个。

在经典流体动力学问题中，x 是拉格朗日坐标，大概有 50～100 个点，每个点需要 2 个数：一个表示位置坐标，一个表示速度。让我们回到一个更高的估计值上——有 150 个点，每个点上有 5 个数，一共 750 个数字，也就是说，需要 750 个存储字的存储容量。因此，对于双变量（x、t）问题，1000 个存储字对（e）来说似乎是足够的。

对于一个有三个变量的偏微分方程，假设变量为 x、y 和 t，想进行容量估计就更难了。至少在流体动力学问题中，使用 30×30 或 40×20 或者类似数量的 x、y 晶格点（比如 1000 个点）的坐标系可以取得成效。要想将 x、y 转化为拉格朗日坐标，每个点上需要至少 4 个数——两个位置坐标和两个速度分量。我们取每个点上 6 个数，以便考虑其他可能出现的非流体动力学问题。这就有了 6000 个数，也就是说，对于三变量（x、y 和 t）流体问题，（e）需要 6000 个存储字的存储容量。

可以看到，容量为 6000 个存储字（即有着 200 000 个存储单元）的存储器仍然是方便可行的，但大容量也将使控制变得越来越困难。即使是 200 000 个存储单元也可能会产生一些不平衡——它们会让 M 变得比设备的其他部分加起来还要大。因此，进一步尝试去处理四变量（x、y、z 和 t）问题是不明智的。

应该注意的是，双变量（x 和 t）问题包括了所有的线性对称、圆形对称、平面对称、球面对称的空间瞬态问题，也包括了一般平面对称或圆柱对称的空间平稳问题（它们必须都是双曲线，比如在超声波问题中，t 被 y 所取代）。三变量（x、y 和 t）问题包括了所有的空间瞬态问题。将所列举的这些问题与著名的（如流体力学、弹性力学等）问题相比较，可以看出这些连续性阶段的重要性：既具有双变量问题的完全自由，又可扩展到四变量问题。正如我们所指出的，对 M 的可能尺寸进行讨论，得出目前该设备的预期尺寸介于第二种和第三种方案之间。可以看出，对于耗时的考虑和对于这一尺寸极限的考虑地位是相同的。

即在（e）中，存储容量的估计值为1000～6000个存储字。

分类（f）：一个两变量的全微分方程所需的存储容量，即（e）中估计的较低存储容量。

分类（g）：如3.2.4节在（g）中所指出的，这些问题与（e）中相关的问题十分相似，只是没有了变量t。因此（e）中估计的最低存储容量（1000个存储字）适用于使用逐次逼近或逐次近似的（关于x的）单变量（至多5个）函数系统，而（c）中估计的最高存储容量（6000个存储字）适用于（关于x、y的）双变量（至多6个）函数系统。然而，许多这种类型的问题只处理一个函数，这大大降低了上面的估计量（可降低到200～1000个存储字）。单常数系统中，使用逐次逼近方法就能求出的问题明显需要更小的容量：当它们与前面提到的（f）到（e）这样的问题相比时。

分类（h）：这些问题过于复杂多样，在目前阶段我们很难系统地规划其容量需求。

在排序问题中，任何不是依赖于可自由置换记录元素的设备（比如穿孔卡片）都有一定的缺陷，而且，只有在分析了存储器和R的关系后，这一问题才能彻底解决（参见3.2.9节）。但值得一提的是，标准的穿孔卡片可容纳80位小数，即9个9位小数，这是我们目前意义上的9个数，即9个存储字。因此，（e）中所考虑的6000个存储字，对应的是为约700个充分使用的穿孔卡片进行排序的能力。在大多数排序问题中，80列的穿孔卡片远没有全部被使用——这可能会使设备的等效排序容量按比例增加到700以上。这意味着，设备拥有不可忽视但也不够出众的排序能力。它可能只值得用于比通常问题更复杂的排序问题上。

在统计实验中，对存储的需求通常是很小的：每个独立问题的复杂度通常都一般，每个问题都独立于它的前导问题（或仅仅依赖一部分数据）。在这一系列的独立问题中，所需要记录的只有已成功解决、结果为给定分类中适中数的问题数目。

3.12.4　存储器容量：总存储容量需求

3.12.3节中关于存储容量的估计可概括如下：（d）～（h）的需求是重叠的，即它们不可能在同一问题中出现。我们所估计的最大容量是6000个存储字，但1000个存储字已经可以处理许多重要问题了。（a）无须在存储器中进行考虑。（b）及（c）是可累计的，即在同一问题中它们的容量可以加到（d）～（h）上。（b）和（c）各1000个存储字，即一共2000个存储字，似乎足够了。如果（d）～（h）使用的是较高的容量估计值6000，那么可以为（b）～（c）分配这2000个存储字。如果（d）～（h）中使用的是较低的容量估计值1000，那么（b）～（c）的容量也应该减少到1000。（这相当于假设使用了更少的函数表和更简单的"设置"。事实上，即使是这样进行估计，容量也是充足的。）因此，总的存储容量为8000个或2000个存储字。

可以看出，希望一个存储字的容量是2的幂次方。这使得8000个或2000个存储字的选择可成为一个方便的近似大小：它们非常接近 2 的幂次方。因此，我们认为这两个总存储容量为：$8196 = 2^{13}$ 或 $2048 = 2^{11}$ 个存储字，即 $262272 = 2^{18}$ 或 $65536 = 2^{16}$ 个存储单元。为了方便以后的讨论，**我们将使用较高的那个容量估计值。**

这一结果值得注意。它以一种最引人注目的方式展示了一个高速自动计算设备的真正难点和主要瓶颈在于存储器。相比于相对简单的运算器（参见 3.11.1 节开头和 3.15.6 节），简单的控制器和它的"代码"（参见 3.14.1 节和 3.15.3 节），M 是有些令人印象深刻的：我们 3.12.2 中提出的容量需求相当大但绝不荒诞，存储器需要有大约 25 万个存储单元！显然，这里所考虑的设备的实用性主要取决于制造这样一个存储器以及将存储器制造得更加简单的可行性。

3.12.5　周期性存储器：物理可能性

有着 $2^{18} \approx 250\,000$ 个存储单元的存储器该如何建造？

如 3.7.5、3.7.6 和 3.12.1 节所说的，很明显我们需要引入一个效率极高的延迟单元：一个电子元件，如图 3-4 所示，它有一个存储单元的容量，因此借助电子元件，有关制造存储器的任何问题，其直接解决方式都变成了用尽可能多的电子元件去满足存储器所需的容量，因为交换和选通的需求是原来的四倍还多。这对于所期望的 $\approx 250\,000$ 的存储容量，或者对于 3.12.4 节中估计的较低的存储容量 $\approx 65\,000$ 来说，显然是不切实际的。

因此，我们回到曾在 3.12.1 节中谈及的，周期性或延迟性存储器的讨论。另一种类型将在 3.12.6 节中考虑。

我们可以不使用任何"电子元件"去建造拥有大容量 k 的延迟器 $dl(k)$。我们已经在 3.7.6 节中提到了这一点以及存在这种类型的线性电路。实际上，我们所预期的大约为 1 微秒的 t 需要 3~5 兆赫的电路通带（请记住图 3-1），延迟为 1~3 微秒（即 $k=1,2,3$）的设备简单又便宜，而延迟高达 30~35 微秒（即 $k=30,\cdots,35$）的设备同样可用，它们既不过于昂贵也不复杂。但如果超过 k 的这个数量级，线性电路的方法就变得不实用了。

这意味着，出现在图 3-3 到图 3-15 的所有电子电路中的所有延迟器 →，→→，→→→都可以使用线性电路轻易实现。此外，运算器中的各种 dl（参见图 3-9、图 3-13、图 3-15 以及 3.11.1 节开头），其 k 值约等于 30［参见 3.12.3 节的 (a)］，数量适中，因此可以使用线性电路实现。而对于 M 自身，情况又有些不同了。

存储器需要由 dl 部件组成，总容量约为 250 000。如果 dl 部件是最大容量约为 30（参见上文）的线性电路，那么大约需要 8000 个这样的部件，这显然是不切实际的。对于 3.12.4 节中较低容量的方案，即容量约为 65 000，约需要 2000 个这样的部件，这同样是不切实际的。

现在，我们可以制造有一个电输入和输出的 dl 部件，但输入输出之间没有线性电路，因为

k 值高达几千。它们的特性为需要在输出端进行 4 级放大，除了放大之外也需要重新调整和同步输出脉冲。这也就是说，在其他阶段使用真空管特性的线性部分进行一般放大的同时，最后阶段通过具有真空管特性的非线性部分来控制时钟脉冲（参见 3.6.3 节）。因此，每个 dl 部件输出端都需要 4 个真空管，也需要 4 个电子元件进行交换和选通。这就要求每个 dl 部件要有大概 10 个或更少的真空管。dl 部件的特点是几百个这样的部件可以被制造、整合到一个设备中而不会遇到不必要的困难——尽管设备的很大一部分确实是由它们组成的。

现在我们可以用这样的 dl 部件去实现总容量为 250 000 的存储器，通过使用 125～250 个 dl 部件，每个元件的容量都有 1000～2000。这个数量仍然是可管理的（参见上文），它们需要使用超过 8 倍（大约 1250～2500 个）的真空管。这个数字很大但很有用——实际所需可能要大大低于这一上限。它们以 10 个一组出现，这一事实也很有用。可以看出，除存储器外，运算器和控制器是设备电路最复杂的部分，设备中除存储器外的剩余电路总共需要的真空管数≪1000 个。因此，设备对真空管的需求本质上是由存储器控制的，大约是 2000～3000 个（参见上述引文）。这证实了 3.12.4 节的结论，即设备的决定性部分是存储器，它比其他任何部分更能决定设备的可行性、尺寸和成本。

真空管以 10 个一组出现，方便了存储器的管理。

我们现在必须更加准确地确定在可行的范围内每一个 dl 部件的容量。几个非常简单的观点组合在一起导致这样的一个决定。

3.12.6　周期性存储器：单个 dl 部件和多个 dl 部件的容量。M 所需的 dl 部件数

从上文我们可以看出，每个 dl 部件都需要大约 10 个相关的真空管，这个数量与长度无关。（一个很长的 dl 部件可能还需要一个放大阶段，也就是说需要 11 个真空管。）因此，是 dl 部件数量而非总存储容量决定了存储器中的总真空管数量。这使得有必要使用尽可能少的 dl 部件，即具有尽可能大的单独存储容量。现在或许可以开发比上面所提到的几千个真空管的容量还要大的 dl 部件。但还有一些其他因素限制了 dl 部件容量的增加。

首先，3.6.3 节末尾的考虑表明 dl 部件的延迟时间 t' 必须为 t 的零头（大约 $\frac{1}{5}$ 到 $\frac{1}{2}$），这样 dl 产生的激励都可以输出正确的时钟脉冲。关于容量 k，即延迟 kt，相对精度为 $5k$ 到 $2k$，$k \approx$ 1000 对设备来说完全是可行的，但当 k 超过 10 000 时不确定性就会越来越大。不过这一观点也有限制——随着单个 dl 部件容量的增加，对部件数量的需求减少，相应的每个部件都能获得更多的关注和更高的精度。

其次，我们需要考虑另一个更苛刻的限制性条件。如果每个 dl 部件的容量为 k，那么就需

要 $\frac{250\,000}{k}$ 个 dl 部件以及 $\frac{250\,000}{k}$ 个用于放大、交换、选通的真空管。我们不需要关注电路的细节，单个 dl 部件及其相关电路如图 3-18 所示。需要注意的是，图 3-6 中详细描绘了 SG 块，但并没有展示 A 块。具体的方案包括 SG 的设计，在细节上与图 3-6 有所区别。由于 dl 部件用于存储器，它的输出必须直接或间接地反馈到它的输入上。在一个将要构成 M 的 dl 部件集合体中，我们可以选择让每个 dl 反馈给自己，或进行一次更长的循环：分别如图 3-19a 和图 3-19b 所示。

图 3-18　单个 dl 部件及其相关电路 [A 表示"放大"（Amplification），SG 表示"交换与选通"（Switching and Gating）]

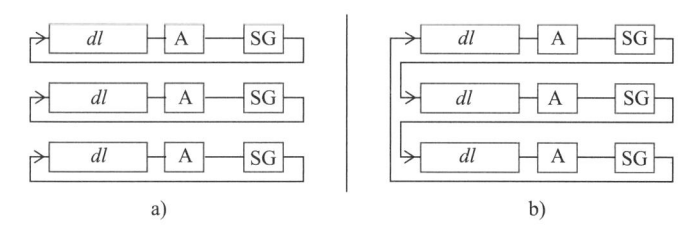

图 3-19　多个 dl 部件的连接方式

需要注意的是，图 3-19b 显示了一个循环，它的容量是单个 dl 容量的倍数，也就是说，这是一种产生不受 dl 容量限制的循环的方法。当然，这是由于穿过这个集合体的激励会在 A 处重组。集合体包含的信息可以从每个 SG 的外部观察到，也可以在这里被拦截、清除，并被来自外部的其他信息所代替。这些说法同样适用于图 3-19 中的 a 和 b 两种方案。因此，整个集合体有自己的输入、输出，以及在 SG 处的交换和选通控制——为了达到这些目的，所有的外部连接都必须在这里建立。

在方案 a 中省略 SG 块是不合理的，它将会使相应的 dl 元件变得不可访问和失效。另一方面，在方案 b 中可以去掉所有的 SG 只保留一个（假设所有的 A 都保留在合适的位置）：集合体依然具有至少一个可以被交换和选通的输入和输出，因此它将与设备的其他部分保持有机联系——在上述意义上，即与外部保持有机联系。

我们在 3.12.5 节的后半部分看到，每个 SG 和 A 都需要大约相同数量的真空管（4 个），因此去掉一个 SG 就意味着可在该节点节省 50% 的相关元件数目。

现在我们可以估计所需 SG 的数量了（一般最好从图 3-19 的方案 b 来进行考虑，只有在所有的 SG 都已知存在的情况下才考虑方案 a，参见上文）。假设每个 dl 容量为 k，每 l 个 dl 后有一个 SG。那么任意两个 SG 之间的总容量为 $k' = kl$。（也可以使用方案 b，每 l 个 dl 后有一个

SG。）因此一共需要$\frac{250\,000}{k'}$个SG，M的交换问题变成一个$\frac{250\,000}{k'}$路问题。另一方面，每个独立的存储单元只在每$k't$时间后才经过一个SG，也就是说，只有到那个时候，设备的其他部分才能访问该存储单元。因此，如果设备的其他部分需要它所包含的信息，那么就必须要等待它——这个等待时间最多为$k't$，平均为$\frac{1}{2}k't$。

这意味着从存储器获取一项信息的平均时间为$\frac{1}{2}k't$。当然，这不是对每个存储单元的时间要求：一旦以这种方式获得了第一个存储单元的信息，所有紧随其后的存储单元信息（比如一个或多个存储字的信息）将只消耗它们的正常用时t。另一方面，这个可变的等待时间（最大$k't$，平均$\frac{1}{2}k't$），在大多数情况下必须被一个固定的等待时间$k't$代替。因为在获得这个信息之后，通常有必要再返回到信息的需求点——这就构成了一个精确的周期$k't$。如果存储器中包含所需信息的部分紧跟在这个信息需求点之后并且程序从该点开始继续运行，那么这个等待时间$k't$就不存在了。因此，我们可以得出结论：**从存储器一点传输数据所需的平均时间为$k't$**。

因此，k'的值必须从平衡计算机设备的各种操作的时间要求的一般原则中获得。决定这一特殊情况的考虑是很简单的。

在计算数学问题的过程中，为了便于在一些算术运算中使用，设备的其他部分也将需要M中的数据。但如果这些运算是线性的，那么情况就有些不同了。这种情况会发生在加法、减法运算中，一般也可以发生在乘法运算中，有时也会发生在除法、开平方运算中。需要注意的是，将一个数u代入函数表给出的函数f中从而形成$f(u)$，这一过程通常需要插值，即如果插值是线性的，需要一次乘法运算，但这种情况很少见。正常情况下，如果插值是二次到四次的，需要用到2到4次乘法运算［参见3.12.3节中的（c）］。通过对计算数学各个分支的几个典型问题的研究，我们可以发现，从M中得到一个数平均需要2次乘法运算（包括除法、开平方运算），这当然不是很多。因此，从M中得到一个数需要两次乘法运算的时间或者更长。因此只要从M得到一个数的时间是两次乘法运算时间的零头，那这个等待时间就不是有害的。

一次乘法运算的时间与30^2t同阶，我们假设为$1000t$。（参见3.5.3、3.7.1、3.12.2节，关于除法、开平方运算，参见3.5.5节。）因此，我们的条件是$k't$必须是$2000t$的零头。$k'\approx 1000$看起来是合理的。$k\approx 1000$的dl部件也完全是可行的（参见3.12.5节第二部分），因此$k=k'\approx 1000$，$l=1$是一个合理的选择。换句话说：每个dl部件的容量$k\approx 1000$，且都有一个相关联的SG块，如图3-18、图3-19所示。

这意味着 M 所需的 dl 部件数为 $\approx \frac{250\,000}{k} \approx 250$，相关联电路所需的真空管数目约是它的 10 倍（参见 3.12.5 节末尾），即 ≈ 2500。

3.12.7　交换与时间序列

总容量 $\approx 250\,000$ 可因式分解为 ≈ 250 个容量为 ≈ 1000 的 dl 部件，也可以用这种方式去解释：存储器容量为 250 000，这初看是一个 250 000 路交换问题，是为了让存储器的所有部分都可以被设备其他结构立即访问到。这种情况下，电子元件（例如真空管，参见 3.12.8 节）的工作不易于管理。上述因式分解用一个 250 路交换问题代替了这个问题。而对于剩下的因子 1000，它用一个时间序列替换了（立即，即同步）交换——即借助等待时间 $1000t$。

这是一个重要的一般性原则：一个 $c = hk$ - 路交换问题可以被一个 k 路交换问题和一个 h 步的时间序列（即等待时间 ht）替换。我们令 $c = 250\,000$，令 $k = 1000$，$h = 250$。k 的大小由在等待时间 kt 不超过一个乘法运算时间的情况下，保持较小的 h 的需求决定。这里我们假定 $k = 1000$，并且认同它与容量为 k 的 dl 部件兼容的物理可能性。

可以看出，令 k、h 以及 c 的值为 2 的幂次方是很有帮助的。为了让上述这些量的值接近这样的幂次，我们选择：

存储器的总容量	$c =$	262 144 =	2^{18}
dl 的容量	$k =$	1024 =	2^{10}
存储器中 dl 的数量	$h =$	256 =	2^8

前两个容量用存储单元作为单位表示。在有 $32 = 2^5$ 个存储单元的存储字中：

存储字中存储器的总容量	$c/32 =$	8192 =	2^{13}
存储字中 dl 的容量	$k/32 =$	32 =	2^5

3.12.8　映像管存储器

我们到目前为止的讨论是完全基于延迟性存储器的假设。需要注意的是，这并不是解决存储问题的唯一可行方法——事实上，还存在一种完全不同甚至表面上看起来更自然的方法。

我们所提及的解决方案必须沿着**映像管**的方向来寻找。一个高级的映像管可以记录 400 × 500 = 200 000 个不同点的状态，实际上它可以记录每个点的多个备选项。众所周知，它能记住每个点是否被点亮，而且它能区分多于两种状态：除了点亮和没点亮之外，它还在每个点上识别一些中间的亮度。这些存储被光束放置在映像管中，并在随后被电子束感知，但很容易看出，因为只需微小的变化，电子束也可以将存储放置在映像管中。

因此，单个映像管的存储容量与我们要求的 M 的存储容量（≈250 000）是同阶的，并且所有的存储单元都可以同时用于输入和输出。这种情况与我们在 3.12.5 节开头所描述的非常相似，我们曾在那里说，用真空管做电子元件是行不通的。不过，映像管还是很接近这一目标：它可以通过一个绝缘板存储 200 000 个存储单元的内容，在这种情况下，绝缘板的作用就相当于 200 000 个独立的存储单元——实际上，电容器是很合适作为存储单元的，因为如果可以正确地交换和选通，它是可以容纳电荷的（在这一点上，通常需要真空管）。250 000 路的交换和选通可以由单个电子束完成（而不是由大约两倍的 250 000 个真空管来完成，虽然真空管是一个很好的解决方案）——交换操作本身就是电子束的转向（偏转），从而使其达到绝缘板上的预期点。

但目前形式的映像管是不能直接作为与我们的记忆那样意义上的存储器使用的。下面我们将提出一些主要的观点，这些观点将影响这种类型设备的使用。

（a）电荷沉积在映像管绝缘板的"点"上，或者更确切地说，沉积在一个基本区域内，同时影响着邻近区域及其上的电荷。因此，基本区域的边界实际上不是很清晰。这在我们目前使用的映像管中是可以容忍的，因为映像管是对某一图像的视觉印象。但将它用作我们正在考虑的存储器却是完全不可接受的，因为这需要我们对数字或逻辑符号进行完全不同并且独立的注册和存储。经过充分的发展，我们很可能克服这一困难，但这种发展并不容易。它需要将基本区域的数量（即存储容量）减少到远远低于 250 000。如果发生这种情况，在存储器中需要相应更多改造过的映像管。

（b）如果映像管具有 400 × 500 = 200 000 个基本区域（参见上文），则必须非常精确地进行必要的偏转，即电子束的转向，因为我们必须在线性偏转的两个方向上都能够区分 500 个基本间隔，最小相对精度达到 $\frac{1}{2} \times \frac{1}{500} = 0.1\%$。这是一个相当高的精度，这在模拟设备中是非常少见的，同时实现起来相当困难。因此这对于我们的数字设备来说是一个非常不合适的要求。更合理的线性精度，比如 0.5%，虽然还远远不够，会将存储容量缩减到 10 000（因为 100 × 100 = 10 000，$\frac{1}{2} \times \frac{1}{100} = 0.5\%$）。

有一些方法可以至少部分地规避这些困难，但在这里不讨论了。

（c）映像管存储器的一个主要优点是它允许快速切换到存储器中所需的任一部分。它完全摆脱了由于存储器延迟导致访问到相邻存储单元的糟糕时序。虽然某种程度上这是一个重要的优势，但其实自动化时间序列也是可取的。实际上，当没有这样的自动化时间序列时，有必要在逻辑指令中声明到底是什么精确控制着在存储器中的何处找到所需的任意特定信息项的问题。但是如果这个声明必须针对每个存储单元分别执行，那将会非常浪费。因此，一个数的所有数位，或者更一般地说，一个存储字的所有单元应该自动地相互紧邻。此外，在逻辑指令序列中令表示连续步骤的存储字能够自动相互紧邻是很方便的事情。因此，最好有一个存储单元的标准序列作为偏转的基础，除非收到一个特殊的指令，电子束将自动地跟随它。上面所说的特殊指令可以中断这个基本序列，并将电子束偏转到另一个需要的存储单元（即映像管绝缘板上的点）上。

当然，映像管绝缘板上的这个基本时间序列与使用一般方法用电子束进行自动顺序扫描得到的序列是一致的，即与一个标准映像管设备的常见部分一致。只有上述提到的，自发切换到其他点的特殊情况才会需要新设备。

总而言之，延迟性存储器相对于映像管存储器的缺点，并非是由于存储单元的时序，而是延迟性存储器在例外情况下（没有付出等待时间的代价、没有付出额外设备的代价，而额外设备是将这个等待时间保持在可接受范围内，参见 3.12.6 节最后一部分和 3.12.7 节的结论）无法脱离这一时序。因此，映像管存储器应该通过提供可进行电子束自动顺序扫描的常用设备来进行基本时间序列的保存，但同时它也应该能够在特殊指令下将电子束快速切换（偏转）到任何需要的点。

（d）延迟器 dl 以瞬态波的形式保存信息，并且需要反馈以形成（循环）存储。另一方面，映像管以静态形式（绝缘板上的电荷）保存信息，它本身就是一个存储器。但它可靠的存储能力并不是无限的——只能存在几秒或几分钟。那么我们需要进一步采取什么措施呢？

需要注意的是，内部存储器 M 的主要功能是保存求解问题时所需的信息，这是由 M 相对于外部存储器的主要优势（即相对于 R，参见 3.2.9 节）所决定的。较长时间的存储，比如存储一些像 $\log_{10}$、$\sin$ 的函数表或状态方程，或问题之间的标准逻辑指令（如插值规则），或打印之前的最终结果，在外部（即在 R 中，参见 3.2.9 节）肯定会受到影响。所以存储器应该只在一个问题的用时范围内使用。考虑到设备预期的高速运行，在许多情况下这段时长将不足以影响 M 的可靠性。但在一些问题中，这个时间会太长，这时就有必要采取一些特别措施了。

显而易见的解决方案是：设 Nt 为映像管的可靠存储时间。（因为 Nt 范围可能是 1 秒到 15 分钟，所以 $t = 1$ 微秒时，就有 $N \approx 10^6 \sim 10^9$。而 $N \approx 10^9$ 这种情况几乎不会发生。）然后我们应该使用两个而非一个映像管，这样总有一个是空闲的而另一个在使用中。在 N 个周期 t 后，使用中的映像管将信息传输给空闲的映像管然后清除自己的信息，不断往复。如果存储器包含了更多的映像管，比如 k 个，那么这个进行存储更新的方案就需要 $k+1$ 而不是 k 个映像管了。设这些映像管为 $I_0, I_1, \cdots, I_k$，在某一时刻 I_i 为空，而 $I_0, \cdots, I_{i-1}, I_{i+1}, \cdots, I_k$ 在使用中。经过 $\dfrac{N}{k+1}$ 个周期 t 后，I_{i+1} 将它的信息传递给 I_i，然后清除自己的信息（当 $i = k$ 时，将 $i+1$ 替换为 0），因

此 I_{i+1} 接替 I_i 的角色。因此，如果我们从 I_0 开始，那么这个过程会经历一个完整的周期 I_1，$I_2, \cdots, I_k$ 并且在 $k+1$ 个持续时间 $\dfrac{N}{k+1}$ 后，即在总持续时间 Nt 后，再回到 I_0。此时所有的 I_0，$I_1, \cdots, I_k$ 都得到了更新。若想做更详细的规划，则必须基于对 N 和 k 的数量级有精确的了解。在这里我们不需要这样做。我们只想强调一点：所有这些考虑将会引入一个动态的、循环的元素到本质上是静态的映像管的使用中——它迫使我们以类似于延迟性（周期性存储器）处理单个存储单元的方式来处理它们。

从（a）到（d），我们可以得出这样的结论：映像管存储器最后很可能会被证明优于延迟性存储器。但这还需要在一些方面进行进一步的研究，而且由于各种原因，映像管存储器实际使用起来不会像人们一开始所想的那样与延迟性存储器完全不同。事实上，(c) 和 (d) 表明这两者有很多共同之处。虽然我们已经充分认识到映像管存储器的重要性，但基于这些原因，我们在延迟性存储器的基础上继续我们的分析似乎是合理的。

3.13　存储器的组织

3.13.1　*dl* 部件和其终端器件

基于 3.12.6 节和 3.12.7 节的分析和结论，我们再次讨论延迟性存储器。我们最好从再次考虑图 3-19 和它所展示的备选方案开始。从 3.12.7 节中我们知道，我们必须以 $256 = 2^8$ 个容量为 $1024 = 2^{10}$ 个 *dl* 部件来思考。我们暂时没有必要决定使用图 3-19a 或图 3-19b 这两个方案中的哪一个（或两者的组合）。因此，我们可以用更简单的图 3-18 来代替图 3-19。

接下来的任务是讨论终端器件 A 和 SG。A 是一个在 3.12.5 节中详细说明的 4 级放大器。A 的功能仅仅是将从 *dl* 中输出的脉冲还原为它最初进入 *dl* 时的形状和强度。因此它应该被认为是 *dl* 的一部分，没有必要从电子元件的角度来分析它。另一方面，SG 是一个开关和门器件，我们应该从电子元件开始来建立它。我们接下来就要这样做。

3.13.2　SG 和其连接

SG 的目的是，当设备的其他部分（例如控制器、运算器，也许还有 I、O）将要发送信息到这个 SG 所连接的 *dl* 上，或当它们将从这个 *dl* 上收到信息时，SG 必须建立必要连接——在这样的时刻（即周期 τ）我们说 SG 是打开的。在这两个事件都不发生的时刻，SG 必须将它对应 *dl* 的输出路由回该（或对应的其他）*dl* 的输入（根据图 3-19 进行选择），此时我们说 SG 已关闭。为了实现这一点，显然需要从 C（和 I、O）引两条到此 SG 的线路：一条将 *dl* 的输出传送到 C，另一条将 dl 的输入从 C 引入。由于在任何给定时间（即周期 τ），将仅需要一个 SG 来进行与 C 的这些连接，即处于开启状态（请记住 3.5.6 节的原理），因此仅需要一对这样的连接线，即可让 256 个 SG 正常工作。我们分别用 L_o 和 L_i 表示这两条线路。现在，我们让图 3-18 的方案更加详细，如图 3-20 所示。

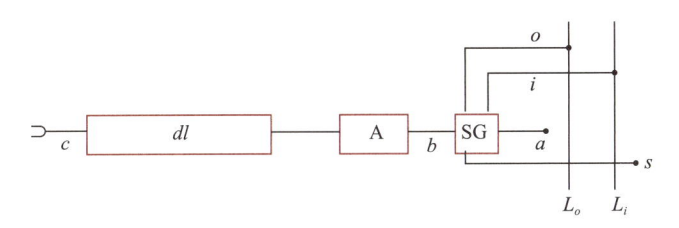

图 3-20　dl 部件的 I/O 电路

如图 3-20 所示，L_o 是将所有 SG 的输出连接到 C 的线路，而 L_i 是将 C 连接到所有 SG 的输入的线路。当 SG 关闭时，其与 L_o、L_i 的连接 o、i 被中断，其输出转到 a，根据图 3-19a 或图 3-19b，该输出永久连接到对应 dl 的输入 c 上。当 SG 开启时，其与 a 的连接被中断，其输出通过 o 到达 L_o，然后到达 C，而来自 C 的脉冲通过 L_i 进入到现在与 a 相连的 i 中，因此这些激励现在到达 a，并从那里到适当的 dl 输入（参见上文）。线路 s 带有激励，使 SG 处于开或关状态，每个 SG 必须有其各自的连接 s（而 L_o 和 L_i 是共用的）。

3.13.3　SG 的两种状态

在考虑 SG 的电路之前，必须讨论另外一点。当 SG 开启时，我们只允许一个状态，而实际上有两种状态：一是 SG 将信息从存储器转发到 C；二是 SG 将信息从 C 转发到存储器。在第一种情况下，SG 的输出应路由到 L_o，也应路由到 a，而无须与 L_i 连接。在第二种情况下，应将 L_i 连接到 a（并通过与 a 相应的永久连接到适当的 dl 输入上）。该信息代替了存储器中已经存在的信息，后者通常会在那里（即如果 SG 保持关闭状态，SG 的输出将会到达 a），因此，SG 的输出应该无处可走，即不需要 L_o 连接。（这是**清除**过程。）综上所述：我们对**打开**（on）状态的单一安排不同于这两种情况中的任何一种。第一种情况下 a 应该连接到 SG 的输出，而不是 L_i。第二种情况下 a 应该无处可去，而不是输出到 L_o。

两种错误调整均易于纠正。在第一种情况下，不仅要将 L_o 连接到要接收其信息的器件 C，而且还应连接至 L_i——这样，SG 的输出就通过 L_o（即 L_o 与 L_i 的连接）到达 a。在第二种情况下，L_o 不需要连接至任何器件（除了它的 i）——通过这种方式，a 的输出进入 L_o，随后无处可去。

这样，L_o 和 L_i 的上述两个补充连接将 SG 的本来唯一的**打开**状态转换为上述的第一种或第二种情况。由于在任何时候只有一个 SG 处于打开状态（参阅 3.13.2 节），因此这些补充连接仅需要一次。因此，我们将它们放置在 C 中，更具体地说，将它们放置在所属的控制器中。如果我们允许 SG 本身有两个不同的**打开**状态，则必须在 SG 中放置一个有两套对应连接系统的电路。由于有 256 个 SG，只有一个控制器，我们目前的安排节省了很多设备。

3.13.4　SG 和其连接：详细结构

现在，我们可以绘制 SG 的电路和建立 3.13.3 节中讨论的 L_o 和 L_i 的补充连接的控制器电路。实际上，SG 必须稍后重新绘制，我们现在给出其初步形式：图 3-21 中的 SG′。

当不激励 s 时，两个②无法激励，因此○是从 b 进入到达 a 的激励，而 o 和 i 与 b 和 a 断开。当激励 s 时，两个②变为可通过的，而○被阻挡，因此 b 现在连接到 o，i 连接到 a。因此，在 s 受激励的同时，SG′在 3.13.2 节的意义上处于打开状态，而在其他时间均处于关闭状态。由于以下原因，经过○需要三倍延迟：当 SG′打开时，激励需要一个周期 τ 从 b 到达 o，即到达 L_o（参见 3.13.3 节和 3.13.4 节的结尾），并且需要一个周期 τ 从 L_i 到达 a，即从 i 到 a（参见图 3-20）——也就是从 b 到 a 共需要经过 3τ。当 SG′关闭时，即当激励从 b 通过○到达 a 时，耗时最好相同——因此，在○上需要三倍的延迟。

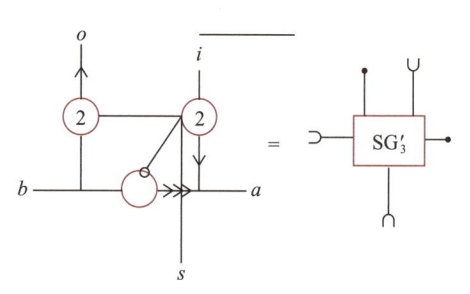

图 3-21　SG 的初步电路

L_o 和 L_i 的互补关系在图 3-22 中给出。当 r 不被激励时，两个○都可以传递激励，但②不可以，因此从 L_o 进入的激励被反馈到 L_i 中，并且也出现在应该通向 C 的 C_i 处。当 r 受到激励时，两个○都被阻挡，而②可以通过，因此进入 C_o 的激励（应该来自 C）继续来到 L_i，而 L_o 没有任何连接。因此，当不激励 r 时，SGL$_3$ 产生 3.13.3 节中的第一种状态，当激励 r 时，SGL$_3$ 产生第二种状态。我们还注意到，在第一种情况下，激励从 L_o 传递到 L_i 有时长为 τ 的延迟。（参见上面讨论的 SG′的时序问题）

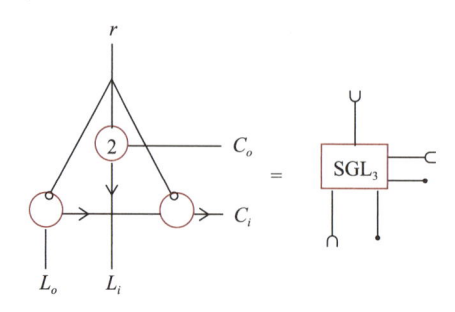

图 3-22　建立 L_o 和 L_i 的补充连接的控制器电路

3.13.5　SG 的切换问题

接下来，我们必须注意图 3-20 和图 3-21 中的线路 s：正如在 3.13.4 节的第一部分所看到的，是 s 上的激励使 SG 开启。因此，正如在 3.13.2 节末所强调的那样，每个 SG 必须具有自己的线路 s——即必须有 256 条这样的线路 s。打开所需的 SG 相当于激励它的线路 s。因此，在这一点上，出现了在 3.12.7 节中提到的大约 250 路——更精确来说是 256 路的切换问题。

更精确地讲，打开某个 SG（比如说第 k 号）的指令将以如下方式出现在控制器中两条线路上：第一条线路上的激励表示该指令本身，第二条线路上的激励序列指定了数字 k。k 跨越了 256 个值，这 256 个值最好选为 0，1，$\cdots$，255，即 k 为 8 位二进制整数。然后，k 将由第二条线路上的 8 个（可能的）激励组成的序列表示，这些激励按时间顺序从右到左表示（通过它们存在或不存在）k 的所有二进制位（1 或 0）。表示指令的激励出现在第一条线路上的时间必须与这些激励出现在第二条线路上的时间有一定的关系（参见上文）。即在表示最后一个二进制位的激励出现后，表示指令的激励立即出现在第一条线路上。

在继续之前，我们注意到这 8 个（二进制）数字构成的整数 k 与 30 个（二进制）数字构成的实数（位于 0 和 1 之间，或者带符号，位于 -1 和 1 之间）之间的差异，即 3.12.2 节提到的标准实数。我们认为前者是整数，即二进制小数点在 8 位数字的右边，而在后者中，二进制小数点被假定位于 30 位数字的左边，这主要是一个解释问题。然而，它们在长度上的差别是客观存在的：一个标准实数构成一个 32 个单位的存储字的全部内容，而 8 位数字 k 只是构成这样一个存储字的指令的一部分。

3.14　控制器和存储器

3.14.1　控制器和指令

我们的下一个目标是更深入地分析控制器（CC）。但是这种分析依赖于准确了解在设备控制中使用的指令系统，因为控制器的功能是接收这些指令，解释这些指令，然后执行这些指令或者恰当地激励将要执行这些指令的部件。因此，我们的迫切任务是提供控制设备的指令列表，即描述要在设备中使用的**代码**（code），并定义其**代码字**（code words）的数学和逻辑含义以及操作意义。

在制定代码之前，我们必须对控制器的功能以及控制器与存储器的关系进行一些一般性的考虑。

控制器收到的指令（order）来自存储器，也就是说来自也存放数字信息的那个设备［参见

3.2.4 节和 3.12.3 节尤其是（b）]。存储器的内容由存储字组成（参见 3.12.2 节和 3.12.7 节），因此，如上所述，每个存储字必须包含一个区分标记，以表明它是一个标准的数字还是一个指令。

> 这一段明确指出，存储器中同时存放着数据和指令。冯·诺依曼所说的"minor cycle"就是现在所说的"存储字"，存储字表示一种周期性。

控制器收到的指令自然地分为以下四类：（a）控制器指示运算器进行其十项特定操作之一的指令（参阅 3.11.4 节）；（b）控制器要求将一个标准的数字从一个地方传输到另一个地方的指令；（c）控制器将其与存储器的连接转移到存储器的另一个位置的指令，目的是从那里获得下一条指令；（d）控制设备的输入和输出操作的指令（即 3.2.7 节的 I 和 3.2.8 节的 O）。

现在让我们分别考虑这四类 [（a）~（d）] 指令。目前，我们无法在 3.11.4 节关于（a）的陈述中新增任何内容。（d）的讨论也最好推迟。然而，我们提议现在就讨论（b）和（c）。

3.14.2　关于分类（b）指令的评述

分类（b）：这些移动可以发生在存储器内，也可以发生在运算器内，或者发生在存储器和运算器之间。第一类总是可以被最后一类的两个操作所代替，即存储器内的所有移动都可以通过运算器路由。我们提议这样做，因为这符合 3.5.6 节的一般原则（也可以参见 3.11.1 节中对第二个问题的讨论），并且这样我们就消除了所有第一类移动。第二类移动显然是由运算器的操作控制逻辑来处理的。因此仅剩下最后一类移动。它们明显分为两类：从存储器到运算器的传输和从运算器到存储器的传输。我们可以相应地将（b）分解为（b′）和（b″），对应于这两种操作。

> 这一段论述了计算机内部发生的数据移动的类型。

3.14.3　关于分类（c）指令的评述

分类（c）：原则上，在每个指令之后，控制器应被告知在哪里找到下一条要执行的指令。然而，我们看到这本身是不可取的，它应该被保留在特殊的场合，而作为一种正常的做法，控制器应该按照顺序执行指令，这个顺序就是指令自然地出现在控制器所连接的长存储字部件输出端的顺序。（参见 3.12.8 节中对映像管存储器的相应讨论。）但是，必须有可用于上述特殊场合的指令，指示控制器将其连接移动到存储器中的任何其他期望点。这主要是将此连接转移到不同的长存储字部件（即 3.12.7 节意义上的 *dl* 部件）。然而，由于实际需要的连接必须有一个确定的很短的时间周期，因此所讨论的指令（order）必须包括两条更具体的指令（instruction）：首先，控制器的连接要转移到一个确定的长存储字部件；其次，控制器将在那里等待一个确定的 τ 周期，即期望的存储字出现在长存储字部件的输出处，而控制器只接受此时的指令。

程序计数器（Program Counter，PC）是冯·诺依曼体系结构的核心特征之一。上面这一段指出，对于大部分情况，"控制器应该按照顺序执行指令，这个顺序就是指令自然地出现在控制器所连接的长存储字部件输出端的顺序"。

除此之外，这样的转移指令可以假定，在接收并在期望的存储字中执行该指令之后，控制器应该与长存储字部件连接，该长存储字部件包括了转移指令所在的存储字之后的那个存储字，一直等待到该存储字出现在输出端，然后在那里继续按照自然时间顺序接受指令。或者，在期望的存储字中接收并执行指令之后，控制器应继续保持该连接，并按照自然时间顺序中从那里接受指令。我们把第一类转移称为**临时**（transient）转移，第二类转移称为**永久**（permanent）转移。

显然，经常需要永久转移，因此第二种类型肯定是必需的。与转移标准的数字有关，临时转移也无疑是需要的［指令（c'）和（c"），参见 3.14.2 节的结尾，更详细的叙述在 3.14.4 节进一步说明］。似乎很难确定真正的指令中是否需要它们，特别是因为此类指令仅构成存储器［参见 3.12.3 节（b）］内容的一小部分，并且一个临时转移指令总是可以用两个永久转移指令来表示。因此，我们认为所有的转移都是永久的，但与上述转移标准的数字相关的转移除外。

3.14.4　关于分类（b）指令的评述（续）

再一次讨论分类（b）：运算器和存储器中某个确定的存储字之间的传输［在任一方向上，对应于（b'）或（b"），请参见 3.14.2 节的结尾］类似于分类（c）中影响控制器的传输，因为它需要与所需的长存储字部件建立连接，然后等待输出处出现所需的存储字。事实上，由于一次只能在存储器和控制器（实际上是控制器或运算器，即处理器）之间建立一个连接，所以这种数字传输要求放弃控制器与存储器的当前连接，然后建立一个新连接，就像分类（c）中影响控制器的转移。但是，由于实际上并不需要这种控制器的转移，因此在进行了数字转移之后，必须重新建立控制器与原来长存储字部件的连接，并等待适当的存储字（在自然时间序列中紧接着该转移指令的下一个存储字）。如 3.14.3 节末尾所示，这是一个临时转移。

DLA 本义是指 20 世纪 40 年代构造存储单元的延迟器，为了便于现代读者理解，根据接下来 3.14.5 节的论述，我们将 DLA 译为"长存储字部件"。

应该注意的是，在临时转移期间，必须记住包含转移指令的存储字的位置，因为控制器必须返回到后继。也就是说，控制器必须能够记住包含该存储字的长存储字部件的编号以及 τ 周期数（在此之后，存储字将出现在输出上）。

3.14.5　等待时间和枚举存储字

更进一步的一些评论：

第一，每次永久转移都涉及等待所需的存储字，即平均为通过长存储字部件的半程，512 个周期 τ。临时转移涉及两个这样的等待时间，这恰好总计为通过长存储字部件的一个全程，即 1024 个周期 τ。可以通过适当的定时技巧来缩短某些临时转移，但至少在讨论的这一阶段，这似乎是不可取的，因为切换操作本身（即更改控制器的连接）可能会消耗一个存储字中不可忽略的一部分，因此可能干扰定时。

第二，有时希望无须等待时间从存储器到运算器或从运算器到存储器进行转移。在这种情况下，转移中涉及的存储器中的存储字应该紧随包含转移指令的存储字之后（在同一长存储字部件中，在同一时间）。显然，这要求一种在 3.14.3 节中介绍的两种类型之外的立即转移。在 3.15.3 节中将更全面地讨论此类型。

第三，256 个长存储字部件的编号为 $0,1,\cdots,255$，即所有 8 位二进制数字。同样可以给每个长存储字部件中 32 个存储字相应的固定编号 $0,1,\cdots,31$，即所有 5 位二进制数。现在，长存储字部件是确定的物理对象，因此枚举没有困难。另一方面，给定的长存储字部件中的存储字仅仅是移动的位点，可以在其中放置 32 种可能激励的某些组合。或者，从长存储字部件输出端的情况来看，一个存储字是 32 个周期 τ 的序列，该序列被认为是每隔 1024 个周期 τ 周期性地出现。也许有人会说，一个存储字是长达 1024τ 的"一天"中长达 32τ 的"一小时"，因此该"天"具有 32 个"小时"。现在可以方便地将这些"小时"之一（即存储字）固定为零或存储字中的第一个，并同时将其放置在存储器的 256 个长存储字部件的输出上。然后，我们可以从那里开始为每个"小时"（即存储字）设置编号，其编号分别为 $0,1,\cdots,31$。于是我们建立如下约定——任何给定编号的存储字同时出现在存储器的 256 个长存储字部件的输出上。

因此，每个 DLA 部件现在都有一个数 $\mu=0,1,\cdots,255$（或 8 位二进制数），并且其中的每个存储字都有一个数字 $\rho=0,1,\cdots,31$（或 5 位二进制数）。通过指定数字 μ 和 ρ，可以在存储器内完全定义一个存储字。由于这些关系，我们提议将 DLA 部件称为**长存储字部件**。

从这一段看出，长存储字部件（major cycle）一般包括若干个存储字（minor cycle）。

第四，由于存储字的内容转移时通过了 DLA 部件，即长存储字部件，所以存储字的序号 ρ 保持不变。当它到达输出，然后循环回到一个长存储字的输入时，序号 ρ 仍然没有改变（因为它将在 1024 个周期 τ 之后再次到达输出，并且我们在所有长存储字部件中都具有同步性，且以 1024τ 为周期，请参见上文），但 μ 会变为新的长存储字的序号。对于单个循环，图 3-19a 的组织方式意味着 μ 也保持不变。对于串行循环，即图 3-19b 的组织方式，这通常意味着 μ 增加 1，除了在一系列存储字的末尾，假设共有 s 个长存储字，此时 μ 减少 $s-1$。

这些关于存储字出现在其相应长存储字部件的输出之后的变化的观察结果同样适用于该长存储字部件不受干扰的情况，即在 3.13.2 节中所述的当 SG 处于关闭状态时。从同样的意义上讲，但是在 3.13.3 节的第一种情况下，当 SG 打开时，我们的观察仍然有效——即只要未清除存储字，它们就会成立。当存储字被清除后，即在 3.13.3 节的第二种情况下，这些观察结果则适用于清除后用于替换的存储字。

3.15 代码

3.15.1 存储器的内容

3.14 节的考虑提供了对存储器的内容进行完整分类的基础，即这些考虑列举了存储系统的各组成部分，从而给出了分类。这种分类将使我们能够制定出代码来影响控制器的逻辑控制以及整个设备的逻辑控制。

因此，让我们重申有关的定义和组成部分。

存储器的内容是存储单元，每个存储单元通过是否存在激励来被刻画。相应地，它可以用来表示二进制数字 1 或 0，并且我们将用它对应的二进制数字 $i = 1$ 或 0 来指定其内容（参见 3.12.2、3.12.5、3.7.6 节）。这些单位组合在一起形成了 32 个单位的存储字，这些存储字是实体，它们将在我们将介绍的代码中获得直接的意义（参见 3.12.2 节），我们用 $i_0, i_1, i_2, \cdots, i_{31}$ 表示按自然时间序列组成一个 32 个单位的存储字的那些二进制数字。由这些单元组成的存储字可以被写为 $I = (i_0, i_1, i_2, \cdots, i_{31}) = (i_v)$。

存储字（memory word）是现在的叫法，冯·诺依曼在 1945 年的叫法是"minor cycle"，整篇报告中没有出现"memory word"。我们现在讲"clock cycle"一般指"时钟周期"，是表达时间上的周期性，也就是说，时钟周期是时间的最小正周期，"minor cycle"是表达空间上的周期性，也就是说，存储字是存储空间的最小正周期。

存储字分为两类：**标准的数字**（standard number）和**指令**（order）（请参见 3.12.2、3.14.1

节)。这两个类别应通过其各自的第一位（参见3.12.2节）（即i_0的值）区分开。因此，我们约定$i_0=0$表示一个标准的数字，$i_0=1$表示一条指令。

3.15.2 标准的数字

一个标准的数字的其余31个单位表示其二进制数和其符号。由于所有算术运算的本质，特别是由于进位数字的作用，输入运算器的数字的二进制数必须从右到左输入，即以那些位置值最低的二进制数开头。（这是因为数字以时间顺序出现，而不是同时出现，参见3.7.1节。在3.7.2节中关于加法器的讨论中，这些细节是显而易见的。）最左边的数字（即最高的位置值）是符号位（请参见3.8.1节）。因此，它排在最后，即$i_{31}=0$表示+号，$i_{31}=1$表示−号。最后，根据3.9.2节，二进制小数点紧跟在符号位后，并且必须将这样表示的数字ξ模2后移到区间$[-1,1]$中。即$\xi = i_{31}i_{30}i_{29}\cdots i_1 = \sum_{v=1}31i_v2v - 31(\mathrm{mod}2), -1\leqslant \xi < 1$。

3.15.3 指令

另一方面，指令的剩余31位必须表达此指令的性质。指令在3.14.1节中分为（a）~（d）四个类别，并被进一步细分如下：3.11.4节中的（a）、3.14.2节中的（b）、3.14.3节、3.14.4节和3.14.5节（第二个要点）中的（b）和（c）。因此，获得以下完整的指令列表：

（α）控制器执行指令以指示运算器进行3.11.4节中列举的十项特定操作之一。[这是3.14.1节中的分类（a）。] 我们按照在3.11.4节中出现的顺序用数字0,1,2,…,9来指定这些操作，从而使我们能通过它们的编号$w=0,1,2,\cdots,9$来指代它们中的任意一个，这些编号最好用4位二进制数表示。关于（作为变量）输入这些运算的数字的起源以及对结果的处理，应该这样描述：根据3.11.4节，前者来自I_{ca}和J_{ca}，后者被送往O_{ca}，它们都在运算器中（参见图3-16、图3-17），J_{ca}通过I_{ca}馈送，I_{ca}是运算器的原始输入，O_{ca}是运算器的最终输出。输入I_{ca}的来源将在下面的（β）、（γ）、（θ）中描述，对O_{ca}的处置将在下面的（δ）、（ε）、（θ）中进行描述。

某些操作是如此之快（处理它们仅消耗一个存储字对应的持续时间），因此在处理其结果时值得绕过O_{ca}。

3.11.4节中介绍了清除I_{ca}和J_{ca}的规定。关于O_{ca}的清除，应该这样说，每次将O_{ca}的内容转移到存储器中后，清除O_{ca}似乎很自然。但是，在某些情况下，最好不要从O_{ca}中转移出去，也不清除O_{ca}的内容。具体来说，在3.11.3节中对操作s的讨论中，事实证明有必要在O_{ca}中保留先前减法运算的结果。先前的运算也可以是加法、i、j，或者甚至是乘法（请参阅此处）。另一个例子，如果执行乘法 xy，并且在运算开始时使用包含例如 z 的 O_{ca}，则实际上将在 O_{ca} 中得到结果 $z + xy$（请参见 3.7.7 节中有关乘法的讨论）。因此，有时可能希望将运算结果保存在 O_{ca} 中，然后进行乘法运算。乘积和 $\sum xy$ 的形成就是一个例子。

因此，我们需要一个额外的二进制位 $c = 0$ 或 1 来指示是否应在运算后清除 O_{ca}。我们让 $c = 0$ 表示前者，而 $c = 1$ 表示后者。

有时候，运算结果被其他运算所需要，这时可以通过设置 $c = 1$，从而不清除 O_{ca}。

（β）控制器执行指令将一个标准的数字从存储器中的确定的存储字转移到运算器。[这是 3.14.1 节中的（b），类型为 3.14.2 节中的（b′）。] 存储字由 μ 和 ρ 这两个索引定义（参见 3.14.5 节中的第三点评论。）移动到运算器中，更准确地说，是移动到 I_{ca} [参见上面的（α）]。

（γ）要求控制器负责将紧随该指令后的标准的数字转移到运算器中的指令。[这是 3.14.5 节中第二个评论提到的立即转移，对应上面（β）的变体。] 最简单的情况是存储字包含的标准的数字（在 3.15.2 节中分析的类型）本身就是一条指令。这某种程度上修改了上述引文中的描述：所讨论的标准的数字所在的存储字紧跟在刚向控制器发出指令的存储字之后，该标准的数字将自动被上述立即转移命令执行转移操作。[另请参见下面（ϵ）和（ζ）中的相关说明。] 转移到运算器中仍是指将其转移到 I_{ca} [参见上面的（α）或（β）]。

（δ）要求控制器将一个标准的数字从运算器转移到存储器中的一个确定的存储字中的指令 [这是 3.14.1 节中的情形（b），3.14.2 节中的类型（b″）]。如上面（β）中所述，存储器中的存储字由两个标志 μ 和 ρ 定义。来自运算器的移动更确切地说是来自 O_{ca} 的移动，在上文（α）中对此进行了讨论，并附带了必要的解释和限定条件。

（ϵ）控制器执行指令将一个标准的数字从运算器转移到一个存储字，该存储字紧随包含该指令的存储字 [这是立即移动，请参见 3.14.5 节中的第二个评论，对应于上面的（δ）]。再说一次，来自运算器的移动就是来自 O_{ca} 的移动 [参见上面的（α）或者（δ）]。

在这种情况下，控制器的连接将从这条转移指令上转到下一个存储字，这里讨论的标准的数字将直接被送到该存储字。控制器现在遵循（γ）并发送数字给运算器将毫无意义，而且可能存在时序困难。因此，最好从（γ）的运算中直接排除这种情况，也就是说，（γ）如果紧跟在（ϵ）之后，则无效。

（θ）控制器执行指令将一个标准的数字从运算器转移到运算器（这是运算器的一种操作，我们在 3.11.2 节中已经认识到它的用处）。更准确地说，是将一个标准数从 O_{ca} 移到 I_{ca} [参见上面的（α）]。

（ζ）控制器执行指令将其与存储器的连接转移到存储器中的某个确定的存储字（与之前不

同）［就是 3.14.1 节中的情形（c）］。通过指定两个索引 μ、ρ 来定义存储器中的存储字，如上面（β）所述。

请注意，考虑到（γ），可以将（β）替换为（ζ）。唯一的区别是（β）是永久转移，而（ζ）是临时转移。这可能有助于进一步强调 3.14.3 节和 3.14.4 节的相应考虑。

（η）用于控制设备的输入和输出操作的指令（即 3.2.7 节的输入设备和 3.2.8 节的输出设备）［这就是 3.14.1 节中的（d）］。如 3.14.1 节所说的那样，对这些指令的讨论最好推迟。

3.15.4 合并指令

现在，让我们将表示这些指令所需的位数与一个存储字中的可用位数——31（如 3.15.3 节开头所述）进行比较。

首先，我们有（α）~（η）8 种类型的指令，要区分它们，需要 3 位数字。接下来，类型（α）~（ζ）［我们推迟对（η）的讨论，参见上文］有以下要求。（α）必须指定数字 ω，即 4 位二进制数，加上数位 c——总共 5 位二进制数。（β）、（δ）和（ζ），必须指定索引 μ 和 ρ，即 8 + 5 = 13 位。（γ）不属于此类别。（ε）以及（θ）不需要进一步的说明。

以上的方法都不能非常有效地利用 31 个可用的数字。因此，我们可以考虑将几个这样的指令放在一个存储字内。另一方面，由于以下原因，这种合并指令的趋势应该受到非常明确的限制。

首先，如果是因为需要同时执行多个操作（即违反 3.5.6 节的原则），那么应避免将多个指令集中到一个存储字中。其次，如果会扰乱操作的时序，也应避免这样做。第三，从总存储容量的角度来看，整个事情往往并不重要：事实上，它只减少了那些用于存储逻辑指令的存储字的数量，即用于 3.2.4 节（b）中的目的，而这些存储字通常只占用存储器的总容量的一小部分［参见 3.12.3 节（b）］。因此，应该从简化代码逻辑结构的角度来考虑合并指令。

3.15.5 合并指令（续）

这些考虑不鼓励将类型（α）的多个指令合并在一起，更何况如果不干预类型（β）~（ζ）的指令，这在逻辑上也是不可能的。从上述观点来看，合并类型（β）、（δ）、（ζ）中的两条指令也是没有把握的，更何况它只剩下 31 − 3 − 13 − 13 = 2 个二进制数，这是非常低的（尽管可以通过各种技巧将其增加到 3），建议在代码的逻辑部分（即在指令中）保留一些空闲容量，因为以后可能会进行更改。（例如，可能会增加存储器的容量，即长存储字部件的数量 256，也就是序号 μ 的位数 8）。

最好的机会是将一个操作指令（α）与控制其参数转移进运算器或其结果转移出运算器的指令合并在一起。这两种类型都可能涉及 13 位数的指令［即（β）或（δ）］，因此我们不能指望将（α）指令与多于一个这样的指令合并在一起［参见上述估计，而（α）指令需要 5 位数！］现在一个（α）通常需要将两个参数转移到运算器中，因此最简单的系统过程是将（α）指令与它的结果一起处理。即（α）指令带（δ）指令或（ϵ）指令或（θ）指令。应注意的是，每个（δ）、（ϵ）、（θ）指令，即将运算器的结果转移出运算器的指令，必须位于（α）指令后面，每个（β）、（γ）指令，即将运算器的参数转移进运算器的指令，必须位于（α）指令前面。实际上，这些传输总是与（α）指令相关，唯一例外的是通过（α）路由的存储器到存储器传输，但即使是在这种情况下，也涉及了（α）指令（参见 3.11.4 节中的 i 或 j 和 3.11.2 节）。因此，（δ）、（ϵ）、（θ）指令总是与（α）指令合并出现，（β）、（γ）指令总是单独出现。（α）指令有时也可能单独出现：如果（α）指令的操作结果保存在 O_{ca} 中［参见 3.15.3 节中（α）的最后一部分］，则通常不需要或不希望以任何其他方式处理该结果（参见上述引文中的示例）。我们将保留两种可能性：可能会或可能不会对结果进行额外处置，在第二种情况下（α）指令不会与任何处置指令合并。指令（ζ）具有足够特殊的逻辑性质，可以证明它们总是单独出现的。

因此，如果我们忽略（γ）——它实际上是一个标准的数字，我们得到以下 7 种指令：（α）+（δ）、（α）+（ϵ）、（α）+（θ）、（α）、（β）、（ζ）、（η）。它们分别需要 18、5、5、5、13、13 个数字［这里我们忽略（η），它将在稍后讨论］，再加上 3 位来区分类型，再加上 1 位（$i_0 = 1$）来表示该内容是指令。因此总位数分别是 22、9、9、9、17、17 位。存储字 32 位空间的平均利用效率约为 50%。考虑到 3.15.4 节中的第三个评论，这种效率被认为是足够的，同时也留下了合适大小的空闲容量（参见 3.15.5 节的开头）。

这里讨论了如何使用存储字表示不同用途的指令。

3.15.6　制定代码

我们现在可以制定我们的代码。这个制定将通过以下方式展现：

我们对设备可能使用的所有存储字进行描述，其中包括标准的数字和指令，这些已在 3.15.1~3.15.5 节中列出和描述。在下表中，我们将为每个可能的存储字指定以下四项内容：（Ⅰ）**类型**（type），即其与 3.15.3 节的分类（α）~（η）和 3.15.5 节的合并指令的关系；（Ⅱ）**含义**（meaning），如 3.15.1~3.15.5 节所述；（Ⅲ）**短符号**（short symbol），用于对代码进行口头或书面讨论，特别是在本文的所有进一步分析中，以及在对设备进行问题分析时；（Ⅳ）**代码符号**（code symbol），即 32 位二进制数字 $i_0, i_1, i_2, \cdots, i_{31}$，对应于所讨论的存储字中的 32 个单位。但是，这次在最后一点上只会有部分说明，之后将给出详细的描述。

关于这些符号中出现的数字（二进制整数），我们观察到，这些数字是 μ，ρ，ω，c。我们将用 $\mu_7,\cdots,\mu_0$；$\rho_4,\cdots,\rho_0$；$\omega_3,\cdots,\omega_0$；c 表示它们的二进制数字（按通常的从左到右的顺序）。

（Ⅰ）类型	（Ⅱ）含义	（Ⅲ）短符号	（Ⅳ）代码符号
			存储字 $I = (i_v)$ $= (i_0 i_1 i_2 \cdots i_{31})$
标准的数字或指令（γ）	这个数字的存储定义为：$\xi = i_{31} i_{30} \cdots i_1 = \sum_{v=1}^{31} i_v 2^{v-31} (\mathrm{mod} 2) - 1 \leq \xi \leq 1$。$i_{31}$ 是符号位：0 表示正数，1 表示负数。如果控制器连接到这个存储字，那么它将作为一个指令运行，导致 ξ 转移到 I_{ca} 中。但如果这个存储字紧随着 $w \to A$ 或 $wh \to A$ 指令，则上述结论不适用	$N\xi$	$i_0 = 0$
指令（α）+（δ）	在运算器中执行 w 操作并处理结果的指令。w 来自 3.11.4 节的列表。这些是 3.11.4 节的运算，它们当前的数字是 w. decimal 和 w. binary，还有它们的符号 w： | w. decimal | w. binary | w | w. decimal | w. binary | w | |---|---|---|---|---|---| | 0 | 0000 | + | 5 | 0101 | i | | 1 | 0001 | − | 6 | 0110 | j | | 2 | 0010 | × | 7 | 0111 | s | | 3 | 0011 | ÷ | 8 | 1000 | db | | 4 | 0100 | √ | 9 | 1001 | bd |	$w \to \mu\rho$ 或者 $wh \to \mu\rho$	$i_0 = 1$
指令（α）+（ε）		$w \to f$ 或者 $wh \to f$	
指令（α）+（θ）		$w \to A$ 或者 $wh \to A$	
指令（α）	h 意味着结果将保存在 O_{ca} 中。$\to \mu\rho$ 表示将结果转移到长存储字部件 μ 中的存储字 ρ 中；$\to f$ 表示它将紧随指令 ε 被转移到存储字中；$\to A$，表示它将会被转移到 I_{ca} 中；没有 $\to$，表示其不需要处置（除了 h）	wh	
指令（β）	将长存储字部件 μ 中的存储字 ρ 中的数转移到 I_{ca} 中的指令	$A \leftarrow \mu\rho$	
指令（ζ）	将控制器与长存储字部件 μ 中的存储字 ρ 相连的指令	$C \leftarrow \mu\rho$	

注：指令 w（或 wh）$\to \mu\rho$（或 f）将标准的数字 ξ 从运算器移动到一个存储字中。如果这个存储字的类型为 $N\xi$（即 $i_0 = 0$），则应清除代表 ξ' 的 31 位二进制数，并接受 ξ 的 31 位二进制数。如果它是一个以 $\mu\rho$ 结尾的存储字（即 $i_0 = 1$，指令 $w \to \mu\rho$，$wh \to \mu\rho$，$A \leftarrow \mu\rho$，$C \leftarrow \mu\rho$），则应仅清除代表 $\mu\rho$ 的 13 位二进制数，并接受 ξ 的最后 13 位二进制数！

思考题

1. 冯·诺依曼是如何设计计算机的？他为什么要参照神经元等生物神经结构？
2. 冯·诺依曼结构的本质特征有哪些？这些本质特征之间有何联系？

第 4 章

计算机与人脑

（约翰·冯·诺依曼，1955 年）

本章对冯·诺依曼的经典著作《计算机与人脑》（*The Computer and the Brain*）进行解读。这本书是冯·诺依曼在 20 世纪 50 年代中期撰写的。

为什么要选择这本书进行解析呢？现在是人工智能蓬勃发展的时期，但是对于智能有很多本质性的问题还没有搞清楚。本书的书名是计算机与人脑，可以发现这个书名非常应景，非常基本，对今天的基础研究可能起到指导和启发意义。冯·诺依曼是通才，在科学和工程两个方面都非常强，他既是科学家，能进行理论创造，又是工程师，能设计具体的机器。所以，他的见解往往在理论上具有深刻性，在技术上具有可行性，值得我们了解和借鉴。

本书是他为原定于 1956 年春天在耶鲁大学举办的讲座准备的讲稿，但由于他在 1955 年 10 月被查出患有癌症，未能如期赴会演讲，讲稿也没有写完。全书虽然篇幅不长，只有 83 页，但蕴含着一些对今天仍然有启发意义的重要思想。用美国电气与电子工程师学会计算机协会（IEEE-CS）前任主席戴维·艾伦·格里尔（David Alan Grier）的话说，"从书中的字里行间，可以感受到冯·诺依曼在争分夺秒地整理自己的想法"[一]。

我们仔细阅读了冯·诺依曼的原作，并提炼出了一些要点，或许能为今天的计算机基础理论、芯片设计、系统开发提供一些启发性的指导思想。这些思想、方法、技术，直至今天不但没有过时，而且变得越来越重要。它们都是在计算机诞生不足 10 年的时候由一个人在一本书中，而且是在重病中撰写完成的，这是非常难能可贵的。我们对提炼的每一个要点结合新时代特征进行了分析，并指出了参考意义。

通过这些要点，我们对计算机科学的重要基石有了一些新的认知，有些之前我们认为可能比较新颖的东西（比如层次化存储），实际上在计算机诞生初期就被提出甚至进行了量化分析，每年顶级会议上出现的一些新成果都是这些思想的实现；有些之前我们认为可能比较陈旧的东西（比如虚拟化），实际上换一个角度可能是一种新的研究思路。真正具有本质性的重要思想，

[一] 戴维·艾伦·格里尔. 老与新：计算机与人脑 [J]. 吴茜媛，李姝洁，译. 中国计算机学会通讯，2017，13（3）：67-68.

无所谓"新"与"旧",都应该在历史发展中传承和保持下来。

西利曼基金讲座(THE SILLIMAN FOUNDATION LECTURES)

在为纪念西利曼(Hepsa Ely Silliman)夫人所创建的基金会的支持下,耶鲁大学的校长和董事们每年会举办一个讲座课程,讲座的主题是从自然科学和历史领域中挑选出来的,特别是天文学、化学、地质学和解剖学。

第 3 版序言

信息技术已经改变了人类生活从商业、政治到艺术的各个方面。鉴于各种形式的信息技术在性价比和容量上所固有的指数增长，信息时代正在不断扩大其影响范围。可以说，我们需要理解的最重要的信息过程是人类智能本身，而这本书或许是最早严谨地考察我们的思维和计算机之间关系的著作，它出自构想出计算机时代基本架构的数学家之手。

对于人类智能的理解，是长期以来（以及在相当长的未来）处于学术界核心位置的一个重要问题。对于意识本质的理解，对于人类大脑相关疾病的理解，具有重要的理论和工程意义。

在这个理解人类大脑的宏大工程中，我们正在人类思维范式的逆向工程中收获越来越多的成果，并应用这些受生物启发的方法来创造越来越智能的机器。以这种方式设计的人工智能（AI）最终将超越未经强化的人类思维。我认为这项努力的目的不是要取代我们，而是要扩大人类－机器文明的范围。这正是人类这一物种的独特之处。

就像物质与意识之间的关系是哲学的基本问题一样，人类智能与人工智能之间的关系是计算机哲学的基本问题。

那么，信息时代的核心思想是什么？在我看来，有五项：约翰·冯·诺依曼（John von Neumann）主要负责了其中的三项，并对第四项做出了基础性的贡献；克劳德·香农（Claude Shannon）解决了信息可靠性的基本问题；艾伦·图灵（Alan Turing）证明并定义了计算的通用性，他的想法受到冯·诺依曼一次早期演讲的影响；冯·诺依曼在艾伦·图灵和香农的基础上创造了冯·诺依曼机，它成为并一直是计算的基本架构。

第 3 版序言作者雷·库兹韦尔提出信息时代的核心思想有五项，这是一个值得重视的总结概括。需要思考的问题有：哪五项？为什么是这五项？有没有第六项或更多项？

在你现在持有的这本似乎不算厚的书中，冯·诺依曼明确描述了他的计算模型，并进一步定义了人脑和计算机在本质上的等价性。他承认两者在深层结构上明显的差异，但应用图灵的"所有的计算均是等价的"原理，冯·诺依曼设想了一种策略，将大脑的工作方法理解为计算，重建这些方法，并最终扩展大脑的能力。这本书极具先见之明，因为它写于神经科学只有最原始工具可用的半个多世纪前。在书的最后，冯·诺依曼预见到技术会在本质上加速发展，并且为即将到来的人类生活方式的奇异转变带来不可避免的结果。让我们稍加详细地考虑这五个基本思想。

> 冯·诺依曼的这本书具有预测性质，具有先见之明，而且是关于科学的先见之明。

在 1940 年左右，如果你用"计算机"这个词，人们会以为你在谈论模拟计算机。那时的计算机，数字用不同的电压等级表示，专用部件可以执行加法、乘法等算术函数。然而，它有一个很大的限制：模拟计算机受到精度问题的困扰，计算机对数字的表示精度只有百分之一左右，由于这些被电压等级表示的数字需要经过大量的算术运算，误差会累积起来。如果你想进行更多的计算，结果会变得非常不准确，以至于毫无意义。

> 这一段准确地描述了模拟计算机的缺点。

对用模拟磁带拷贝音乐的时代有印象的人都会记得这一效应。第一份拷贝的质量明显下降，因为它比原版稍有噪声（"噪声"代表随机误差）。拷贝的拷贝有更大的噪声，到了第十代，拷贝中几乎全是噪声。

人们认为同样的问题也会困扰新兴的数字计算机时代。当我们考虑通过一个信道进行数字信息的通信时，便会遇到这个问题。这是由于没有一个信道是完美的，并且会有一些固有的错误率。假设有一个信道，其正确传输每一比特信息的概率为 0.9，如果我发送一个 1 比特长的消息，那么通过该信道准确发送它的概率将为 0.9。假设我发送 2 比特长的信息呢？准确发送概率是 $0.9 \times 0.9 = 0.81$。如果我发送 1 个字节（8 比特）的信息呢？我只有低于 50% 的机会（确切地说，是 0.43）准确发送它。准确发送 5 个字节的概率约为 1%。

解决这个问题的一个方法是使信道更精确。假设信道在一百万比特中只有一个错误，如果我发送一个 50 万字节（大约相当于一个普通程序或数据库的大小）的文件，那么准确传输它的概率小于 2%，尽管信道的固有精度非常高。这不是一个令人满意的情况，考虑到 1 比特误差就可以使计算机程序和其他形式的数字数据完全失效。不管信道的准确性如何，由于传输中出错的可能性均随着消息的大小而迅速增加，这似乎是一个棘手的问题。

模拟计算机通过适当的降级来解决这个问题。随着使用次数的增加，它们也会积累误差，但如果我们将自己限制在一组有限的计算中，模拟计算机还是有用的。数字计算机需要持续的通信，不仅仅是从一台计算机到另一台计算机，在计算机内部也是如此。它的存储器和中央处理器之间需要通信；在中央处理单元内，有从一个寄存器到另一个寄存器的通信，以及往返于寄存器与算术单元之间的通信，等等；即使在算术单元内部，也有从一个比特寄存器到另一个比特寄存器的通信。通信在各个层面都很普遍。如果我们考虑到错误率随着通信量的增加而迅速上升，并且 1 比特错误会破坏一个过程的完整性，那么数字计算就注定要失败，或者在当时看起来是这样。

通信在各个尺度的系统中是普遍存在的，由于系统的定义具有递归性（组成系统的部件也可被视为系统），通信也具有递归性。网络即计算机，计算机即网络。

出乎意料地，在香农提出信息时代的第一个关键思想之前，以上观点是一种普遍的观点。香农说明了如何使用最不可靠的通信信道建立任意精确的通信。香农在他具有里程碑意义的论文《通信的数学理论》（于 1948 年 7 月和 10 月发表在《贝尔系统技术》期刊上）中，更准确的是在噪声信道编码定理中说到，如果你有一个具有任意错误率的信道（不包括每比特 50% 的准确率的情形，那种情形意味着该信道在传输纯噪声），你仍可以传输消息并使错误率任意低。换句话说，错误率可以是 n 比特中的 1 比特，其中 n 可以是任意值。因此，在极端情况下，如果你有一个只在 51% 的时间内正确地传输信息流的信道（也就是说，它传输正确的比特只比错误的比特略微多一点点），你仍然可以发送消息，使得一百万比特中只有 1 比特是不正确的，或者万亿比特中只有 1 比特是不正确的，或者万亿万亿比特中只有 1 比特是不正确的。

信息时代的第一个关键思想是香农提出的，使用不可靠的通信信道建立任意精确的通信。

这如何做到呢？答案是通过冗余，这在现在看起来可能是显而易见的，但在当时并非显而易见。举个简单的例子，如果我把每一个比特传输三次，然后应用多数投票原理，那么将大大提高结果的可靠性。如果这还不够好，就增加冗余，直到获得所需的可靠性。重复发送信息的想法是我们从低精度信道中获得高通信精度的最简单的方法，然而这种方法不是最有效的方法。香农的论文建立了信息论领域，提出了可以在任意非随机信道实现任意目标精度的最优检错纠错码方法。

年长的读者会想起电话调制解调器，它通过嘈杂的模拟信号电话线传输信息，虽然通话中包含可听见的嘶嘶声和砰砰声以及许多其他形式的失真，但仍然能够以非常高的准确率传输数字信息，这得益于香农的噪声信道编码定理。

数字存储器也存在同样的问题和解决方案。有没有想过 CD、DVD 和程序磁盘在被摔在地上且被划伤后，如何还能继续提供可靠的结果？这里，我们需要再一次感谢香农。计算由三个元素组成：通信（如我所提到的，在计算机内部和计算机之间都是普遍存在的）、存储器和逻辑门（执行算术和逻辑功能）。同样，使用检错纠错码也可以使逻辑门的精度达到任意高的水平。正是由于香农定理，我们可以处理任意大规模且复杂的数字数据和算法，而不受误差的干扰与破坏。

信息时代所依赖的第二个重要思想是计算的通用性（universality）。1936 年，艾伦·图灵描述了他的"图灵机"，"图灵机"不是一个真正的机器，而是一个思维实验。他的理论计算机有无限长的存储磁带，磁带的每个方格中记录 1 或 0。机器的输入显示在磁带上。机器一次读取一个方格。该机器还包含一个规则表，本质上是一个存储的程序。规则中包含一系列有编号的状态。每一种规则根据当前读取的数字是 0 或者 1，指定不同的机器动作。可能的动作包括在磁带上写入 0 或 1、将磁带向右或向左移动一个单位或停机。然后，每个当前状态决定机器下一个状态。当机器停止时，意味着它已经完成程序的执行，同时程序的输出打印在磁带上。尽管理论上磁带是无限长的，但任何实际的程序（不进入无限循环）只使用磁带的有限部分，因此当我们将自己限制在有限的存储中时，机器仍然可以解决一组有用的问题。

信息时代所依赖的第二个重要思想是计算的通用性，这是以图灵为代表建立起来的。什么是"计算的通用性"？这里是指图灵计算的通用性或代表性，具体指丘奇-图灵论题所论述的内容。

如果图灵机听起来很简单，那就是图灵的目标。他希望图灵机尽可能简单（但不是过于简单，套用爱因斯坦的话）。图灵和他曾经的老师阿隆佐·丘奇（Alonzo Church）接着提出了丘奇-图灵论题，该论题指出，如果一个可以呈现给图灵机的问题不能由图灵机解决，那么它也不能由遵循自然法则的任何机器解决。尽管图灵机只有有限的命令，而且一次只能处理 1 比特，但它能计算任何计算机能计算的任何东西。

爱因斯坦说过"Everything should be made as simple as possible, but no simpler"。这句话的翻译是"事情应该力求简单，不过不能过于简单"。要把握"简"的度。

"强"解读丘奇-图灵论题，会得出人类所能想到以及知道的问题和能够由机器计算的问题之间在本质上是等价的。其基本思想是人脑服从自然法则，因此其信息处理能力不能超过机器（因此也不能超过图灵机）的能力。

本书的第 2 章与第 4 章将无缝地衔接、深度地融合起来。

我们可以赞赏图灵在其发表于 1936 年的一篇论文中建立了计算机理论基础，但同样重要的是，我们要注意到图灵深受约翰·冯·诺依曼于 1935 年在英国剑桥开设的关于其存储程序概念的课程，且该概念体现在图灵机的设计理念中。反过来，由于冯·诺依曼受到了图灵这篇优雅阐述计算原理的论文的影响，他在 20 世纪 30 年代末和 40 年代初将该论文列为其同事的必读文献。

这一段提到冯·诺依曼在 1935 年就提出了存储程序（stored program）概念，而且对图灵在

1936 年撰写论文具有重要影响。冯·诺依曼也受图灵的影响。两者相互促进和推动。

在同一篇论文中,图灵报告了另一个意想不到的发现,即发现了无法求解的问题。这些问题都是明确定义的,且可以证明存在唯一答案,但我们也可以证明图灵机无法计算这些问题,也就是说,任何机器都无法计算。这个发现颠覆了 19 世纪的人们普遍相信的一种观点,那就是所有能够被定义的问题最终均会被解决。图灵进一步阐明了不可解的问题和可解的问题一样多。库尔特·哥德尔(Kurt Gödel)在 1931 年的《不完备性定理》中也得出了类似的结论。我们因此陷入了一个令人困惑的境地:能够定义一个问题,证明存在唯一的答案,却知道这个答案永远无法被发现。

不可解的问题是否与可解的问题一样多?前者似乎更多。

关于图灵、丘奇和哥德尔作品的哲学意蕴,我们本可以说得更多,但就本序言而言,只这样说就足够了,就是图灵证明计算的本质是基于一个非常简单的机制。由于图灵机(从而任意一台计算机)能够将自己的未来的动作过程建立在已经计算出的结果之上,因此它能够做出决策并对信息的任意复杂层次结构进行建模。

可计算的本质是递归,也就是由有限生成无限。

图灵在 1943 年 12 月设计并完成了第一台计算机,命名为"巨人"(Colossus),以此来协助盟军破解被德国 Enigma 密码机加密的信息。它是为一项任务设计的,且不能为另一项任务重新编程,但它出色地完成了这一任务,并被认为帮助盟军克服了德国空军在数量上对英国皇家空军 3∶1 的优势,使盟军赢得关键的大不列颠战役。

正是在这些基础上,约翰·冯·诺依曼创造了现代计算机的体系结构——冯·诺依曼机,在过去的 66 年里,它基本上一直是每台计算机的核心结构,从洗衣机的微控制器到最大的超级计算机。这是信息时代的第三个关键思想。冯·诺依曼在 1945 年 6 月 30 日的一篇题为"关于 EDVAC 的报告初稿"的论文中,提出了自那以后一直主导计算的概念。冯·诺依曼模型包括执行算术和逻辑运算的中央处理单元、存储程序和数据的内存单元、大容量外部存储器、程序计数器和输入/输出通道。这一概念在本书的前半部分有描述。虽然冯·诺依曼的论文是一篇内部的项目文档,但它在 20 世纪 40 年代和 50 年代成为计算机设计师的圣经,并从那时起影响了每一台计算机的建造。

图灵机并不是出于实用的目的而设计的,图灵定理并不关心解决问题的效率,而是研究可以通过计算解决的问题的范围。冯·诺依曼的目标是建造一个实用的计算机。他的设计理念中用多位字(通常是 8 比特的倍数)代替图灵机的 1 比特计算。图灵机的存储磁带是顺序的,因此图灵机的程序需要花费大量时间来回移动磁带以存储和读取中间结果。相比之下，冯·诺依曼的机器有一个随机存取存储器，任何数据项都可以被立即访问。

有人说图灵机对现代计算机的设计没有指导意义。这样说是片面的。图灵机并不是出于实用的目的而设计的。图灵机和冯·诺依曼机具有不同的目的和意义。图灵机是抽象的、简单的、非实用的，冯·诺依曼机是具体的、复杂的、实用的。实用的通常是复杂的，往往容易遮蔽最本质的内容。如果以冯·诺依曼机去说明图灵定理，就会涉及无关于问题本质的许多细节，比如多位字、随机存储器。多位字、随机存储器这些细节对于计算来说，都不是必需的。图灵机保留了关于问题本质的最少的但必要的或者说不多不少的要素。

冯·诺依曼的一个关键设计理念是存储程序，他在十年前就引入了这个想法：程序与数据存储在同一类型的随机存取存储器中（并且经常存储在同一存储块中），这使得计算机可以为不同的任务重新编程。它甚至允许自我修改代码（如果程序存储是可写的），这意味着我们可以实现强大的递归。在此之前，包括图灵自己的巨人机在内的几乎所有计算机都是为特定的任务而制造的，存储程序使计算机真正具有通用性（universality），从而实现了图灵关于计算通用性的设想。

冯·诺依曼的另一个关键设计理念是每条指令都包含一个操作码（指定要执行的算术或逻辑运算）和内存中操作数的地址。冯·诺依曼的构想首次出现在关于 EDVAC 设计方案的报告中，EDVAC 是他与约翰·普雷斯伯·埃克特以及约翰·威廉·莫奇利合作完成的一个项目。EDVAC 直到 1951 年才真正运行，而 1951 年时已经有其他存储程序的计算机，如曼彻斯特小型实验机、ENIAC、EDSAC 和 BINAC，这些计算机都深受冯·诺依曼论文的影响，并且埃克特和莫奇利均以设计师的身份参与其中。冯·诺依曼是设计以上这些机器包括后来改进的支持存储程序的 ENIAC 的直接贡献者。

"存储程序""操作码+操作数"的思想是冯·诺依曼体系结构的两个关键思想。"存储程序"是指程序存储在内存中，程序是可变的。"操作码+操作数"是关于指令格式的，操作码规定了指令的功能，操作数规定了指令的对象和结果，指令本质上是函数，操作码是函数的映射方式，操作数是函数的自变量和因变量。

有相当多的读者不清楚冯·诺依曼体系结构到底指什么结构。冯·诺依曼体系结构的关键特征包括"存储程序""操作码+操作数""计算机系统由运算器、控制器、存储器、输入设备、输出设备五部分组成"。需要指出这几个特征不是平行的，而是相互佐证、相互支撑的。

当前，我们有必要重新审视冯·诺依曼体系结构，把数据流结构、存储一体、DNA 计算、量子计算机等一并考虑进来，提取出最小完全的、最值得保留的、"不薄不厚"的理论内核。

在冯·诺依曼体系结构之前，有一些前人的工作，尽管没有一个属于真正的冯·诺依曼机，但有一个令人惊讶的例外。霍华德·艾肯（Howard Aiken）的马克 1 号（Mark I）建于 1944 年，具有少许可编程性，但没有存储程序。它从穿孔纸带读取指令，然后立即执行每个命令。它没有条件分支跳转指令，因此我们不能认为它是冯·诺依曼体系结构的一个实例。

注意这一段对"存储程序"做了进一步说明。"存储程序"要求具有条件分支跳转指令，从而实现灵活的跳转。程序的结构包括顺序结构、分支结构、循环结构。马克 1 号只支持顺序结构，从而不是完整意义上的冯·诺依曼体系结构。

早在马克 1 号之前，1941 年康拉德·祖斯（Konrad Zuse）就发明了 Z-3 计算机。它也从磁带（在本例中是在胶片上编码）读取程序，同样缺少条件分支跳转指令。有趣的是，祖斯得到了德国飞机研究所的支持，该研究所使用 Z-3 来研究机翼，然而他向德国政府提出的用真空管代替继电器的建议被拒绝，因为德国政府认为计算"对于战争不重要"。

冯·诺依曼体系结构的一个真正先驱出现在整整一个世纪之前。查尔斯·巴贝奇（Charles Babbage）在 1837 年首次描述了采用存储程序思想的分析机（Analytical Engine），它使用从提花织布机借来的穿孔卡片来存储程序。它的随机存取存储器包括 1000 个字，每个字有 50 个十进制数字，相当于大约 21 千字节。每条指令都包含一个操作码和一个操作数，就像当代机器语言一样。它还包括条件分支和循环，所以它是一个真正的冯·诺依曼机。分析机似乎超出了巴贝奇的建造和组装能力，因此它从未运行过。目前尚不清楚包括冯·诺依曼在内的 20 世纪计算机先驱是否知道巴贝奇的工作。

查尔斯·巴贝奇的分析机在 1837 年被描述（比冯·诺依曼早 108 年），是一个真正的冯·诺依曼机。但巴贝奇分析机没有真正运行。

尽管从未运行过，巴贝奇的计算机却开创了软件编程领域。阿达·拜伦（Ada Byron），即洛芙莱斯伯爵夫人，她是诗人拜伦勋爵的唯一的婚生子，为分析机编写了一些程序，但她需要在自己的头脑中调试，这是当今软件工程师熟知的一种做法，叫作"表检查"。她翻译了意大利数学家路易吉·梅纳布雷亚（Luigi Menabrea）关于分析机的一篇文章，并补充了大量自己的笔记。她写道："分析机编织代数图案，就像提花织布机编织花朵和树叶一样。"她接着对人工智能的可行性进行了或许是第一次的推测，但她认为分析机"没有任何自命不凡的能力来创造事物"。

阿达·拜伦的评述是："分析机没有任何自命不凡的能力来创造事物。它能做任何我们知道如何指挥它来执行的事情。它可以遵从分析，但是它没有能力预测任何分析性的关系或真理。它的职责是辅助我们，提供我们已经熟悉的东西。"（The Analytical Engine has no pretensions whatever to originate anything. It can do whatever we know how to order it to perform. It can follow analysis; but it has no power of anticipating any analytical relations or truths. Its province is to assist us to making available what we are already acquainted with.）

考虑到巴贝奇生活和工作的时代，他的构思是相当神奇的。然而，到了 20 世纪中叶，他的工作已经在时间的迷雾中被遗忘了。正是冯·诺依曼把我们今天所知道的计算机的关键原理概念化并清楚表达，世界认可这一点并把冯·诺依曼体系结构称为计算的主要模型。

请记住，冯·诺依曼机不断地在其各个单元之间和内部传递数据，因此，如果没有香农定理和他为传输和存储可靠的数字信息而设计的方法，就不可能建立一个真正的计算机。

这就引出了第四个重要思想，即找到赋予（endow）计算机智能的方法，以超越阿达·拜伦关于计算机不能创造性地思考的结论。艾伦·图灵在 1950 年发表的论文《计算机器与智能》中介绍了这个目标，并在文中阐述了著名的"图灵测试"，以确定人工智能是否达到了人类的智能水平。这本书中，在介绍冯·诺依曼体系结构之后，冯·诺依曼将目光投向了人脑本身。毕竟，人脑是我们拥有的智能系统中最好的例子。如果能够学习它的方法，我们可以利用这些受生物学启发的范例来构建更智能的机器。这本书是从数学家和计算机先驱的角度对人类大脑进行的最早的认真研究。在冯·诺依曼之前，计算机科学和神经科学是两座之间没有桥梁的岛屿。

信息时代的第四个重要思想是通过对人脑逆向工程找到赋予计算机智能的方法。

具有讽刺意味的是，20 世纪最杰出的数学家之一、计算机时代的先驱者之一冯·诺依曼的最后一部著作是对智力本身的检验。这部作品原本是为耶鲁大学准备的一系列讲座，但由于癌症的侵害，冯·诺依曼未能举办讲座，也没有完成授课的手稿。尽管如此，它仍然是一个辉煌和预言性的预示，我认为这是人类最艰巨和最重要的项目。

冯·诺依曼首先阐述了计算机和人脑之间的异同。尽管他是在 1955 年和 1956 年写的这本手稿，然而手稿是非常准确的，特别是和两者间的对比相关的细节。他指出，神经元的输出是数字化的：轴突要么唤醒要么不唤醒。这在当时远远不是显而易见的，因为输出可能是模拟信号。但是，通向神经元的树突和胞体神经元细胞体内部的过程是模拟信号。他将神经元的计算描述为具有阈值的输入加权和。这种描述神经元如何工作的模型开辟了联结主义领域，在这个领域中，系统在硬件和软件上都是基于这种神经元模型构建的。第一个这样的联结系统是由弗兰克·罗森布拉特（Frank Rosenblatt）于 1957 年在康奈尔大学的 IBM704 计算机上通过一个软件程序创建的。

计算机和人工智能真正要取得实质性的飞跃,需要在计算机与人脑之间的桥梁上下功夫,而做到这一点,首先需要深入了解人脑。做到这一点并不容易,人脑是非常复杂的,这个学科中的词汇通常不是现在计算机专业的人士所熟悉的。现在计算机专业的人士往往满足于设计出一个能运行的系统,但这种系统从强人工智能的角度看来并不具有真正革命性的意义,却给人一种繁荣进步的错觉和误导,从而使专业人士安于现状,不再寻求突破。

我们现在已经有了更全面的模型来解释神经元如何处理输入信号,但其利用神经递质浓度对树突输入进行模拟信号处理的基本思想仍然有效。我们不应该希望冯·诺依曼在1956年就得到神经元如何正确处理信息的所有细节,但他提出的论点所依赖的要点在如今依然成立。

冯·诺依曼根据计算通用性的概念认为即使大脑和计算机的结构和构建块看起来完全不同,我们仍然可以得出冯·诺依曼机能够模拟大脑处理过程的结论。然而,反过来并不成立,因为大脑不是冯·诺依曼机,它并没有存储程序,它的算法或方法在其结构中是隐式存在的。

对算法的表示是隐式的还是显式的,这是大脑与计算机的一个重要区别。

冯·诺依曼正确地认识到神经元可以从它们的输入中学习模式,我们现在知道,这些输入是以神经递质浓度编码的。在冯·诺依曼的时代还不知道的是,学习也可以通过建立和破坏神经元之间连接的方式来进行。

冯·诺依曼指出,神经元处理的速度非常慢,大约每秒100次计算,然而大脑通过大规模并行计算来弥补这一缺点。大脑内 10^{10} 个神经元中的每一个都是同时处理神经信号(这个数字也相当准确;目前估计在 10^{10} 个或 10^{11} 个)。事实上,神经元的每个连接(平均每个神经元有 10^{3} 个连接)都是并行计算的。

平均每个神经元有 10^{3} 个连接,也就是说,并非所有神经元之间都存在连接。

考虑到当时的神经科学处于起步阶段,冯·诺依曼对神经元处理方式的估计和描述是非凡的。但我不同意冯·诺依曼对人脑记忆容量的估计。他假设人脑会记住人一生的每一个输入,60年大约是 2×10^{9} 秒,每个神经元每秒钟大约有14个输入(实际上至少低了三个数量级),由于有 10^{10} 个神经元,他估计大脑的记忆容量约为 10^{20} 位。事实上,我们只记得自己思想和经验的一小部分,这些记忆并不是以低层次的比特模式(如视频图像)存储的,而是以高层次模式的序列形式存储的。我们的大脑皮层被组织成模式识别单元的层次结构。大脑皮层中的一些低级识别单元可以识别某些拓扑形式,例如大写字母"A"中的横条或其下凹形,这些低级识别单元将它们的识别结果反馈给更高层次的模式识别单元。在下一个层次上,识别单元可以识别特定的印刷字母,如字母"A"。在更高层次上,例如"Apple"等单词可以被识别。在大脑皮层的另一部分，处于同样层次的识别单元可以将物体识别为苹果；在另一部分，识别单元则可以识别口语中的"苹果"这个词。在更高的概念层次上，一个识别单元可能会得出结论，"那很有趣"。我们对事件和思想的记忆编码在这些较高层次的识别结果中。如果我们回忆一段经历，我们并不是在脑海中播放相关的视频，相反，我们只回忆这些高级模式的序列。我们必须重新构想这段经历，因为经历的细节没有被显式地记忆。

冯·诺依曼对人脑记忆容量的估算公式为 $2 \times 10^9 \times 14 \times 10^{10} = 2.8 \times 10^{20}$。

这一段论述了人脑的记忆原理。人脑似乎具有比现在的计算机更高级的记忆方式，值得将来在设计计算机时借鉴，特别是在需要快速重建、只需近似计算的场景中。

你可以试着回忆一下最近的经历来向自己证明这一点，例如，关于上一次散步，你还记得多少细节？你遇到的第五个人是谁？你看到婴儿车了吗？或者看到邮箱了吗？你在第一个拐角处看到了什么？如果你路过一些商店，第二个橱窗里是什么？也许你可以从记忆的一些线索中重建这些问题的答案，但我们大多数人并不能完整回忆自己的经历。事实上，机器很容易做到这一点，这正是人工智能的一个优势。

在本书中，我发现几乎没有讨论的内容与我们现在已知的事实存在严重的分歧。我们今天还不能完美地解释人脑，所以我们不能要求这本1956年出版的关于将人脑逆向工程的书可以准确地解释人脑。也就是说，冯·诺依曼对人脑的解释并没有过时，他得出结论所依据的细节仍然成立。当他描述大脑中的每一种机制时，他会同时说明一台现代计算机如何完成同样的操作，尽管存在明显差异。大脑的模拟信号机制可以通过数字信号机制来仿真，因为数字化计算能以任意精度模仿模拟信号数值（人脑中模拟信号信息的精度相当低）。

考虑到计算机在串行计算方面的显著速度优势（这一优势自本书出版以来已经被大大地扩展），人脑的大规模并行处理也可以被仿真。此外，我们也可以通过使用并行冯·诺依曼机在计算机中进行并行处理，这正是如今超级计算机的工作方式。

考虑到我们可以快速地做出决定以及神经元缓慢的计算速度，冯·诺依曼认为人脑的处理方式不可能涉及冗长的顺序算法。当一个经验丰富的棒球手在三垒位，决定投一垒而不是二垒时，他会在几秒钟内做出这个决定。这段时间只能满足每个神经元处理几个周期（一个周期是指满足神经回路接收新输入信号的必要时间）。冯·诺依曼正确地认为人脑的非凡能力来自100亿个能够并行处理信息的神经元。视觉皮层逆向工程的最新进展已经证实，人脑做出复杂的视觉判断只需三到四个神经周期。

大脑逆向工程是学习数百万年自然演化结果的过程。

正因为大脑具有相当大的可塑性（plasticity），我们才能够学习。然而，计算机的可塑性更大，它可以通过改变软件来完全重构其计算方法。因此，计算机可以模拟大脑，但反过来并不成立。

当冯·诺依曼将人脑大规模并行计算的能力与他那个时代的（为数不多的）计算机进行比较时，可以明显地认识到人脑的能力远远大于 1956 年左右的计算机的能力。今天，第一台具有在功能上模拟人脑所需速度的超级计算机正在建造中（大约每秒 10^{16} 次操作）。我估计，在 21 世纪 20 年代早期，达到这种计算水平的硬件将花费 1000 美元，尽管这本手稿写于计算机历史中相当早的时期，但冯·诺依曼仍然相信，具有人类智能的硬件和软件最终是可以实现的。这是他准备这些讲座的原因。

冯·诺依曼深刻地意识到技术的加速进步，这种进步将为人类文明的未来带来深刻影响，这也为我们带来了信息时代的第五个重要思想。冯·诺依曼去世一年后的 1957 年，同为数学家的斯坦·乌拉姆（Stan Ulam）引用冯·诺依曼的话说，"技术的不断加速和人类生活方式的不断变化，使得人类历史上出现了一些即将到来的关键奇点（singularity），正如我们所知，人类在奇点之后将不复存在"，这是人类历史上第一次使用"奇点"一词。

雷·库兹韦尔（Ray Kurzweil）

我们现在梳理一下信息时代的五个关键思想：一是香农创立的可靠通信理论，二是图灵创立的计算通用性理论，三是冯·诺依曼体系结构，四是通过人脑逆向工程找到赋予计算机智能的方法，五是奇点理论。冯·诺依曼是后三个关键思想的主要提出者。在这篇序言中，库兹韦尔没有展开论述第五个思想，关于奇点的内涵和意义，为什么奇点理论的重要性能达到作为第五个思想的高度，这些都是值得思考的问题。

扩展阅读

[1] Bochner, S.(1958). A Biographical Memoir of John von Neumann. Washington, D. C.：National Academy of Sciences.

[2] Turing, A. M.(1936). "On Computable Numbers, with an Application to the Entscheidungsproblem." Proceedings of the London Mathematical Society 42：230- 65. doi：10. 1112/plms/s2- 42. 1. 230.

[3] Turing, A. M.(1938). "On Computable Numbers, with an Application to the Entscheidungsproblem：A Correction." Proceedings of the London Mathematical Society 43：544-46. doi：10. 1112/plms/s2-43. 6. 544.

[4] Turing, A. M. (October 1950). "Computing Machinery and Intelligence." Mind 59 (236): 433-60.

[5] Ulam, S. (May 1958). "Tribute to John von Neumann." Bulletin of the American Mathematical Society 64 (3, part 2):1-49.

[6] von Neumann, John. (June 30, 1945). "First Draft of a Report on the EDVAC." Moore School of Electrical Engineering, University of Pennsylvania.

[7] von Neumann, John. (July and October 1948). "A Mathematical Theory of Communication." Bell System Technical Journal 27.

第 2 版序言

这本看上去纯洁无瑕的小书位于飓风眼上。它代表着由众多伴有巨大争论和相互竞争的研究课题所构成的巨大漩涡中心的镇静与明晰。这本书写于电子计算机技术爆炸开始的 1956 年则更加令人惊异,而这场技术爆炸将永远定义 20 世纪下半叶。这本书记录了约翰·冯·诺依曼(John von Neumann)准备在他最后的系列讲座中谈及的内容,他试图通过现代计算理论的视角,结合当时存在的计算机技术和经验神经科学,对人脑可能的计算行为进行均衡评估。

人们也许认为,在当时做出的任何此类评估必然毫无希望地过时了。然而事实恰恰相反,从单纯计算理论的角度来看(关于生成任何可计算函数的元素的理论),由威廉·丘奇(William Church)、艾伦·图灵(Alan Turing),以及在一定程度上由冯·诺依曼本人奠定的基础,正如他们当初所希望的那样,在如今依然被证明是坚固和肥沃的。在一开始透镜就被调得很好,现在它依然敏锐地聚焦一系列问题。

从计算机技术的角度看,这台跨世纪的机器已经装配在美国的每一间办公室和一半的家庭,它们都是所谓"冯·诺依曼体系结构"的具体实现。它们均是主要由冯·诺依曼发展和探索的功能性组织方式的实例,此组织方式采用保存在机器的可修改存储器中的顺序程序,来规定机器的中央处理器执行的基本计算步骤的性质和顺序。冯·诺依曼用自己的话在这本书中详细且清晰地概括了此组成方式的基本原理。虽然他所说的"代码"(code),我们现在称为"程序"(program),他所说的"完全码"(complete code)和"短码"(short code),我们现在称为"高级编程语言"(high-level programming language)和"机器语言程序"(machine-language program),然而,只有机器的字长和时钟频率在这些年发生了变化。约翰·冯·诺依曼一定会认出从掌上计算机到超级计算机等当今所看到的所有计算机,无论它们是运行扑克游戏还是模拟银河起源,每一台机器都是他设计的最初体系结构的进一步实例化,我们在计算机技术上取得的许多进展并没有把他落在后面。

这一段指出冯·诺依曼所说的"代码"就是我们现在说的"程序",冯·诺依曼所说的"完全码"和"短码"就是我们现在说的"高级编程语言"和"机器语言程序"。

我们之所以强调历史思维,就是要在变化之中找到不变,冯·诺依曼结构就是纷繁变化的计算机演进过程中那个稳定不变的核心。

从经验神经科学(empirical neuroscience)的角度看,情况相当复杂但也更有趣。首先,一些神经科学领域(神经解剖学、神经生理学、发育神经生物学和认知神经生物学)都各自取得了不小的进步。半个世纪的艰苦研究也产生了一门新的科学。由于许多最新的实验技术(如电子和共焦显微镜、膜片钳、脑电图和脑磁图、CAT 扫描、PET 扫描和 MRI 扫描），我们现在对大脑的细丝状微结构、微观部分的电化学行为，以及在各种形式的意识认知中的全脑活动有了更好的了解。尽管大脑仍然存在许多谜团，但它已不再是过去的"黑匣子"。

得益于实验技术的进步，现在对大脑的认知有了很大的进步，曾经的"黑匣子"现在被透视了一些。我们一方面要继续透视，加强对大脑的了解，另一方面要着眼于逆向工程，架起大脑与计算机之间的桥梁，推进两者之间的对比、类比研究（同构、同胚等概念可用于两者之间的交叉研究）。

然而，奇怪的是，这两门同宗的科学——一个专注于**人工**（artificial）认知过程，一个专注于**自然**（natural）认知过程，却从 20 世纪 50 年代至今，一直相互相当孤立地追求着各自关注的方向。那些获得计算机科学高级学位的人基本上对生物大脑知之甚少或（更为经常的是）一无所知，他们的研究活动通常集中在编写程序、开发新语言或开发和生产更好的微型芯片硬件，这些都没有让他们接触到经验神经科学。同样，那些获得神经科学高级学位的人通常对计算理论、自动机理论、形式逻辑和二进制算术或晶体管电子学知之甚少或一无所知。更有可能的是，他们把自己的研究时间花在脑组织切片染色上，以便进行显微镜检查，或者把微电极放入活神经元中，记录它们在各种认知任务中的电气行为。如果他们确实使用了计算机并学习了一门编程语言——就像很多人那样，他们只是把它作为指导和整理实验活动的工具，就像人们可能使用电表、计算器或文件柜一样。

现在看起来，真实情况是虽然这两门学科都拥有很多关于自身领域的知识，且均取得了巨大的成功，然而彼此之间关于对方的领域并没有太多的知识可以教导对方。尽管存在假定的重叠——毕竟它们都关注认知或计算过程，但它们平行前进，在几乎没有或完全没有来自另一学科输入的情况下各自取得了显著的进展。但是，这是为什么呢？

一个持续再现的答案是，生物大脑有一个物理组织形式，且使用的计算策略与标准计算机中使用的冯·诺依曼体系结构非常不同。近五十年来，这两门姐妹学科实际上一直专注于不同的学科问题。回首过去，难怪它们是在彼此很独立的情况下发展起来的。

对这个答案仍然存在着激烈的争论，而且这个答案可能确实是错误的。但它处于当前众多讨论的核心，这些问题包括**生物**（biological）大脑如何真正实现其很多认知奇迹，以及如何更好地进行仍然至关重要的事业——构建各种形式的**人工**（artificial）智能。我们是否应该只是克服生物系统的明显局限性（主要是速度和可靠性方面的局限性），而追求电子系统的耀眼的潜力？这些电子系统在理论上甚至在冯·诺依曼体系结构下都可以实现或模拟**任何**可能的计算活动。或者我们是否应该转而以某种理由去尝试模仿昆虫、鱼类、鸟类和哺乳动物的大脑中的计算组织？那究竟是什么组织？它是否重要地或显著地区别于人造机器的组织？

在这里，读者可能会惊讶地发现，约翰·冯·诺依曼斟酌了一个有先见之明的、有力的且绝对非经典的答案。他在书的前半部分逐步引导读者浏览一些经典的概念，这些概念基本上由他提出；书的后半部分他转而讨论人脑，他冒险地给出了初步结论，"人脑的运行初步认定是数字化的"。但这个对神经数据的初步的看法也是一种初步认定的强求一致，冯·诺依曼立即承认了这一事实，并随后投入了充分且详尽的研究。

为什么说"人脑的运行初步认定是数字化的"这个对神经数据的初步的看法也是一种初步认定的强求一致？现代计算机是数字化的，然后根据初步证据推断出人脑也是数字化的，似乎达成了某种一致，找到了统一性，但真实的情况究竟如何？是否还有没注意到的问题？

他注意到的第一个问题是，神经元之间的连接并没有显示出经典的**与门**（AND gate）和**或门**（OR gate）所显示的"二输入一输出"的结构。尽管每个细胞符合经典看法的要求，只映射一个输出轴突，然而每个细胞**接收**来自其他神经元的成百上千的输入。这一事实不是决定性的，因为还存在着多价逻辑。但这确实让他陷入了思考。

当冯·诺依曼逐个比较大脑"基本能动器官"（假定为神经元）和计算机"基本能动器官"（各种逻辑门）的基本方面时，情况变得更加复杂了。他观察到，在空间上神经元的优势在于至少比电子器件小 10^2 倍。（这一估计在当时是完全正确的，但随着光刻微型芯片的意外出现，这种尺寸优势至少在二维片材方面已经完全消失。对此我们暂且可以原谅冯·诺依曼。）

更重要的是，神经元在运算速度方面有严重的缺点。他估计，神经元完成基本逻辑运算的速度可能是真空管或晶体管的 $1/10^5$。在这里，他在关于即将出现的发展趋势方面是非常正确的，如果有什么错误的话，就是他低估了神经元在运算速度方面的缺点。如果我们假设一个神经元的"时钟频率"不超过约 10^2 赫兹，那么现在最新一代桌面计算机所达到的几乎 1000 兆赫（即每秒 10^9 次基本运算）的时钟频率将与神经元的差距扩大到 10^7 倍。我们不可避免地得到如下结论：如果大脑是一台具有冯·诺依曼体系结构的数字计算机，相比之下，它注定是一只计算乌龟。

此外，生物大脑所能表示变量的精度也比数字计算机可达到的精度低多个数量级。冯·诺依曼观察到，计算机可以很容易地使用和操作 8、10 或 12 个小数位的表示，神经元发送给轴突的尖峰序列的频率似乎仅支持至多两个小数位的表示精度（具体地，正负 1% 的最大约 100 赫兹的频率）。这是令人忧虑的，因为在任何涉及大量步骤的计算过程中，早期步骤中数值表示的小误差经常在最终步骤累积为较大的误差。他补充道，更糟糕的是对于许多重要的计算来说，即使是早期步骤中的微小错误，在随后的步骤中也会被以指数方式**放大**，这不可避免地导致最终输出结果的极度不准确。因此，如果大脑是一台只有 2 个小数位表示精度的数字计算机，它注定是一个计算傻瓜。

这两个严重的限制——一个在速度上，一个在精度上，促使冯·诺依曼得出这样的结论：不管人脑使用什么样的计算机制，这一机制必然很少涉及他所说的"逻辑深度"。也就是说，无论大脑在做什么，它不可能顺序地执行成千上万个精心编排的串行计算步骤，就像在数字计算机的中央处理器的超高频、递归活动中那样。由于人脑神经元活动的缓慢性，人脑除了完成最简单的计算外，没有足够的时间来完成其他任何计算。由于人脑表示变量的精度低，即使它确实有足够的时间，也无法进行计算。

这是冯·诺依曼得出的一个令人痛苦的结论，因为尽管有前述的局限性，大脑还是设法完成了各种复杂的计算，而且是在眨眼间就做到这些。但他的论点没有错，他指出的局限性是完全真实的，那么，我们该如何看待大脑呢？

正如冯·诺依曼所正确地意识到的那样，大脑的计算机制似乎通过利用一个非同寻常的逻辑广度来弥补其在逻辑深度上不可避免的不足。正如他所说，"大型的高效的自然自动机可能是高度**并行的**，而大型的高效的**人工自动机**往往不是这样，它们是串行的"（强调他的机器，即冯·诺依曼体系结构计算机）。前者"倾向于**同时**收集尽可能多的逻辑（或信息）对象，并**同时**处理它们"（强调我们人类的大脑）。他补充道，这意味着，我们必须考虑除人脑神经元外更多的因素，应该把它的许多**突触**都包括在我们对大脑"基本能动器官"的统计中。

这些都是重要的深刻见解。我们现在知道，大脑包含大约 10^{14} 个突触连接，其中每一个突触连接首先调节到达的轴突信号，然后将信号传递到接收神经元。神经元的工作是将这些突触连接（多达 10 000 个突触连接到单个细胞上）的输入相加或以其他方式整合，转而产生自己的轴突输出。最重要的是，这些微小的调节动作都是同时发生的。这意味着，在每一个突触可能每秒激活 100 次的情况下（回想一下常见的尖峰频率在 100 赫兹范围内），大脑每秒执行的基本信息处理动作的总数大约是 10^2 乘以 10^{14} 次，或者说 10^{16} 次操作！对于任何一个系统来说，这都是一个显著的成就，与我们之前统计的最新一代桌面计算机每秒 10^9 次基本操作相比，这个速度非常有优势。毕竟，人脑既不是乌龟也不是傻瓜，因为它从一开始就不是串行执行的数字机器，它是一个大规模并行的模拟机器。

这一段的比较具有量化的数据，估算过程有根有据，令人印象深刻。大脑包含大约 10^{14} 个突触连接，每一个突触可能每秒激活 100 次，这样大脑每秒执行的基本信息处理动作的总数大约是 10^2 乘以 10^{14} 次，即 10^{16} 次。

这就是冯·诺依曼在这里提出的建议，现代神经科学和并行网络的计算机建模正逐渐地、强有力地证实这些建议。冯·诺依曼推测的另一种可能的计算策略似乎是将成千上万或数百万个同步的轴突尖峰频率（构成一个非常大的**输入向量**）同时乘以一个更大的系数矩阵（即连接一个神经元群和另一个神经元群的数百万的突触连接的配置），产生一个**输出向量**（在接收神经元群中具有新的或不同模式的同步尖峰频率）。正是这些数以百万计甚至数以万亿计的突触连接所获得的全局配置，体现了大脑所获得的全部知识和技能。正是这些相同的突触连接如此迅速地对到达的任何轴突输入（例如来自感官）进行计算转换，才造就了人脑的速度，同时避免误差被递归地放大，冯·诺依曼认为这是必要的。

极其大量的突触连接所获得的全局配置，体现了大脑所获得的全部知识和技能。

然而，必须很快地说，这种决定性的洞察并没有削弱他的数字化和串行化技术的完整性，也没有削弱我们创造人工智能的希望。恰恰相反。我们可以使用电子器件建造突触连接，同时避开经典的冯·诺依曼结构，我们可以建造巨大的人工神经元并行网络，从而实现被人脑采用的"浅深度"但"宽广度"计算模式的电子版本。它们将有一个新的最有趣的特性，即它们比对应的生物版本快 10^6 倍，这仅仅是因为它们含有电子器件而不是生物成分。这意味着很多事情。首先，使用电子器件逐个突触地复制你的生物大脑可以让你享受在短短 30 秒内分析一个想法，而不是由你自己头颅内的部件花费一年的时间去完成。同样的机器可以在半小时内体验一种充满智力的生活，如果在你自己的大脑中进行的话，这将消耗你整整 70 年的时间。很明显，智力有着有趣的未来。

这里必须提出警告。事实上，小型的人工神经网络已经建立在这样的假设之上：突触是小型的乘法器，神经元是使用 sigmoid 输出函数的小型加法器，并且信息仅被编码在神经元的尖峰脉冲频率中。许多这样的网络（至少在经过了长期的训练以后）都显示了非凡的"认知"才能。但是，这些同样的网络模型，尽管它们可能是模拟信号和大规模并行的，却很少表现出真实突触和真实神经元行为所具有的微妙性和多样性。正在开展的神经科学研究持续告诉我们，正如它告诉冯·诺依曼的那样，我们关于大脑活动的第一步模型充其量只是对神经计算真实情况的粗略近似，它们可能会被证明和冯·诺依曼质疑的历史猜想"大脑的操作主要是数字化"一样都是错误的。有不止一种方法将信息编码到轴突行为中，有不止一种方法在突触上调节信息，有不止一种方法将信息整合到神经元中。我们目前的模型工作良好，足以捕获我们的想象力，但大脑仍然有许多谜题，并预示着尚未到来的重大惊喜。我们在这里的工作还远未完成，我们必须像冯·诺依曼那样在经验事实面前保持谦虚。

冯·诺依曼提出的计算体系结构，几乎是 20 世纪全部"计算机革命"的基础。这场革命将对人类的未来产生长期影响，至少将与艾萨克·牛顿的力学或詹姆斯·麦克斯韦的电磁学一样伟大。此外，在生物大脑方面，冯·诺依曼有着自己独特的性格和洞察力，能够超越自己提出的计算架构，看到一种可能更强大的新的解释范式的轮廓。

冯·诺依曼体系结构可以与艾萨克·牛顿的力学或詹姆斯·麦克斯韦的电磁学媲美。

计算机与生物大脑之间的关系具有重要的研究价值，对于理解生命本质和意识本质、理解重要疾病的机理、实现强人工智能具有重要意义。

在关于智能本质的广泛讨论结束之时，人们往往能听到评论家发出呼吁，希望有人能成为"思想的牛顿"，我们则希望以另一种方式结束，正如前面的评论和接下来书中所说明的，有充分的理由表明人们期待的"牛顿"已经到来，并已经非常遗憾地去世了。他的名字叫约翰·冯·诺依曼。

保罗·丘奇兰德和帕特里夏·丘奇兰德（Paul and Patricia Churchland）

第1版序言

西利曼（Silliman）讲座是美国历史最悠久、最优秀的学术讲座之一，被认为是全世界学者的荣幸和荣誉。传统上，要求演讲者在大约两周的时间内进行一系列的演讲，然后将演讲稿整理成一本书，在耶鲁大学的赞助下出版。

西利曼是美国化学家，1779年8月8日生于康涅狄格州北斯特拉，1864年11月24日卒于康涅狄格州纽黑文。西利曼毕业于耶鲁大学，获法律学学位。可是1802年耶鲁大学校长却请这位年轻的律师接受化学教授的职位。这并不是因为西利曼精于此道，而是因为无人可任。西利曼同意了，于是到宾夕法尼亚大学进修，后来他在英国修完了学业。他回国后在耶鲁大学工作达五十年之久并创办耶鲁大学研究生院，该研究生院于1861年颁发了第一个哲学博士证书。西利曼从来不是一个化学实验家，但却是一位造就了很多化学家和在这个年轻的国家里创办了大学讲座（即"西利曼讲座"）向大众普及科学的良师。

1955年初，我的丈夫约翰·冯·诺依曼被耶鲁大学邀请在1956年春季学期3月下旬或4月初的某个时候做西利曼讲座。他对此邀请深表荣幸和感激，尽管他必须服从一个条件——演讲时间仅限于一周。但是，他的演讲手稿将更全面地覆盖他选择的主题——计算机与人脑，这也是他在相当长的时期内感兴趣的主题。要求缩短演讲时间是必要的，因为他刚刚被艾森豪威尔总统任命为原子能委员会的成员之一，这项全职工作甚至不允许科学家长时间离开华盛顿的办公桌。即使这样，我的丈夫知道或许能找时间来写，因为他总是在晚上或黎明的时候在家写作。他的工作能力几乎是无限的，特别是如果他感兴趣，而自动机的许多未探索的可能性确实使他非常感兴趣。因此他感到相当有信心可以准备完整的手稿，即使讲座时间不得不有所缩短。耶鲁大学从前期到后期（在后期只有悲伤和失落）都给予了很多帮助和理解，并接受了这种安排。约翰伴随着新添的继续从事自动机理论研究（尽管只做了一点点）的动机，开始了他在原子能委员会的新工作。

冯·诺依曼自己要求缩短讲座时间，不是耶鲁大学要求他缩短讲座时间。

1955年春天，我们从普林斯顿搬到了华盛顿，约翰离开了从1933年起就一直在那里担任数学系教授的高等研究院。

约翰于1903年出生于匈牙利的布达佩斯。即使在孩提时代，他就显示出对科学问题有着非凡的能力和兴趣，几乎像摄像机一样详细准确的记忆通过非同寻常的方式显现出来。到了大学时期，他先后在柏林大学、苏黎世联邦工业大学和布达佩斯大学学习了化学和数学。1927年，他被任命为柏林大学的兼职讲师，可能是最近几十年在德国所有大学中被任命为该职位的最年轻的人。后来，约翰在汉堡大学任教，并于1930年第一次接受了普林斯顿大学的邀请，横渡大西洋成为一名为期一年的客座讲师。1931年，他成为普林斯顿大学的一名教师，并因此在美国定居，成为美国公民。在20世纪20年代和30年代，约翰的研究兴趣范围广泛，主要在理论领域。他发表的文章包括量子理论、数理逻辑、遍历理论、连续几何、涉及算子环的问题以及纯数学的许多其他领域。然后，在20世纪30年代后期，他对理论流体力学问题产生了兴趣，尤其感兴趣通过已知的分析方法获得偏微分方程解时遇到的巨大困难。这一努力在战争阴云笼罩全世界时被发扬光大，他参与了同反法西斯战争有关的多项科学研究计划，并使他对数学和物理学的应用领域越来越感兴趣。冲击波的相互作用是一个非常复杂的流体力学问题，已成为国防研究的重要热点之一，为了获得一些答案，需要进行大量计算，这促使约翰为此目的设计高速计算机。ENIAC是在费城陆军弹道研究实验室建造的，是约翰首次介绍借助自动化解决许多尚未解决的问题的巨大可能性。他帮助修改了ENIAC的一些数理逻辑设计，从那时起直到他离世前的最后一个小时，他都对自动机仍未探索的方面和可能性保持着巨大的兴趣。

注意，在这一段中，经过冯·诺依曼夫人之口，介绍了设计高速计算机的最初用途和需求。

1943年，在曼哈顿计划开始后不久，约翰成为"消失于西方"的科学家之一，往返于华盛顿、洛斯阿拉莫斯和其他许多地方。在这一时期，他变得完全确信，并试图使得许多不同领域的其他人相信，在快速电子计算设备上进行的数值计算将极大地促进求解许多困难的尚未解决的科学问题。

1943年是现代计算机诞生的前夜，电子计算机还没有实物，能否通过数值计算促进科学问题的求解，对绝大多数人来说是一个问题（很少有人去想这个问题，即使想这个问题，也未必有肯定的答案），能够确信通过高速电子计算机进行数值计算促进科学问题的求解，这需要精准的科学预见能力。

二战后，约翰与为数不多的一群被选定的工程师和数学家一起，在高等研究院建造了一个实验性的电子计算机，这台计算机通常被称为JONIAC，最终成为全国类似机器的试验性的模型。JONIAC研发时所用的一些基本原理甚至被用于今天最快最现代的计算机之中。为了设计这台机器，约翰和他的同事试图模仿活体人脑的一些已知操作。这促使他学习神经病学，寻找神经病学和精神病学领域的人，参加关于这些主题的许多会议，并最终向这个小组讲授关于复制极其简化的活体人脑模型的可能性。在西利曼讲座中，这些思想将得到进一步发展和扩展。

冯·诺依曼学习过神经病学，探讨"关于复制极其简化的活体人脑模型的可能性"是仿生学的思想。

战后几年，约翰将自己的工作划分到各个领域的科学问题中。特别是他对气象学产生了兴趣，在气象学中数值计算似乎有助于打开全新的方向。他的一部分时间用来帮助对不断扩大的核物理问题进行计算。他继续与原子能委员会（AEC）的实验室紧密合作，并于 1952 年成为 AEC 总顾问委员会成员。

1955 年 3 月 15 日，约翰宣誓就任原子能委员会委员，5 月初我们将家搬到了华盛顿。三个月后，也就是 8 月，我们积极的令人兴奋的以我的丈夫的不知疲倦的惊人头脑为中心的生活模式突然停了下来——约翰左肩疼痛严重，手术后被诊断患有骨癌。随后的几个月充满希望和绝望。有时我们相信，肩部病变只是恶性疾病的单一表现，长期不会复发，但后来他有时候所承受的难以形容的疼痛使我们对未来的希望破灭了。在此期间，约翰狂热地工作，在白天工作在办公室里或者完成工作所需的多次出差；在晚上则投入科学论文之中，完成他任职委员会之前推迟的事情。现在，他在西利曼讲座的手稿上进行系统的工作，以下各页中的大部分内容都是在不确定和等待的日子里完成的。在 11 月下旬，下一个打击来了：他的脊椎上发现了几个病变，他开始难以走路。从那时起，一切都变得越来越糟，尽管仍然存在着希望，通过治疗和护理，这种致命的疾病可能会至少在一段时间内得到控制。

这一段指出了冯·诺依曼写作《计算机与人脑》时的身体状态。

到 1956 年 1 月，约翰就只能待在轮椅上，但他仍参加会议，被推着轮椅带进办公室，并继续为演讲撰写手稿。显然他的体力每天都在减弱。除西利曼讲座外，所有出差和演讲活动都不得不一个一个地取消。有人希望通过 X 射线治疗，至少在 3 月下旬可以短暂地、足够有效地加强脊柱，以使他能够前往纽黑文并履行这一对他来说非常重要的义务。即使这样，我们也不得不要求西利曼演讲委员会将讲座减少到最多一到两个，因为整整一周的演讲压力在他身体极其虚弱的条件下会很危险。但是到了 3 月，所有希望都消失了，约翰再也不能够去任何地方出差。耶鲁大学仍然一如既往地给予帮助和理解，并没有取消讲座，但建议如果手稿可以交付，其他人将为他宣读。尽管做出了很多努力，约翰仍无法及时完成原计划的讲座手稿的撰写，由于悲惨的命运，他根本不可能写完。

由于身体欠佳，冯·诺依曼没有进行计划中的演讲，也没有完成手稿的撰写。

4月初，约翰被送进沃尔特·里德医院；直到1957年2月8日去世，他再也没有离开过医院。他带着西利曼讲座的未完成手稿一起去了医院，在那里他继续尝试完成手稿。但是到那时，疾病已经明显地占了上风，甚至连约翰非凡的头脑也无法克服身体的疲倦。

请允许我对西利曼演讲委员会、耶鲁大学和耶鲁大学出版社表示深深的谢意，他们在约翰生命最后的悲伤岁月中都很热心友善，而且他们现在通过允许将未完成的手稿收录到西利曼演讲出版物系列中给约翰的记忆以荣誉。

注意，冯·诺依曼从1955年3月15日搬到华盛顿居住到1957年2月8日去世，只有不到两年的时间。

克拉拉·冯·诺依曼（Klara von Neumann）
华盛顿特区，1957年9月

引言

由于我既不是神经病学家（neurologist），也不是精神病学家（psychiatrist），而是数学家（mathematician），所以，对接下来的工作需要做若干解释与说明。本文是从数学家的视角理解神经系统的方法。然而，这个声明中的两个重要部分都必须被立即予以界定。

神经病学、精神病学、数学、信息学需要交叉融合，解决核心的共同问题（比如意识本质、疾病机理）。

首先，将我尝试的事情描述为"理解的方法"未免言过其实，这只是一套关于如何采取这种方法的稍微系统化的推测。也就是说，我尝试推测：在所有被数学引导的各研究途径（lines of attack）中，从模糊不清的距离看来，哪些途径是先验最有希望的，哪些途径的情况似乎正相反。我也将为这些推测提供某些合理化的理由。

在此，根据上下文，我们将"lines of attack"译为"进攻路线"或"研究途径"。

其次，对于"数学家的视角"，我希望读者在这样的背景下理解：它的着重点和通常的说法不同，它并不注重一般的数学技巧，而是强调逻辑学与统计学的方面。而且，逻辑学与统计学应该主要（虽然并不排除其他方面）被看作"信息理论"的基本工具。同时，围绕着对复杂的、逻辑的、数学的自动机所进行的规划、评估和编码工作，已经积累起一些经验，这些经验将是许多信息理论的焦点。最典型但不是唯一的这种自动机是大型电子计算机。

顺便指出，如果有人能够谈论关于这种自动机的"理论"，那将很令人满意。遗憾的是，目前所存在的——我必须呼吁它，还只是没有被清晰表达的、几乎没有被形式化（hardly formalized）的"经验体"（body of experience）。

上一段中的"hardly formalized"，有人翻译为"很难条理化"，这是不准确的，我们翻译为"几乎没有被形式化的"。在这里，"hardly"表示否定，"formalized"表示"被形式化"。"formalize"是有以形式主义、符号主义为基础的特定含义的，我们在本书的第7章将会看到关于虚拟化技术的形式化的一种展示。

长期以来，在人工智能领域，符号主义和联结主义各执一词、各有侧重。符号主义侧重形式化推导，"讲道理、可解释、白盒化"；联结主义侧重经验，"依靠历史数据、不讲道理、不可解释、讲实用、黑盒化"。

冯·诺依曼在上一段提到理想的状态不是停留在经验层次上，而是要对经验进行形式化分析。在今天新时代条件下，人工智能、大数据、云计算、边缘计算等领域正在蓬勃发展，在实践中积累了越来越多的经验，但是理论基础都相对薄弱，都需要构建各自领域中有较强针对性的基础理论。以人工智能为例，数学家丘成桐教授在 2017 年中国计算机大会上指出，"人工智能需要一个坚实的理论基础，否则它的发展会有很大困难"。目前人工智能在工程上取得了很大发展，但理论基础仍非常薄弱。

现代以神经网络为代表的统计方法及机器学习是一个黑箱算法，可解释性不足，需要一个可被证明的理论作为基础。计算机科学家、图灵奖得主姚期智教授在 2017 年表示，中国想在 2030 年实现世界主要人工智能创新中心的战略目标，首先需要解决人工智能发展缺少理论的问题。

最后，我的主要目标实际上是要揭示出事情的一个相当不同的方面。我猜想，对神经系统所做的更深入的数学研讨（这里所说的"数学"的含义在上文已经讲过），将会影响我们对所涉及的数学自身各个方面的理解。事实上，它可能会改变我们正确看待数学和逻辑学的方式。稍后我将简要解释这个看法的原因。

本章分计算机与人脑两个部分。

第一部分　计算机

我从计算机的系统学（systematics）和实践开始讨论。

现有的计算机可被分为两类："模拟的"和"数字的"。这种分类是根据计算机进行运算中表示数字的方式而产生的。

什么是计算机？什么是数字计算机？什么是模拟计算机？数字计算机是相对模拟计算机而存在的一种计算机。数字计算机与模拟计算机的区别在于"表示数字的方法"。

4.1　模拟过程

在模拟计算机中，每一个数字都用一个合适的物理量来表示。这个物理量的值以某种预先指定的单位来度量，等于问题中的数值。这个物理量可以是某一个圆盘的旋转角度，也可能是某一电流的强度，或者是某一（相对）电压的数量，等等。要使得计算机能够进行计算，也就是说，能按照一个预先规定的计划对这些数进行运算，就必须使得计算机的器官（或元件）能够对这些数执行数学上的基本运算。

模拟计算机用物理量（比如圆盘的旋转角度、电流、电压）来表示数目。圆盘的旋转角度、电流、电压这些物理量都是用来模拟数字的量，称为模拟量。模拟量一般是连续的量。

注意，这一段指出计算机的器官（organ）就是计算机的部件（component）。

4.1.1 传统的基本运算

这些基本运算通常被理解为"算术四则"运算，即加法（$x+y$）、减法（$x-y$）、乘法（xy）、除法（x/y）。

加、减、乘、除是最基本的数学运算，也称为"四则"数学运算。

因此很明显，两个电流的相加或相减，是没有什么困难的（将两个电流同向并联起来，就是相加；反向并联起来，就是相减）。两个电流的相乘，就比较困难一点，但已有许多种电气器件能够进行相乘的运算；两个电流的相除，情况也是如此。（对于乘法和除法来说，电流的度量单位当然是相关的，而对加法和减法来说，则不一定要这样。）

4.1.2 不常用的基本运算

我将进一步论述模拟计算机的一个相当引人注目的特性。有时，这些模拟计算机是围绕着除上述算术四则运算之外的其他"基本"运算而构建的。经典的"微分分析机"（differential analyzer）通过某些圆盘的旋转角度来表达数字。它的工作过程如下：它不提供加法（$x+y$）与减法（$x-y$）运算，而是提供（$x \pm y$）/2 运算，因为用一种现成的简单元件——差动齿轮（就是汽车后轴所用的齿轮）可以进行这种运算。它也不用乘法（xy），而是采取另一种完全不同的方法：在微分分析机中，所有的数量都表现为时间的函数，而微分分析机用一种叫作"积分器"（integrator）的器官把两个数量 $x(t)$ 和 $y(t)$ 形成（"斯蒂尔杰斯"）积分 $z(t) = \int^{t} x(t) \mathrm{d} y(t)$。

这个方案有以下三个要点。

第一，上述三种基本运算经过适当的组合可以再现四种常用的算术基本运算中的三种，即加法、减法、乘法。

第二，上述基本运算和某些"反馈"（feedback）方法结合起来，就能产生第四种运算——除法。在这里，我不讨论反馈的原理。这里只是说明，反馈除了看起来是求解数学上隐式关系（implicit relation）的一种设备外，实际上还是一种特别巧妙的、便捷的、迭代与逐次逼近的方案。

这里顺便讲一下"反馈"这个重要概念。反馈是重要的，而且是普遍存在的。

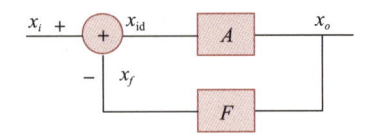

如上图所示，x_i 表示"输入信号"，x_{id} 表示"净输入信号"，x_o 表示"输出信号"，x_f 表示"反馈信号"，开环放大倍数 $A = \dfrac{x_o}{x_{id}}$，反馈系数为 $F = \dfrac{x_f}{x_o}$，闭环放大倍数为 $A_f = \dfrac{x_o}{x_i} = \dfrac{Ax_{id}}{x_{id} + AFx_{id}} = \dfrac{A}{1+AF}$，其中 $1+AF$ 表示"反馈深度"，当 $|1+AF| \gg 1$ 时，$|A_f| \approx \dfrac{1}{F}$ 为"深度负反馈"。

负反馈在现实世界中广泛存在，负反馈使系统呈现抑制性。很多事物的发展往往不是一帆风顺的，也不是直线上升的。胜利可能滋生骄傲，导致失败，从而削弱胜利程度；反之，失败也可能引发警醒、反思和总结，后续获得胜利，从而挽回前期失败的损失。

第三，微分分析机存在的真正的合理理由是：对于很多种类的问题来说，它的基本运算——$(x \pm y)/2$ 和积分，比算术四则运算 $(x+y, x-y, xy, x/y)$ 要更经济。更具体地说，任何要求解复杂的数学问题的计算机，必须为此任务被"编程"。也就是说，为求解这个问题而进行的复杂运算，必须替换为计算机的各个基本运算的组合。这往往意味着一些微妙的东西，即通过这些组合近似（近似到任意期望的预定的程度）那个运算。对于某一给定类问题来说，一组基本运算可能更有效率，也就是说，这一组基本运算和其他组基本运算相比，能够使用较简单、较廉价的组合解出问题，那么，我们说这一组基本运算更有效。所以，特别是对全微分方程组来说（微分分析机本来就是为解全微分方程组而设计的），微分分析机的这几种基本运算，就比前面所讲的算术基本运算 $(x+y, x-y, xy, x/y)$ 更有效率一些。

operation 可以翻译为"运算"，也可以翻译为"操作"。基本运算也可称为基本操作。复杂运算也可以称为复杂操作。

这里略微区分几个概念：运算（operation）、算子（operator）、操作码（operation code）、操作数（operand）都是与计算（computing 或 computation）相关的概念。运算是操作码所表示的算子施加到操作数上的过程。操作码是算子的物理表示，反之，算子是操作码的数学实质。这些对于理解什么是计算是重要的。

在上一段中，冯·诺依曼提出：由一组"基本操作"通过组合和反馈实现"复杂操作"。这一思想可以分解为三层含义：

（1）将操作区分为"基本操作"和"复杂操作"两类，基本操作只有少量的、固定的几种，复杂操作则可以有大量的、灵活的多种。

（2）由"基本操作"构成"复杂操作"的方式只有两种，就是组合和反馈，这对应组合逻辑电路和时序逻辑电路（这是电路的两大基本类型）。

（3）实现给定的"复杂操作"的"基本操作"组合可能不唯一，从功能上看，可能有多组"基本操作"都可以实现"复杂操作"，但效率可能有差别。

这一思想的三层含义，对于今天的计算机，无论是科学基础理论，还是处理器芯片和计算系统设计，都是非常重要的。

对科学基础理论构成来说，可计算性理论是计算机科学基础理论中最为核心的部分，如果没有可计算性理论，计算机将难以称为计算机科学。递归函数是可计算性理论的核心概念，因为图灵可计算函数类就是递归函数类，两者完全等价。递归函数的定义是从少量的、简单的基本函数开始的，这些基本函数有三个：一个是后继函数 $s(x) = x + 1$，一个是零函数 $o(x) = 0$，一个是射影函数 $U(x_1, x_2, \cdots, x_n) = x_j$。由这些基本函数通过代入、递归构成复杂函数。这里值得注意的是，代入、递归与组合、反馈是对应的。冯·诺依曼的这一思想与可计算性理论有非常一致的对应，或许表面上看起来很简单，但它的实质内容处于计算机科学理论的核心位置。

对处理器芯片设计来说，将指令集和程序区分开来，可以以不变的少量指令构成万变的应用程序。指令集（比如 x86、MIPS、RISC-V）中的不同类型的指令都是有限的，但可以编写的程序的数量极其庞大，这样硬件上的固定性与软件上的任意性的矛盾就得到了解决。对于同样功能的程序，若用不同的指令实现，效率会有比较大的差异，所以指令集的设计非常重要，比如寒武纪芯片对机器学习领域的应用程序设计了专门的指令集，以获得比传统通用指令集更大的效率提升。

对计算系统设计来说，需要将处理器核、高速缓存、内存、网络等硬件的特征与已有的和即将开发的应用程序的特征区分开来。计算系统包含处理器芯片，所以计算系统比处理器芯片高一个层次，设计层次相应地从微体系结构上升为体系结构。硬件的特征决定了它满足应用程序需求的能力。当前设计少量几种加速器配合通用处理器的异构计算成为一种流行模式。加速器比指令更宏观，但本质是一样的，都是完成复杂操作的基本操作。现在需要研究的问题是，应该设计哪些加速器（对应着定义基本操作），如何协同这些加速器和通用处理器（对应代入、递归，或者说组合、反馈）。

接下来，我要讲数字类型的机器。

我们将数字类型的机器简称为数字计算机。

4.2 数字过程

在一个十进制数字计算机中,每个数字以与传统书写或印刷相同的方法来表示,即以一个十进制数字序列来表示。而每个十进制的数字,转而由一个"标识"系统来表示。

以标识来表示数字的计算机称为"数字计算机"。

4.2.1 标识及它们的组合与实例

能够以十种不同的形式出现的一个标识自身足以表示一个十进制数字。对于只能以两种不同的形式出现的标识,每个十进制数字将不得不对应于一组这样的标识。(3 个二值标识可构成 8 种组合,这还不足以表示一个十进制数字。4 个二值标识有 16 种组合,这对表示一个十进制数字来说绰绰有余了。所以,每个十进制数字必须用至少 4 个二值标识来表示。可能存在使用比较大的标识组的理由,见下述。)十值标识的一个例子是电脉冲出现在十根预先分配的导线之一上。二值标识是在一根预定的导线上出现一个电脉冲,于是脉冲的存在或不存在就传送了信息(即标识的"值")。另一种可能的二值标识是具有正极性和负极性的电脉冲。当然,还有许多种其他的同样有效的标识方案。

我将进一步观察这些标识。上面提到的十值标识显然是 10 个二值标识构成的组。在之前提到的意义上,这组标识高度冗余。最小的组包括 4 个二值标识,也可以在同一框架中引入。考虑一个具有四根预先分配的导线的系统,使得(同时的)电脉冲可以出现在它们之间的任意组合上。这样可以有 16 种组合,我们可以约定其中的任何 10 种组合对应十进制的 10 个不同的单个数字。

十值标识显然是 10(至少大于等于 4 即可)个二值标识构成的组,但里面有很多冗余项。

注意,这些标识通常都是电脉冲(也可能是在标识生效时一直持续的电压或电流),它们必须由电气门控装置来控制。

4.2.2 数字计算机的类型及基本元件

在到目前为止的发展过程中,机电式(electromechanical)的继电器、真空管、晶体二极管、铁磁芯和晶体管已经被成功地使用;一些元件与其他元件结合起来使用,一些元件更多被用在计算机的记忆器官(见后面的叙述),其他一些元件被用在记忆器官之外(在"能动"器官中),这样就产生了许多不同种类的计算机。

4.2.3　并行和串行方案

现在，一个数字在计算机中是用十值标识的序列（或标识组）来表示的。这些符号可以被安排在机器的不同器官中同时出现，即**并行**。或者它们在时间上依次被安排在机器的单个器官中，即**串行**。比如，如果一个机器是为处理12位十进制数字（在小数点"左边"有6位，小数点"右边"有6位）而构建的，那么12个这样的标识（或标识组）将需要在机器的每一信息通道中被准备好，这些通道是为传递数字而预备的。（这个方案在各种机器中可以采取各种不同的方法和程度，从而得到更大的灵活性。在几乎所有的计算机中，小数点的位置都是可以调整和移动的。但是，我们在这里不打算进一步讨论这个问题。）

4.2.4　传统的基本运算

这一节所说的传统的基本运算，就是加、减、乘、除。

数字计算机的运算，到目前为止总是以算术四则运算为基础。关于这些人们已经熟知的正在被使用的过程（procedures），还应该讲以下几点。

第一，关于加法，在模拟计算机中，加法的过程要通过物理过程调解促成（见上文）。与模拟计算机不同，数字计算机的加法运算是受严格的、有逻辑的规则所控制的，比如，怎样形成数字的和，什么时候产生进位，如何重复和组合这些运算。数字的和的逻辑性质在二进制系统（而不是十进制系统）中变得更加清楚。二进制的加法表（$0+0=00$，$0+1=1+0=01$，$1+1=10$）可被表述如下：如果两个相加的数字不同，其和数字为1，否则，其和数字为0；如果两个相加的数字相同，其和数字为0；如果两个相加数字都是1，进位数字为1，否则，进位数字为0。因为可能会出现进位数字，所以实际上需要3项的二进制加法表，即（$0+0+0=00$，$0+0+1=0+1+0=1+0+0=01$，$0+1+1=1+0+1=1+1+0=10$，$1+1+1=11$）。这个加法表可以表述为：如果在相加的数字中（包括进位数）1的数量是奇数（即1或3），则和数字为1，否则为0。如果在相加数字中（包括进位数），1占多数（2个或3个），则进位数字是1，否则为0。

第二，关于减法，减法的逻辑结构和加法的逻辑结构非常相似。减法甚至可以（而且通常可以）被归约为加法，通过一种对减数进行补码运算的简单设备即可。

第三，关于乘法，乘法的基本逻辑特性甚至比加法还要明显，其结构性也比加法明显。在十进制中，乘数（multiplier）的每一个数字与被乘数（multiplicand）相乘，而得出乘积（相乘的过程通常通过各种相加的方法，对所有可能的十进制数字都进行）。然后，把上述各个乘积加在一起（还要有适当的移位）。在二进制中，乘法的逻辑特性显然更透明。二进制只可能有两个不同的数字——0 与 1，因此，只有乘数和被乘数都是 1 时，乘积才是 1，否则乘积就是 0。

以上的所有陈述适用于正数的乘积。当乘数和被乘数可能有正、负符号时，就需要有更多的逻辑规则来控制可能出现的 4 种情况。

当乘数和被乘数可能有正、负符号时，有"正、正""正、负""负、正""负、负"4 种情况。

第四，关于除法，除法的逻辑结构与乘法的逻辑结构是类似的，但除法还必须加入各种迭代的、反复试错的减法过程。需要一些明确的逻辑规则（为了得出商数），用一种串行的、重复的方法来处理各种可能出现的情况。

总而言之，上述加、减、乘、除的运算和模拟计算机中所运用的物理过程有着根本的区别。它们都是关于可供替换的动作的模式，被组织在高度重复的序列中，并受严格的逻辑规则支配。特别是对乘法和除法来说，这些规则具有相当复杂的逻辑特性。（这一点可能被掩盖，因为我们长期地几乎是本能地对这些运算规则熟悉了，可是，如果你强迫自己去充分表述这些运算规则，它们的复杂性就变得明显了。）

4.3　逻辑控制

除了能够单个地执行基本运算，一个计算机必须能够按照一定的序列（或者，更确切地说是逻辑模式）来执行基本运算，以便产生数学问题的解，这是我们现有计算的实际意义。在传统的模拟计算机中（以"微分分析机"为典型代表），计算的"序列化"（sequencing）是这样达成的：它必须具有足够的器官来完成计算所要求的各个基本运算，也就是说，必须具有足够的"差分器"和"积分器"，以便完成这两种基本运算—— $(x \pm y)/2$ 和 $\int^t x(t)\,\mathrm{d}y(t)$（参阅上文）。这些圆盘，即计算机的"输入"与"输出"的圆盘（或者，更确切地说，它们的轴）必须互相连接起来（在早期的模型中，用嵌齿齿轮连接，后来则用电从动装置——自动同步机），以便模拟所需的计算。应该指出，连接的方式可以任意建立，实际上是随需要解算的问题而定，即使用者的意图可以在机器设计中得到体现。这种"连接"在早期的机器中用机械的方法（如前述的嵌齿齿轮），后来则用插接的方法（如前述的电连接）。但不管如何，在解题的整个过程中使用的都是这些形式的连接中固定的一种。

4.3.1　插件式控制

在一些最新的模拟机中采用了进一步的技巧。它使用电气的"插件式的"连接。这些插件式连接实际上被机电式继电器控制；磁铁使继电器通路或断路，因而产生电的激励，使连接发生改变。这些电激励可以被穿孔纸带控制；在计算中的适当时刻发出的电信号可以使纸带移动和停止（再移动、再停止，等等）。

这一段描述的是插件式控制（plugged control），这是人类早期构思出的一种定义或控制计算过程的方式。以插件方式使用控制序列点描述要计算的问题，一个求解问题对应一种插入方式，求解问题改变之后，插入方式也要改变。

4.3.2 逻辑带的控制

刚才我们所说的控制，就是指计算机中某些数字化器官达到某一预定条件的情况，比如，某一个数字开始变为负号，或者是某一个数字被另一个数字所超过，等等。应当注意，如果数字是通过电压或电流被定义，那么数字的符号可通过整流装置来检测；如果数字是用旋转圆盘来表示，它是正号或负号，就从圆盘通过零点向左还是向右转动来判定；一个数字被另一数字超过，则可以从它们的差变为负数而知道，等等。这样，"逻辑"带控制（或者更恰当地说，"与逻辑带控制相结合的计算状态"）是叠加在基本的"固定连接"控制之上的。

数字计算机一开始就使用了不同的控制系统。但是，在讨论这些之前，我还要做一些一般性的评述，涉及数字计算机及其与模拟计算机的关系。

4.3.3 每个基本运算只有一个器官的原则

首先，必须强调，数字计算机中的每个基本运算都只有一个器官。这与大多数的模拟计算机形成对比，在大多数模拟计算机中必须有足够多的器官来完成每个基本运算（参见前述内容），这取决于待求解问题的要求。但是，应该指出，这只是一个历史的事实，而不是模拟计算机的固有要求。（上面所讲过的电气连接方式的）模拟计算机在原则上也能够做到每个基本运算只需要一个器官，而且它也能够采用下文所描述的任何数字型的逻辑控制（确实，读者自己可以不难证明，之前已经描述的"最新"的模拟计算机的控制已经标志着向这种工作方式的转变）。

此外，应该指出，某些数字计算机或多或少地偏离了"每个基本运算只有一个器官"的原则，但是，再做一些纠正性说明，这些偏离也还是可以被纳入这个正统的方案中（在某些情况下，这只不过是用适当的相互通信的方法来处理双路或多路机的问题而已）。我将不在这里进一步讨论这些问题了。

4.3.4 由此引起的特殊记忆器官的需要

但是，"每个基本运算只需要一个器官"的原则使得必然需要提供较大数量的器官来被动地存储数字，这些数字是计算过程的各种中间的或部分的结果。就是说，每个这样的器官都必须能"存储"一个数字——移除这器官之前可能存储的数字——从当时与它连通的其他器官接收数字，而且当受到"询问"时能够把这个数字"复述"出来，把数字送给此时与它连通的某个其他器官。上述的这种器官叫作"记忆寄存器"（memory register）。这些器官的全体（totality）叫作"记忆"（memory）。在一个记忆中寄存器的数量就是这个记忆的"容量"。

我们现在能够开始讨论数字计算机的主要控制方式了。这个讨论最好从描述两个基本类型入手，然后叙述把这些类型结合起来的一些明显原则。

自动机是计算机和人脑的基类。冯·诺依曼将计算机的存储器称为机器的记忆器官（memory organ），将运算器称为机器的能动器官（active organ）。"器官"一词的使用，反映了冯·诺依曼对计算机的认识，他采用一种类比的方法来认识计算机。如果人脑和计算机之间在客观上存在本质上的联系，而这种本质联系是设计出具有智能的计算机所必需的，那么这种类比就不是可有可无的，而是必需的，否则就无法认识这种联系。

4.3.5　通过"控制序列点"进行控制

第一个已被广泛采用的基本控制方法可以被描述如下（这里已经做了一些简化与理想化）：

计算机包括一定数量的逻辑控制器官，叫作"控制序列点"，它具有以下功能（这些控制序列点的数量可能相当多，在某些较新的计算机中可以达到几百个）。

在使用这种系统的最简单的方式中，每个控制序列点连接到它驱动的一个基本运算器官上，还连接到供给运算的数字输入的若干记忆寄存器上；同时，又连接到接收它的输出的另一寄存器上。经过一定的延迟（必须足以完成运算），或者在接收到一个"运算已完成"的信号之后，这个控制序列点就驱动下一个控制序列点，即它的"后继者"（如果运算时间是变量，并且它的最大值为不定值或者长得令人不可接受，那么这个过程当然就需要有与这个基本运算器官的额外连接）。机器按照自己的连接，以类似的办法一直运转下去。如果不做进一步的工作，这就提供了一个无条件的、不重复的计算模式。

如果某些控制序列点连接到两个"后继者"（这样的控制序列点叫作"分支点"），那么，就可能产生两种状态——A 和 B，从而得到更错综复杂的模式。A 状态使过程沿第一个后继者的途径继续下去，B 状态则使过程沿第二个后继者的途径继续下去。这个控制序列点在正常情况下处于 A 状态，但由于它接到两个记忆寄存器上面，其中的某些事件会使它从状态 A 变为状态 B，或者反过来，从 B 变为 A。比如：如果在第一个记忆寄存器中出现负号，它的状态就从 A 变为 B；如果在第二个记忆寄存器中出现负号，它的状态就从 B 变为 A（注意：记忆寄存器除了存储数字之外，它还存储数字的正号或负号，因为这是一个两值的符号前缀）。现在，就出现了各种可能性：这两个后继者可表示计算的两个不相连分支。走哪个分支，取决于适当设定的数学条件（控制着从状态 A 到状态 B，而从状态 B 到状态 A 用来恢复原始条件以便于开始新的计算）。这两个待选择的分支也可能在后来重新汇合到下一个共同的后继者上面。但是还有一个可能性：两个分支之一，假设是被 A 所控制的那一个分支，又返回到起初我们所说的那个控制序列点（即分支点）。在这种情况下，我们将遇到一个重复的过程。它一直迭代直到某个数学条件满足为止（上文中使控制序列点从状态 A 变为状态 B 的条件）。当然，这是一种基本的迭代过程。所有这些方法都是可以互相结合和叠加的。

在这种情况下，正如已经讲过的模拟计算机的插件式控制一样，（电气）连接的整体是按照问题的结构而定的，即按照对待解决问题的表述而定，也就是依照使用者的目的而定。因此，这也是一种插件式控制。在这种方式中，插接的模式可随问题的不同而变化，但是，在解决一个问题的全过程中，插接的模式是固定的（至少在最简单的装置中是如此）。

这个方法可以通过很多途径被精细化。每个控制序列点可以和多个器官连接，激励多个运算。正如之前讲过的模拟计算机的例子一样，这种插件式的连接实际上可以被机电式继电器控制，而继电器又可以通过纸带来设置，在计算中所产生的电信号使纸带移动。我在这里将不进一步叙述这种方案所允许的所有变化。

4.3.6　记忆存储控制

第二种基本的控制方法是记忆存储控制，实际上这种方法远远取代了第一种方法。这种方法可以被描述如下（再次做了一些简化）。

这种控制方法在形式上与插入式控制方法有一些相似之处。但是，控制序列点现在被"指令"（order）替代了。在这种方式中的大多数实例中，一个"指令"在物理意义上与一个数相同（是计算机所处理的类型，参阅上文）。在一个十进制计算机中，它就是一个十进制数字序列。（在我们 4.1.2 节中所举的例子里，它就是 12 个带有或不带有正、负号的十进制数字。有时，在这个标准数的空间中，包含着不止一条指令，但这种情况这里不必深入讨论）。

这一段叙述指令格式。

一条指令必须指出哪一种基本运算是要被执行的，那个运算的输入将从哪一个记忆寄存器中取得，运算后的输出要送到哪一个记忆寄存器中。注意，我们预先假定所有的记忆寄存器被连续地编号——每一个记忆寄存器的编号被称为它的"地址"（address）。我们可以方便地给各个基本运算编号。那么，一条指令只要简单地包括如上所述的运算的编号和记忆寄存器的地址即可，它表现为一个十进制数字序列（顺序是固定的）。

这种方式还有一些变体。但是，在目前的上下文中，这些变体并不特别重要。比如，一条指令用上面讲过的方法，也可以控制不止一个运算；也可以指示它所包含的地址在进入运算过程之前以某一特定方法被修改（通常运用的实际上也是最重要的修改地址的方法是在所有地址上加上一个特定的记忆寄存器的内容）。或者，这些功能用特别的指令来控制，或者一条指令只影响上述各个组成动作中的某一部分。

每条指令的更重要的阶段是：如上面讲过的控制序列点的例子一样，一条指令必须决定它的后继者，不管是否有分支（参阅上文）。就像我之前所指出的，一条指令通常"在物理上"与一个数字是相同的。因此，存储指令的自然方法（在所控制的解决问题过程中）是把它存储在记忆寄存器里。换句话说，每条指令都存储在记忆中，即在一个确定的记忆寄存器中，也就是在一个确定的地址中。这样就给我们处理指令后继者提供了多种特定方式。因此，我们可以规定，如果一条指令的地址在 X，其后继者的指令地址则在 $X+1$（除非指明是逆接的情况）。这里说的"逆接"是一种"转移"，它是一种指明后继者在指定地址 Y 的特殊指令。或者，一条指令中也可以包括"转移"的子句，以显式指定它的后继者的地址。"分支"可以很方便地被一条"条件转移"指令所处理。这种条件转移指令根据某个数学条件是否出现（比如一个给定地址 Z 处的数字是不是负数），指定后继者的地址是 X 还是 Y。这种指令必须包含一个十进制序列编号来标识这种特殊形式的指令和地址 X、Y、Z（见上文所述）。这个编号在指令中所占的位置以及它的作用，和之前讲过的基本运算的编号是类似的。

应该注意本节所讲的控制方式与前面描述过的插件式控制之间的重要区别：插件式控制序列点是真实的、物质的对象，它们的插件式连接表达了要求解的问题。本节所讲的这种控制的指令则是储存在记忆中的理想实体；记忆中的这一特定片段的内容表达了要求解的问题。因此，这种控制方式被称为"记忆存储控制"（memory-stored control）。

在上一段，冯·诺依曼提出了"存储程序"的思想。具体分析来说，存储程序的思想可以分解为三层含义：(1) 指令在逻辑意义上描述一种操作，也仅仅是在逻辑意义上指令与 数据才有区别；(2) 指令在物理意义上与数据一样，都用数字表示，都存放在存储器中，在相同的计算机硬件上，只需要改变软件来描述不同的应用问题；(3) 指令要有确定的后继者，这样一个指令序列可以被连贯地、自动地执行，从而作为一个整体完成一个功能。实现存储程序的思想，是现代计算机的标志。

4.3.7　记忆存储控制的工作方式

在上述情况下，由于进行完全控制的各项指令都在记忆中，因而能够取得比以往任何控制模式更高的灵活性。计算机在指令的控制下，能够从记忆中取出数（或指令），（将它们看成数）对它们进行加工，然后把它们送回到记忆中去（回到原来的或其他的位置上）。也就是说，计算机能够改变记忆的内容——实际上这就是正常的工作方式。特别是它能够改变能控制自己动作的有关指令（因为指令存在记忆里）。所以，建立各种复杂的指令系统都是可能的。在系统中，可以相继地改变指令，整个计算过程也同样在它们控制之下进行。因此，比纯迭代更复杂的过程都是可能办到的。虽然这种方法可能听起来十分勉强和复杂，但它在现代的机器计算（或者更恰当地说，计算规划）的实践中被广泛采用，并且具有非常重要的作用。

当然，指令系统（order-system）——它意味要求解的问题和用户的意图——是通过把指令"加载"（loading）进记忆中去的办法来同计算机通信。这通常是由预先准备好的磁带或其他相类似的介质来完成的。

这一段详细地描述了"存储控制"的原理。这是冯·诺依曼本人的表述，因此具有很高的参考价值。

4.3.8　混合的控制方式

上面描述过的两种控制方式——插件式和记忆存储式，可以形成各种不同的组合，关于这方面，我还可以说几句。

考虑一台通过插件式实现控制的计算机，假设它具有和记忆存储控制计算机所具有的那种类型的记忆，就可能用一列（适当长度的）数字来描述它的插接的完整状态。这个数字序列可以被存储在记忆中，可能占用几个数字的位置，即几个连续的记忆存储器，换句话说，可以从若干个连续的地址中找到这个序列，其中第一个地址可以简记为序列的地址。记忆中可以被载入多个这样的序列，表示多个不同的插接方案。

除此之外，计算机也可能具有完全的记忆存储式的控制方式。除了系统本来有的指令外（参见上述），还应该具有以下类型的指令。第一，一种根据在特定的记忆地址中存储的数字序列使插件复位的指令。第二，能够改变指定的插入项的指令系统。［请注意，上面这两种指令都要求插件必须受电气可控设备（如继电器、真空管，或铁磁芯等）的影响。］第三，一种使控制方式从记忆存储式转为插件式的指令。

当然，插件式方案还必须能够指定记忆存储控制（它可预先假定为一个指定的地址）作为后继者（如果在分支的情况下，则作为后继者之一）。

4.4　混合数字方法

上面的这些评述应该足以描绘各个控制方式及其组合中内在的灵活性。

值得注意的另一类"混合"类型的计算机，是模拟原则和数字原则同时存在的计算机类型。更确切地说，在这种计算机的设计方案中，一部分是模拟的，一部分是数字的，两者互相通信（以获取数字的资料），并接受共同的控制。或者说，这两部分各有自己的控制，这两种控制必须互相通信（以获取逻辑的资料）。当然，这种安排方式要求有器官能将一个以数字化的方式给定的数转换为以模拟方式给定的数，也要求有器官能将以模拟方式给定的数转换成为以数字方式给定的数。前者意味着从数字化的表示中建立起一个连续的量，后者意味着测量一个连续的量并将其结果以数字形式表达出来。完成这两个任务的各种类型的元件（包括快速的电子元件）是众所周知的。

数字的混合表示，以及在此基础上建造的计算机

另一类重要的"混合"型计算机是这样的一些计算机，它在计算过程（但是，当然不是它的逻辑过程）中的每一个步骤都结合了模拟的原则和数字的原则。最简单的情况是：每一个数字，部分地以模拟的方式表示，部分地以数字的方式表示。接下来将描述这样的一个方案，它常常出现在元件和计算机的建造和设计以及某些类型的通信中，虽然目前还没有一种大型机器是基于这种方案来建造的。

在这种系统（我把它称为"脉冲密度"系统）中，每个数字是用（在一条线路上的）一序列的连续的电脉冲来表示的，因此序列的长度是无关紧要的，但脉冲序列（在时间上的）的平均密度就是要表达的数字。当然，必须规定两个时间间隔 t_1 和 t_2（t_2 比 t_1 大得多），问题中的平均化必须应用在 t_1 与 t_2 之间的时间上。问题中的数字如果等于密度，必须先规定它的单位。或者，也可以让这个密度不等于这个数字的本身，而等于它的适当的（固定的）单调函数——比如对数函数。[采用后面这种办法的目的是当这个数字很小时可以得到较好的分辨率（这是需要的）；但当这个数字很大时得到略差一点的分辨率（这是可以接受的），即得到所有连续的细微差别。]

我们可以设计出能把算术四则运算应用于这些数字的器官。于是，脉冲密度表示数的本身，而两个数的相加只需要把这两个序列的脉冲合并起来。其他的算术运算要复杂一些，但是，也还是有些合乎需要的、巧妙的方法。在这里将不讨论如何表示负数，采用适当的方法是容易解决这个问题的。

为了获得适当的精度，每个序列必须在上面提到的时间间隔 t_1 内包括许多脉冲。如果在计算过程中需要改变一个数字，只要这一过程比上述的时间间隔 t_2 慢，则它的序列的密度也要随之改变。

在这种计算机中，数的条件之读出（为了逻辑控制的目的）可能会相当麻烦。但是，仍然

有许多种装置可以把这样的数（一个时间间隔内的脉冲密度）转换为一个模拟的量。［比如，每个脉冲可以向一个缓漏电容器供给一次标准充电（通过一个给定电阻），并将它控制在一个合理的稳定电压水平和电漏电流值上。这两者都是有用的模拟量。］上面已经讲过，这些模拟量能够用来进行逻辑控制。

在描述了计算机的运行和控制的一般原则之后，我将对它们的实际使用以及支配它的原理做一些评论。

4.5　精度

让我们首先比较模拟计算机和数字计算机的使用。

除了其他各方面的考虑外，模拟计算机的主要局限性与它的精度有关。电气的模拟计算机的精度很少有超过 $1:10^3$ 的，甚至机械的模拟机（如微分分析机）最多也只能达到 $1:10^4$ 至 $1:10^5$ 的精度。但是，数字计算机却能达到任何我们所需要的精度。比如，我们已经讲过，12 位小数计算机就代表着 $1:10^{12}$ 的精度（原因将在后面进一步讨论，这是一个对现代计算机来说相当典型的精度水平）。还应该注意，数字计算机提高精度比模拟机容易：对微分分析机来说，从 $1:10^3$ 提高到 $1:10^4$ 的精度是相对简单的；从 $1:10^4$ 要提高到 $1:10^5$ 是现有技术所可能达到的最佳结果；用目前的方法，要使精度从 $1:10^5$ 提高到 $1:10^6$ 是不可能的。而另一方面，在数字计算机中，使精度从 $1:10^{12}$ 提高到 $1:10^{13}$，仅仅是在 12 位数字上加上 1 位，这通常只意味着在设备上相对地增加 8.3%（不是计算机装置的每一部分都要增加），在速度上损失同一比例（不是每一处的速度都要损失），这两者的变化都是不严重的。脉冲密度系统和模拟系统差不多，实际上，脉冲密度系统的精度较差。因为在脉冲密度系统中，$1:10^2$ 的精度要求在时间间隔 t_1 中有 10^2 个脉冲，也就是说，单单就这个因素来说，机器的速度就要减少 100 倍。通常，这样量级的速度损失是不易被接受的，更大的速度损失会被认为是不能允许的。

需要高的（数字的）精度的原因

但是，现在会产生另外一个问题，为什么这样高的精度（例如在数字计算机中为 $1:10^{12}$）是完全必要的呢？为什么典型的模拟机的精度（$1:10^4$）或甚至脉冲密度系统的精度（$1:10^4$）是不够的呢？我们知道，在应用数学问题和工程技术的大多数问题中，许多数据的精度不会高于 $1:10^3$ 或 $1:10^4$，甚至经常达不到 $1:10^2$ 的水平。所以，它们的答案不需要或没有意义去达到更高的精度。在化学、生物学或经济学的问题中，或在其他实际事务中，精度的水平甚至还要更低一些。然而，现代高速计算的普遍经验是，即使是 $1:10^5$ 的精度水平对于大部分的重要问题还是不够用的，具有像 $1:10^{10}$ 和 $1:10^{12}$ 精度水平的数字计算机在实践中已被证明很有必要。这个令人惊讶现象的原因很有趣，也很重要。它们和我们现有的数学与数值过程的固有结构有关。

关于这些过程的特征性事实是：当这些过程被分解为它们的组成元素时，过程就变得非常长了。对所有使得有理由使用快速电子计算机的问题（即具有至少中等复杂度的问题）来说，都是如此。根本的原因是我们现在的计算方法要求把所有的数学函数分析为基本运算的组合，这里基本运算指算术四则运算或其他大致相当的东西。实际上，绝大多数的函数只能用这种方法求得近似值，而这在绝大多数情况下意味着很长的、可能是迭代定义的基本运算序列（见前文所述）。换句话说，必要运算的"算术深度"（arithmetical depth）通常是相当大的。还应指出，它的"逻辑深度"（logical depth）更大，大很多倍——也就是说，如果算术四则运算必须被分解为基本的逻辑步骤，这些运算中的每一种本身都是一条很长的逻辑链。但是，我在这里只需要考虑算术深度。

如果有大量的算术运算，则每次运算所出现的误差是叠加在一起的。由于这些误差主要（虽然还不是完全地）是随机的，如果有 N 次运算，误差将不是增加 N 倍，而是增加大约 $\sqrt{N}$ 倍。通常来说，单凭这一点，还不足以使我们有必要为得到整体的 $1:10^3$ 精度结果使得每一步运算都达到 $1:10^{12}$ 的精度。因为只有当 N 为 10^{18} 时，$\frac{1}{10^{12}}\sqrt{N} = \frac{1}{10^3}$，而在最快速的现代计算机中，$N$ 也很少大于 10^{10}。（一个计算机每 20 微秒执行一次算术运算，用 48 小时求解一个问题，这代表着一个相当极端的情形。即使这样，N 也只是 10^{10} 左右！）但是，另一种情况随之而来。在计算过程中所进行的运算可能把前一步运算引入的误差放大。这可以很快地覆盖任何数字鸿沟。上面用过的比率 $1:10^3$ 被 $1:10^{12}$ 除，得 10^9，但是 425 次连续的运算，每一步运算只发生 5% 的误差，累计在一起就会覆盖 10^9 这个鸿沟。我在这里不准备对此问题做具体的、实际的估计，特别是因为计算技术中已有不少措施抑制这个效应。无论如何，从大量经验所得到的结论是，只要我们遇到的是相当复杂的问题，上述的高精度水平是完全合理的。

例题：冯·诺依曼这里举的例子，在 20 世纪 50 年代，作为极端情形，一个计算机每 20 微秒执行一次算术运算，用 48 小时求解一个问题，试求其中包括多少次运算，即 N 的值。在 2022 年，作为极端情形，一个计算机每 1 纳秒执行一次算术运算，用 48 小时求解一个问题，试求其中包括多少次运算。

解答：

$$\frac{48\text{h}}{20\mu\text{s}} = \frac{48 \times 60 \times 60 \times 10^6 \mu\text{s}}{20\mu\text{s}} = 8.64 \times 10^9$$

$$\frac{48\text{h}}{1\text{ns}} = \frac{48 \times 60 \times 60 \times 10^9 \text{ns}}{1\text{ns}} = 1.728 \times 10^{14}$$

□

在离开计算机的直接主题之前，我还要讲一下关于计算机的速度、大小以及诸如此类的事情。

4.6 现代模拟机器的特征

在现有的最大的模拟计算机中，基本运算器官的数量在一二百个。当然，这些器官的性质取决于所采用的模拟过程。在不久以前，这些器官已一致地趋向于电气化或者至少也电机化了（其中机械阶段是用来提高精度，见上述）。如果具备了周密细致的逻辑控制（见上述），这可以给这个系统增加一些典型的数字能动器官（像所有这种类型的逻辑控制系统一样），这些器官是机电式继电器或真空管等（真空管在这里没有运行在最大的速度）。这些器官的数量可以多到几千个。这样的一台模拟计算机的投资在极端情况下可能达到一百万美元的数量级。

4.7 现代数字机器的特征

大型数字机器的结构更加复杂。它由"能动"器官和提供"记忆"功能的器官组成。我将把"输入"和"输出"的器官都包括在记忆器官内，虽然这不是普遍的做法。

在当时的实践中，输入输出设备还没有被普遍应用，这解释了为什么艾伦·图灵在《计算机器和智能》中只提到存储器、运算单元和控制器三个部分。

能动器官是这样的。第一，这些器官执行基本的逻辑操作：感觉到重合（sense coincidence），把各个脉冲合并起来，并可能也要感觉到反重合（sense anticoincidence）（此外，就不需要具有更多的功能了，虽然有时也提供更复杂的逻辑运算器官）。第二，这些器官可以再产生脉冲：恢复逐渐消耗的能量，或只是把脉冲从机器的这部分的能量水平提高到另一部分的另一较高的能量水平上面来（这两种功能都叫作放大），即恢复期望的（即在某种容忍范围内的标准化的）脉冲形状和定时。有些器官还可以恢复脉冲所需要的波形和同步（使之在一定的允差和标准之内）。请注意，我刚才首先提到的逻辑运算，正是构建算术运算所需的基本部分（参阅上文）。

4.7.1 能动元件，速度的问题

按照历史演进顺序，所有上述的功能是由下列元件来完成的：机电式继电器、真空管、晶体二极管、铁磁芯、晶体管或各种包括上述元件的小型线路。继电器大约可以达到每个基本逻辑动作 10^{-2} 秒的速度，真空管可以把速度提高到 $10^{-6} \sim 10^{-5}$ 秒的数量级（在极端的情况下，可达到 10^{-6} 秒的一半或四分之一）。铁磁芯和晶体管等被归类为固态设备，大约可以达到 10^{-6} 秒的水平（有时可达 10^{-6} 秒的几倍），有可能将速度扩展到每个基本逻辑动作 10^{-7} 秒，甚至更快。

其他设备（我在这里将不讨论）有可能使速度进一步提高。我预期，在下一个十年，我们将速度提高到 $10^{-9} \sim 10^{-8}$ 秒的水平。

在这一段中，冯·诺依曼按照历史的演进顺序，依次介绍了机电式继电器、真空管、晶体二极管、铁磁芯、晶体管的速度。速度显然是逐渐提高的。器件、材料的更新、升级或进步在计算机系统发展的历史演进过程中发挥了重要作用。

冯·诺依曼在上一段最后一句预测，器件速度每 10 年可能提高两个数量级。这个预测的表述，虽然不像 1965 年摩尔表述（见本书第 8 章）的那样正式，但是与实际是相符的。如果每两年翻一番，10 年将有 32 倍的速度提升（$2^{10/2}=32$），如果每 18 个月翻一番，10 年将有约 100 倍的速度提升（$2^{10/1.5} \approx 101$）。无论是两年还是 18 个月翻一番，32 和 101 都是两个数量级。翻一番的周期受各种因素影响具有波动性，摩尔原来预测是 18 个月，后来修改为 24 个月，有延长的趋势。冯·诺依曼的表述有两大优势：(1) 提出的时间比摩尔早约 10 年，(2) 以 10 年的尺度考察速度提升，结果是个数量级，避免了直接提出具有波动性的具体的翻一番的周期长度。

器件工艺创新和体系结构创新是计算机系统性能提升的两大动力。其中，器件工艺创新服从摩尔定律。超级计算机性能的发展遵循千倍定律，即每隔 10 年超级计算机的性能就会提高三个数量级，根据上面的分析，这里很快就有一个推论，这三个数量级中有两个数量级是由于器件工艺创新的贡献，有一个数量级是由于体系结构创新的贡献。以数量级为单位，两者的贡献比为 2∶1。随着摩尔定律的逐渐失效，这个比例会逐渐变为 1∶1，最后趋近于 0∶1。

4.7.2　需要的能动元件的数量

在大型现代计算机中，能动器官的数量随计算机类型不同而各异，从 3000 个到 30 000 个。在其中，基本的算术运算通常是由"算术器官"这一个组件（或者，更准确地说，是一群或多或少合并起来的组件）来完成的。在一个大型的现代计算机中，算术器官根据类型大约包括 300 个到 2000 个能动器官。

我们在下面将要说到，若干能动器官的某些组合可用来完成某些记忆功能。这些组合通常需要 200 个到 2000 个能动器官。

计算与存储之间的关系，能动器官与记忆器官的关系，是对立统一的。也就是说，它们有对立的一面（它们是不同的功能），也有统一的一面（若干能动器官的一定组合可用来完成某些记忆的功能）。

最后，适当的"记忆"集合（参见下节）需要辅助的能动器官组件进行服务和管理。对于那些不包括能动器官的记忆集合来说（详见后文。用该处的术语来说，这是记忆层次结构的第二级），这个功能可能需要 300～2000 个能动器官。对于整个记忆的各个部分来说，相应需要的辅助的能动器官可能占整个计算机能动器官的 50% 左右。

这一段讲到记忆器官是需要能动器官来服务和管理的。有些能动器官是纯粹地进行算术计算，有些能动器官是用来服务和管理记忆器官。这个思想可以解读为：在存储部件附近可以而且应该配有运算部件。

在过去 60 多年中，人类逐渐地做到了这一点，有以下两点体现。(1) 存储体附近配有相应的控制器，在控制器中记录元数据（metadata），并做服务和管理，对系统内部操作进行管控，使系统从完全无序状态转变为有序状态（即低熵状态），实现诸如高速缓存替换策略、预取策略、调度策略等，每年 ISCA、HPCA、Micro、ASPLOS 等计算机体系结构或系统领域的顶级会议上都会有这样一些论文，其中标签化体系结构是一个典型代表。(2) 在过去几十年，逐渐出现了 PIM（Processor In Memory）形式的附带有计算功能的存储器，这可以有效地应对大数据的容量大、价值密度低的挑战。长期以来，一种广泛传播的说法是冯·诺依曼结构是一种计算与存储分离的结构，由此导致了数据供应能力成为瓶颈（即存储墙问题）。这种说法不仅仅是对冯·诺依曼本人原意的误解，也是对冯·诺依曼结构的误解，也因此影响了我们设计最优的冯·诺依曼结构。

结合接下来将介绍的存储系统层次化原理，我们发现，冯·诺依曼始终对计算（能动器官）和存储（记忆器官）采取一种中立的不偏不倚的视角，没有以其中一个为中心。现在越来越强调以存储为中心，其实是在抵消早些年以计算为中心，这是时间上的对称。计算与存储是对称的，比如，有存储层次结构（memory hierarchy）就有计算层次结构（computing hierarchy）；有 PIM 就有 MIP（Memory In Processor），MIP 就是存储层次化结构。通过 PIM 或 MIP，实现了"存算一体化"，存算没有分离。总之，对称与分离是两回事。

4.7.3　记忆器官，存取时间和记忆容量

记忆器官属于几种不同的类别。分类所依据的特征是"存取时间"。存取时间可被定义如下。第一，存取时间是存储已在计算机其他部分（通常是在能动器官的寄存器中出现的，见下文）出现的数（需要移除记忆器官中之前已经存入的数）的时间。第二，存取时间是当受到"询问"时记忆器官对机器的能接收这个数的其他部分（通常是指能动器官的寄存器）"重述"已经存入的数所需要的时间。为方便起见，可以把这两个时间分别说明（叫作"写入"时间或"读出"时间）；或者就用一个数值，即用这两个时间中较大的那个，或者用它们的均值。再者，存取时间可能变化，也可能不变化，如果存取时间并不取决于记忆地址，它就叫作"随机存取"（random access）。即使存取时间是可变的，我们也可能只采用一个数值，通常是用最大

存取时间或者平均存取时间（当然，平均存取时间依赖于待求解的问题的统计性质）。无论如何，为了简单起见，我在这里将只使用单一的存取时间。

冯·诺依曼指出存取访问时间是一个变量，这在多年后的今天仍然成立。这一段区分了写入时间、读出时间。

4.7.4 以能动器官构成的记忆寄存器

记忆寄存器可以由能动器官构成（参见上文）。它们具有最短的存取时间，但却是开销最大的。这样的一个寄存器，连同它的存取设备的电路，对每个二进制数（或正负号），至少需要 4 个真空管（如用固态元件时，可以少一点儿）。而对每个十进制数来说，需要的真空管的数目至少是其 4 倍（参见上文）。我们上面讲过的十二进制数（和正负号）系统，则一般需要 196 个真空管的寄存器。但另一方面，这样的寄存器具有一个或两个基本反应时间的存取时间，这些时间和其他各种可能的时间（参见下文）比较起来，还是非常快的。同时，有几个这样的寄存器可以为整个装置带来一定的效益；对于其他形式的记忆器官来说，必须用这种能动器官构成的寄存器，作为"写入"和"读出"的器官；而且作为算术器官的一部分，也需要有一个或两个（某些设计中甚至还需要三个）这样的寄存器。总而言之，如果这种寄存器的数目适当的话，它会比我们初看起来的估计要经济一些，同时在那种程度上，计算机的其他器官也很需要这样的记忆寄存器作为其附属部分。然而，它们似乎不适合提供几乎所有大型计算机所需的大容量记忆器官。（请注意，这个观察推论只适用于现代的计算机，即在真空管时代及其以后的计算机。在此以前的继电器计算机中，继电器就是能动器官，而用继电器构成的记忆寄存器则是记忆的主要形式。因此，请注意，以下的讨论也仅适用于现代计算机。）

4.7.5 记忆器官的层次化原理

本文中，"memory" 译为存储或记忆均可。"memory organ" 译为存储器官、记忆器官或存储部件。

为了实现之前所述的那么庞大的存储容量，就必须运用其他类型的存储。这时候，存储的层次化原理（hierarchic principle）就介入了。这一原理的意义如下：

为了正常运转以求解预定的问题，一个计算机需要一定的存储容量（比如 N 个字）和一定的存取时间（比如 t）。要在存取时间 t 内提供 N 个字，可能存在着技术上的困难，或者在经济上很昂贵（技术上的困难往往是通过昂贵的费用表现出来的）。但是，可能并不一定要在存取时间 t 内提供全部的 N 个字，而只需要提供一个相当少的数量——N' 个字。而且，一旦在存取

时间 t 内提供了 N' 个字，整个的 N 个字的容量只在一个较长的存取时间时才被需要。沿着这个方向分析下去，可能进一步遇到这样的情况：在一个长于 t 而短于 t'' 的存取时间内，提供某些中间的容量——即少于 N 字而多于 N' 字，可能是最经济的。在这方面最一般化的方案是规定一个存储容量序列 $N_1, N_2, \cdots, N_k$ 以及一个存取时间序列 $t_1, t_2, \cdots, t_k$，随着序列的延伸，存储容量在增加，存取时间也在增加，即 $N_1 < N_2 < \cdots < N_k$，$t_1 < t_2 < \cdots < t_k$，所以在存取时间 t_i 时，需要相应的容量 N_i 个字（$i = 1, 2, \cdots, k$）。（为了使这两个序列和我们刚才所说的一致，必须假定 $N = N'$，$t_1 = t$，$N_k = N$，$t_k = t''$。）在这个方案中，每一个 i 的值代表着存储层次结构中的一个层次，而存储层次结构共有 k 个这样的层次。

在这一段中，冯·诺依曼提出了存储系统的层次化原理，该原理至今仍在使用。

4.7.6 记忆元件，存储访问问题

在一个大规模的现代的高速计算机中，存储层次结构将至少是 3 级，或可能是 4 级、5 级。

这一段非常直接地说存储层次结构将至少是 3 级，甚至是 4 级或 5 级。这一观察或断言至今仍然成立。

第 1 级总是对应于上面提到过的寄存器。寄存器的数量 N_1 在几乎所有的计算机设计中至少是 3 个，有时更多——偶尔 20 个寄存器也被提出过。存取时间 t_1 则是计算机的基本开关时间（或者可能是基本开关时间的两倍）。

存储层次结构中的下一级（第 2 级）常常是用专门的记忆器官来实现的。这些专门的记忆器官，与计算机其他部分用的开关器官不同，与用于第 1 级的开关器官不同。这个级所用的记忆器官通常的记忆容量 N_2 约从几千个字到几万个字（几万个字的容量目前还处于设计阶段中），其存取时间 t_2 一般比第 1 级的存取时间 t_1 长 5~10 倍。更深的各级，通常记忆容量 N_i 对应地增加，每级约增加 10 倍。存取时间 t_i 增长得更快，但是在这里其他的关于存储访问时间的限制和约束规则也介入进来（参见后文）。对这一主题的详细讨论将需要一定程度的细节，而这样的详细程度此时看起来并不必要。

最快速的记忆元件即专门的记忆器官（不是能动器官，见前述）是某些静电装置和磁芯阵列。磁芯阵列的使用看起来肯定方兴未艾，虽然其他的技术（静电、铁-电体等）也可能重新进入或进入这个领域。在存储层次结构的后续的各级上面，磁鼓和磁带在目前被使用最多，磁盘也曾被建议采用并偶尔被探索。

在 20 世纪 50 年代，冯·诺依曼已明确考虑存储层次结构。从这个意义上来说，多层次的

存储结构是"冯·诺依曼体系结构"的一个特征。

注意这一段最后一句提到"磁盘也曾被建议采用并偶尔被探索",实际上就是这个在20世纪50年代初期刚刚冒尖并没有被一致看好的磁盘在以后的历史发展中被大规模地使用。

4.7.7 存储访问时间概念的复杂性

刚刚提到的三种设备都受特殊的存取规则和限度的制约。磁鼓记忆装置连续且循环地呈现其所有部分以供存取。磁带的记忆容量实际上是无限的,但其各个部分的出现则按照一个固定的线性顺序,需要时可以停下来或反向移动。所有这些方案都可以和各种不同的安排结合起来,该安排提供计算机的运转和固定的记忆序列之间的特定的同步。

任何存储层次结构的最后一级都必须是外部世界——就这台机器而言的外部世界,也就是计算机能够直接通信的那部分外部世界,换句话说,就是计算机的输入和输出器官。计算机的输入和输出器官一般都是用穿孔纸带或卡片;在输出端,当然也有用印刷纸的。有时,磁带是计算机最后的输入输出系统,而把它翻译成为人们能够直接使用的介质(穿孔卡片或印刷纸片)的工作是在机器以外进行的。

如同钱学森所讲的那样,人体是一个开放的复杂巨系统。与人体类似,计算机也不是封闭的,也是一个开放系统,计算机肯定要与外界(外部世界)联系才能获得智能。现在我们想到薛定谔在《生命是什么》一书中所说的"负熵"的观点,人类的智能在于通过进食、学习、遗传等方式被注入"负熵",计算机之所以获得智能在于通过人类在出厂之前设计时编程、在出厂之后使用时编程、与外部世界通信等方式被注入"负熵"。

下面是一些存取时间的绝对量(absolute terms):现有的铁磁芯记忆装置,是 5~15 微秒;静电记忆装置,是 8~20 微秒;磁鼓记忆装置,是每分钟 2500~20 000 转,即每转 24~3 毫秒,在这 24~3 毫秒内,可供应 1~2000 个字;磁带的速度已达每秒 70 000 行,即每 14 微秒 1 行,一个字包含 5~15 行。

冯·诺依曼用专门的一节讨论了存取访问时间概念的复杂性,这对今天的计算机系统结构研究尤为重要。现在做体系结构研究,模拟器是进行性能评估的一个重要工具,但有一个突出的缺点就是速度慢,其中一个重要原因是对存储系统的精细模拟引发的时间开销。比如在常用的 GEM5 模拟器中,存储系统可以采用不同精度的模型,最简单的一种是假设同一层次的所有存储访问的存取时间都为常数,这时模拟速度比较快,但是与实际存储系统的偏离很大,模拟结果的误差也很大。总之,这一原理对于今天来说越来越重要,冯·诺依曼在计算机诞生初期能够一般化地提出这一原理,其思维能力和原创精神值得借鉴。

4.7.8 直接寻址的原理

所有现有的计算机及其记忆装置都使用"直接寻址"(direct addressing)。就是说,存储中的每一个字都有一个自己的数字地址,唯一刻画这个字以及它在存储(全部存储层次结构)中的位置。当存储的字在被读出或写入时,总是显式地规定它的数字地址。有时,并不是存储的所有部分都能够同时被访问(见上述;在多级存储中,不是所有的存储都能同时被存取,有某种存取优先级)。在这种情况下,对存储的存取依赖于存取时计算机的一般状态。可是,对于地址和地址所指定的位置,则没有任何歧义。

这一段有一个值得注意的细节,就是冯·诺依曼明确指出:全部存储层次结构(the total aggregate of all hierarchic levels)就是存储系统。存储(memory)就是存储层次结构(memory hierarchy),而主存(main memory)只是存储的一个具体层次(level)。

第二部分　人脑

在这一部分,冯·诺依曼将讨论计算机与人类神经系统这两类"自动机"之间的相似之处与相异之处。

到目前为止的讨论已经提供了比较的基础,而比较则是本文的目标。我已经相当详细地描述了现代计算机的性质,以及关于组织计算机的可供抉择的各种原则。现在,转入比较的另一方,即人类神经系统(human nervous system)。我将讨论这两类"自动机"之间的相似之处与相异之处。将相似的要素显现出来,从而引向我们所熟悉的领域。同时,还有若干相异的要素。这些相异之处不仅存在于大小和速度等比较明显的方面,而且存在于更深层次的区域,包括运行和控制的原理、总体的组织原理等。我的主要目标是发展和探讨后面这些方面。但是,为了对这些做出恰当的评价,还需要将这些深层次的原理上的相异之处与相似之处和那些表面上的相异之处(如大小、速度等)并列,然后结合起来讨论。因此,下面的讨论也必须相当重视这些问题。

这一段中,冯·诺依曼明确指出"比较是本书的目标"。比较包括两种,一种是关于相似方面的比较(称为"类比"),另一种是关于不相似方面的比较(称为"对比")。

4.8　神经元功能的简化描述

对神经系统的最直接观察是它的运行功能具有"初步认定的"数字特性。有必要比较充分地讨论这一事实以及做出这一断言所依据的结构和功能。

神经系统的基本元件是**神经细胞**（nerve cell）或称**神经元**（neuron）。神经元的正常功能是产生和传播**神经脉冲**（nerve impulse）。这个脉冲是一种有着电气的、化学的和机械的等多个方面的相当复杂的过程。但是，它似乎是一个合理的独特定义的过程，也就是说，它在任何条件下几乎相同；对于范围相当广泛的激励来说，它代表着一种在本质上可再现的、单一的反应。

接下来将较详细地讨论神经脉冲的那些方面，这些方面在目前的情况下似乎是相关的。

4.9 神经脉冲的本质

神经细胞包含一个**细胞体**（body）。从细胞体直接或间接地引出一个或多个分支。这样的每一个分支叫作细胞的**轴突**（axon）。神经脉冲就是沿着轴突（或者更确切地说，沿着每一根轴突）所传导的一种连续不断的变化。传导一般是以固定的速度进行的，但是这个速度也可能是神经细胞的一个功能。正如前面所说，上述变化的情况可以从多方面来看。它的特征之一是必然存在着一种电扰动；事实上，人们往往也把这个变化描述为一种电扰动。这个电的扰动通常具有大约 50 毫伏的电位和约 1 毫秒的持续时间。与电扰动同时，沿着轴突还发生着化学变化。即在脉冲电位和经过的轴突面积内，细胞内液（intracellular fluid）的离子构成发生了变化，因而，轴突壁（细胞膜）的电化学性质（如电导率、磁导率等）也发生了变化。在轴突的末端，化学性质的变化就更加明显；在那里，当脉冲到达时，会出现一种特殊且具有标志性的物质。最后，可能还有机械变化。细胞膜各种离子磁导率的变化很可能只能从它的分子的重新取向排列才能发生，这就是一种机械变化，即包括这些构成成分的相对位置的变化。

应该说明，所有这些变化都是可逆的。也就是说，当脉冲过去之后，沿着轴突的所有条件、轴突的所有组成部分都可以恢复到它们原来的状态。

因为所有这些效应都在分子的水平上进行（细胞膜的厚度约为几十微米，即 10^{-5} 厘米，这就是细胞膜所包括的大的有机分子的分子尺寸），因此上述电的、化学的和机械的效应之间的区分并不像最初出现的那样明确。事实上，在分子尺度上，所有这些变化之间没有明显的区别：每一次化学变化都是由决定分子相对位置变化的分子内力的变化而引起的，因此它又是机械的诱发过程。而且，每一个这样的分子内力的机械变化都影响到分子的电性质，因而引起电性质的变化和相对电位水平的变化。总之，在通常的（宏观）尺度上，电的、化学的、机械的过程是能够明确区分的，不属于这一类，就属于那一类；但是，在接近分子水平的神经细胞膜中，所有这些方面都趋向于融合。因此，毫不奇怪，神经脉冲就成为一种可以在任何一种现象下观察到的现象。

4.9.1 激励的过程

如前所述，已经充分显现出来的神经脉冲是可以比较的，而不管它是怎样被诱发出来的。由于它的特性并不是非常明确的（它可以被看作电的过程，也可以被看作化学的过程），因此，它的诱发原因同样也可以既归于电的原因，又归于化学的原因。而且，在神经系统内，大多数的神经脉冲又是由一个或多个其他神经脉冲所引起的。在这些情况下，这一诱发的过程（神经脉冲的激励）可能成功，也可能不成功。如果它失败了，那就是最初发生了一个扰动，而在几毫秒之后扰动就消失了，沿着轴突并没有扰动的传导。如果它成功了，扰动很快就会呈现出一种（近乎）标准的形式，并以此形式沿着轴突传导。也就是说，如上所述，一个标准的神经脉冲将沿着轴突移动，而且它的外观将相当地独立于诱发它的过程的具体细节。

神经脉冲的激励通常发生在神经细胞体内部或其附近。正如之前所讨论的，神经脉冲的激励的传播是沿着轴突进行的。

4.9.2 由脉冲引起的激励脉冲的机制，它的数字特性

我现在可以回到这一机制的数字特性上来。神经脉冲可以很清楚地被视为在之前所讨论的意义上的（二值的）符号：无脉冲时表示一个值（比如，二进制数字0），有脉冲时表示另一个值（比如，二进制数字1）。当然，这应该被解释为在某一特定轴突（或者，不如说是在某一特定神经元上各轴突）上的事件，而且该事件可能与其他事件时间相关。那么，它可以用一种特殊的、逻辑的符号（二进制数字0或1）来表示。

上面已经提到过，在给定神经元的轴突上发生的脉冲一般是由冲击神经元细胞体的其他脉冲所激发的。这个激励通常是有条件的，也就是说，只有这些原发脉冲（primary pulse）的某些组合和同步才能激发出我们所讲过的派生脉冲（secondary pulse），而其他组合和同步是产生不了这种激发作用的。这就是说，神经元是一个能够接受并发出明确的物理实体（脉冲）的器官。当它接受某些组合和同步的脉冲时，它会被激发而产生自己的脉冲；否则，它就不能发出自己的脉冲。描述神经元将对哪些组脉冲做出如此反应的规则，也就是支配神经元作为能动器官的规则。

脉冲是一种明确的物理实体（physical entities）。

很明显，这是对数字计算机中器官的功能的描述，是对数字器官的作用与功能的刻画方式的描述。因此这就证明了我们原先的断言是合理的：神经系统具有一种"初步认定的"数字特性。

让我对修饰性的"初步认定的"这个词多说几句。上述描述包含着某些理想化与简化，这在接下来我们还要讨论。如果考虑到这些情况，神经系统的数字性质就不再是那么清楚与毫无疑问的。但是，我们在前面所强调的那些特性的确是首要的、显著的特性。所以，我从强调神经系统的数字特性来开始讨论，看来还是比较合适的。

4.9.3　神经反应、疲乏和恢复的时间特性

在讨论本节主题之前，需要对神经细胞的大小、功率消耗和速度等做出若干定向性的评述。当我们把神经细胞与它的主要的"人工"竞争者（现代逻辑的计算机器的典型能动器官）相比较时，这些评述将特别有启发意义。这些人造的典型能动器官当然就是真空管和近期发展起来的晶体管。

上面已经讲过，神经细胞的激励一般都在它的细胞体附近发生。事实上，一个完全的、正常的激励也可以沿着一条轴突进行。就是说，当在轴突的某一点上施加足够的电位或适当浓度的化学激励时，将在那里引起一个扰动，它很快就会发展为一个标准的脉冲，从被激励的点，沿着轴突向上和向下进行。上面所讲的"常用"的激励往往发生在从细胞体伸展出来的一组分支附近，虽然这些分支的尺寸更小，但它基本上还是轴突，激励从这组分支传到神经细胞体去（然后又传到正常的轴突上去）。顺便说一下，这些激励受体被称为**树突**（dendrite）。由其他脉冲（或其他多个脉冲）而来的正常的激励，是从传导这脉冲的轴突（或多个轴突）的一个特殊末端发射出来的。这个末端叫作**突触**（synapse）。（一个脉冲是否只能通过一个突触激发，或者是当它沿轴突传导时，它是否可以直接激发另一个非常靠近的轴突，这是一个不需要讨论的问题。这些现象有利于假设这样一个短路过程是可能的。）激励通过突触的时间大约是 10^{-4} 秒的几倍。这个时间被定义为：从脉冲抵达突触开始一直到在被激励的神经元的轴突之最近点上产生受激励脉冲为止的持续时间。但是，当我们将神经元视为逻辑机的能动器官时，上述规定并不是定义神经元反应时间的最有意义的方法。其原因是：当受激励脉冲变得明显之后，被激励的神经元并不能立即恢复到它原有的、被激励前的状态。这就叫作**疲乏**，即它不能立即接受另一脉冲的激励，不能以标准的形式做出反应。从机器的经济观点来说，更重要的是度量这样一个速度，当一个引起了标准反应的激励发生之后，需要多少时间另一激励才能引起另一个标准反应。这个时间大约为 1.5×10^{-2} 秒。从以上两个不同数字可以很明显地看出，实际上激励通过突触的时间只需要这个时间（10^{-2} 秒）的百分之一或百分之二，其余时间都是恢复时间，在此期间，神经元从激励刚过后的疲乏状态恢复到被激励前的正常状态。应该指出，疲乏的恢复是逐渐的，在更早一点的时间（大约在 0.5×10^{-2} 秒时），神经元就能够以非标准的形式做出反应，也就是说，它也可以产生一个标准的反应，但仅对标准条件下所需的激励强烈得多的刺激

做出反应。这种情形，还具有更加广泛的意义，在后面我们还会再讲到。

因此，神经元的反应时间取决于人们定义它的方式，在 $10^{-4} \sim 10^{-2}$ 秒之间，而意义较大的那个定义是后面那个。和这个时间相比，在大型逻辑机器中使用的现代真空管和晶体管的反应时间在 $10^{-7} \sim 10^{-6}$ 秒之间。（当然，在这里也是指完全恢复时间，即器官恢复到它被激励前状态的时间）。这就是说，在这方面，我们的人造元件（artifact）比相应的天然元件优越，要快 10^4 到 10^5 倍。

至于神经元尺寸的比较，情况相当不同。有许多估计神经元尺寸的方式，最好还是用这些方法一个一个地估计。

4.9.4　神经元的大小，它和人工元件的比较

神经元的线性尺寸，对不同的神经细胞来说，是各不相同的。某些神经细胞彼此很紧密地集合成很大的一团，因此轴突就很短；而另外一些神经细胞，要在人体中距离较远的部分之间传递脉冲，因而它们的线性扩展可以与整个人体的长度相比较。为了得到不含糊的和有意义的比较，一个办法是把神经细胞中逻辑能动部分与真空管、晶体管的逻辑能动部分相比。对于神经细胞来说，逻辑能动部分是细胞膜，它的厚度如之前提到的，大约是 10^{-5} 厘米的量级。对于真空管来说，逻辑能动部分是栅极到阴极的距离，大约是 10^{-1} 厘米到若干个 10^{-2} 厘米；对于晶体管来说，这就是"晶须电极"（即非欧姆电极——"发射极"和"控制电极"）之间的距离大约乘以 3 以考虑这些子部件的直接的活跃的环境，这样其数值为略小于 10^{-2} 厘米。因此，从线性尺寸来说，天然元件要比我们的人工元件小三个数量级左右。

其次，比较它们的体积也是可能的。中央神经系统（在人脑中）占一升（即 10^3 立方厘米）量级的空间。中央神经系统中包括的神经元数目通常估计在 10^{10} 或更高的数量级上。因此，每个神经元的体积可估算为 10^{-7} 立方厘米。

真空管或晶体管可被包装的密度也是可以估计的，虽然这一估计并不能绝对地清晰明确。显然，（比较双方的任何一方的）包装密度比单一元件的实际体积能更好地度量尺寸效率。以目前的技术，几千个真空管的集料肯定占据几十立方英尺；而几千个晶体管的集料可能占据一个或几个立方英尺。以后者（晶体管）量级的数字来衡量目前可以做到的最佳水平，则几千个能动器官需要占据 10^5 立方厘米，也就是说，每个能动器官的体积为 $10 \sim 10^2$ 立方厘米。因此，在占用体积方面，天然元件比人造元件要小 $10^8 \sim 10^9$ 倍。把这个值与上述线性尺寸的估计值对比时，最好把线性尺寸因子看作体积因子的立方根。$10^8 \sim 10^9$ 的立方根是 $500 \sim 1000$，这个结果与上节我们通过直接方法求得的 10^2 是相当吻合的。

1 立方英尺 = 28 316.8 立方厘米，几千个晶体管的集料可能占据一个或几个立方英尺。所

以几千个能动器官需要占据 10^5 立方厘米。

每个神经元的体积可估算为 10^{-7} 立方厘米，每一个能动器官的体积为 $10 \sim 10^2$ 立方厘米，所以天然元件比人造元件要小 $10^8 \sim 10^9$ 倍。

4.9.5 能量的消散，与人工元件的比较

最后，可以就能量消耗进行一个比较。从性质来说，能动的逻辑器官是不做任何功的：它所产生的受激脉冲的能量不需要超过刺激它的脉冲的能量，而且在任何情况下这些能量之间没有内在和必然的关系。因此，这些元件中的能量，差不多都被消散掉了，即转变为热能而没有做有意义的机械功。因此，消耗的能量（energy consumed）实际上等于消散的能量（energy dissipated），所以我们也可以讨论这些器官消散的能量。

在人类的中央神经系统（人脑）中，能量消散在 10 瓦特的数量级。因为如之前所述的，人脑中约有 10^{10} 个神经元，所以每个神经元的能量消散约为 10^{-9} 瓦特。而一个真空管的典型能量消散在 $5 \sim 10$ 瓦特的数量级上。一个晶体管的典型能量消散量在 10^{-1} 瓦特的数量级上。由此可以看到，天然元件的能量消耗比人造元件要小 $10^8 \sim 10^9$ 倍。这个比例和刚才所说的体积比较的比例是相同的。

在上面两段中，能量消耗、能量消散是两个重要概念。

4.9.6 相关比较的总结

把上面的比较总结一下。关于（尺寸）大小，天然元件与人造元件的相关比较系数是 $10^8 \sim 10^9$，天然元件比人工元件小。这个系数是通过线性尺寸的比例求立方求得，它们的体积比较和能量消散比较也是这个系数。和这个情况相反，人造元件在速度上比天然元件有优势，两者的相关比较系数是 $10^4 \sim 10^5$。

从 4.9.4 节可知，从线性尺寸来说，天然元件要比我们的人工元件小 10^3 倍左右。

现在可以基于上述量化的评估来做出一些结论。当然，应该记住，我们前面的讨论还是很肤浅的，所以现阶段所得出的结论，随着讨论的进一步深入，将需要做出很多修正。可是，无论如何，值得在现在就确切地阐述一些结论。这几个结论如下：

第一，在同样时间内，在同样总大小的能动器官中（总大小是由体积或能量消散来定义），天然元件比人工元件所能完成的动作数目大约要多 10^4 倍。这个系数是由上面已求得的两个系数相除而得出来的商数，即 $10^8 \sim 10^9 / 10^4 \sim 10^5$。

第二，同样的系数还说明，天然元件有利于具有较多的但较慢的器官的自动机，而人工元件的情况却相反，它有利于具有较少的但较快的器官的自动机。因此，可以预料，一个被有效组织起来的大型天然自动机（如人类的神经系统）趋向于同时取得尽可能多的逻辑项或信息项，而且同时对它们进行处理。而一个被有效组织起来的大型人造自动机（如大型的现代计算机）将更可能串行地工作，即一次只处理一项，或无论如何一次处理的项目不那么多。这就是说，大型的、有效率的天然自动机可能是高度**并行的**（parallel），而大型的、有效率的人造自动机则往往不是这样，更确切地说是**串行的**（serial）（请参阅之前关于并行与串行安排方式的叙述）。

第三，然而，应该指出的是，并行和串行的运算并不是可以无限制地相互替代的——这是使上述第一点完全成立的必要条件，其简单方案是将天然元件的尺寸优势因数除以速度劣势因数，以获得单一的效率"品质因数"（figure of merit）。更具体地说，并不是任何串行运算都能够被立即并行化，因为某些运算只能在一些其他运算完成之后才能被执行，而不能与这些其他运算同时进行（即它们必须运用其他运算的结果）。在这种情况下，从串行形式转变为并行形式是不可能的，或者是只有在同时改变了过程的逻辑方法和组织之后才有可能。反过来，想要串行化一个并行过程，可能将对自动机提出新的要求。具体地说，这常常产生出新的记忆需求，因为前面进行的运算的结果必须被存储起来，其后的运算才能被执行。因此，天然自动机的逻辑方法和结构可能与人造自动机有相当大的区别。而且，人造自动机的记忆需求可能会系统地比天然自动机的记忆需求更加严格。

为什么说：并行和串行的运算并不是可以无限制地相互替代的，这是使上述第一点完全成立的必要条件？第一点的内容是天然元件相对人工元件来说具有数量优势（如表4-1所示）。但如果说并行和串行的运算并不是可以无限制地相互替代，那天然元件相对人工元件具有数量优势就意义不大了。

在上一段，冯·诺依曼指出，"不是任何串行运算都是能够直接变为并行的，因为有些运算只能在其他一些运算完成之后才能进行，而不能同时进行（即它们必须运用其他运算的结果）"。这个思想略微量化一下，就是阿姆达尔定律了。在阿姆达尔定律基础上，古斯塔夫森定律和孙–倪定律后来分别于1988年和1990年建立。这三个定律是超级计算的三个基本规律。当我们每半年看到超算TOP500排行榜时，应该想到那些速度不断倍增的超级计算机背后的规律，冯·诺依曼60多年前就已经大体认识到了。

表4-1　人类大脑与处理器芯片的比较

	器件数量	功耗	频率	通信	体积（cm^3）	编程方式
人类大脑	10^{10} ~ 10^{11}个神经元	20W	100Hz	10^{14}个突触	1.4×10^3	隐式
处理器芯片	10^{10}个晶体管	40W	10^9Hz	稀疏互连网络	3.2	显式

所有这些观点在我们以后的讨论中还会再出现。

4.10　激励的判据

4.10.1　最简单的——基本的逻辑判据

我现在能够转向讨论在前面叙述神经活动（nerve-action）时所说的理想化与简单化了。我当时就曾经指出，在叙述中是存在理想化与简单化的，而且理想化与简单化的可能的影响，对评估来说并非微不足道。

正如前面所指出的，神经元的正常输出是标准的神经脉冲。它可以由各种形式的激励诱发出来。其中一种形式的激励是从其他神经元传递来的一个或多个脉冲。其他可能的激励器（stimulators）是外部世界的一些现象（如光、声、压力、温度等），某些特定的神经元对这些现象特别敏感，同时它们还使该神经元所在的生物体（organism）发生物理的和化学的变化。我现在首先考虑上述第一种形式的激励（即其他神经元传递来的脉冲）。

我在前面观察到，这个特定的机制（由其他神经脉冲的适当组合而引起的神经脉冲激励）使我们可以把神经元和典型的、基本的、数字的能动器官相比较。进一步说，如果一个神经元（通过它的突触）和其他两个神经元的轴突接触，而且它的最低激励需求（用来唤起一个响应脉冲）就是两个（同时）进来的脉冲，则这个神经元实际上就是一个"与"（and）器官，它进行合取（conjunction）的逻辑运算（用"与"来描述），因为它只在两个激励器同时活动时才响应。另一方面，如果神经元的最低激励需求是仅仅有一个脉冲到达就够了，那么，这个神经元就是一个"或"（or）器官，也就是说，它进行析取（disjunction）的逻辑运算（用"或"来描述），因为在两个激励器之中只要有一个活动，它就能响应。

"与"和"或"是基本的逻辑运算。它们和"非"（否定的逻辑运算）在一起就构成基本逻辑运算的完备集（complete set）。也就是说，所有其他的逻辑运算，不管多么复杂，都可以通过这三者的适当组合而获得。我在这里将不讨论神经元怎样能够模拟出"非"运算，或者我们用什么办法来完全避免这种运算。这里所讲的已经足以说明前面所强调的：照此看来，神经元是基本的逻辑器官，因而它也是基本的数字器官。

"与、或、非"是基本的逻辑运算，冯·诺依曼在这里指出"一切其他的逻辑运算，不管多么复杂，都可以从这三者的适当组合而完成"，也就是说 {与，或，非} 构成一个完备集。这里要说明的是这并不是一个最小的完备集。{与，非} 和 {或，非} 是最小的完备集。"非"具有不可替代性。

4.10.2 更复杂的激励判据

但是，这还是对现实情况的简单化与理想化。一般来说，实际的神经元在系统中并不是被很简单地组织的。

有一些神经元在它们的细胞体上确实只有一两个（或者只有为数不多的几个）其他神经元的突触。但是，更常见的情况却是一个神经元的细胞体上有着其他许多神经元轴突的突触。甚至有时有这种情况，一个神经元出来的好几个轴突形成对其他一个神经元的好几个突触。因而，可能的激励源是很多的。同时，可能生效的激励方式，比上述简单的"与"和"或"的系统具有更加复杂的定义。如果在一个单独的神经细胞上有许多个突触，则这个神经元的最简单的行为规律是只有当它同时地接收到一定的最低要求数目的（或比这更多的）神经脉冲时才产生反应。但是，很有理由设想，在实际中神经元的活动情况要比这个更加复杂。某些神经脉冲的组合之所以能激励某一给定神经元，可能不只是由于脉冲的数目，而且是由于传递它的突触的空间位置关系。就是说，我们可能遇到在一个神经元上有几百个突触的情况，而在其上的激励的组合是否有效（使这神经元产生反应脉冲）不只是由激励的数目来规定，而且取决于它在神经元的某一特定部位的作用范围（在它的细胞体或它的树突系统上），取决于这些特定部位之间的位置关系，甚至还取决于有关的更复杂的数量上和几何学上的关系。

4.10.3 阈值

如果激励的有效性的判据是上面提到过的最简单的那种：（同时地）出现最少数量的激励脉冲，那么这个最低要求的激励被称为所考虑的神经元的**阈值**（threshold）。习惯上用这种判据（即阈值）来论述一个给定神经元的激励需求。但是，必须记住激励的需求并不限于这个简单的特性，它还有着比仅仅达到阈值（即最少数量的同时激励）复杂得多的关系。

4.10.4 总和时间

除此之外，神经元的性质可能会显示出其他的复杂性，这些复杂性不仅仅是用标准神经脉冲的激励-反应关系来描述的。

我们在上面讲到的"同时性"，它不能也不意味着实际上准确的同时性。在各种情况下，有一段有限的时间——总和时间，在这段时间内到达的两个脉冲仍然像它们是同时到达的那样作用。其实，事情比这里所说的还要复杂，总和时间也可以不是一个非常明确的概念。甚至在稍微长一点的时间以后，前一个脉冲仍然会加到后一个紧接着的脉冲上面去，只不过是在逐渐减弱的和部分的范围内而已。一序列的脉冲即使已超出总和时间，只要在一定的限度内，由于它们的长度，其效应还是比单独的脉冲大。疲乏和恢复现象的重叠可以使一个神经元处于非正常的状态，即它的反应特性和它在标准条件下的反应特性不同。对所有这些现象，已经取得了一批观察结果（虽然这些观察或多或少地都不完全）。这些观察都表明，单个的神经元可能具有（至少在适当的特殊条件下）一个复杂的机制，比用简单的基本逻辑运算形式所做出的激励–反应的教条式叙述要复杂得多。

4.10.5 接收器的激励判据

除了由于其他神经元的输出（神经脉冲）而引起的神经元激励之外，对于其他神经元激励的因素，我们只需要说几件事情。正如已经讨论过的，这些因素包括外部世界（即在生物体表面）的现象（如光、声、压力、温度等，所讨论的神经元对这些现象特别敏感），还包括生物体内神经元所在位置的物理变化与化学变化。那些组织功能是对第一类激励（其他神经元的输出脉冲）做出反应的神经元通常被称为受体。但是，更好的做法是将所有对第一类之外的激励因素做出反应的神经元也称为受体，并且通过将它们指定为外部或内部受体来区分第一类和第二类神经元。

> 第一类激励就是其他神经元发出的神经脉冲。除此之外，还有其他激励，还包括光、声、压力、温度以及生物体内神经元所在位置的物理变化与化学变化。
>
> 在本书中，"receptor"被译为受体或接收器。

考虑到所有这些，激励判据的问题重新产生了，即需要一个判据来定义在什么条件下神经脉冲的激励才发生。

最简单的激励判据仍然是用**阈值**（threshold）表示的判据，正如在之前考虑过的由于神经脉冲而引起的神经元激励的情形中一样。这就是说，激励的有效性的判据，可以用激励剂（stimulating agent）的最小强度来表示，也就是说，对于外部受体来说，这种判据是光照的最小强度，或在某个频率区间内所包含的声能的最小强度，或过压的最小强度，或温度升高的最小强度，等等；对内部受体来说，这种判据是关键的化学剂（chemical agent）浓度的最小变化，或相关物理参数值的最小变化，等等。

但是，应该注意的是，阈值类型的激励判据不是唯一可能的判据。在光学现象中，许多神经元所具有的反应是对光照变化（有时是从亮到暗，有时是从暗到亮）的反应，而不是对光照达到的特定水平的反应。这些反应可能不是一个单独的神经元的反应，而是更复杂的神经系统的神经元输出的反应。在这里不详细讨论这个问题。可以看到，现有的证据显示，对受体来说，阈值类型的激励判据不是在神经系统中所使用的唯一激励判据。

现在，让我重复一下上面提到的典型例子。我们都知道，在视神经中某些神经纤维不是对光照的任何特定的（最小的）水平做出反应，而是只对水平的变化产生反应，例如，在某些神经纤维中，是由于从暗到亮引起反应，而在其他神经纤维中，则是由于从亮到暗引起反应。换句话说，提供激励判据的是所考虑的水平的增或减，即其导数（derivatives）的大小，而不是其本身的大小。

关于神经系统的这些"复杂性"对神经系统的功能结构及运行的作用，看来应当在这里讲一下。一方面，可以设想这些复杂性没有起到任何功能上的作用。但是，我们更有兴趣指出，可以设想这些复杂性具有功能上的作用。可以对这些可能性介绍一些内容。

我们可以设想，在基本上是按数字方式组织的神经系统中，上述复杂性起着"模拟"的或至少是"混合"式的作用。曾经有人提出，通过这些机制，对所有电气效应更加了解可能会影响神经系统的运转。在这里，某些一般的电位（electrical potential）可能起着重要作用，并且神经系统完整地对电位理论问题的解做出反应，这些问题相比于通常用数字判据、激励判据等描述的问题不那么直接和初等。由于神经系统的特性可能主要是数字性质的，因此上述这些效应如果真实存在，将会和数字效应相互作用，也这就是说，这可能是一个"混合系统"而不是一个纯粹的模拟系统的问题。一些作者在这些方向上进行了大量的推测；关于这些，参考一般的文献就足够了。在这里，我们将不再具体讨论它们。

但是，应该说，就我们迄今为止对基本能动器官所做的统计来说，这种类型的复杂性意味着一个神经细胞不只是一个单一的基本能动器官，统计能动器官数量的任何有意义的努力都必须意识到这一点。显然，甚至更复杂的激励判据也具有这个效应。如果神经细胞被细胞体上各突触的一定组合的激励（而不是被其他激励）激活，那么，基本能动器官的数量必须假定为突触的数量，而不是神经细胞的数量。如果情况通过上述"混合"式的现象被进一步地精细化，这种能动器官数量的统计变得更加困难。用突触的数目来代替神经细胞的数目，这可能会使基本能动器官的数目增加相当大的倍数，比如 10~100 倍。这一点以及类似情况，应该结合到目前为止提到的基本能动器官数量的统计中加以考虑。

一个神经细胞不只是一个单一的基本能动器官。

因此，这里提到的所有复杂性可能是无关紧要的，但是它们也可能赋予系统一种（部分的）模拟性质，或者一种"混合"的性质。在任何情况下，这些复杂性都会增加基本能动器官的数量，如果这个数量是被任何重要判据所影响的话。这个增量可能是 10~100 倍。

4.11　神经系统内的记忆问题

我们的讨论直到现在还未考虑到一种元件，它在神经系统中的存在是很有道理的。这种元件在迄今为止的所有人工计算机中起着极其重要的作用，因此它的重要性可能是原则上的而不是偶然的。我指的是**记忆**（memory）。因此，我现在转向讨论神经系统中的这个元件（component），或者更确切地说，是这个组件（subassembly）。

正如之前提到过的，在神经系统中存在着一个记忆（或者可能是几个记忆），这是一种推测和假定，但是，我们在人工计算自动机方面的所有经验都表明了和证实了这个推测和假定。同样，在讨论开始时，我们应该承认，关于这个组件（或这些组件）的性质、物理体现及其位置，都还是一个假说。我们不知道记忆究竟在实际可见的神经系统中的哪里。我们不知道记忆是一个独立的器官，还是其他已知器官的特定部分的集合。它也许存在于一个特殊的神经系统中，那么这个特殊的神经系统可能是一个相当大的系统。它可能和身体的遗传学机制有某些关系。我们和古希腊人一样，对记忆的性质及其位置一无所知，古希腊人觉得思想（mind）位于横膈膜之上。我们唯一知道的事情就是神经系统中一定有着相当大容量的记忆；很难想象，像人类的神经系统这样复杂的自动机能够在没有一个大容量记忆的情况下工作。

4.11.1 估计神经系统中记忆容量的原理

现在让我谈一下神经系统中可能的记忆容量。

对于人造自动机（如计算机），已经有了相当一致的标准方法来为一个存储体分配"容量"，而且把这些方法推广到神经系统看起来也是合理的。一个存储体能够保持一定的最大数量的信息，而信息都能够转换成二进位数字的集合，即"位"（bit）。对一个能够保存 1000 个 8 位十进制数字的存储体，它的容量是 $1000 \times 8 \times 3.32 \approx 2.66 \times 10^4$ 位，因为一个十进制数字大约相当于 $\log_2 10 \approx 3.32$ 位（上述十进制数字转换为位的方法，是由香农和其他学者在关于信息论的经典著作中建立的）。很显然，3 位十进制数字大约相当于 10 位二进制数字，因为 $2^{10} = 1024$，这个数近似于 10^3。（按此计算方法，一个十进制数字大约相当于 $10/3 \approx 3.33$ 位。）所以，上例中记忆的容量是 2.66×10^4 位。根据类似的论据，一个印刷体或打字机体字母的信息容量是 $\log_2 87 \approx 6.44$ 位（一个字母有 $2 \times 26 + 35 = 87$ 个选择，式中的 2 是表示大写或小写两种可能，26 是英文字母表中的字母数，35 是常用的标点符号、数字符号和间隔的数目，上述这些数目当然与信息是相关的）。所以，一个保持 1000 个字母的存储体，其容量为 $6440 = 6.44 \times 10^3$ 位。按照同样的想法，对诸如几何形状（当然给定的几何形状必须具有一定精度和分辨率）或颜色细微差别（其要求与上述对几何形状的相同）等更复杂的信息来说，存储容量也可以用这个标准信息单位——位来表示。对包含这些信息形式的组合的存储体，我们遵循上述原理计算各类信息形式的容量，然后简单地通过加法，就得到存储体的容量。

信息具有重要的作用。没有正确的信息，即使操作良好，也可能判断错误，进而决策失误。

信息在认识论和决策论中扮演重要角色。

4.11.2　运用上述规则估计记忆容量

一台现代计算机所需要的存储容量通常在 $10^5 \sim 10^6$ 位的数量级上。至于神经系统功能所需要的记忆容量，据推测要比计算机的存储容量大得多。因为我们在前面已经看到，神经系统是比我们所知的人造自动机（如计算机）大得多的自动机。神经系统的记忆容量比上面这个 $10^5 \sim 10^6$ 的数字究竟要大多少，我们现在还很难说。但是，一些粗略的导向性的估计是可以得出的。

"memory" 一词对于计算机来说被译为"存储"，对人脑来说被译为"记忆"。

一个标准的受体（receptor）每秒大约可以接受 14 个不同的数字印象（digital impressions），我们可以把它算作同样数目的位（即 14 位）。这样，假定 10^{10} 个神经细胞中的每一个在适当情况下都是受体（内部受体或外部受体），则每秒钟发生的总输入为 14×10^{10} 位。我们还进一步假定（关于这个假定，已经有了一些证据），在神经系统中并没有真正的遗忘，我们所感受的印象会从神经活动中的重要领域（即注意力中心）转移出去，但是它并没有真正被完全遗忘，那么我们就能够估计一个正常人在一生中的情况。假如人的一生有 60 年，即约 2×10^9 秒，按照上节的推算方法，在人的一生期间需要的总记忆容量则为：$14 \times 10^{10} \times 2 \times 10^9 = 2.8 \times 10^{20}$ 位。这个容量比我们公认为典型有效的现代计算机的存储容量 10^5 到 10^6 位大得多。神经系统的记忆容量比计算机的存储容量超出的量，并没有远远大于我们在前面已经观察到的神经系统的基本能动器官的数目超出计算机的基本能动器官的数目的量。

这一段，冯·诺依曼给出了人脑的记忆容量的估计。在这个估计中，人的寿命、人脑中的神经元数量、每个神经元每秒接收的信息位数，是三个重要的量。

这一段与本书第 1 章中图灵《计算机器与智能》中关于存储容量的论述是一致的。图灵指出人脑中大部分记忆容量都是用来存储图像信息，只有很小一部分用来进行高级的思维活动。

在本书中，"active organ" 翻译为"能动器官"。

4.11.3　记忆的各种可能的物理体现

记忆的物理体现的问题仍然存在。对于这个问题，不同的作者提出了各种各样的解答。有人提议假设不同神经细胞的阈值——或者更宽泛地说，激励判据——是随时间而变化的，是这个细胞的以前历史的函数。因此，频繁使用一个神经细胞可能会降低它的阈值，也就是说，降低它的激励要求，等等。如果这个假设是真的话，记忆就存在于激励判据的可变性之中。这肯定是一种可能性，但是我在这里不准备去讨论它。

> 神经细胞的阈值作为激励判据（stimulation criteria），可能随时间而变化，是这个细胞的以前历史的函数，从这个意义上说，记忆就存在于激励判据的可变性之中。

这个概念的一个更极端的表现是假定神经细胞的连接本身（即传导轴突的分布）随时间而变化。这就意味着以下的状况是存在的。可以想象，如果长久废弃不用一个轴突，在后来用时就会不奏效了。另一方面，如果很频繁地（比起正常使用来说）使用一个轴突，那么就会使轴突所代表的连接具有较低的阈值（过低的激励判据）。在这种情形下，神经系统的某些部分就会随时间及其以前的历史而变化，因此它们本身就代表着记忆。

记忆的明显存在的另一种形式是细胞体的遗传部分——染色体（chromosomes）以及组成染色体的基因，显然也是记忆元件，它们通过自己的状态影响着并在一定程度上决定着整个系统的运行。因此，遗传记忆系统也有可能存在。

此外，可能还有一些其他的记忆形式，其中的一些似乎也颇有道理。在细胞体的一定面积上有某些特殊的化合物，它们是可以自我保持不变的，因而它们也可能是记忆元件。如果一个人认为有遗传记忆系统的话，他就应该考虑这种类型的记忆，因为在基因中存在的这些自我保持不变的性质看来也可以位于基因之外，即在细胞的其他部分中。

在这里，我就不全面描述所有这些可能性以及人们可以想到的同样合理或更合理的其他可能性了。我只在这里指出，虽然我们还不能定位记忆究竟在哪一些特定的神经细胞集合中，但是我们仍然能够提出并且已经提出记忆的许多物理体现，而且这些推断都有着不同程度的合理性。

4.11.4 和人造计算机相比拟

最后，我想提到，彼此通过各种可能的循环途径相互激励的神经细胞系统也构成记忆。这就是由能动元件（神经细胞）组成的记忆。在我们的计算机技术中这类记忆经常被大量使用，事实上它们是在计算机上首先采用的一种记忆形式。在真空管型的计算机中，"触发器"（相互起着开关和控制作用的一对真空管）代表着这种类型。晶体管技术以及几乎所有其他形式的高速电子技术允许并确实要求使用类似触发器的组件，并且这些组件正如早期真空管计算机中的触发器一样，也可以被用作记忆元件。

4.11.5　记忆的基础元件不需要和基本能动器官的元件相同

但是，必须注意的是，神经系统不太可能使用基本能动器官作为主要工具来满足记忆需求，这样的记忆惯常被认定为"用基本能动器官组成的记忆"，它从每一种重要的意义来说都是极其昂贵的。但是，现代计算机技术却是从这样的装置开始的。第一台大型的真空管计算机 ENIAC 的第一级记忆（即最快和最直接可用的记忆）就是完全依靠触发器的。然而，ENIAC 虽然是很大型的计算机（有 22 000 个真空管），但从今天的标准来看，它的第一级记忆的容量却很小（只包含几十个 10 位的十进制数字）。这样的记忆容量只不过相当于几百个比特位——肯定小于 10^3 位。在今天的计算机中，为要在计算机规模（machine size）和记忆容量（memory capacity）之间保持适当的平衡，它大体上有 10^4 个基本能动单元，而记忆容量则为 $10^5 \sim 10^6$ 位。这是通过使用在技术上与基本能动器官完全不同的记忆形式来实现的。因此，真空管或晶体管计算机可能有一个记忆驻留在静电系统（阴极射线管）中，或者在经过适当布置的大量的铁磁芯中，等等。在这里，我将不尝试做出这些记忆方式的完整分类，因为还有其他重要的记忆方式，很不容易归入这些分类，比如声延迟式、铁电体式、磁致伸缩延迟式等（这个列表还可以增加）。我只是想指出，记忆部分目前所使用的元件与构成基本能动器官的元件完全不同。

在上面一段，冯·诺依曼提到了计算部件与记忆部件在比例上的均衡问题，这类似于 David Patterson 所提出的 Roofline 模型。

这一段的论点就是记忆部分所使用的元件与能动器官所使用的元件完全不同。

事情的这些方面对于我们理解神经系统的结构看来是非常重要的，而且这个问题现在还基本上没有得到解答。我们已经知道神经系统的基本能动器官（神经细胞）。我们有充分的理由相信，一个很大容量的记忆是和这个系统关联在一起的。我们显然不知道何种类型的物理实体是所谈论的记忆的基本元件。

神经系统的记忆基本元件对应的物理实体究竟是什么？这是一个值得研究的问题。

4.12　神经系统的数字部分和模拟部分

在上面已经指出与神经系统的记忆部分相关的若干深刻的基本问题，现在看起来最好是接着讨论其他的题目了。但是，对于神经系统中未知的记忆组件还有一个很小的方面应该在这里说几句。我所要说的内容是关于神经系统中模拟部分与数字（或"混合"）部分之间的关系。

对于这些问题，我将在下面做一个简短的、不完备的补充讨论，在此之后我将探讨与记忆无关的问题。

我想提出的意见是，正如我之前所说的，在神经系统中经历的过程可能改变自身的性质，从数字的变为模拟的，从模拟的又变回数字的，如此反复变化。神经脉冲（即神经机制中的数字部分）可以控制这样一个过程的特别阶段：比如某一特定肌肉的收缩或某一特定化学物质的分泌。这个现象是属于模拟类型的，但它可能是神经脉冲序列（这个脉冲序列是由于适当的内部受体感受到这个现象而产生的）的根源。当这样的脉冲发生之后，我们又回到过程的数字方面。之前说过，从数字过程变为模拟过程，又从模拟过程变回到数字过程，这样的变化可以往复好几次。因此，系统中的神经脉冲部分的性质是数字的，而系统中化学变化或肌肉收缩引起的机械变位属于模拟的类型，这两者互相切换，使得任何特定的过程带上数字与模拟相混合的性质。

基因机制在上述问题中的作用

在上面所讲的过程中，基因现象起着特别典型的作用。基因本身很显然是由多个元件组成的数字系统的一部分。但是，基因所发生的各个效应，包括激励形成一些特殊的化学物质，也就是激励形成明确的各种酶（它们是涉及基因的特征），因而属于模拟领域。因此，在这一领域，模拟和数字过程之间相互切换的一个特别具体的例子就呈现出来了。也就是说，基因归属于更宽泛的一类，这个更宽泛的类型我们在上节中已经概括地谈过了。

冯·诺依曼对数字和模拟有深刻的认识，在本文中随时提到数字和模拟的区别。"数字是模拟的虚拟化"这一命题正确吗？

4.13　代码及其在控制机器运行中的作用

让我们现在转入记忆以外的其他方面的问题。我指的是组织逻辑命令（logical orders）的某些原则，逻辑命令在任何复杂自动机的运行中都非常重要。

注意，"functioning"译为"运行"。

首先，让我引入在当前的上下文下需要的一个术语。自动机能够执行并使自动机完成一些有组织的任务的逻辑指令系统（a system of logical instructions）统称为**代码**（code）。所谓逻辑指令，是指像在适当的轴突上出现的神经脉冲之类的东西，事实上，代码可以指任何能够引起一个数字逻辑系统（如神经系统）以可再现、有目的的方式运行的东西。

在这一段，冯·诺依曼提出了指令集体系结构（Instruction Set Architecture，ISA）的概念，用的术语是"a system of logical instructions"。

4.13.1 完全码的概念

现在，在谈论代码时，下列的区别立即变得突出。一个代码可能是**完全的**（complete）——用神经脉冲的术语来说，代码规定了这些脉冲出现的顺序和脉冲发生在哪些轴突上。那么当然这将完全地定义神经系统的特定行为，或者，正如上面比较过的那样，规定了相应的人造自动机的特定行为。在计算机中，这些完全码是被给出了一切必要的规格说明的许多指令组（sets of orders）。如果自动机要通过计算求解一个特定的问题，它将必须由一个完全码来控制。现代计算机的使用是基于使用者具备能力可以开发和构想出机器要求解的任何给定问题所必需的完全码。

4.13.2 短码的概念

与完全码相对，还存在另一类代码，最好被命名为**短码**（short code）。它是建立在以下的思想之上的。

英国的逻辑学家图灵在 1937 年指出（从那时起，许多计算机专家把图灵的原理以各种特定方法付诸实践），有可能为一个计算机开发一种代码指令系统，使得该计算机像另一个特定的计算机那样操作。这种使一个计算机模仿另一个计算机行为的指令系统就叫作**短码**。让我们现在稍微详细地讨论与这些短码的使用和开发相关的典型问题。

在上一段中，冯·诺依曼提到艾伦·图灵在 1937 年证明的"有可能为一个计算机开发一种代码指令系统，使得该计算机像另一个特定的计算机那样操作"。长期以来，波佩克（Popek）于 1974 年发表的论文（见本书第 7 章）被很多人认为是虚拟化技术基础理论的源头，实际上这个源头至少应该向前推 37 年。

这里虚拟化的含义有两层：一是像现代工业界所做的那样，例如，在使用 MIPS 指令集的龙芯处理器上运行 x86 指令构成的程序就要经过一个以指令翻译为实质内容的虚拟化过程，这个基于龙芯处理器的计算机就像一个基于 Intel 处理器的计算机那样工作；二是计算机和人脑能否相互像对方那样工作？

以虚拟化的观点去理解计算机和人脑，是一个非常独到新颖的角度。相比第一层含义，第二层含义的意义更大。现在学术界对于弱人工智能和强人工智能划分的界限，对强人工智能否实现、如何实现、是否应该实现、是否应该研究，都还在讨论之中。一个确定的事实是，冯·诺依曼在 60 年前就已经研究了"计算机能否思考"这个问题，他的思路和观点在今天仍值得审视和参考。

在集合论里，若集合 A 包含集合 B 中的每个元素，并且集合 B 包含集合 A 中的每个元素，那么这两个集合就是等价的。波佩克在 1974 年的虚拟化理论论文的核心理论基础就是这一原理（见本书第 7 章）。冯·诺依曼需要证明人脑可以做计算机能做的所有事情（仅考虑功能，不考虑效率），还需要证明计算机可以做人脑能做的所有事情。用虚拟化的语言来说，人脑的指令集是 X，计算机的指令集是 Y，当计算机的任意一条指令在人脑上执行时，能否用 X 中的一组指令模拟这条指令的功能？当人脑的任意一条指令在计算机上执行时，能否用 Y 中的一组指令模拟这条指令的功能？

冯·诺依曼使用生物学的例子作为描述计算机的基础，说明计算机所有的部件在本质功能上都能在人脑中找到对应物，这样就证明了人脑可以做计算机能做的每件事情，也就是人脑可以虚拟化计算机。但是关于计算机是否可以虚拟化人脑，目前还没有得到证明，原因就是人脑不是人设计的，人目前还不知道人脑的指令集。

就像我之前指出的，一个计算机是被代码、符号序列（通常是二进制符号即比特串）控制的。在任何支配一个特定计算机使用的指令集合中，都必须明确哪些比特串是机器的命令，这些命令将使机器做什么。

对于两个不同的计算机来说，这些**有意义**的比特串不必相同，在各种情况下，它们使它们相应的计算机进行运算的各自作用，很可能是完全不同的。所以，如果提供给一个机器一组专用于另一个机器的指令，那么这些指令对这个机器来说（至少部分地）是**无意义**的。也就是说，这些比特串对于这个机器来说不一定都属于那组**有意义**的比特串。或者，这些无意义的指令如果被这台机器"服从"，会使机器做出求解某一问题的基本组织计划以外的操作，而且一般来说，它们不会使得第一个提到的机器以有目的的方式完成一项可视化、有组织的任务（即解决一个特定的和期望的问题）。

这一段讲的是机器之间语言的差异。鸡有鸡的语言，鸭有鸭的语言，"鸡同鸭讲"是无法实现有效沟通的。将 B 机器特有的指令提供给 A 机器，这些指令对 A 机器来说是无意义的。

4.13.3 短码的功能

根据图灵的方案，一个代码应该使一台机器表现得像另一台特定的机器（或者说，使前者模仿后者），它必须做到以下事情。它必须包括这台机器所能理解（且刻意服从的）的指令（指令是代码的更详细的组成部分），机器检查每一个收到的指令，并确定这个指令的结构是否相称于第二台机器的指令。然后，就第一台机器的指令系统而言，它必须包括足够的指令以使这台机器能够采取第二台机器在相关指令影响之下可能采取的行动。

这一段话论述的是虚拟化的原理。

图灵方案的重要结果是：用这个方法，第一台机器可以模仿**任何**（any）其他机器的行为。要模仿的机器所遵循的指令结构可能和真正涉及的第一台机器的特性完全不同。因此，这种指令结构的性质可能实际上比第一台机器所具有的性质复杂得多，即第二台机器的指令集中的每一个指令可能需要第一台机器执行许多次运算。它可以包括复杂的、迭代的过程和任何类型的多次动作。一般来说，第一台机器在任何时间长度内和在任何复杂度的所有可能的指令系统控制之下能够完成的任何运算，现在好像由"初等的"动作（即基础的、非复合的和原始的指令）即可完成。

顺便说一句，我将这种辅助的代码称为**短码**（short code）是由于历史的原因。这些短码当初是为辅助编码而开发的，也就是说，它们的产生是为了给一台机器编码，这种编码比用机器自己本来的指令系统所允许的编码更简便，把机器当作一台具有更方便的、更丰富的指令系统的不同机器，它能允许更简单、不那么视情况而定的、更直截了当的编码。

4.14　神经系统的逻辑结构

现在，我们的讨论最好再引向其他一些复杂的问题。就像我之前指出的，这些是与记忆的问题或和完全码与短码的问题无关。它们是关于任何复杂自动机（特别是神经系统）的运行中逻辑和算术的作用。

4.14.1　数值方法的重要性

这里涉及的相当重要的一点是这样的。任何为人类使用特别是为控制复杂过程使用而建造起来的人工自动机（artificial automation）通常都具有一个纯粹的逻辑部分和一个算术部分，也就是说，算术过程在其中一个部分完全不起作用，在另一个部分起着重要作用。这是因为，按照我们的思维习惯和表达思维的习惯，如果不使用公式和数字，很难表达任何真正复杂的情况。

因此，如果人类设计师必须制定其任务，那么控制这些类型的问题（像温度的稳定性、某种压力的稳定性、人体内化学平衡的稳定性等）的自动机将根据数值等式或不等式来定义该任务。

4.14.2　数值方法与逻辑的交互作用

在另一方面，上述任务中可能有一部分用纯粹的逻辑术语而不是数值关系就可以被确切地阐述。因此，涉及生理反应或无反应的某些定性原则可以不借助于数值来叙述，只需要定性地叙述：在什么环境条件的组合下会发生某些事件，在哪些环境条件的组合下这些事件则不会发生。

4.14.3　预计需要高精度的理由

上述论述说明，当神经系统被视为一个自动机时，它肯定既有一个算术部分，也有一个逻辑部分，其中的算术部分和逻辑部分的需求同样重要。这意味着，在研究神经系统时，在一定意义上我们是和一台计算机打交道，同时，我们用计算机理论中所熟悉的概念来讨论神经系统也是合乎时宜的。

有鉴于此，以下的问题立即显现出来：当我们把神经系统看作一台计算机时，我们期望神经系统中的算术部分需要具有多高的精度呢？

这个问题之所以极为重要，是因为我们所有关于计算机的经验表明，如果一台计算机要处理神经系统所处理的那些复杂的算术任务，则必须提供相当高精度的装置。原因是计算的过程可能很长，在很长的计算过程中，不但各个步骤的误差会相加起来，而且前面的计算误差会被后面的各个部分放大。因此，计算机所需要达到的精度要比这个计算问题的物理性质本身所要求的精度高得多。

因此，人们可以期望：当神经系统被看作一台计算机时，它具有算术部分，而且，它的算术部分一定以相当高的精度来进行运算。在我们所熟悉的人工计算机中，在这里所涉及的复杂度的条件下，10 位或 12 位小数的精度将不是夸张。

上面这个推测结论非常值得研究，正是由于它绝对难以置信，而不是尽管它难以置信。

4.15　使用的记号系统的性质：它不是数字的而是统计的

正如前面所指出的，我们知道一点关于神经系统怎样传送数值数据的事情。它们通常是用周期性的或近似周期性的脉冲序列来传送的。对受体（receptor）施加一个强烈的激励，会使受体在绝对不应期（absolute refractoriness）过去之后很快地做出反应。一个较弱的激励也将使受体以周期性或近似周期性的方法来反应，但是反应脉冲的频率比较低，因为在下一个反应成为可能之前，不仅要等绝对不应期过去，而且甚至要一定的相对不应期过去之后才可能再有反应。因此，定量的激励的强度是由周期性的或近似周期性的脉冲序列来表示的，而脉冲的频率通常为激励强度的单调函数。这是一种信号的调频系统，信号强度被表达为频率。这些事实在视觉神经的某些神经纤维中被直接观察到，在传送关于（重要）压力信息的神经中也被直接观察到。

值得注意的是，上面所讲的频率不是直接等于激励的任何强度，而是激励强度的单调函数。这就可以引进各种标度效应，并且可以很方便而恰当地用这些标度来做出精度的表达式。

应该注意，上面所说的频率通常在每秒约 50～200 个脉冲。

显然，在这些条件下，像我们在上面提到的那种精度（10 位至 20 位小数）完全是不可能的。神经系统是一台在相当低的精度水平上进行非常复杂工作的计算机。根据刚才说的，它只可能达到 2 位至 3 位小数的精度水平。这个事实必须被再三强调，因为我们尚不知道有计算机能在这样低的精度水平上可靠地、有意义地运转。

我们还要指出另一个事实。上面描述的系统不但带来了较低的精度，也带来了相当高的可靠性。很显然，如果在一个数字记号系统中丢失了一个脉冲，那么结果可能是其含义被完全歪曲，就是说无意义。但是，如果上面所描述的这一种类型的系统中即使丢失了一个脉冲，甚至丢失了好几个脉冲（或者多余地、错误地插入了一些脉冲），其结果是与此有关的频率（即消息的含义）仅有一点不要紧的畸变。

现在，就产生了一个需要回答的重要问题：我们能够从那些看起来有些矛盾的观察中得出关于神经系统所表示的计算机的算术结构和逻辑结构的哪些基本推断？

4.15.1　算术运算中的恶化现象及算术深度和逻辑深度的作用

对于研究过在一长串计算过程中精度的恶化现象的人来说，上面这个问题的答案是很清楚的。如之前所指出的，这种恶化是由于叠加导致的误差**累积**，甚至更多的是由于前面计算的误差被后面各计算步骤**放大**了。也就是说，这种误差的放大，原因在于这些步骤相当多的算术运算是被顺序执行的，换句话说，原因在于运算过程的**算术深度**很大。

许多运算被顺序执行这一事实是程序的算术结构的特点，也是程序的**逻辑**结构的特点。因此，可以说所有的精度恶化现象，和前面讲过的情况一样，也是由于程序的很大的**逻辑深度**导致的。

4.15.2　算术的精度或逻辑的可靠度，它们的相互转换

还应该指出，正如前面所描述的，神经系统中所使用的消息系统在本质上是**统计**性质的。换句话说，要紧的不是明确的标识和数字的精确位置，而是标识和数字发生的统计性质，即周

期性或近似周期性的脉冲序列的频率，等等。

因此，神经系统似乎在使用与我们所熟悉的普通的算术和数学中的记号系统完全不同的记号系统。它不是一种精确的记号系统，在精确的记号系统中，每一个标识的位置、标识出现或不出现等，对消息的意义具有决定性。它是另外一种记号系统，消息的意义由消息的**统计性质**表达。我们已经看到，这种办法如何导致较低的算术精度，但却也得到较高的逻辑可靠度。也就是说，算术上的恶化换来了逻辑上的改进。

4.15.3　可以运用的消息系统的其他统计特征

目前所讨论的上下文很明显地需要提出另一个问题。我们已经说过，某些周期性或近似周期性的脉冲序列的频率传输着**消息**（message），即**信息**（information）。这些是消息的显著的统计特征。是不是还有其他统计特征可以同样地作为传送信息的工具或手段呢？

到目前为止，用来传送信息的消息的唯一的统计特征是频率（每秒的脉冲数），因为我们将消息理解为一个周期性或近似周期性的脉冲序列。

显然地，消息的其他统计特征也可以被运用：之前提到的频率是单一脉冲序列的特征。但是，每一个有关的神经都包含有大量的神经纤维，而每一根神经纤维都能传送许多的脉冲序列。所以，我们完全有理由设想，这些脉冲序列之间的某些（统计学上的）关系也可以传送信息。关于这一点，很自然会想到各种相关系数以及诸如此类的办法。

注意到，冯·诺依曼在这一段中提到相关系数。这里指出两种相关系数，比较经典的是皮尔逊相关系数，比较新的是最大信息系数（Maximal Information Coefficient）[David N. Reshef, et al. Detecting Novel Associations in Large Data Sets. Science，334，1518（2011）]。

4.16　人脑的语言不是数学的语言

继续深入这个主题，使我们有必要探讨**语言**（language）的问题。就像之前所指出的，神经系统是基于两种类型的通信，一种是不涉及算术形式主义的，另一种涉及算术形式主义的。这就是说：一种是指令的通信（逻辑的通信），一种是数字的通信（算术的通信）。前者可以用语言来描述，而后者则是用数学来描述。

这里提到两种通信方式，指令的通信（逻辑的通信）和数字的通信（算术的通信），前者是语义的，后者是语法的。

应该意识到语言在很大程度上是历史的偶然。人类的多种基本语言通常是以各种不同的形式传递给我们的。这些语言的极大的多样性证明或证实在这些语言里并没有什么绝对的和必要的东西。正像希腊语或梵语只是历史的事实而不是绝对的逻辑的必需品一样，我们也只能合理地假定逻辑和数学也同样是历史的偶然的表达形式。它们可以有基本的变体，也就是说，它们也可以存在于我们所熟悉的形式以外的其他形式之中。中央神经系统的性质及其所传送的消息系统的性质都指明了情况确实是这样的。我们现在已经积累了足够的证据，不论中央神经系统用什么语言，它的特点是它的逻辑深度和算术深度比我们通常习惯的都要小。下面是一个明显的例子，人类眼睛上的视网膜对眼睛所感受到的视觉图像进行了相当多的重新组织。这种重新组织是在视网膜上实现的；或者更准确地说，是在视觉神经入口点上由仅仅三个顺序相连的突触实现的；也就是说，只有三个连续的逻辑步骤。在中央神经系统的算术部分所用的消息系统中，其统计特征和低精度也指出：精度的恶化（前面已经讲过）在这个消息系统中也能进行得很远。由此可知，这里存在着不同的逻辑结构，它与我们在逻辑学、数学中通常使用的逻辑结构不同。前面也指出过，这种不同的逻辑结构的标志是更小的逻辑深度和算术深度（这比我们在其他类似环境下所用的逻辑深度和算术深度小得多）。因此，当将中央神经系统中的逻辑和数学视为语言时，它们一定在结构上和我们日常经验中的语言有着本质上的不同。

冯·诺依曼在上一段提出，语言的出现是历史的偶然。人类有很多语言，这种多样性说明任何一种语言中都没有绝对的和必要的东西。比如希腊语或梵语只是历史的事实，而不是绝对的逻辑上的必需品。人类的逻辑和数学在表达形式上都是历史的偶然，它们也可以存在于现有形式之外的其他形式之中。

比如关于可计算性的判定性问题，有递归函数、图灵机、Post 等多种形式的论证，但本质是一样的，诸如递归函数、图灵机、Post 就属于历史的、偶然的表达形式。

还应该指出的是，这里所说的神经系统中的语言可能很好地对应到我们前面描述过的短码而不是完全码。当我们讲到数学时，我们可能是在讨论一种第二语言，它是建立在中央神经系统所真正使用的第一语言的基础之上。因此，从评估中央神经系统真正使用什么样的数学语言或逻辑语言的角度来看，我们的数学的外在形式不是绝对相关的。但是，上面关于可靠度和逻辑深度、算术深度的评论证明：无论中央神经系统是一个怎样的系统，它肯定不同于我们所自觉地、明确地认为是数学的东西。

"中央神经系统"对应到"中央处理单元"。

人类进行逻辑推理或算术演算时，可以延续很多步数（这里步数称为逻辑深度或算术深度），因此人类的数学表现为很深的逻辑深度或算术深度。但是神经系统采用的是很小的逻辑深度或算术深度，比如人类的视网膜对于眼睛所感受到的图像进行重新组织，是由三个顺序相连的突触实现的，即只有三个连续的逻辑步骤，逻辑深度为 3，可以限制误差的累积和传播。因此，神经系统中的逻辑结构与人类的逻辑和数学中的逻辑结构是不同的。

冯·诺依曼将神经系统所使用的语言称为第一语言，人类在讨论数学时，是在讨论建立在第一语言之上的第二语言。当将神经系统中的数学和逻辑视为语言时，它们与人类通常所说的语言有本质上的不同，两者要有一个翻译的过程，也就是虚拟化的过程。

思考题

1. 本书第 3 章和第 4 章之间有何联系与区别？
2. 人脑与计算机之间有何联系与区别？

第 5 章

论以单处理器的方式实现大规模计算能力的有效性

(吉恩·M. 阿姆达尔,1967 年)

吉恩·M. 阿姆达尔(Gene M. Amdahl)

IBM

  这篇文章在 1967 年发表于美国信息处理协会联合会春季计算机会议。注意本文的标题 "Validity of the single processor approach to achieving large scale computing capabilities"。Validity 译为"有效性"或"正当性"。

  为什么要选择这篇文章进入本书呢?计算机有三种类型:(1) 桌面计算机、(2) 嵌入式计算机、(3) 超级计算机。现在的主流处理器主要是多核处理器。无论是在处理器的层面上,还是超级计算机系统的层面上,并行计算都是一种获得高性能的重要方式。在并行计算领域有三大定律,本文对应的是第一定律。本文提出了并行计算领域的基本定律"阿姆达尔定律",注意文章的标题是《论以单处理器的方式实现大规模计算能力的有效性》,从标题上看,作者是支持单处理器,隐含地反对并行计算。这篇文章比较短,写得有点随意,且没有一个公式。据我们考证,其中的思想在冯·诺依曼 20 世纪 50 年代所著的《计算机与人脑》中已有(见 4.9.6 节)。从这个意义上说,阿姆达尔定律的源头至少可以从 1967 年向前推 14 年。

  阿姆达尔定律是计算机体系结构的基本规律之一。虽然都是定律,阿姆达尔定律和摩尔定律性质不同,摩尔定律不仅反映了物理上的必然性,还反映了市场竞争等经济学上的必然性,因此不是纯粹的物理定律。阿姆达尔定律反映了物理上的必然性,是纯粹的物理定律。阿姆达尔定律讨论的主题的关键词是"瓶颈、并行、串行、系统均衡",毫无疑问,这些是设计任何一个计算机系统都必须始终优先考虑的事项,因此近 60 年前的这篇经典文献值得仔细回顾和深思。

  注意本章对应的原文没有分节,本书对其进行了分节,并加了标题。

5.1 引言

  十几年来,预言家们一直认为单个计算机的结构(的性能)已经达到极限,计算机再想获得真正意义上的显著进步,只能通过将很多计算机互连在一起合作求解问题。大家各自指明了自己认为正确的研究方向,有人觉得是具有通用化互连存储器的通用计算机,有人觉得是拥有与几何学相关的存储器互连网络并由一或多个指令流控制的专用计算机。

对计算机体系结构研究人员和设计人员来说，采用单处理器还是多处理器，串行还是并行，通用还是专用，是他们在进行计算机设计时需要考虑的基本问题。

本文展示了单处理器方法的持续有效性，以及多处理器方法应用于实际问题时的缺点和随之产生的不规则性。

这一段给出了本文的核心观点。

本文的论据是基于过去十年来计算机上计算的统计特征以及实际问题中的运算要求。同时我们还参考了一篇斯坦福大学商学院肯尼斯·F. 奈特（Kenneth F. Knight）教授于 1966 年 9 月在《自动数据处理》（*Datamation*）杂志上发表的论文《计算机性能数据的变化》，这篇论文可以说是截至目前对相对计算能力分析最透彻的文章之一。

5.2　串行负载的比例

我们关注的第一个特征是与数据管理总务（data management housekeeping）相关的计算负载的比例。该比例在近十年来几乎从未改变过，并且占据了程序运行时被执行指令的 40%。在完全专用的计算机中，这个比例可以减少一半，但不太可能减少三分之二。这种开销的性质是串行的，因此不太可能适合用并行处理技术进行处理。即使数据管理总务在单个处理器中完成，仅是开销一项就将吞吐量的上限定格在串行处理速度的五到七倍。而问题的非数据管理总务部分可以将处理器性能利用到数据管理总务处理器性能的三到四倍。在这一点上我们可以得出一个很显然的结论，花费在达到高并行处理速度上的努力是白费的，除非能够同时以几乎相同的幅度改善串行处理速度。

这段话的首句是 "The first characteristic of interest is the fraction of the computational load which is associated with data management housekeeping." 这里 data management housekeeping 被翻译为 "数据管理总务"，主要起到数据 "划分、分发、协同、控制、同步" 的作用，所以 "housekeeping" 的性质是串行的。

这段话的第二、三句是 "This fraction has been very nearly constant for about ten years, and accounts for 40% of the executed instructions in production runs. In an entirely dedicated special purpose environment this might be reduced by a factor of two, but it is highly improbably that it could be reduced by a factor of three."。第二句的 production run 是指应用程序的运行。第三句话的翻译是比较考验英文功底的。reduced by a factor of three 表面意思是 "减少三倍"，不应理解为减少三分之一，正确的理解是 "减少为原来的三分之一"。

X is reduced by a factor of Y (The result is "X divided by Y")

X is increased by a factor of Y (The result is "X multiplied by Y")

40% reduced by a factor of 2 就是 20%，40% reduced by a factor of 3 就是 13.3%。

这段话的末尾一句，"花费在达到高并行处理速度上的努力是自费的，除非能够同时以几乎相同的幅度改善串行处理速度"，可以认为是"阿姆达尔定律"的定性表述。后来的研究者根据这个表述，给出了下面的形式化描述：

$$\text{Speedup} = \frac{1}{f + \frac{1-f}{n}}$$

这里 f 为串行的比例，n 为处理器的数量，Speedup 为多处理器相对单处理器的加速比。

当 f 为 20% 时，加速比的上限是 5；当 f 为 13.3% 时，加速比的上限约为 8。但后者很难达到，所以作者说"即使数据管理总务在单个处理器中完成，仅是开销一项就将吞吐量的上限定格在串行处理速度的五到七倍"。

"这种开销的性质是串行的，因此不太可能适合用并行处理技术进行处理。"这句话是这篇短文中最重要的表述之一。

5.3　影响并行度的非规则性等因素

数据管理总务处理并不是困扰过度简化的高速计算方法的唯一问题。具有实际意义的物理问题往往具有很大的复杂性。造成这种复杂性的因素包括：边界可能是不规则的；内部可能是不均匀的；所需的计算可能取决于各点上变量的状态；不同物理效应的传播速度可能区别很大；收敛速度和收敛性可能在很大程度上取决于后续过程中扫过网格时沿不同坐标轴的速度，等等。在并行处理系统中，这些因素中的每一个因素对基于几何相关处理器的计算机结构影响都非常大。就算是对于有着规则矩形边界的问题，也存在一个很有意思的性质，即在 N 维空间中，最近邻计算要处理 3^N 个不同的几何点。如果还考虑第二近邻，要处理的几何点会有 5^N 个。内部不均匀和边界不规则都会使这个问题复杂化。依赖于变量状态的计算要求处理每个点所消耗的计算时间与计算大区域内所有物理效应总和的时间大致相同。传播速度的差异或变化可能会影响网格点之间的关系。

理想情况下，在进行邻近点对所考虑的点作用的计算时，应考虑它们先前的值，这些值与网格间距成正比且与传播速度成反比。由于时间步长通常保持不变，因此在某些效应中，更快的传播速度就意味着会与更远的点发生相互作用。最后，在后续过程中沿不同坐标轴扫描网格的这种常规做法，会带来影响到全部处理器的数据管理问题；然而，且不提改进输入输出调度对几何相关处理器的影响，转置存储所有点所造成的影响会更加严重。在考虑并行处理设备时，与对问题进行简化的、正规化的抽象操作带来的性能上的影响相比，这些非规则性对实际性能的影响会降低约二分之一到一个数量级。

5.4　串行负载的比例和问题非规则性的影响的量化结果

为了总结数据管理总务处理和问题非规则性所产生的影响，我比较了三种不同的但硬件数量大致相同的机器结构。机器 A 有 32 个算术执行单元，这些单元是由单个指令流控制。机器 B 有流水线算术执行单元，这些单元可在具有八个元素的向量上进行最多三项重叠运算。机器 C 同样具有流水线算术执行单元，并且其启动单个运算的速度与机器 B 所容许的向量元素运算速度相同。三台机器的性能以可并行指令数百分数的函数的形式表示在图 5-1 中。运算的可能范围集中在一个点附近，与该点（可并行比例为 65%）对应的情形是，25% 是数据管理开销，10% 是问题求解过程中必须串行执行的运算。

图 5-1 中纵轴的"性能"是指"加速比"，参照的基准对象（baseline）是没有 SIMD 技术（即只有一个算术执行单元）、没有流水线的机器。

机器 A：没有流水线，但对可并行部分支持 SIMD 技术（宽度为 32），加速比曲线为

$$S_A = \cfrac{1}{\cfrac{1-x}{1} + \cfrac{x}{32}}$$

当 $x = 0.65$ 时，

$$S_A = \cfrac{1}{\cfrac{0.35}{1} + \cfrac{0.65}{32}} = 2.7$$

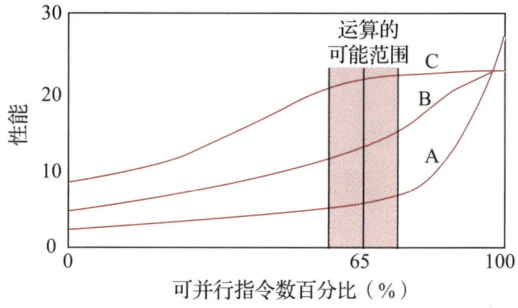

图 5-1　三种不同计算机在不同可并行比例下的性能（论文原图）

机器 B 和 C 是机器 A 的改进。

机器 B：对全部负载支持流水化（3 级流水），对可并行部分支持 SIMD 技术（宽度为 8）和流水化（3 级流水），加速比曲线为

$$S_B = \cfrac{1}{\cfrac{1-x}{3} + \cfrac{x}{8 \times 3}}$$

当 $x = 0.65$ 时，

$$S_B = \cfrac{1}{\cfrac{0.35}{3} + \cfrac{0.65}{8 \times 3}} = 6.9$$

第 5 章　论以单处理器的方式实现大规模计算能力的有效性（吉恩·M. 阿姆达尔，1967 年）

机器 C：对全部负载支持流水化（3 级流水），启动标量运算的速度与机器 B 所容许的向量元素运算的速度相同，对可并行部分支持 SIMD 技术（宽度为 8）和流水化（3 级流水），加速比曲线为

$$S_C = \frac{1}{\frac{1-x}{8} + \frac{x}{8 \times 3}}$$

当 $x = 0.65$ 时，

$$S_C = \frac{1}{\frac{0.35}{8} + \frac{0.65}{8 \times 3}} = 14.1$$

当可并行比例为 0% 时，程序中的指令只能串行执行。机器 A 的 SIMD 部件利用率仅为 1/32，性能与基准机器一样（即加速比为 1）；机器 B 有 3 级流水，能够支持 3 条指令重叠执行，加速比为 3；机器 C 的标量运算速度为原来的 8 倍，加速比为 8。

当可并行比例为 100% 时，程序中的指令都可以并行执行。机器 A 支持的 SIMD 宽度为 32，加速比为 32；机器 B 支持的 SIMD 宽度为 8，且有 3 级流水，加速比为 24；机器 C 拥有与机器 B 相同的流水化向量执行单元，加速比也为 24。

需要注意的是，原文的图存在一些不影响其结论的错误（正确的图应为图 5-2）：虽然机器 B 和 C 在可并行比例为 0% 和 100% 时的性能加速比值是正确的，但中间的数值却不尽准确。机器 B 和 C 的加速比函数应是凹函数（即二阶导数大于 0），加速比曲线的增长与机器 A 一样是逐渐加快，而不是先快后慢。虽然这导致机器 B 和 C 在并行比例为 65% 时的数值不准确，但不影响它们加速比的相对大小，不影响论文的基本结论。

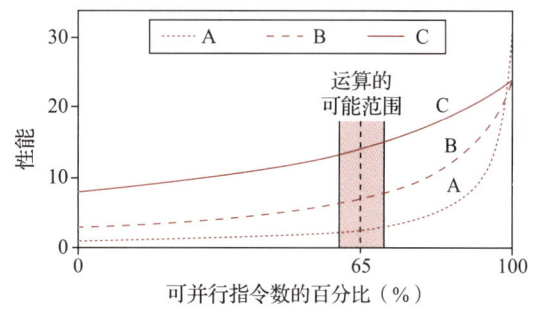

图 5-2　三种不同计算机在不同可并行比例下的性能（编译者重新绘制的图）

5.5　多处理器的性价比较低

奈特（Knight）教授曾对历史上的性能与计算机成本之间的关系做过很透彻的研究。他提供的数据经过了细致的分析，不仅反映了算术运算的执行时间，还反映了推荐配置的最低成本。他将内存容量的影响、输入输出的重叠以及特殊功能都考虑进来。在任何工艺水平上，获得的最佳统计拟合都对应于性能与成本的平方之间的正比关系。这一结果非常有力地支持了经常被引用的"格罗希定律"（Grosch's law）。通过这一分析，我们可以得出，如果单个系统中可

被利用的硬件数量变为原来的两倍，就有望将性能提升到原来的四倍。唯一的困难在于该如何利用这些额外的硬件。任何时候，我们都很难预见有效解决串行计算机中先前瓶颈的方式。因为如果这些瓶颈很容易就能被解决，它们也不会成为瓶颈。确实，历史事例表明接二连三的障碍已经被跨越了，所以我们可以援引亚当·克莱顿·鲍威尔牧师的话——"坚持你的信念，亲爱的!"或者，如果我们决定通过将两个处理器与共享内存并排放置来提高性能，那么硬件数量会变成原来的大概2.2倍。另外十分之二的硬件用于实现共享的交叉开关，那么最终获得的性能约为1.8倍。这个数字是基于这个假设得出的：每个处理器用大约一半时间使用一半的内存空间。共享系统中产生的内存冲突将使两个操作之一的执行时间延长四分之一。最终结果就是单个较大处理器的性价比下降到了0.8，而非提升到2.0。

这一段提到格罗希定律，这个定律比摩尔定律还要早。1953年，埃布·格罗希（Herb Grosch）提出一个观察：计算机性能随着成本的平方而增加，也就是说，如果计算机A的成本是计算机B的两倍，那么计算机A的速度应该是计算机B的四倍。

上面这段中的单个较大处理器就是指共享内存的多"核"处理器（当然这里多核未必在同一芯片上）。

例题：上面这段话的逻辑是什么？或者说，论点和论据是什么，论证是如何展开的？

解答：作者说"很难预见有效解决串行计算机中先前瓶颈的方式。因为如果这些瓶颈很容易就能被解决，它们也不会成为瓶颈。"

这里有个问题：瓶颈是否可以被逐渐解决呢？所以作者退一步说，"确实，历史事例表明接二连三的障碍已经被跨越了"，但他很快就以共享存储系统的例子说明瓶颈不容易解决。

要注意到，作者除了关注性能，还关注性价比（在实际生活中，很多人往往只看加速比），共享内存的双核处理器的性能确实是增加了，变为单核时的1.8倍，但性价比变为单核时的0.8。

真理往往就隐藏在这些曲曲折折的论证和重要的概念思辨之中。在近50年后的今天看来，阿姆达尔定律是对还是错？答案是，它既对了，又错了，或者说，它既有对的一面，又有错的一面。对的一面是作者看到了并行计算有很多不利的因素；错的一面是作者对持续跨越障碍过于悲观，把不确定性当成了不可能性。

作者说"唯一的困难在于该如何利用这些额外的硬件。任何时候，我们都很难预见有效解决串行计算机中先前瓶颈的方式。因为如果这些瓶颈很容易就能被解决，它们也不会成为瓶颈。"但我们人类凭借自己的智慧和努力不断地改进算法，通过具体问题具体分析，不断地创造奇迹（抓住了本来就客观存在但未必显而易见的优化机遇，做到了原来看起来很难做到的事情）。

错误的一面后来被高斯塔弗逊定律和孙倪定律等理论修正。

例题：为什么说"共享系统中产生的内存冲突将使两个操作之一的执行时间延长四分之一"？

解答：在没有访存冲突时，假设每个操作的时间为 T。当两个操作发生访存冲突时（冲突发生的概率为 1/2），其中一个操作要被延后 $T/2$，所以共享系统中产生的内存冲突将使两个操作之一的执行时间延长四分之一（即 $1/2 \times T/2$）。被延后的那个操作的执行时间变为 $5T/4$，对应的处理器性能变为原来的 4/5；另一个处理器性能不变；所以整个系统"最终获得的性能约为 1.8"。1.8 与 2.2 之比约为 0.8，所以性价比下降到了 0.8。

5.6　关联处理器与非关联处理器的比较分析

关联处理器与非关联处理器的比较分析远没有那么容易和明显。在一些常规条件下，有一种相当直接的方法。考虑一个为模式识别设计的关联处理器，在该处理器中，一个单元内的决策被转发到一组其他单元中。在关联处理器设计中，接收单元将有一组源地址，这些源地址将通过关联技术识别是否要接收当前声明单元的决策。为了实现相应的专用非关联处理器，我们可以将接收单元及其源地址视为一条指令，并将其二进制的决策保存在寄存器中。考虑到我们使用的是薄膜存储器，一个关联周期会比一个非破坏性的读周期长。通过类比，可以预计专用非关联处理器花费的存储周期数量大约是关联处理器的四分之一，而时间只有辅助处理器的六分之一。这些数据完全是对模式识别任务计算得出的，并且每个阶段的比例略有不同。我们不打算在这里提出一边倒的主张，而是希望从两种方法中调查研究每个需求。

思考题

1. 在吉恩·阿姆达尔看来，并行计算存在哪些障碍？这些障碍在 20 世纪 60 年代的严重程度如何？在当今的严重程度如何？
2. 思考计算机系统的性能存在哪些限制？在全部的各种限制之中，阿姆达尔定律所述的限制处于怎样的位置？

第 6 章

多高速缓存系统中一致性问题的一个新解决方案

(卢西恩·M. 申瑟等，1978 年)

卢西恩·M. 申瑟（Lucien M. Censier） 保罗·费奥特里耶（Paul Feautrier）

本章回顾了关于高速缓存一致性解决方案的一篇经典论文。这篇论文发表于 1978 年 12 月出版的 *IEEE Transactions on Computers*。我们先看一下文末两位作者的介绍。卢西恩·M. 申瑟 1932 年出生于法国巴黎，24 岁获得学士学位，在 1970 年之前，他主要从事将先进技术应用到多层存储的研发工作，在 1970 年至 1974 年，他参与了一个新的小型计算机的设计与实现，从 1974 年之后，他致力于研究体系结构、存储层次结构、系统间通信。他在 1978 年撰写本篇论文时在霍尼韦尔公司工作。第二作者保罗·费奥特里耶也出生于法国，当时在做理论计算机科学和体系结构研究。

一致性是为了保证正确性，正确性是高性能的前提，保证正确性本身需要一定的代价。

该论文对于理解并行计算、团队合作具有重要意义。该论文提出的协议设计、量化评估都给人留下了深刻的印象，直到今天该论文所提出的方案仍然被很多处理器使用。

摘要：只要存储器层次结构（memory hierarchy）的某一层次被分割成多个独立的单元，从更快的层次或处理器不能同等地访问这些独立部件，存储层次结构就有一致性问题。对这些问题的传统的解决方案，例如在多处理器（multiprocessor）、多高速缓存系统（multicache system）中，是通过一组高速互连总线在这些独立单元之间保持一定程度的关联。这一解决方案不是完全令人满意，因为它倾向于减少存储器层次结构的吞吐量且增加存储器层次结构的成本。

这里给出一种新的解决方案：存在标识（presence flag）解决方案。它比传统解决方案有更低的成本和更少的开销。该解决方案的一个重要特征是，在一个高速缓存-内存子系统中，可以延迟更新（delay updating）主存直至在高速缓存中需要这个块（操作的非载出直通模式）。

索引词：高速缓存，一致性，存储器层次结构，多处理器系统，非载出直通（nonstore-through）

6.1 引言

计算机应该使用存储器层次结构的想法可追溯到该领域的早期。例如，冯·诺依曼等人的一篇经典论文[11]中有关于存储器层次结构的建议。存储器层次结构是有用的，因为主存的访问时间随其大小的增加而增加。只要需要一定的容量，主存就固有地比处理器慢，从而成为系统的瓶颈。通过增加一个与处理器速度相配的小存储器，只要该存储器被聪明地使用，就可期望获得性能的显著改进。

上面这一段引用的文献 [11] 是 1963 年出版的冯·诺依曼著作集（collected works）。注意，冯·诺依曼是 1957 年去世的。在本书第 4 章可以看到，冯·诺依曼很早就详细论述了存储器层次结构的思想。

自动化这一过程的第一个系统是 ATLAS 按需调页分页管理器（demand paging supervisor）[5]。ATLAS 存储器层次结构有两级：一个核心存储器和一个磁鼓。由于磁鼓的时延是在若干微秒的数量级上，有可能将管理器作为一个软件模块实现。

以软件模块实现管理器，往往不能提供过快的响应速度（比如纳秒级的响应周期），一般只能提供微秒级的响应速度。

第一个提议将类似技术应用到更快层次的是 Bloom 等人。在一系列理论研究[9,12]之后，该思想的首次实现是 IBM 360/85[4,6,7]。作为成果的设备，高速缓存存储器（cache memory）现在是中高性能范围计算机的一个部件。

在该系统中，所有数据通过主存地址引用。在任意给定时刻，主存的某一个子集被复制到高速缓存中。如果处理器从该子集中读取一个数据，那么对应的值无须访问主存即可被返回，经过的延迟与处理器时钟周期在同一数量级。该事件称为一次"命中"（hit）。目录记录了存在于高速缓存中的全部数据的地址。为减少目录的大小，主存和高速缓存被划分成大小相等的"块"，块中所有的比特位要么同时存在于高速缓存中，要么同时不存在于高速缓存中。数据块就成为高速缓存中的分配单元以及高速缓存与主存之间传递的最小数据量。哈希编码（hash-coding）和关联（associative）技术的结合被用于实现对目录的快速查找算法[1]。

数据块具有量子性（quantum），数据块中所有的比特位要么同时存在于高速缓存中，要么同时不存在于高速缓存中。数据块就成为高速缓存中的分配单元以及高速缓存与主存之间传递的最小数据量。

上面这一段最后一句提到的文献［1］的第三位作者就是戈登·贝尔（超级计算领域的戈登·贝尔奖以他的名字命名）。

除了主存地址，目录可能包含每个高速缓存块的一些标识位（flag）。有效标识位（VALID flag）在被置位时表示相应的块确实保存与它的主存地址对应的最新信息。有效标识位在高速缓存中的内容未定义时（例如在初始阶段程序加载时）被复位。一些设计包括修改标识位（MODIFIED flag）。当修改标识位被置位时，它表示该数据块已被所附的指令处理器修改了。

一个高速缓存系统的有效访问时间关键取决于命中率（hit ratio），也就是被请求的数据存在于高速缓存中的概率。而命中率取决于通过替换算法对高速缓存内容的恰当选择。只有在处理器的一次访问后发现一个数据块不在高速缓存中（一次"缺失"）时，数据块才被复制到高速缓存中。这意味着另一数据块必须被驱逐出去。通常的选择是拥有相同哈希编码的一组块中最近最少使用的（LRU）那个块。显然，当高速缓存中包含带有效位复位的一些数据块时，这些数据块需要先被用完，有效数据块才会被驱逐。

被驱除出去，对应的英文为 be expelled 或者 be evicted。

两种截然不同的操作模式已被提出来用于处理载出（STORE）访问。在载出直通（store-through）模式中，一个被修改的数据总是写入内存，而只有其已经在高速缓存中时才被写入高速缓存。这种模式用在大多数系统（IBM 370/168 等）中。在非载出直通模式中，载入（LOAD）访问和载出（STORE）访问以相似的方式被处理：如果被写的数据块不在高速缓存中，那么就从内存中将其复制到高速缓存中。接下来对该数据块的所有访问，无论是读（READ）还是写（WRITE），都由高速缓存处理，直到该块被替换算法选中。数据块被替换算法选中时，该块被写回到主存。如果实现"修改位"（MODIFIED bit），对于在处于高速缓存期间没有被写入的块，则该步可绕过。最终结果是由处理器发出的一个存储访问可能导致 0、1 或 2 次对内存的访问，因此使数据访问算法的定时变得复杂。

本文中同时涉及 LOAD、STORE、READ、WRITE，我们分别翻译为"载入""载出""读""写"。

例题：如果非载出直通模式，且有效位和修改位均实现，那么由处理器发出的一个存储访问可能导致多少次对内存的访问？为什么？

解答：由处理器发出的一个存储访问，可能有以下情形：（1）所访问的数据处于高速缓存中；（2）所访问的数据不在高速缓存中，这时需要访问主存获得数据，将数据存入高速缓存，这种情形又可分为三种子情形：(2.1) 高速缓存有空闲位置，(2.2) 高速缓存中没有空闲位置，需要替换一个未被修改的数据块，(2.3) 高速缓存中没有空闲位置，需要替换一个被修改的数据块。

情形 (1) 不需要访问主存，情形 (2.1) 需要访问 1 次主存，情形 (2.2) 需要访问 1 次主存（被替换的数据块因为未被修改，不需要写入主存），情形 (2.3) 需要访问 2 次主存（被替换的数据块因为被修改，需要写入主存）。

综上，由处理器发出的一个存储访问可能导致 0、1 或 2 次对内存的访问。

非载出直通模式的优点是，至少在理论上，可通过充分增加高速缓存的大小使访问主存的比率减少到任意期望值。相比于此，对载出直通模式，对主存的访问比率不可能低于处理器写访问的比率。对指令混合流的考察发现，访问的比率取决于处理器体系结构，有 1/10～1/3 的访问是载出访问。那么该值就成为载出直通模式中高速缓存缺失率的下限。支持这些观点的一个模拟分析见贝尔等人的文献[1]。

当应用到多处理器系统中时，这两种操作模式都遇到一致性问题。如果载入指令的返回值总是最近访问相同地址的载出指令提供的值，那么一个存储方案是一致的。显然如果在一个存储器层次结构中多层之间只有一个访问通路，就没有一致性问题。但是这引起高性能系统中的技术问题。这个唯一的访问通路必须非常快。进一步地，高速缓存要与其处理器紧密地集成在一起来避免传输延迟。另一方面，输入/输出处理器的数据速度远低于指令处理器的数据速度。输入/输出处理器发送的数据地址之间没有局部性，因此将它们与高速缓存相连没有性能优势。这引起了新的一致性问题。

举一个具体的例子，让我们考虑在非载出直通模式中一个拥有两个高速缓存的双处理器系统的简单情形，主存被两个处理器共享。设 T_1 和 T_2 是运行在拥有 K_1 和 K_2 两个高速缓存的处理器 P_1 和 P_2 上的两个任务。设 a 为由这两个任务读和修改的一个数据块的主存地址。可以假设 T_1 和 T_2 都被正确编程：例如，对 a 的内容的所有修改都在临界区中被保护。T_1 对 a 的内容的修改在 K_1 中完成，但没有被传输到主存；结果，接下来 T_2 发起的载入将获得 a 的一个旧值。

当一个任务 T 可以由 P_1 或 P_2 执行时，例如，取决于外部中断信号的到达时间，会出现另一个困难。很可能发生的是，a 在两个高速缓存中均有一个副本；在这种情况下 K_1 中对 a 的修改没有反映到 K_2。在处理器切换到 P_2 后，T 将获得 a 的旧值。这个例子说明即使任务之间没有共享数据，也可能存在一致性问题。

为什么说"即使任务之间没有共享数据，也可能存在一致性问题"？因为这里只有一个任务 T！

显然，载出直通模式自身不足以保证一致性。在上面的例子中，如果遇到载入指令，两个处理器都不会访问主存，P_1 和 P_2 对 a 的内容的修改将被完全分开。

例题：为什么说，上面的例子中，如果遇到载入指令，两个处理器都不会访问主存，P_1、P_2 对 a 的内容的修改将被完全分开？

解答：载出直通模式中，主存中总是有最新的副本，但载入指令没有机会访问主存，它只能从所在的处理器所附属的高速缓存中获取数据，但一个处理器修改副本后没有向拥有副本的另一处理器所附属的高速缓存发使无效或更新命令。

显然，一致性问题的一个解决方案意味着使数据块无效，当存在这样的风险时，这些数据块的内容在系统的其他地方被修改。有人可能在一些仔细选择的事件（任务切换、从临界区中跳出等）上使用完全预防性的使无效。可以证明在无编程错误时，这一做法足以保证一致性。但这种解决方案将极大地降低高速缓存命中率，从而不适用于高性能系统。

这一段第一句指出了高速缓存一致性协议的本质。一旦存在数据块中的内容在系统的其他地方被修改的风险，就作废数据块。

在另外一种解决方案中，被修改数据块的地址在整个系统内被广播以使之无效。这是传统的解决方案，将在 6.2 节中研究。我们将接着描述一种新的解决方案，通过保存数据块副本的位置标签（tab）来减少使无效频率的数量级。

6.2 传统解决方案

这一节介绍的方案实际上是作者即将要对标的方案，首先需要介绍这个方案的原理和缺点。

该解决方案发现在双处理器（biprocessor）系统中或有一个独立的输入/输出处理器的单处理器（monoprocessor）中。这些系统使用载出直通（store-through）模式。

为了保证一致性，每个高速缓存连接到一个辅助数据通路上，其他所有的主动单元将要修改的数据块的地址发到该数据通路上。每个高速缓存永久地监视该通路，在收到的所有地址上执行查找算法。在命中时，被影响的数据块的有效位就关闭了。

该方案的缺点如下：

（1）使无效数据通路必须容纳很高的流量。大多数处理器体系结构的平均写比率是 10% 到 30%。对一些指令，峰值比率更高，对于长整型移动指令，比率是 50%，对于立即数移动指令，比率是 100%。如果处理器的数量超过两个，在一个高速缓存和其所附的处理器之间的生产性流量（productive traffic）可能少于该高速缓存与所有其他处理器之间的寄生性流量（parasitic traffic）。这解释了为什么传统的方案使系统局限于至多两个高速缓存。

这一段提到的生产性流量和寄生性流量是两个重要的概念，就像数据移动是为辅助计算而产生的，寄生性流量是伴随生产性流量而产生的。当辅助的、寄生性的流量超过主要的、生产性的流量时，可能就得不偿失了。

（2）除非采取特别防备措施，高速缓存将花费其大部分时间监视寄生性流量。该问题的常见解决办法是复制高速缓存目录。我们没有必要对两个副本进行互锁访问，除非需要对目录进行修改：这是相对很少发生的事件。

（3）为容纳峰值使无效流量，可能必须插入一个小的缓冲区来使被修改数据块的地址入队。如果处理器 P_1 的一个读请求在另外一个处理器的修改和 P_1 高速缓存中的实际的使无效之间执行，就存在非一致性的一个小概率。该现象可能发生，也可能不发生，这取决于诸如高速缓存与主存的相对定时、优先级方案等参数。所引起的很低频率的非一致性可能被认为是由于非可再现的硬件错误。

这一节非常精炼地说明了传统解决方案的缺点，特别是将流量区分为生产性流量和寄生性流量。生产性流量是主要的，是对计算性能有直接贡献的，寄生性流量对计算性能没有直接贡献。寄生性流量往往是为了程序的正确性和安全性而产生的。从计算性能的角度，希望寄生性流量少于生产性流量。

6.3 "存在标识"技术

这篇文章论述了标识技术（flag technique）。标识（flag）类似于标签（label），标识、标签提供了后续的管理控制所需的信息。标识什么呢？标识是不是存在（对应"存在标识"），标识是不是私有（对应"私有标识"），标识是不是被修改过（对应"修改标识"），等等。

该方法的目标是通过过滤全部或几乎全部的没有作用的使无效请求，来减少一致性开销。

首次过滤是给每个高速缓存块附加一个"私有标识"（PRIVATE flag）。当该标识在高速缓存中被置位，该高速缓存就唯一拥有该块有效副本。因此，后续载出访问的所有使无效请求可被禁止（见图 6-1）。

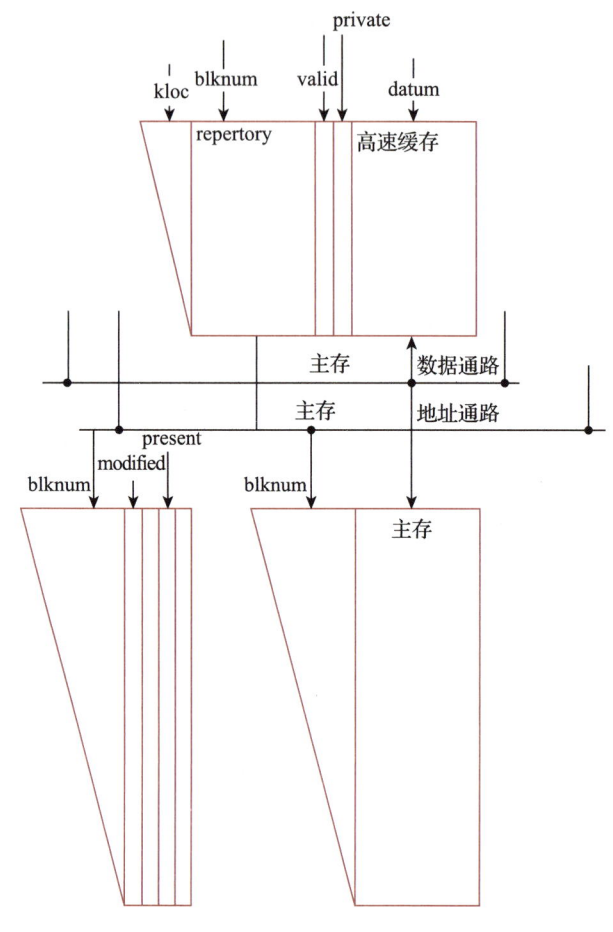

图 6-1 多高速缓存系统的概念设计

第二次过滤可在主存控制中实现。在基本设计中，每一个主存块附加一些存在标识位；对数据块 a 和高速缓存 k 来说的"存在标识"（PRESENT flag）的置位，意味着 a 在 k 中有一个有效副本。该副本与主存中的相应部分可能相同，也可能不同。当某个高速缓存与主存发生不一致时使无效或更新请求只需发往"存在标识"被置位的那些高速缓存。

第三次过滤通过为主存中的每一块附加一个"修改标识"（MODIFIED flag），当主存块中的内容与所有高速缓存副本相同时，该标识复位。这允许禁止对只读数据（例如指令）的所有更新请求。

从处理器的角度看，"修改标识"和"存在标识"是不可见的。它们可被存储在作为主存控制器一部分的一个小的辅存中。这个表可通过地址的高位（或块号）被访问，与访问主存数据栈是并行的。

该方案的位开销不是很大：对适度规模的块，该方案的开销远低于大多数错误检测/校正设计的开销。如果觉得开销太大，可以将主存以确定大小的页进行划分，将在一个页面中的所有块的"存在标识"存储在一起，代价是使无效请求的数量稍微增加。

"私有标识""存在标识""修改标识"的下列性质对一致性算法的正确性是重要的：

（1）对数据块 a 和高速缓存 k 来说，如果主存中"存在标识"被置位了，那么 a 在 k 中有一个有效副本。

（2）对数据块 a 来说，如果主存中"修改标识"被置位了，那么 a 在某个高速缓存中有一个有效副本且其在主存的最新更新以后已被修改。

（3）对高速缓存 k 中的一个有效块 a 来说，如果"私有标识"被置位了，那么在其他高速缓存中没有 a 的副本。这意味着 a 在主存中只设置了一个"存在标识"。

（4）对高速缓存 k 中有效数据块 a 来说，如果"私有标识"复位了，那么 a 的内容就与主存中的相应部分相同了。这意味着对 a 来说，"修改标识"复位了。

数据访问算法必须以这样的方式定义：除了在过渡时间外，这些性质一直成立。

这些算法被划分成在高速缓存控制器和主存逻辑中异步运行的两个进程。这两个进程交换命令和同步信号。这些命令的一个列表及简述如下。每一命令的精确描述以 ALGOL 程序的形式在本章附录中给出。整型数组被用来代表主存、高速缓存和目录。布尔数组代表各种标识（见图 6-2）。

在这种表示模式中，不能呈现算法各步之间的并行性。一种方法是，每一过程调用将在实际系统中被这样替代：发出一命令，接下来等待一个"完成"（DONE）信号。为避免死锁，必须构思某种优先级方案。我们的建议是使高速缓存控制器一直遵守主存命令，即使在等待一个完成信号时也如此。避免死锁的责任就落在主存控制上。

6.3.1 指令处理器命令

（1）LOAD 请求一个指定存储位置的内容。

（2）STORE 请求修改一个指定存储位置的内容。

这些命令由高速缓存控制器执行。为了简化，假设 LOAD 和 STORE 常作用在整个高速缓存块上。用于实现部分的 LOAD 和 STORE 的修改是不言而喻的。

6.3.2 高速缓存命令

（1）READ 请求主存一个指定位置的内容。

（2）WRITE 请求修改主存一个指定位置的内容。

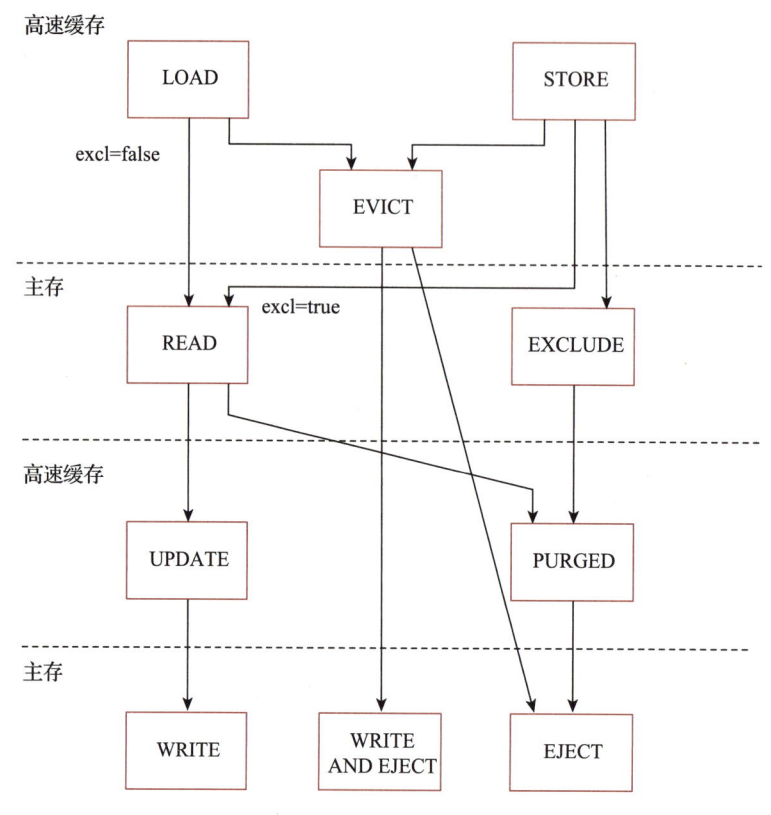

图 6-2　一致性算法的结构图

（3）EJECT 意味着高速缓存中一个非 PRIVATE 块已被使无效。

（4）WRITE AND EJECT 将 WRITE 和 EJECT 作用组合在一起。

（5）EXCLUDE 意味着一个 VALID 块将被修改且所有复制都必须被清除（PURGED）。

READ 可以按下述两种模式执行：

a）标准模式在 LOAD 之后使用。拥有指定块副本的那些高速缓存将被请求将其内容发回主存。

对应读缺失的情形。

b）独占模式在 STORE 之后使用。拥有指定块副本的那些高速缓存将被请求使无效对应的副本。

对应写缺失的情形。

在下面给出的 ALGOL 程序中，这两个模式通过一个布尔声明加以区分。这些命令由高速缓存控制器发出，由主存控制器执行。

6.3.3 主存命令

（1）UPDATE 请求复制指定块的内容到主存。
（2）PURGED 与 UPDATE 类似，但指定块必须被使无效。

这些命令由主存控制器发出，由高速缓存控制器执行。

6.3.4 存在标识技术的可变因素

有人可能会觉得，将一些存在标识与主存中每个块附在一起是一个很大的开销。一种解决方案是将主存划分成页面（可能与请求分页算法中用到的页一样，也可能不一样），为每一个页附一个存在标识。该标识被置位，意味着从该页中至少有一个块复制到相应的高速缓存中。为有助于设置这些标识，必须实现块计数器，它可方便地位于每个高速缓存中的一个辅助低速关联存储器中。在每次 READ 时一个页的块计数增加，在一次替换或成功的 EXCLUDE 后减少。当它的值为 0 时，WRITE 由 WRITE AND EJECT 替代，因此将主存中相应的存在标识复位。

在基本技术上还有其他有趣的可变因素。例如，在一次 LOAD 或 STORE 后发现一个块的最新版本不在主存中而在高速缓存中，可以将内容从高速缓存到高速缓存直接传送。对主存的更新可与此传输并行。也可以推迟这一操作，直到将该块从所有的高速缓存中驱逐出去。

其他的可变因素着眼于减少缺失率，并且这些内容超出了本文的范围。这方面的例子见 Bell 等人的文献[1]。另一个例子是"部分直通载出"模式，如果块存在，就在高速缓存中执行 STORE；如果块不存在，就在主存中执行 STORE。读者很容易确信这些可变因素对一致性没有影响。

6.3.5 性能估计

在简化系统数据访问行为的假设下，可给出不同一致性方案的一个粗略比较。我们将使用开销周期（执行 PURGE 和 UPDATE）与有用周期（执行 LOAD 和 STORE）的比率作为一个性能指标。

PURGE、UPDATE、LOAD 和 STORE 这四种命令都是由高速缓存控制器执行。

系统中高速缓存的数量为 n。每个高速缓存包含 k 个块，主存包含 m 个块，α、β、γ 分别代表取指令和常数的比例、取变量的比例、修改的比例。显然，

$$\alpha + \beta + \gamma = 1$$

α、β、γ 分别代表取指令和常数的比例、取变量的比例、修改的比例，其中前两种是 LOAD，第三种是 STORE。

假设每个高速缓存中的内容是主存中内容的随机选择。因此，一个给定块在一个给定高速缓存中的概率是 k/m。

注意，"每个高速缓存中的内容是主存中内容的随机选择"这个假设没有考虑组相联映射，也没有考虑程序访存特征。

设给定块为主存中第 j 块。

$$P(\text{"主存中第}j\text{块在高速缓存}l\text{中存在"})$$
$$= \sum_{i=1}^{k} P(\text{"高速缓存}l\text{中第}i\text{块选择了主存中第}j\text{块"})$$
$$= \sum_{i=1}^{k} \frac{1}{m}$$
$$= \frac{k}{m}$$

处理器的数据访问不是均匀地分布在主存中。比例 $(1-\varepsilon)$ 将在所附的高速缓存中发现，剩余的访问将随机分布在主存中。为了简单起见，假设 LOAD 和 STORE 访问的命中率是相同的。这在实际中并不成立。

传统方案的开销比是

$$\rho_1 = (n-1)\gamma$$

每次数据修改引起其他所有高速缓存的一次 PURGE。

在存在标识方案中，一个首要的引起开销的原因是：当试图修改一个 PRIVATE 已经复位的块时，必须执行 EXCLUDE 命令。设 K 为收到关于块 a 的一个 STORE 命令的高速缓存，该块存在于 K 中，EXCLUDE 将在下述两种情形执行：

(1) 当另一高速缓存 K' 在 K 中最近对 a 执行 STORE 之后对 a 执行一次 LOAD。

(2) 当 a 由于一次 LOAD 而存在于 K 中，且对 a 一直没有执行 STORE。

关于引起开销的第一个原因，很容易看出，在我们的假设下，对 K 中 a 的两次访问之间的高速缓存周期平均值是 k 的数量级。另一个高速缓存在此时间间隔内对 a 进行的 LOAD 操作的概率将是 $(n-1)(\varepsilon/m)$，每个 STORE 的独占数目将是 $(n-1)\varepsilon(k/m)$ 的数量级。由于 k/m 小，对 $\gamma\varepsilon$（是缺失情形下由 STORE 引起的独占 READ 的数目）来说，这些是可忽略的。

命中时，每个 STORE 的独占数目 = $\Theta[(n-1)\varepsilon(k/m)]$，缺失时，由 STORE 引起的独占 READ 的数目 = $\gamma\varepsilon$。

关于额外开销的第二个原因，可以通过假设每一变量块在装入高速缓存后接下来将被 STORE 修改（这是一个悲观的假设）来获得额外开销的一个上限。设 π 是一个块的存在标识位的平均数量，将考察的那个高速缓存排除在外。在缺失时对变量的 LOAD 和在命中时的 STORE 引起的开销周期的平均值将以 $2\varepsilon\beta\pi$ 为上限。在缺失时由 STORE 引起的开销将是 $\varepsilon\gamma\pi$。最后，常数或指令 LOAD 将不引起开销，因为 MODIFIED 标识在该情形下将被复位。

一个块存在于 $(n-1)$ 个高速缓存中的 p 个的概率是

$$\binom{n-1}{p}\left(\frac{k}{m}\right)^p\left(1-\frac{k}{m}\right)^{n-1-p}$$

因此

$$\pi = \sum_{p=1}^{n-1} p\binom{n-1}{p}\left(\frac{k}{m}\right)^p\left(1-\frac{k}{m}\right)^{n-1-p} = (n-1)\frac{k}{m}$$

从 David Culler 书中的图 8-9 可看出，处理器发出需要作废其他副本的写操作的频率即作废频率，$P(X=0)+P(X=1)+P(X=2)+P(X=3)>0.9$，$E(X)=\pi$，当 $n=64$ 时，$\pi=63\times 8\times 10^{-3}\approx 0.5$，我们可以得到的结论是基于存储器的扁平目录没有必要为每一结点都维护一个存在标识。从节省存储空间的角度，如果为每一结点都维护一个存在标识，则大部分存在标识开销都花费在处理 $P(X>3)<0.1$ 的情况。如果我们只设置 3 个存在标识，则剩下的工作就是处理溢出的情形。

那么整个开销小于

$$\rho_2 \le \varepsilon(2\beta+\gamma)(n-1)\frac{k}{m},$$

且比率 ρ_2/ρ_1 的上限为

$$\frac{\rho_2}{\rho_1} \le \varepsilon\frac{2\beta+\gamma}{\gamma}\frac{k}{m}$$

典型值是 $\beta=0.3$，$\gamma=0.2$，$\varepsilon=0.1$，$k/m=32\times 10^3/(4\times 10^6)=8\times 10^{-3}$。有 $\rho_2/\rho_1 \le 3\times 10^{-3}$，在幅度上有三个数量级的改进。

6.4 结论

这里报告的工作与 Tang[10] 的设计看起来是相似的，我们是在不知道 Tang[10] 工作的情况下完成的这项工作。撇开词汇上的差别，高速缓存与主存之间交换的命令集几乎完全相同。但是，Tang 明确地相信他的方案的实现需要复制主存控制器中所有的高速缓存目录。我们的主要贡献是说明这并不必要。在主存中每个块只需一些位（或更少，如果遵从 6.3.4 节的建议）。我们设计中可能的主要的硬件额外开销是在存储器数据通路上，它必须能容纳一个双向控制流。

"存在标识"技术是在一个多高速缓存、多处理器结构的背景下描述的。但是它适用于多种情形。

> "存在标识"技术适用于多种情形。

第一种情形是 I/O 处理器。可将它们与主存直接连在一起，它们遵从前面各段所述的规则集，特别是对 EXCLUDE 和 EJECT 命令的使用。该技术特别适合于 I/O 处理器和指令处理器之间命令和状态信息的交换。

LOAD AND SET 将作为从处理器到高速缓存的一个不可分的 LOAD-STORE 周期实现，不需要对主存进行互锁访问。读者可能希望确信处理器执行一个"忙等"循环（LOAD AND SET 后进行一个测试）将不会访问主存，除非另一个处理器修改由 LOAD AND SET 指令访问的这个块。

另一情形是与页表、段表（存放在一个快速关联存储器中来加速虚拟地址与实际地址的转换）中提取有关。这种存储器可被视为一种高速缓存。使用存在标识将不需要在任务切换时间对关联存储器进行系统的使无效操作。

最后，这些机制可被用在一个存储器层次结构的所有层次上，只要该层次分离成若干单元，而这些单元不能被所有处理器等同地访问。

附录

程序术语索引

search	一个未指定值的布尔过程，检查缓存中是否包含给定块地址的内容。在命中的情况下，"search"返回块的缓存位置并具有值"true"。
select	一个未指定值的整数过程，它选择要驱逐的缓存块，以便在未命中后为请求的块腾出空间。
blknum	主存块地址。
knum	高速缓存标识符。

| kloc | 高速缓存块地址。 |
| nk | 系统中的高速缓存数量。 |

高速缓存表示

cache [i,j]	表示缓存 j 的数据部分的整数数组。
directory [i,j]	一个整数数组，表示内容在 cache[i,j] 中的块的主存地址。
valid [i,j]	表示有效标识的布尔数组。
private [i,j]	表示私有标识的布尔数组。

主存表示

mainmemory [i]	表示主存的数据部分的整数数组。
present [i,j]	表示存在标识的布尔数组。
modified [i]	表示修改标识的布尔数组。

```
Integer procedure load (blknum, knum);
    integer blknum, knum;
comment this procedure is executed by the cache in answer
    to a data request by an instruction processor;
begin integer kloc; boolean t;
    t:=search (blknum, knum, kloc);
    if t then t:=valid [kloc, knum];
    if not t then
    begin kloc:=evict (blknum, knum);
        cache [kloc, knum]:=read (blknum, knum, false);
        valid [kloc, knum]:=true;
        private [kloc, knum]:=false;
        directory [kloc, knum] blknum;
    end;
    load:=cache [kloc, knum];
end load;
procedure store (blknum, knum, datum);
    integer blknum, knum, datum;
comment this procedure is executed by the cache in answer to a data modification request by an in-
        struction processor;
begin integer kloc; boolean t;
    t:=search (blknum, knum, kloc);
    if t then t:=valid [kloc, knum];
    if not t then begin kloc:=evict (blknum, knum);
        cache [kloc, knum]:=read (blknum, knum, true);
        valid [kloc, knum]:=true;
        directory [kloc, knum]:=blknum;
```

```
                end;
            else if not private [kloc, knum]
                then exclude (blknum, knum);
        private [kloc, knum] := true;
        cache [kloc, knum] := datum;
    end store;


    integer procedure read (blknum, knum, excl);
        integer blknum, knum; boolean excl;
    comment this command is executed by main memory in
        answer to a data request by a cache;
    begin integer i;
        for i := 1 step 1 until nk do
            if i ≠ knum and present [blknum, i]
            then begin if excl then purge (blknum, i);
                else if modified [blknum] then
                    update (blknum, i);
            end;
        present [blknum, knum] := true;
        read := mainmemory [blknum];
        modified [blknum] := excl;
    end read;


    procedure exclude (blknum, knum);
        integer blknum, knum;
    comment this procedure is executed by main memory in
        answer to a privacy request by a cache;
    begin integer i;
        for i := 1 step 1 until nk do
            if i ≠ knum and present [blknum, i] then
                purge (blknum, i);
        modified [blknum] := true;
    end exclude;


    procedure update (blknum, knum);
        integer blknum, knum;
    comment this procedure is executed by a cache in order to
        return the latest contents of a block to main memory;
    begin integer kloc; boolean t;
        t := search (blknum, knum, kloc);
        if t then t := valid [kloc, knum] and private [kloc, knum];
        if t then
            begin write (blknum, knum, cache [kloc, knum]);
                private [kloc, knum] := false;
            end;
    end update;
```

```
procedure purge (blknum, knum);
    integer blknum, knum;
comment this procedure invalidates a bloc in a cache;
begin integer kloc; boolean t;
    t:= search (blknum, knum, kloc);
    if t then t :=valid [kloc, knum];
    if t then
        begin if private [kloc, knum]
            then write and eject (blknum, knum, cache [kloc, knum])
            else eject (blknum, knum);
                valid [kloc, knum]:=false;
        end;
end purge;


integer procedure evict (blknum, knum);
    integer blknum, knum;
comment this procedure is not a command, but a common
    part of the LOAD and STORE commands;
begin integer kloc, addr;
    kloc:= select (blknum, knum);
    if valid [kloc, knum] then begin
        addr:= directory [kloc, knum];
        if private [kloc, knum]
            then write and eject (addr, knum, cache [kloc, knum]);
        else eject (addr, knum);
    end;
    evict:= kloc;
end evict;


procedure write (blknum, knum, datum);
    integer blknum, knum, datum;
comment a procedure used to update main memory; mainmemory [blknum] :=datum;


procedure eject (blknum, knum);
    integer blknum, knum;
comment a procedure used to reset a presence flag;
    present [blknum, knum]:=false;


procedure writeandeject (blknum, knum, datum);
    integer blknum, knum, datum;
comment a combination of write and eject;
begin mainmemory [blknum]:=datum;
    present [blknum, knum]:=false;
    modified [blknum]:= false;
end write and eject;
```

参考文献

[1] J. Bell, D. Casasent, and C. G. Bell, "An investigation of alternative cache organization, " IEEE Trans. Comput. , vol. C-23, p. 346, Mar. 1974.

[2] L. Bloom, M. Cohen, and S. Porter, "Consideration in the design of a computer with a high logic-to-memory speed ratio, " in Proc. Giga-cycles Computing Systems, AIEE, Winter Meeting, Jan. 1962.

[3] C. J. Conti, D. H. Gibson, and S. H. Pitkowski, "Structural aspects of the system 360/85—General organization, " IBM Syst. J. , vol. 7, p. 2, 1968.

[4] MC. J. Conti, "Concepts for buffer storage, "IEEE Computer Group News, vol. 2, p. 9, 1969.

[5] J. Fotheringhan, "Dynamic storage allocation in the ATLAS computer, including an automatic use of a backing store, " Comm. ACM, vol. 4, p. 435, 1961.

[6] D. H. Gibson, "Considerations in block oriented system design, " in AFIPS Proc. SJCC, vol. 30, p. 75, 1967.

[7] J. S. Liptay, "Structural Aspects of the System 360/85. II The cache, " IBM Syst. J. , vol. 7, p. 15, 1968.

[8] R. M. Meade, "On memory system design, " in AFIPS FJCC, vol. 37, p. 33, 1970.

[9] A. Opler, "Dynamic flow of programs and data through hierarchical storage, " in Proc. IFIPS Congress, vol. 1, p. 273, 1965.

[10] C. K. Tang, "Cache system design in the tightly coupled multi-processor system, " in AFIPS Proc. , vol. 45, p. 749, 1976.

[11] J. Von Neumann, A. W. Burks, and H. Goldstine, "Preliminary discussion of the logical design of an electronic computing instrument, " in J. Von Neumann, Collected Works, VoL. V：Oxford：Pergamon Press, 1963.

[12] M. V. Wilkes, "Slave memories and dynamical storage Allocation, " Project MAC-M-164. Cambridge, MA：MIT, 1964.

思考题

1. 在多高速缓存系统中，为什么要保持数据一致性？一致性协议的存储代价、带宽代价、能耗代价分别是什么？与收益相比，付出这样的代价是否值得？

2. 除了本文所述的"位向量"一致性方案，还有哪些方案？当共享存储系统的规模逐渐增大时，这些方案各有哪些优势和劣势？

第 7 章

第三代体系结构可虚拟化的形式化条件

(杰拉尔德·J. 波佩克等，1974 年)

杰拉尔德·J. 波佩克（Gerald J. Popek）（加州大学洛杉矶分校）

罗伯特·P. 戈德伯格（Robert P. Goldberg）（霍尼韦尔信息系统以及哈佛大学）

这是 1974 年 7 月发表在《美国计算机学会通讯》（*Communications of the ACM*）上的一篇文章。

为什么要选择这篇文章进入本书？因为虚拟化在今天云计算中具有非常重要的地位，虚拟化对形成智能具有重要作用，而正是这篇文章第一次专门且系统地讨论了体系结构虚拟化的条件。这篇文章截至 2020 年 1 月 30 日被引用 1615 次。

在上一段中，我们在"专门且系统地"这几个字下面加了着重号，这是为什么呢？因为在第 4 章冯·诺依曼的《计算机与人脑》中提到了艾伦·图灵关于虚拟化的思想，那可以作为虚拟化思想的源头。

第二作者戈德伯格既在霍尼韦尔信息系统工作，又在哈佛大学工作。霍尼韦尔信息系统是一个怎样的公司呢？霍尼韦尔公司（Honeywell Incorporated）成立于 1883 年，初期以制造工业控制仪器闻名，1957 年开始进入计算机领域，首先推出 16 位的第二代计算机，并成功设计出 MOD 400、MOD 800 等作业系统和 200 系列（200 Series）。1970 年霍尼韦尔公司与通用电气公司（General Electronic，GE）的计算机部门合并成立霍尼韦尔信息系统（Honeywell Information System）。

虚拟机系统已经在有限数量的第三代计算机系统上实现了，例如 CP-67 在 IBM 360/67 上实现了。我们从以前的经验研究已经知道，一些特定的第三代计算机系统，例如 DEC PDP-10，不支持虚拟机系统，在本文中，我们建立了第三代计算机系统的模型，我们应用形式化技术（formal technique）来引出精确的充分条件（sufficient condition），以测试一种体系结构是否支持虚拟机。

什么是第三代计算机系统？在论文的正文中将会有准确的定义。计算机根据电子元器件划分为以下几代，第一代是真空管计算机（1946～1958 年），第二代是晶体管计算机（1958～1964 年），第三代是集成电路计算机（1964～1970 年），第四代是超大规模集成电路计算机

（1970 年至今），日本曾经发起过第五代计算机的研究。

本文发表于 1974 年，当时主流的计算机属于第三代计算机。需要指出的是，本文的结论对现在的计算机也是适用的。

关键字和短语：操作系统，第三代体系结构，敏感指令，形式化条件，抽象模型，证明，虚拟机，虚拟存储器，系统管理程序，虚拟机监控器

以形式化的方法建立计算机系统的模型，是本文的一大特色。本文非常精炼，以一种非常扎实的方式把一个比较抽象的问题讲清楚了。

在本文中，波佩克和戈德伯格通过建立第三代计算机系统的一个简化模型，试图引出一个标准来测试一种体系结构是否支持虚拟机，他们提出关于 ISA 支持虚拟化的基本定理为：

对任何传统的第三代计算机，如果这台计算机的敏感指令集是其特权指令集的一个子集，一个 VMM 可能被构造。

这个定理提供了一个相当简单的充分条件来保证可虚拟化。事实上，作者只是提出了一个充分不必要条件，而使用一个充分不必要条件作为测试一种体系结构是否支持虚拟机的评判标准是不精确的，或者说有时是失效的。如果一种体系结构满足这个条件，那么它支持虚拟机；但是，如果一种体系结构不满足这个条件，我们就不能确定它是否支持虚拟机；并且可能为了满足一些不必要的条件而损失了效率。

7.1 虚拟机概念

当前，关于一台虚拟机是什么、它应该怎样被构造、对硬件与操作系统有什么影响，有许多观点。本文审视了第三代计算机的体系结构，并给出了一个简单的条件可用来测试一种体系结构是否支持虚拟机。这一条件在机器设计中可能被用到。接下来，我们在直观上详细说明上面所说的意思，然后开发一个更确切的第三代计算机模型，最后给出这样一个系统可虚拟化的一个充分条件并进行证明。

先直观，再精确；先高级，再低级；先宏观，再微观，是比较符合人的认识规律的叙事顺序。

一台虚拟机被认为是真实机器的一个**有效率的**、**隔离的复制品**。我们通过一个**虚拟机监控器**（Virtual Machine Monitor，VMM）的思想解释这些概念。如图 7-1 所示。作为一个软件，虚拟机监控器有三个本质特性。首先，虚拟机监控器为程序提供了在本质上与真实机器相一致的环境。其次，运行在这个环境中的程序在最坏的情况下显示出速度上的稍微下降。最后，VMM

对系统资源是完全控制的。

这里给出了虚拟机监控器的三个本质特性，这三个特性是围绕功能和性能这两个方面展开的。第一个特性，是关于功能，虚拟机监控器为程序提供了在本质上与真实机器相一致的环境。第二个特性，是关于性能，不是不关心性能（图灵机就不关心性能），而是只允许运行在这个环境中的程序在最坏的情况显示出速度上的稍微下降。第三个特性本质上属于第一个特性，但单列出来是强调资源控制的权限。

提到"本质上一致"的环境，第一个特性的意思如下。任何程序运行在虚拟机监控器上应该表现出与直接运行在真实机器上相一致的效果；同时可能有一些的差别，其中一些差别由系统资源的可用性引起，另一些差别由定时依赖引起。后面的条件是需要的，因为软件的干涉级别，还因为在相同硬件上同时存在的其他虚拟机的影响。前面条件的提出，是因为我们希望在我们的定义中蕴涵虚拟机监控器可以拥有可变数量的存储器。这个一致环境的要求，将通常的分时操作系统排除在虚拟机监控器之外。

虚拟机监控器的第二个特性是有效率。这要求虚拟处理器的指令在统计意义上占主要部分的一个子集被真实处理器直接执行，而没有被虚拟机监控器软件干涉。这一要求将传统模拟器和完全的软件解释器（仿真器）排除在虚拟机的范畴之外。

第三个特性是资源控制，将内存、外设等常用项标记为资源，尽管它们不一定是处理器的活动。如果（1）在其创建的环境中运行的程序不可能访问未明确分配给它的任何资源，并且（2）某些特定的情形下虚拟机监控器可能重新获得对已分配资源的控制权，则虚拟机监控器被称为具有对这些资源的完全控制。

在某一个指令集体系结构（ISA）的计算机上，如果具有如下三个特性的一个控制程序可被构造，那么称这一 ISA 支持虚拟机，或者说 ISA 可虚拟化。（1）该控制程序提供的环境在本质上与真实机器提供的环境相一致；（2）运行在该控制程序提供的环境中的程序的执行是高效率的；（3）该控制程序对系统资源是完全控制的。

该控制程序称为虚拟机监控器（Virtual Machine Monitor，VMM），如图 7-1 所示。这里，因为 VMM 有资源控制的特性，且被称为控制程序（Control Program，CP），故称为虚拟机监控器，而不是许多中文文献中所译的虚拟机监视器。由控制程序提供的环境称为虚拟机（Virtual Machine，VM）。

一台虚拟机被认为是真实机器的一个复制品，而同一真实机器上的不同虚拟机之间是隔离的。由 VMM 提供的环境等价于真实机器，这是 VMM 的首要特性。图 7-1 是原文中给的，这是从里到外逐步扩展，是一种"剥洋葱"式的画法。如果按照从下到上，可以画成图 7-2。

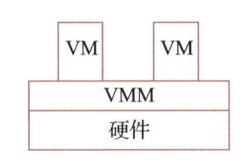

```
            ┌─────────┐
            │  VMM    │
            │ ┌─────┐ │              ┌────┐ ┌────┐
            │ │硬件 │ │              │ VM │ │ VM │
            │ └─────┘ │              ├────┴─┴────┤
            └─────────┘              │   VMM     │
            ┌─────────┐              │   硬件    │
            │   VM    │              └───────────┘
            └─────────┘
```

  图 7-1 虚拟机监控器   图 7-2 虚拟机的通用模型

  VMM 的第二个特性是有效率。这要求虚拟处理器的指令在统计意义上占主要部分的一个子集被真实处理器直接执行，而没有被 VMM 软件干涉。显然传统模拟器和完全的软件解释器（Complete Software Interpreter Machine，CSIM）不属于虚拟机的范畴。

  第三个特性，VMM 对存储器、外设等资源是完全控制的，在其创建的环境中运行的程序不可能访问未明确分配给它的任何资源，且 VMM 可以重新获得对已分配资源的控制权。

  一台**虚拟机**是虚拟机监控器创建的一个环境。这个定义既反映了普遍接受的虚拟机概念，也给证明提供了一个合理的环境。

  在详细说明一个机器模型之前，需要指出这个定义的一些含义。首先，一个（刚才定义的）虚拟机监控器不一定是一个分时系统，虽然它有可能是。然而"一致效果"的要求不管在真实机器上的其他任何活动如何进行，这个要求都是生效的，所以在保护虚拟机环境的意义上，意味着在同一真实机器上的不同虚拟机之间要进行隔离。这一要求同时将虚拟存储器与虚拟机区别开来。虚拟存储器只是虚拟机的一个可能组成要素；而诸如分段、分页技术常被用来提供虚拟存储器。虚拟机实际上也有一个虚拟处理器和可能的其他设备。

  在声明和论证一台计算机为了保持一台虚拟机监控器所必须满足的充分条件之前，我们现在对第三代计算机和虚拟机监控器做一个更形式化的详细说明。

7.2 第三代计算机的一个模型

  下面描述的一个图是为了反映一个传统第三代计算机（例如 IBM 360、Honeywell 6000、DEC PDP-10，有一个处理器和线性的统一寻址的存储器）的简化版。为了本文的形式化部分，我们假设 I/O 指令和中断不存在，尽管它们可被作为扩充增加进来。

  计算机是通过声明关于其行为的一些必要假设，描述其状态空间，详细说明状态可能发生的变化来被介绍的。

  这一段的描述与艾伦·图灵在《计算机器与智能》中的思想是完全一致的。计算机是一种离散状态机。

第 7 章 第三代体系结构可虚拟化的形式化条件（杰拉尔德·J. 波佩克等，1974 年）

这里，处理器是通常拥有管理程序模式和用户模式的一种普通的处理器。在管理程序模式中，整个的指令功能对处理器而言是可用的；而在用户模式下，则不是这样。存储器寻址是相对于重定位寄存器的内容完成的。指令集包括算术、测试、分支、在存储器中移动数据等通常的一整套指令。特别地，利用这些指令，就可以在任意大小、键值、数值的表中完成一个表查询；利用这些指令，如果已经获得了数值，就可在存储器中将其移动到任何位置（即**表查询和复制特性**）[⊖]。

机器可存在于有限数目的状态之一，每个状态有四个组成部分：可执行存储器 E、处理器模式 M、程序计数器 P 和重定位界限寄存器 R。

$$S = <E, M, P, R>$$

为了帮助读者理解形式化的内容，本书编著者绘制了图 7-3。

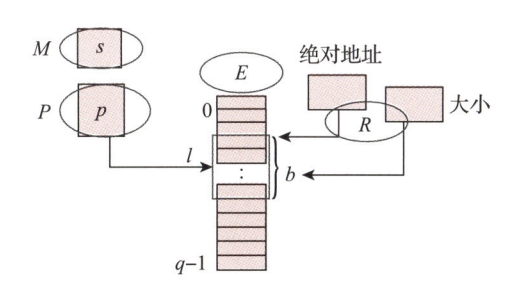

图 7-3 第三代计算机的一个结构示意图

可执行存储器是一个普遍的字编址或字节编址的大小为 q 的存储器。记号 $E[i]$ 将是指在 E 中第 i 个存储单元的内容，也就是说 $E = E'$ 当且仅当对任意的 $0 \leqslant i < q$，$E[i] = E'[i]$。不管机器的当前模式是什么，重定位界限寄存器 $R = (l, b)$ 一直是活跃的。寄存器的重定位部分 l 给出一个绝对地址（显然是地址 0）。界限部分 b 将给出虚拟存储器的绝对大小（不是最大的合法地址）。如果期望访问所有存储器，重定位部分必须设置为 0，界限部分必须设置为 $q - 1$。

如果一条指令产生地址 a，那么地址的下一步动向如下：

if $a + l \geqslant q$ then *memorytrap* else

if $a \geqslant b$ then *memorytrap*

else *use* $E[a + l]$

处理器的模式 M 要么是 s（supervisor mode，管理程序模式），要么是 u（user mode，用户模

⊖ 这个特性将被用在证明中。

式）。程序计数器 P 是一个相对于 R 的内容的地址，作为 E 的一个指针而存在，指示下一条被执行的指令。请注意状态 S 是具体指示真实计算机系统的当前状态，不是它（真实计算机系统）的某一部分，也不是某个虚拟机。

除了在一些嵌入式系统中的非常简单的 CPU 之外，大多数 CPU 都有两种模式，即内核态和用户态。当在内核态运行时，CPU 可以执行指令集中的所有指令，并且使用全部硬件。操作系统作为一种系统软件，是在内核态下运行，从而可以访问全部硬件。用户程序作为一种应用软件，是在用户态下运行，仅允许执行整个指令集中的部分指令，仅允许使用部分硬件。一般来说，在用户态中有关 I/O 和内存保护的所有指令是禁止的。

三元组 $<M,P,R>$ 的内容常常作为**程序状态字**（Program Status Word，PSW）被谈及。为了易于证明，我们将假设一个 PSW 可被记录在一个存储器存储位置中。这一限定可被轻易地除去。我们将有场合使用 $E[0]$ 和 $E[1]$ 来分别存储旧的程序状态字（old-psw）和提取一个新的程序状态字（new-psw）。

在现代计算机中，程序状态字寄存器包含了条件码位（由比较指令设置）、CPU 优先级、模式（用户态或内核态）以及其他的控制位。用户程序通常读入整个 PSW，但是，只能对其中的少量字段写入，比如将模式设置为内核态是禁止的。在系统调用和 I/O 中，PSW 的作用很重要。

状态 S 的每一个构成要素只能取有限数量的值。我们称有限状态集为 C。那么，一条**指令**（instruction）就是一个由 C 到 C 的函数 $i: C \rightarrow C$。所以，比方说，$i(S_1) = S_2$，或者 $i(E_1, M_1, P_1, R_1) = (E_2, M_2, P_2, R_2)$。

这句话指出了指令的本质。指令的功能在于将计算机从一种状态转换为另一种状态。看起来这非常简单，但是非常重要。

有一些基本的问题需要回答：什么是智能？什么是计算？什么是改变？什么是智能与体能的区别与联系？这些问题的答案的完全揭示，可能需要很多年的深入研究，我们在这里仅给出一个角度的见解，启发读者进一步思考。

在物理的运动学中，我们知道力对物体做的功等于位移乘以力的大小。一条指令就是对计算机施加一种作用（"力"），让计算机发生状态改变（"位移"）。很多指令复合在一起，最终使得计算机抵达一种状态（这种状态对应着问题得到解决）。

算法是求解问题的方法。解决问题可能有多种方法，有的是走弓弦的方法，有的是走弓背的方法，每一种方法对应不同的指令组合，对应着不同的数量、类型和顺序。

第 7 章　第三代体系结构可虚拟化的形式化条件（杰拉尔德·J. 波佩克等，1974 年）　267

有些动物相对人类往往具有较强的攀爬等体能，能够更快速地从一个位置移动到另一个位置，它们相比人类具有较强的能力。这些动物自身能够执行一些人类所不能的指令。所谓智能（力）主要表现在优化地构造和设计指令的组合（数量、类型和顺序），而体能（力）主要表现在亲自执行若干单调的指令。智能和体能都是改变世界的能力。

到目前为止，对一个常规第三代计算机的这种详细说明应该不太令人吃惊。这个系统中表面上很复杂的东西被除去后，所剩的大体上是围绕一个管理程序/用户模式概念建立的原始保护系统，及围绕一个重定位界限系统建立的一个简单的存储器分配系统。在这个模型中，为了简单，我们通过假设重定位系统在系统管理模式与在用户模式中一样活跃，从而对最常见的重定位系统做了轻微的改动，这一差别在我们结果的证明中是不重要的。同时注意：所有处理器对存储器的引用都假设是被重定位的。

在这个模型中，一个关键限制是将 I/O 设备和指令排除在外。虽然现在为用户提供扩展的软件机器（没有显式的 I/O 设备或指令）是很常见的，但是有一个最新的第三代硬件机器呈现了这种现象。在 DEC PDP-11 中，I/O 设备被作为存储器单元对待，I/O 操作这样的方式实现：对正确的存储单元进行恰当的存储转移。

陷入

我们通过定义陷入行为，继续讨论第三代计算机的模型。如果 $i(E_1, M_1, P_1, R_1) = (E_2, M_2, P_2, R_2)$，指令 i 被称为**陷入**（trap），

这里

$$E_1[j] = E_2[j], \text{ for } 0 < j < q,$$
$$E_2[0] = (M_1, P_1, R_1)$$
$$(M_2, P_2, R_2) = E_1[1]$$

因此，当一个指令陷入，除了存放 PSW 的位置 0 恰在指令陷入前生效外，存储器没有改变。在陷入的指令之后生效的 PSW 被从位置 1 取出。在大多数第三代计算机的软件中，可认为 $M_2 = s$，$R_2 = (0, q-1)$。

从直觉上说，陷入会通过改变处理器的模式、重定位界限寄存器以及指向数组 $E_1[1]$ 中确定数值的程序计数器，来自动保存当前机器的状态，同时传递预先指定的处理程序的控制结构。这里我们的定义较为宽泛，目的是包含一种情形，在这种情形中假如机器的状态是以一种可逆的方式保存的话（即将来可以回到引起陷入的指令将要被执行的位置），陷入就不会阻止指令，而是会立即获得之后的机器控制权，或者是执行一些之后将要执行的指令。

定义出一些特殊的陷入类型还是很方便的。其中一种是存储器陷入。当指令试图访问超过寄存器 R 或者物理存储器边界的地址时会引起存储器陷入。从上面的例子中可知，这里的微序列将是：

if $a + l \geqslant q$ then $trap$

if $a \geqslant b$ then $trap$

7.3 指令行为

接下来，我们根据指令作为机器状态 S 的一个函数的行为，将指令分类。指令被划分到哪个类别，将决定真实机器是否可虚拟化。

指令 i 是特权（privileged）指令当且仅当对任意状态对 $S_1 = <e,s,p,r>$ 和 $S_2 = <e,u,p,r>$ [其中 $i(S_1)$ 和 $i(S_2)$ 都不存储器陷入]，有 $i(S_2)$ 陷入而 $i(S_1)$ 不陷入。

状态 S_1 和 S_2 的区别仅在于 S_1 的模式为管理程序模式，而 S_2 的模式为用户模式。我们经常将在这些条件（S_1 的模式为管理程序模式而 S_2 的模式为用户模式）下发生的陷入称为一个特权指令陷入。

这里特权指令的概念与通常特权指令的概念相近。特权指令独立于虚拟化进程。它们是机器仅有的特征，或许可以通过阅读操作的原理来确定。然而，注意我们定义特权指令的方式要求特权指令去陷入。只是 NOPing 指令而没有陷入是不够的，不能被称为特权指令，或许称为"用户模式 NOP"更准确一些。

在常规第三代计算机中特权指令的例子：

(1) if $M = s$ then $load\_PSW$　　　　IBM System/360 LPSW
　　　　else $trap$

(2) if $M = s$ then $load\_R$　　　　Honeywell 6000 LBAR, DEC PDP-10 DATAO ARP
　　　　else $trap$

另一组重要的指令将被称为**敏感指令**（sensitive instruction）。这一组的成员将与一个特定机器的可虚拟化能力有重要关联。我们定义两类敏感指令。

一条指令是**控制敏感的**（control sensitive），如果存在一个状态 $S_1 = <e_1,m_1,p_1,r_1>$ 且 $i(S_1) = S_2 = <e_2,m_2,p_2,r_2>$ 使得 $i(S_1)$ 不存储器陷入，且下列情况至少一个成立：

(1) $r_1 \neq r_2$

(2) $m_1 \neq m_2$

也就是说，如果一条指令尝试着改变可用的（存储器）资源数量，或者不经过存储器陷入

第 7 章　第三代体系结构可虚拟化的形式化条件（杰拉尔德·J. 波佩克等，1974 年）　　269

序列影响处理器模式，则这条指令是控制敏感的[一]。所给的特权指令的例子也是控制敏感的。控制敏感指令的另一个例子是在 DEC PDP-10 上的 JRST1，它是返回用户模式的一条指令。

这一定义的许多方面值得解释。首先，在对一个 VMM 的直观定义中提到对系统资源的完全控制是必需的。控制敏感指令是那些影响或潜在地影响控制的指令。在我们这个第三代计算机的简化视图中，仅有的资源是存储器[二]。

其次，我们讨论的机器是一个简化的机器。除了通过 PSW 的内容，没有单独的条件代码或其他的复杂的东西（通过这些，指令之间可以交互）。对实际机器，在其上诸如 ADD 或 DIVIDE 等指令在例外条件下陷入，这些陷入同存储器陷入一样，应排除在控制敏感指令的定义之外。

为了描述第二类敏感指令，我们先介绍一点记号。早先，我们已定义带有值 $r = (l,b)$ 的重定位界限寄存器。对一个整数 x，我们定义一个运算符 $\oplus$，使得 $r' = r \oplus x = (l + x, b)$。重定位界限寄存器有自己的基准值（可通过 x 的值改变）。

在这一点上，我们注意到，在特定状态下唯一能被访问的存储器是那些被重定位界限寄存器 R 指定的部分。所以为了检查指令的执行结果，我们不妨在状态描述中只包含被 R 所限制的存储器部分。记号 $E|R$ 表明了那些被限制的存储器内容。因为 $r = (l,b)$，所以 $E|r$ 表示存储器中从 l 到 $l+b$ 的内容。所以，举例来说，我们实际上可以用记号 $S = <e|r,m,p,r>$ 来指定一种状态[三]。那么 $E|r \oplus x$ 是什么意思呢？联系该记号的两部分，不难看出它表示存储器中从 $[l+x]$ 到 $[l+b+x]$ 部分的内容。

那么我们说，表达式 $E|r = E'|r \oplus x$ 的意思是当 $0 \leq i < b$ 时，$E[l+i] = E'[l+x+i]$。

直观地，我们已经准备好去描述与当程序在可执行存储器中移动时发生的情形类似的情况。

㊀　特定的机器可能有能直接存储新旧两种格式 PSW（程序状态字）的指令；就是说，引用 $e[0]$ 或 $e[1]$ 而不用考虑重定位寄存器 R 中的值。这种情况下，人们可能希望增加第三种控制敏感的条件：$e_1[i] \neq e_2[i]$，其中 $i = 0,1$。

㊁　我们不把处理器作为一种资源来处理。在它的最简形式中，虚拟机的概念中并不需要多道程序设计或实现分时系统，因此没有必要控制处理器的分配。但是，在大多数的实际系统中，这种假设并不准确，因此当 I/O 被引入时，这种情形不得不被改变。忽略处理器作为资源的方面后，人们感兴趣的结果是 HALT 指令可能被允许直接执行，如果我们考虑基于分时的虚拟机时，这种指令行为将不可接受。

㊂　更准确地说，$<e|r,m,p,r>$ 表示状态的等价类：那些状态中 m、p、r 的值是匹配的，对它们来说内存中 l 到 $l+b$ 的部分是相同的。为了完全精确，$E[1]$ 也必须是相同的。在这种情况下，状态的等价类被指令所维护。就是说，对类 $<e|r,m,p,r>$ 中的任何 S_1 和 S_2 状态以及对任何指令 i，$i(S_1) = S_1'$ 且 $i(S_2) = S_2'$，S_1' 和 S_2' 也在同样的等价类中。即使 $<e|r,m,p,r>$ 真正确定了一个状态集合而不是单个状态，我们将不会维持文章中说的这种区别，因为正如上面说的，从指令执行的上下文看这将是显而易见的。

我们现在将要定义第二类敏感指令。一条指令 i 是**行为敏感的**（behavior sensitive）[⊖]，如果存在一个整数 x 及以下状态：

(a) $S_1 = <e\,|\,r, m_1, p, r>$，和

(b) $S_2 = <e\,|\,r \oplus x, m_2, p, r \oplus x>$，

在这里

(c) $i(S_1) = <e_1\,|\,r, m_1, p_1, r>$，

(d) $i(S_2) = <e_2\,|\,r \oplus x, m_2, p_2, r \oplus x>$，并且

(e) $i(S_1)$ 或 $i(S_2)$ 都没有 memorytrap，

使得

(a) $e_1\,|\,r \neq e_2\,|\,e_2\,|\,r \oplus x$，或

(b) $p_1 \neq p_2$，或两者都成立。

直观地，如果一条指令的执行效果依赖于重定位寄存器的值，也就是依赖于它在真实存储器中的位置，或者依赖于工作模式，则称这条指令是行为敏感的。另外两种情形（定位界限寄存器或工作模式在指令执行后不匹配）划入控制敏感指令类中。

在我们的模型中，有两类行为敏感。一种情形称为位置敏感，是指一个指令的执行行为依赖于它在存储器中的位置。另一种情形称为模式敏感，是指一个指令的行为受机器工作模式的影响。

行为敏感指令的例子：

位置敏感——装载物理地址（IBM 360/67 LRA）。

模式敏感——从先前指令空间移动（DEC PDP-11/45 MFPI）。这个指令根据依赖于当前模式的信息形成自己的有效地址。

通过定义，如果一条指令 i 是控制敏感或行为敏感，我们将说这条指令 i 是敏感的（sensitive）。如果 i 是不敏感的，那么它是无害的（innocuous）。

既然我们已经对指令进行了分类，我们需要更精确地详细说明虚拟机监控器。

7.4 虚拟机监控器

虚拟机监控器将是一块特殊的软件，我们将称之为一个呈现一定特性的**控制程序**（control program）。这个程序包括一些模块。这些模块的必要特性将被描述。然后，我们将论证：对指

[⊖] 如果操作行为敏感性的定义被限制在 $m_2 \neq s$ 的情况下，本文的这些结果仍然是正确的。在特权模式下由于重定位而引起的指令行为的改变不会影响虚拟机代码，因为那些代码是运行在用户模式下的。

令集满足一个特定约束的第三代计算机来说，满足已声明的特性的一个控制程序可被构造。

"对指令集满足一个特定约束的第三代计算机来说，满足已声明的特性的一个控制程序可被构造"，这意味着什么呢？意味着对应的机器可以被虚拟化。

控制程序模块分成三组。我们将非形式化地介绍这三个部分。首先是**调度器**（dispatcher）D。它的初始指令位于硬件陷入的位置：位置 1 中的 P 的值。注意：尽管有一些机器陷入并没有包含在我们简单的"陷入"定义中，但这些机器陷入对许多位置而言，依赖于陷入的类型。这些行为没有引起实际的困难，因为对调度器来说可能会有许多"开始"指令（入口点）。

控制程序包括调度器、分配器、解释器三个部分。

调度器可被认为是控制程序的顶级控制模块。由它决定调用哪一个模块。它可以唤醒第二类或第三类的模块。

在这个骨架性说明中第二类模块有一个成员，**分配器**（allocator）A。决定提供什么系统资源是分配器的任务。在单个虚拟机的情形下，分配器只需将虚拟机与虚拟机监控器保持分离。在一个虚拟机监控器主办许多虚拟机的情形中，避免将相同资源（诸如存储器的一部分）同时分配给多个虚拟机，这也是分配器的任务。我们假设任何通常的第三代计算机能够使用合适的资源表等构造分配器。

当一条特权指令尝试执行（将改变与虚拟机环境相关联的机器资源）时，分配器将被调度器唤醒。尝试重置 R 寄存器（重定位界限寄存器）是我们架构模型中基本的例子。如果处理器被看作一种资源，终止将是另一个例子。

在控制程序中的第三类模块可以被看成**解释器**（interpreter），它针对所有其他类的引起陷入的指令，每一个特权指令对应一个解释器程序。每一个解释器程序用来模拟陷入指令的执行结果。为了进一步说明，回忆在我们当前使用的记号中，$i(S_1) = S_2$ 表示使用指令 i 将状态 S_1 映射到状态 S_2。我们将认为 $ij(S_1) = S_2$ 表示存在一个状态 S_3，使得 $i(S_1) = S_3$，$j(S_3) = S_2$。那么指令序列 $ij\cdots k(S_1)$ 的含义应该就清晰了。

让 v_i 表示这样一个指令序列。我们就可以把解释程序的集合表示成 v_i 的集合，用记号 $\{v_i\}$ 来表示，$i = 1, \cdots, m$，其中 m 是特权指令的数目。当然，调度器和分配器也是指令的序列。

一个控制程序因此由它的三部分指定：$CP = <D, A, \{v_i\}>$。

我们唯一感兴趣的控制程序将是那些满足我们将要讨论的特性的控制程序。为了简化，我们假设控制程序将运行在系统管理程序模式下（在实际系统中是相当普遍的）。也就是说，在位置 1 的程序状态字（PSW）（当一个陷入发生时被硬件装入）将模式设置成 supervisor，将程序计数器（PC）设置成指向调度器起始位置。进一步地，我们假设其他程序将运行在用户模式[○]。也就是说，程序状态字（控制程序在最后一个操作将程序状态字装入，将控制还给运行的程序）将其模式设置为 user。因此有必要使用控制程序中的一个位置来记录虚拟机的仿真模式。

7.5 虚拟机特性

当任意一个程序在有控制程序存在的情况下运行时，有三个有趣的特性：效率、资源控制和等价。

效率特性（efficiency property）。所有的无害指令被硬件直接执行，就控制程序而言没有做任何干涉。

资源控制特性（resource control property）。任意程序必须不可能影响系统资源（即其可用的存储器，可被任何尝试调用的控制程序分配器）。

等价特性（equivalence property）。对任何程序 K 来说，它的执行在控制程序存在或不存在时都是一样的（在控制程序存在时，有两种可能的例外），而且程序 K 总是可以访问程序员期望访问的特权指令。

由前面提到的，那两种意外情况是由定时和资源可用性问题导致的。由于控制程序偶然的干涉，在程序 K 中的特定指令序列可能要执行更长时间，所以关于执行需要的时间长度的假设可能导致不正确的结果。在我们的简单系统中，我们将假设现在没有这些困难。

资源可用性问题如下所述。可能是这种情况（打个比方）：分配器不满足一个对空间的特定请求（一个改变重定位界限寄存器的尝试）。这个程序从而可能不能以空间可用时同样的方式发挥功能。这个问题很容易发生，因为控制程序本身占用空间。

理解这种困难的一种方式就是要意识到将被创建的虚拟机环境是实际硬件的一个缩小版本：逻辑上是相同的，但是具有较少的资源。那么运行在实际的缩小硬件上和运行在我们创建的环境上，这之间的等价需要被保证。在基于分页的机器上，所消耗的资源更可能是一种保持虚拟机监控器的磁鼓的空间。在任何情况下，我们都要更加精确地确定这种等价的属性。但是首先，对我们主要定理的定义和描述应当是有序的。

我们说一个**虚拟机监控器**（Virtual Machine Monitor，VMM）是满足那三个特性（效率、资源控制、等价）的任何控制程序。那么从功能上说，任何程序在虚拟机监控器存在的情况下运

○ 文献 [6] 的第 108～113 页中阐述了在这些假设下的其他几种情况。

行时，所看到的环境是所谓的虚拟机。它包括原始的真实机器和虚拟机监控器。这个不正式的定义应该说与本文前面的直观描述是一致的。

这做完了，现在我们可以声明我们的基本定理。

定理 1 对任何传统的第三代计算机，一个虚拟机监控器可能被构造，如果这台计算机的敏感指令集是其特权指令集的一个子集。

7.6 定理讨论

在讨论这个定理的重要性之前，最好先澄清"常规第三代计算机"（conventional third generation computer）的含义。这个词组意在包含本文至今所提出的所有假设：重定位机制，管理程序/用户模式和陷入机制。这些假设被选择是为了清晰表述思想和合理反映常规第三代机的相关实践。同时，这个词组意味着指令集具有足够的通用性，以允许构造调度器、分配器和广义的表查询过程。这些工作的必要性将在这个讨论的后面呈现。

这个定理提供了一个相当简单的充分条件来保证可虚拟化，当然这是以假设"常规第三代计算机"的必要特征是具备的为前提的。然而，这些假设的特征是相当标准的，所以，敏感指令集与特权指令集之间的关系是仅有的新的约束。这一条件是审慎的，容易去检验。进一步地，对硬件设计者来说利用这一点作为一个设计需求也是一件容易的事。当然，我们没有描绘因中断处理或 I/O 导致的需求的特性。这些需求有着很类似的性质。

就机器状态集 C 中的可能状态上的一个同态而言，在证明中描绘等价特性将会是有用的。将集合 C 划分为两个部分。第一个集合 C_v 包括虚拟机监控器在存储器中存在时机器的所有状态，而存储在位置 1 的 PSW 中的 P 的值等于虚拟机监控器的起始位置。第二个集合 C_r 包括剩下的状态。这两个集合分别反映了真实机器在有无一个虚拟机监控器时的可能的状态。

处理器指令集中的每一条指令可以被看作在状态集上的一个一元操作符 $i(S_j) = S_k$。同样地，每个指令序列 $e_n(S_1) = ij\cdots k(S_1) = S_2$ 也可以被看作在状态集 C 上的一个一元操作符。考虑所有有限长度的指令序列，称那些指令序列的集合为 I。这个集合包含了将和同态有关的操作符。

一个**虚拟机映射**（Virtual Machine map，VM map）$f: C_r \to C_v$，就关于指令序列集 I 中所有操作符 e_i 的一个一对一的同态。

也就是说，对任意状态 $S_i \in C_r$ 和任意指令序列 e_i，存在着一个指令序列 e'_i，满足 $f(e_i(S_i)) = e'_i(f(S_i))$，这种对应如图 7-4 所示。

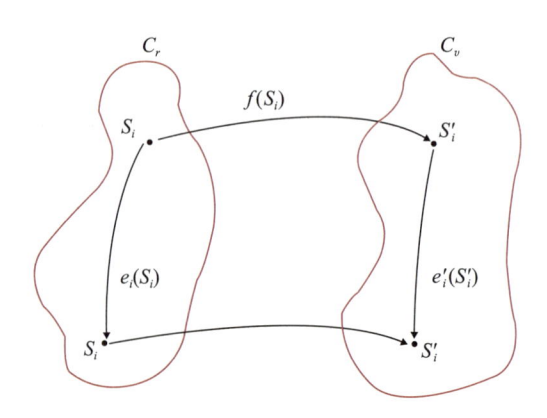

图 7-4 虚拟机映射

在虚拟机映射的定义里包含两个相关的特性。第一个属性是从真实机器状态到虚拟机系统特定映射的数学描述。但是这里并没有包含任何关于能否构建该映射的描述,无论是通过硬件还是其他方式。第二个属性是对应于 domain C_r 上指令序列 e_i 的在 domain C_v 上指令序列 e'_i 的真实存在。作为虚拟机映射定义的一部分,我们要求对每一个 e_i,对应的指令序列 e'_i 都能被找到并执行。因此,并不能立即清楚针对一台特定机器是否存在虚拟机映射。

作为定义的一部分,同样需要 f 是一对一的,这意味着 f 有一个反函数 g,这将在证明中需要。

为了使这一映射概念更精确,我们将给出一个特别的 VM 映射。

让该控制程序占有物理存储器的前 k 个位置。也就是说,$E[0]$ 和 $E[1]$ 保留给 PSW(程序状态字),控制程序占有从 2 到 $k-1$ 的位置。之后的 w 个位置用于一个虚拟机。我们假设 $k+w \leqslant q$。所以 $f(E,M,P,R) = (E',M',P',R')$,其中 $S = <E,M,P,R>$ 是没有 VMM(虚拟机监控器)的虚拟机的状态。假设在这个真实机器(我们将在虚拟机中的行为与在真实机器中的行为相比较)中,$r = (l,b)$ 中 b 的值总是小于 w。那么有:

$E'[i+k] = E[i]$, for $i = 0, w-1$,

$E'[i] = $ the control program, for $i = 2$ to $k-1$,

$E'[1] = <m',p',r'>$,

    $m' = $ supervisor,

    $p' = $ first location of the control program,

    $r' = (0, q-1)$,

$E'[0] = <m,p,r>$ as last set by trap handler,

$M' = u(user)$,

$P' = p'$,

$R' = (l+k, b)$, where $R = (l, b)$.

注意，上面指定的虚拟机映射只是映射了从真实机器中一条指令执行之后到下一条指令开始之前的状态。

这个虚拟机映射是相当简单的，肯定有可能构造复杂得多的函数来显示到目前为止对一个虚拟机映射所要求的特性。然而，上面内容被视为标准虚拟机映射，除非另外指明，本文接下来每次谈及虚拟机映射都将指标准虚拟机映射。

现在我们可以更准确地声明"等价"意味着什么，也可以更准确地表述"本质上效果一致"。假设两台机器都启动了，一个在状态 S_1，另一个在状态 $S'_1 = f(S_1)$，那么由 VMM 提供的环境等价于真实机器，当且仅当对任意状态 S_1，如果真实机器终止在状态 S_2，那么虚拟机终止在状态 $S'_2 = f(S_2)$。通过虚拟机终止，我们的意思是在虚拟机系统中尝试从位置 j（这里，$j \geq k$）去执行一个终止，这是用户程序完成的。再次参见图 7-3。

选择这个定义有几个原因。首先，终止是被用作比较点而不是执行指令数目的计数，例如，因为一些指令将被虚拟机系统使用潜在的长指令序列解释。同时，因为虚拟机映射 f 是如此简单，且从用户的观点看差别是如此不重要，所以我们认为没有必要为了检验等价性去实际地应用 g 来确定 $g(S'_2) = S_2$ 是否成立。指出 $f(S_2) = S'_2$ 就够了。

证明梗概

定理的证明包括论证可以构造一个控制程序，该程序具有刚刚定义的三个特性（等价、资源控制、效率）。

我们构造一个遵从三个必要特性的控制程序。它是前面所概括的控制程序。唯一没有论证的构造部分是能够为所有特权指令分别提供恰当的解释性例行程序。我们在下面证明存在一个通用的解决方案。注意这将只是一个存在性证明。在实践中，将有更为实际的技术。任意特权指令（广义地说，任意指令）的作用仅取决于 $M, P, R, E[1]$ 和 $E|R$；也就是说，并不是取决于全部存储器，而仅取决于位置 1 和由重定位界限寄存器 R 具体指明的部分。$E|R$ 所表示的存储空间的最大值是 w。进而，任何特权指令的作用可在一个二元组表中具体指明，表的长度是 $<E|R, M, P, R>$ 可以描述的可能状态的数量。每个二元组的第一个条目是一个状态，第二个条目是与执行在第一个状态的特定特权指令的作用相对应的状态。

这样一个状态转移表会非常大，且每个特权指令都有这样的一个表。虚拟机监控器也就是 k（指虚拟机监控器占据的存储空间）会非常大。虽然我们没有讨论算术细节，但我们认为这个表可通过限制真实机器的大小而被做得很小。也就是说，w 可被选择为很小的值。

我们已经假设第三代计算机有可以管理那些表的一个指令集。因此，解释性例行程序肯定是可构造的。注意，这些状态表对那些有着非常神秘性质实际上是随心所欲算法的特权指令来说当然是最后的手段。虽然限制了"真实"存储器的大小，但是不等价的那些程序的数目也被限制了，因此那个合适的表的大小也有了限制。在现在所有的情形中，更简单、更有效率的例行程序存在，且应该被使用。

我们已完成了对控制程序的描述，所以接下来去讨论那三个特性。

我们可以轻微地省略对资源控制和效率的保证。根据对敏感指令的定义和对定理中的子集的要求，任何将影响资源分配的指令都会陷入并传递控制给虚拟机监控器。效率特性意味着无害指令的直接执行；我们已经构造了虚拟机监控器来执行这种行为。

只剩下等价特性了。有必要论证对任意指令序列 $t = ij \cdots k$，这里 k 是一个终止指令，且 S_1 为一个真实机器的任意一个状态，下式成立。

让 $S'_1 = f(S_1)$ 且 $S_2 = t(S_1)$，那么 $f(S_2) = t(S'_1)$。

再看一下图 7-3。

首先，我们证明对于单个指令来说，等价特性是真实的；也就是说，对于 $t = i$（i 为任意指令），我们考虑两种情况：无害指令和敏感指令。这两种都是简单的情况，证明的细节见附录中引理 1 和 2。无害情况遵从：无害指令的定义和对虚拟机监控器映射定义的直接应用。敏感情况遵从：所有的敏感指令都是特权指令的事实，正确的解释序列的存在性，虚拟机映射定义。

由于单个指令可以"正确执行"，现在只剩下考虑有限的指令序列能否也正确执行。就是说，对于任意指令序列 $e_m = ij \cdots k$，$e_m(f(S)) = f(e'_m(S))$。这个事实源自引理 1、2 以及对于一对一虚拟机同态映射 f 的定义。这是一个相当规范的证明，其过程可见附录中引理 3。

因为在第三代计算机中敏感指令是特权指令的一个子集，我们已经论证了一个遵守所要求的三个特性的控制程序可被构造。也就是说，我们已经展示了一个虚拟机监控器。所以证明完毕。

注意，这个定理的必要性方面一般来说是不成立的。也就是说，在一定的情形下，尽管定理的条件没有满足，仍有可能虚拟化一个机器。一个比较有意义的例子是，如果有可能构造一个驻足在高核上的虚拟机监控器，使其他程序不再重定位地执行，含有位置敏感指令的体系结构可能仍支持虚拟机系统。从而位置敏感指令就不要紧了。

另外，可能有一些指令不是前面定义的真正的特权指令，但当发生一种非期望的行为时仍陷入。例如一条指令能够改变重定位界限寄存器，但从用户模式只能减小界限值。

7.7 递归虚拟化

从这个方法可以很快得出许多相关的结果。一个简单的例子是可递归虚拟化的思想。虚拟机系统是否可能运行在作为一个虚拟机监控器副本的这个虚拟机自身之上，并且该副本是否也会展示这个虚拟机监控器的所有特性？

如果这一过程可被重复直到系统资源耗尽（因为每个控制程序占用空间），那么原始机器是可递归虚拟化的[2,6]。

定理2 一个传统的第三代计算机是可递归虚拟化的，如果它是
（a）可虚拟化的，且
（b）一个没有任何定时依赖的虚拟机监控器可为其被构造。

证明。这个属性的证明几乎无关紧要。一个虚拟机监控器能产生允许一大类程序运行的环境，对程序所施加的影响同真实机器环境是一样的，这个是由虚拟机监控器的定义所保证的。之后，只需要证明属于那类程序的虚拟机监控器可以被构造。如果可以，那么虚拟机监控器分别运行在真实机器上和运行在其他虚拟机监控器下的性能是没有差别的。

从具有相同行为的程序的类别中排除的程序是那些资源受限的程序或者具有时序依赖的程序。第二类限制在定理中已被指出。在我们的框架模型中，资源绑定只是指存储器，就像已在递归虚拟化的概念中指出的，它只是限制了递归的深度（内嵌虚拟机监控器的数量）。因此，前面构造的虚拟机监控器就作为一大类程序的一个成员满足要求。定理得证。

7.8 混合虚拟机

正如前面所说，现存的第三代体系结构很少是可虚拟化的。因此，我们放松（宽）了定义，从而产生一个相关的、更普遍的、但效率差一些的形式，我们称之为混合虚拟机（HVM）系统。它的结构几乎与虚拟机系统一致，但更多的指令被解释执行而不是直接执行。因此，混合虚拟机比虚拟机效率低，但更多实际的第三代体系结构满足了条件。例如，PDP-10 可以主办一个混合虚拟机监控器，却不能主办一个虚拟机监控器。

为了详细说明放松（宽）的条件，我们需要将敏感指令的类别划分为两个并不一定不相交的子集。

一个指令 i 被称为**用户敏感的**（user sensitive），如果存在一个状态 $S = <E,u,P,R>$，对于 S，i 是控制敏感的或行为敏感的。

就是说，如果之前对控制敏感指令的定义认为 m_1 是设置到用户的，则指令 i 就是用户控制敏感的。如果对位置敏感指令的定义认为状态 S_1 和 S_2 的模式为用户模式，则指令 i 就是用户行为敏感的。以上两种情况下，指令 i 都被称为是用户敏感指令。从直觉上判断，当这些指令执行在用户模式时可能会引起问题。

类似地，如果存在 $S = <E,s,P,R>$ 的状态，指令 i 对于该状态是控制敏感或行为敏感的，则认为 i 是**监管敏感的**（supervisor sensitive）。

定理 3　任意常规的第三代机，如果其用户敏感指令是特权指令的一个子集，则可为之构造一个混合虚拟机监控器。

为了论证定理的正确性，首先需要描述混合虚拟机监控器（HVM Monitor，HVMM）的特性。混合虚拟机监控器与虚拟机监控器的区别在于：在混合虚拟机监控器中，虚拟的系统管理程序模式下的所有指令将被解释。除此以外，混合虚拟机监控器与虚拟机监控器相同。两个事实保证了等价性和（资源）控制。首先（第一个事实），与虚拟机监控器一样，混合虚拟机监控器通常要么拥有控制，要么一旦尝试执行一条行为敏感指令或控制敏感指令时，混合虚拟机监控器就通过陷入获得控制。其次（第二个事实），与前面的证明相同，可知所有必需指令存在解释性例行程序。因此，所有敏感指令都被混合虚拟机监控器俘获并仿真。

为了展示混合虚拟机监控器概念的用途，我们介绍如下内容。

举例来说，PDP-10 机器的指令 JRST 1（回到用户模式）是一个监管控制敏感指令，但它并不是特权指令。因此，PDP-10 不能主办一个虚拟机监控器。但是由于所有的用户敏感指令都是特权指令，因此它可以主办一个混杂虚拟机监视器。

7.9　结论

在本文中，我们给出了第三代计算机系统的一个形式化模型。使用这个模型，我们引出了判定一个特定的第三代计算机是否支持虚拟机监控器的必要的和充分的条件。尽管先前的作者[4,5]已经推测了第三代虚拟机所需的体系结构特征，但是我们使用本文的形式化方法已经能够更精确地确定要使用的机制和要满足的要求。这些结果已在加州大学洛杉矶分校使用，例如去评估 DEC PDP-11/45，并对其做修改，以使一个虚拟机系统可被构造。

虽然这个模型抓住了第三代虚拟机的许多本质，但是为了便于表述做了许多简化。经验表明，其中一些遗漏，诸如 I/O 资源和指令、异步事件或更复杂的存储器映射方案等可以作为基本模型的直接扩展而被添加，我们的主要结果得到了扩展[6,12]。

计算机系统体系结构领域的最近工作[2,6,8,10,11]已经包括了对可虚拟化体系结构（直接支持虚拟机而避免传统的虚拟机监控器解释软件开销的必要）的建议。在本文简述的形式化技术可被应用于这些新体系结构来验证它们是否如声称的那样可虚拟化。

附录

在证明的陈述中使用了一些结果，但没有显式地论证。它们是以下这些引理。

引理1 被虚拟机系统执行的无害指令遵守等价特性。

证明梗概：设 i 为任意无害指令，S 为真实机器上的任意状态，$S' = f(S)$。其中 $S = (e\,|\,r, m, p, r)$，$S' = (e'\,|\,r', m', p', r')$。但是，由 f 的定义可得，$e'\,|\,r' = e\,|\,r$，$p' = p$，在 r' 和 r 中的界限值是相同的。根据定义，$i(S)$ 不能依赖于 m 或者 l（r 的重定位部分），所有的其他参数在 S 和 S' 中都相同。因此，一定有 $i(S) = i(S')$ 这种情况。证明完毕。

引理2 被虚拟机系统解释的敏感指令遵守等价特性。

证明梗概：根据假设，任何敏感指令 i 都会陷入。我们可以构建：如果给出所有必要的参数规范，通过构造，指令一定可以被正确地解释。位置 $E\,|\,R$ 的值不会被陷入所改变。P 和 R 的值被保存在 $E[0]$ 中。被模拟的模式值 M 被虚拟机监控器保存。因此所有必要的信息都存在了，所以合适的解释可以被执行。证明完毕。

引理3 如果所有单条指令都遵守等价特性，那么指令的任何有限序列也遵守等价特性。

证明：证明是按指令序列的长度归纳进行的。每一序列可被认为是状态集 C 上的一元运算符。引理通过其声明的假设部分保证其基础是正确的。

接下来，只会少量使用圆括号。因此，$f(g(h(S)))$ 可能被写成 $fgh(S)$。

归纳步骤：设 i 为一条任意的指令，t 是一个长度 $\leq k$ 的指令序列，t' 为 t 对应的指令序列。

根据归纳和引理假设，对任何状态 S，存在一个指令序列 t'，满足 $f(t(S)) = t'(f(S))$ 且 $f(i(S)) = i'(f(S))$，这里加撇的与未加撇的操作符可能是也可能不是相同的指令或指令序列。由于一些未加撇的操作符所表达的指令可能是敏感的，指令的序列可能不同。加撇的操作符包括对这些指令的解释序列。

我们有

$$ft(S) = t'f(S) \tag{1}$$

更清楚地有

$$i'ft(S) = i't'f(S) \tag{2}$$

但是，对任意状态 S，我们有

$$i'f(S) = fi(S) \qquad (3)$$

所以，使式（2）中的 $t(S)$ 就是式（3）中的 S，连接式（3）和式（2）的左边，我们有：

$$fit(S) = i't'f(S)$$

因为这个序列可以是长度为 $k+1$ 的任意序列，从而上面是期望的归纳步骤结果，引理得证。

参考文献

[1] Buzen, J. P., and Gagliardi, U. O. The evolution of virtual machine architecture. Proc. NCC 1973, AFIPS Press, Montvale, N. J., pp. 291-300.

[2] Gagliardi, U. O., and Goldberg, R. P. Virtualizable architectures, Proc. ACM AICA lnternat. Computing Symposium, Venice, Italy, 1972.

[3] Galley, S. W. PDP-10 Virtual machines. Proc. ACM SIGARCH-SIGOPS Workshop on Virtual Computer Systems, Cambridge, Mass., 1969.

[4] Goldberg, R. P. Virtual machine systems. MIT Lincoln Laboratory Rept. No. MS-2686 (also 28L-0036), Lexington, Mass., 1969.

[5] Goldberg, R. P. Hardware requirements for virtual machine systems. Proc. Hawaii Internat. Conference on Systems Sciences, Honolulu, Hawaii, 1971.

[6] Goldberg, R. P. Architectural principles for virtual computer systems. Ph. D. Th., Div. of Eng. and Applied Physics, Harvard U., Cambridge, Mass., 1972.

[7] Goldberg, R. P. (Ed). Proc. ACM SIGARCH-SIGOPS Workshop on Virtual Computer Systems, Cambridge, Mass., 1973.

[8] Goldberg, R. P. Architecture of virtual machines. Proc. NCC 1973, AFIPS Press, Montvale, N. J., pp. 309-318.

[9] IBM Corporation. IBM Virtual Machine Facility/370: Planning Guide, Pub. No. GC20-1801-0, 1972.

[10] Lauer, H. C., and Snow, C. R. Is supervisor-state necessary? Proc. ACM AICA lnternat. Computing Symposium, Venice, Italy, 1972.

[11] Lauer, H. C., and Wyeth, D. A recursive virtual machine architecture. Proc. ACM SIGARCH-SIGOPS Workshop on Virtual Computer Systems, Cambridge, Mass., 1973.

[12] Meyer, R. A., and Seawright, L. H. A virtual machine timesharing system. IBM Systems J. 9, 3 (1970).

[13] Popek, G. J., and Kline, C. Verifiable secure operating system software. Proc. NCC 1974, AFIPS Press, Montvale, N. J., pp. 145-151.

第 8 章

将更多的元件填塞到集成电路上

(戈登·E. 摩尔,1965 年)

戈登·E. 摩尔(G. E. Moore)IEEE 终身会士

本文是戈登·E. 摩尔(Gordon E. Moore)1965 年 4 月 19 日在《电子学》(*Electronics*)第 114~117 页上发表的论文,一共四页。

文章末尾对作者的介绍是:"戈登·E. 摩尔,新时代电子工程师,物理学专业毕业而非电子学。他获得加州大学化学学士学位,加州理工学院物理化学博士学位。他是仙童半导体公司的创始人之一,自 1959 年以来一直担任研发实验室主任。"

戈登·E. 摩尔,1929 年 1 月 3 日出生于旧金山,美国科学家、企业家,英特尔公司创始人之一。他于 1965 年通过本文提出"摩尔定律",1968 年创办英特尔公司,1987 年他将 CEO 的位置交给安迪·葛洛夫。1990 年他被布什总统授予"国家技术奖",2000 年他创办拥有 50 亿美元资产的基金会。他于 2001 年退休,退出英特尔的董事会。他在 2019 年福布斯全球亿万富豪榜排名第 140 位。戈登·E. 摩尔在加州大学伯克利分校获得化学学士学位,在加州理工学院获得物理化学博士学位。

20 世纪 50 年代中期,他和集成电路的发明者罗伯特·诺伊斯(Robert Noyce)一起,在威廉·肖克利半导体公司工作。后来,诺伊斯和摩尔等 8 人集体辞职创办了半导体工业史上有名的仙童半导体公司(Fairchild Semiconductor)。仙童成为 Intel 和 AMD 之父。

1968 年,摩尔和诺伊斯一起退出仙童公司,创办了英特尔公司。英特尔公司致力于当时计算机工业尚未开发的数据存储领域,公司生产的第一个重要产品英特尔 1103 存储芯片于 70 年代初上市。1972 年,英特尔公司的销售额就达 2340 万美元。从 1982 年起的 10 年间,微电子技术共有 22 项重大突破,其中由英特尔公司开发的就有 16 项。

英特尔公司对美国国力领先地位具有重要支撑作用。一个人,一个公司,往往在一个时代中可能成为引领者和中流砥柱。戈登·E. 摩尔和英特尔公司对于美国就起到了这样的作用。

我们需要总结经验和教训,抓住历史机遇,更好地发挥科技对包括经济、军事在内的综合国力的支撑作用,争取以更优化的路径实现民族的复兴。

随着单位成本因每块电路中元件数量的增加而下降,依据经济学规律,到 1975 年,可能需要在单一硅片上紧密地堆放多达 65 000 个元件。

注意，1975 年是写作这篇文章的 10 年以后，所以这篇文章具有高度的预见性。

8.1　引言

集成电子技术的未来就是电子技术自身的未来。集成化的优势将带来电子技术的迅速发展，推动这门科学进入许多新的领域。

开篇第一句，"集成电子技术的未来就是电子技术自身的未来"，指出集成电路是趋势，是电子技术这一学科的趋势，本文要提出的摩尔定律就是关于集成电路的。本文是 1965 年发表在名为《电子学》的杂志上。所以，首句开门见山，将要讨论的主题与杂志的主题都提到了，而且关联起来了。

集成电路将催生奇迹，比如家用计算机（或者至少是一个与中央计算机相连的终端）、汽车的自动控制和个人便携式通信设备。如今的电子手表只需要一个显示屏就可以了。

对于我们这些生活在 21 世纪 20 年代的人来说，这里很惊人的是，1965 年就有家用计算机的概念了，提到的"家用计算机（或者至少是一个与中央计算机相连的终端）、汽车的自动控制和个人便携式通信设备"现在已经普及了。想一想现在的个人计算机、数据中心和智能手机，上述判断和预测是如此准确！

但集成电路最大的潜力在于大型系统的生产。在电话通信领域，数字滤波器中的集成电路将可以在多路复用设备上起到分离信道的作用。集成电路还可以切换电话线路，进行数据处理。

计算机将会更加强大，并且将以完全不同的方式被组织起来。例如，由集成电子器件构建的存储器可能被分布在整个机器而非集中在一个中央单元内。此外，集成电路提升了可靠性，这将容许人们构造更大的处理单元。与现存机器类似的机器，在未来将以更低的成本和更短的周期被制造出来。

这一段做了几个预言，计算机将会更加强大，并且将以完全不同的方式被组织起来。前者是对性能的预测，后者是对结构的预测。

"由集成电子器件构建的存储器可能被分布在整个机器而非集中在一个中央单元内"，这是对分布式存储的预测。

"集成电路提升了可靠性,这将容许人们构造更大的处理单元",这是对可靠性的预测。

"与现存机器类似的机器,在未来将以更低的成本和更短的周期被制造出来",这是对制造成本和制造周期的预测。

8.2 现状与未来

我所说的集成电子学（integrated electronics）是指如今被称为微电子学（microelectronics）的各种技术,以及将电子模块作为最简单元提供给用户的其他各种技术。对这些技术的研究始于 20 世纪 50 年代末,其目标是让电子设备微型化,以便在有限的空间内以最轻的重量容纳日益复杂的电子功能（如图 8-1 所示）。几种相关的方法由此衍生出来,包括用于单个组件的微装配技术、薄膜结构和半导体集成电路。

这一段,戈登·E. 摩尔对"集成电子技术"这一术语进行了说明。注意,戈登·E. 摩尔在加州大学伯克利分校获得化学学士学位,在加州理工学院获得物理化学博士学位,所以他的物理、化学基础对于他了解这一段提到的各种技术是有帮助的。

图 8-1 是暗含深意、具有预见性的一幅漫画,据麻省理工学院教授罗德尼·布鲁克斯 Rodney Brooks 介绍（http://rodneybrooks.com/the-end-of-moores-law/）,他在摩尔定律 40 周年庆典（2005 年）上向摩尔本人当面询问这幅漫画是不是出自摩尔自己的创意,摩尔回答说此事与他无关,文章中出现这个卡通让他也很吃惊。在我们（即本书编著者）看来,这幅漫画深刻地预见到摩尔定律的一个好的结果:计算机可以做得很小,电子设备可以像日常百货那样便携和面向大众销售,要知道 1965 年的计算机还都是大型计算机,体积大,用户少,手持家庭计算机（Handy home computers）今天展示（Demonstration today）且销售（sale）了,从近 60 年后的今天看来,这样的预言是多么准确!

图 8-1 便携家用计算机的热销

不同方法相互借鉴的结果是逐渐收敛，融为一体。许多研究者认为，未来电子技术的发展方向将会是多种方法的结合。

半导体集成电路的拥护者已经利用薄膜电阻改进的特性将其直接应用于有源半导体衬底上。而那些倡导基于薄膜的技术的人们也正在研究连接有源半导体器件与无源薄膜阵列的复杂技术。

这两种技术均行之有效，并且已经在现有设备中投入使用。

"这两种技术"指的是半导体集成电路和薄膜技术！

8.3 集成电子技术的建立

在今天我们已建立集成电子技术。由于某些军事设备对于可靠性、尺寸和重量的要求只有依靠集成化才能实现，因此集成电子技术应用于新型军事系统几乎是铁板钉钉的事情。阿波罗载人登月计划等项目已经证明了集成电子技术的可靠性——整个集成电路模块就像最好的单个晶体管一样可以万无一失。

值得注意的是，集成电路对美国取得阿波罗载人登月计划的成功做出了重要贡献。
集成电路有哪些优势？不仅仅是尺寸小，而且可靠性高、重量小、功耗小，所提供的提升若干个数量级的资源丰富程度为性能的提升奠定了坚实的基础。

商业计算机领域的大多数公司正在设计或在进行前期生产的机器采用了集成电子技术。这些机器与采用"传统"电子技术的机器相比，成本更低，性能更好。

各种类型的仪器，特别是使用数字技术的数量快速增长的那些仪器，都开始使用集成技术，因为集成技术降低了制造和设计的成本。

线性集成电路的应用仍主要局限于军事领域。这种集成模块不仅价格昂贵而且没有满足大多数线性电子技术的要求。但第一批相关的应用已开始出现在商业电子领域，尤其是在需要使用小型低频放大器的设备上。

线性集成电路是以放大器为基础的一种集成电路。20 世纪 60 年代初，研究人员用半导体硅片制成第一个简单的集成放大器，之所以用"线性"一词，是为了表示放大器对输入信号的响应通常呈现线性关系。由于处理的信息都涉及连续变化的物理量（模拟量），因而这种电路也被称为模拟集成电路。

8.4 可靠性十分重要

几乎在所有情况下，集成电路都表现出很高的可靠性。即使是目前集成电路的生产水平低于分立元器件的情况下，它依然能够降低系统的成本并且提升很多系统的性能。

集成电子技术将使电子技术在整个社会中得到更普遍的应用，它将实现目前其他许多技术不能充分实现或根本无法实现的功能。它的主要优点是更低的成本和更精简的设计——得益于现有的低成本的功能性封装。

对大多数应用来说，半导体集成电路将占据主导地位。半导体器件是现在集成电路有源元件唯一合适的候选。无源半导体元件也很有吸引力，因为它们潜在地具有低成本和高可靠性，但无源半导体元件只能在精度不是第一要素的情况下使用。

在本书中，"active" 一词在多个场合出现，一次是冯·诺依曼在《计算机与人脑》中提到 "active organ"，一次是摩尔在本章中提到 "active element"（有源元件）。"active organ" 译为 "能动器官" 或 "运算部件" 比较恰当。

硅可能仍是最基本的材料，尽管特定应用中也会用到其他材料。例如，砷化镓（gallium arsenide）将在集成微波模块中发挥重要作用。但硅将在较低频段占据主导地位，这既是因为现今技术多是依靠硅及其氧化物发展起来的，也因为硅是一种资源丰富而又相对便宜的原材料。

8.5 成本曲线

集成电子技术的一大吸引力就是低成本，并且随着技术朝着在单个半导体衬底上制造更大规模电路模块的方向演进，成本优势继续扩大。对简单电路来说，封装一致、大小相同的半导体所包含的元件数量越来越多，导致每个元件的成本几乎与元件的数量成反比。但是随着元件数量的增加，良品率的降低超过了复杂性的提升，还导致单个元件成本的上升。因此，在技术的演化过程中，任何时间都会存在一个最低成本。目前，人们已经可以做到单个集成电路中使用 50 个元件。最低成本在快速提升，而整个成本曲线在下降（如图 8-2 所示）。展望 5 年后，如果画出成本曲线，就会看出，当每个电路包含大约 1000 个元件时每个元件的相对制造成本最低（假设这些电路

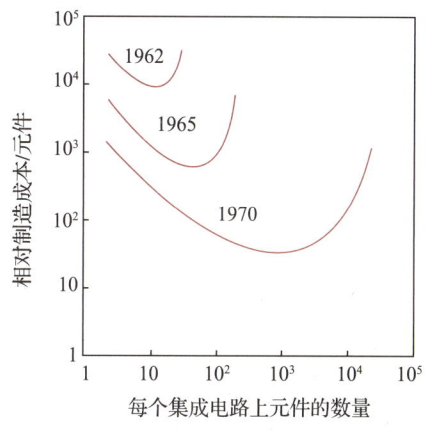

图 8-2 单个元件的相对制造成本与
单个集成电路上元件的数量

模块的产量适中）。在 1970 年，每个元件的制造成本预计只有现在制造成本的十分之一。

上面这一段只有定性的描述，没有给出量化的推导过程。我们现在做一些论证，尝试给出推导过程。

假设集成电路总的制造成本为 C，集成电路上元件的数量为 x，每个元件的面积为 s，随着 x 的增加，良品率 $r(x)$ 在下降，则每个元件的相对制造成本 y 为

$$y = \frac{C}{r(x) \cdot x}$$

根据波斯-爱因斯坦公式（Bose-Einstein formula）（据 Michael Sydow 的研究，波斯-爱因斯坦公式是目前最能反映领域实际状况的模型，具体见文献"Michael Sydow. Compare Logic-Array To ASIC-Chip Cost per Good Die, Chip design, 2006."），有

$$r(x) = \frac{1}{(1 + k \cdot s \cdot x)^d}$$

其中，k 为缺陷密度即单位面积上的缺陷数，d 为工艺复杂度因子（据台积电 TSMC 报告，k 的典型值为 0.16~0.28/平方英寸，d 的典型值为 11.5~15.5，具体见文献"TSMC, Defect Density and Yield Model"），

所以

$$y = \frac{C \cdot (1 + k \cdot s \cdot x)^d}{x}$$

$$y' = C \cdot (1 + k \cdot s \cdot x)^{d-1} \cdot \frac{(d-1) \cdot k \cdot s \cdot x - 1}{x^2}$$

可知随着 x 的增加，y 先下降，后上升（如图 8-2 所示）。
令 $y'=0$，得单位元件最低制造成本时对应的元件数量 x 为

$$x = \frac{1}{(d-1) \cdot k \cdot s}$$

在 s 不变时，工艺越复杂（d 越大），缺陷密度越高（k 越大），单位元件最低制造成本时对应的元件数量（x）越小。

当然，随着时间的推移，s 越来越小，单位元件最低制造成本时对应的元件数量（x）在增大。

实现元件的最低成本所需的复杂度以大约每年翻一番的速度增长（如图 8-3 所示）。在短期内，这一增长速度如果不增加会一直继续下去。在较长期内，增长速度有一些不确定，虽然没有理由相信这一速度至少在 10 年内不会保持几乎不变。这意味着到 1975 年，实现最低成本的单个集成电路中的元件数量将达到 65 000 个。

我相信这么大的电路可以做在单个晶片（wafer）上。

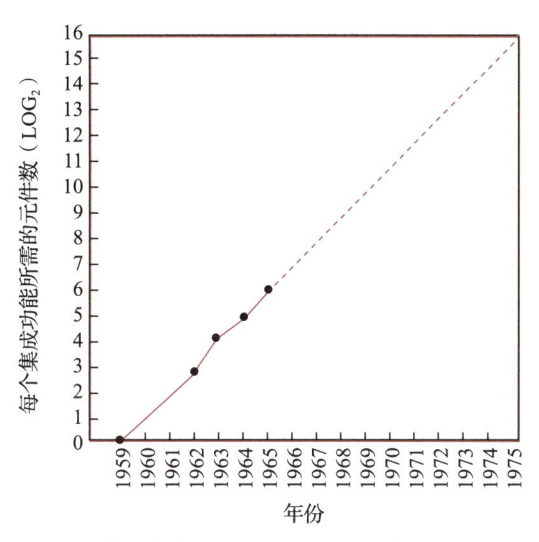

图 8-3　每个集成功能所需的元件数随时间的变化

8.6　边长两密耳的方块

随着集成电路中已经开始使用尺寸公差（dimensional tolerance），相互隔离的高性能晶体管可建立在距离达到千分之二英寸的点上。这样的两密耳方块可以容纳几个千欧姆级别的电阻或几个二极管。也可以在每线性英寸上容纳至少 500 个元件，或者说每平方英寸上容纳 25 万个元件。因此，65 000 个元件只需要占据大约 1/4 平方英寸。

> 密耳（mil）是长度单位，1 密耳等于千分之一英寸或者 0.0254 毫米。
>
> 尺寸公差简称公差，等于允许的上偏差与下偏差之差。

目前使用的硅晶片的直径通常为一英寸或更长。如果能将元件紧密地封装在一起而没有因为要形成互连而浪费空间，那么就有足够的地方来容纳这种结构。这是可实现的，因为人们已经致力于通过采用介电薄膜（dielectric film）分离的多层金属化模式，来提高现有集成电路的复杂度。我们不需要额外的技术如电子束操作，仅通过现有的光学技术就可以制造出这种密度的元件。目前人们正在研究使用电子束技术制造更小结构的集成电路。

8.7　增加良品率

要想实现元件 100% 的良品率，并没有根本性的障碍。当前，封装成本（packaging cost）远远超过了半导体结构本身的成本，人们并没有提高良品率的动机。但只要经济上合理，良品率可以提高到任意水平。没有障碍像热力学平衡因素限制化学反应中的收率那样限制良品率。想提高器件的良品率，人们甚至不需要做任何基础性研究或是更换当前的工艺，只需要在工程方面进行投入就够了。

在集成电路发展的早期阶段，良品率很低，因此人们有动机去提升良品率。今天，制造普通集成电路的良品率与制造单个半导体器件的良品率大致相当。相同的元件模式使得集成化大规模生产更加经济，而其他因素使得集成化大规模生产在可靠性、尺寸、功耗等方面令人满意。

请注意，"yield"一词在集成电路领域，一般译为"良品率"，不要翻译为"产量"。在化学中，"yield"一词一般译为"收率"或称作"反应收率"，是指在化学反应中，投入单位数量原料获得的产品产量与理论计算的产品产量的比值。

8.8　发热问题

有可能移除一个硅芯片里成千上万的元件所产生的热量吗？

如果我们能把一台标准高速数字计算机的体积缩小到组成它的元件本身所需要的大小，那么现有的功耗能让它发出耀眼的火焰。但集成电路不会出现这种情况。由于集成电路结构是二维的，在靠近每个发热中心的地方都有一块表面用来散热。此外，能量主要用来驱动与系统关联的各种线路和电容。只要模块被限制在晶片上的一个小区域内，要驱动的电容的大小就会受到明显的限制。事实上，缩小集成电路的尺寸能让单位面积上的电路在相同功率下以更快的速度运行。

这一段讲了集成电路在散热方面具有的优势。二维的表面有助于散热。集成化有助于限制电容大小。请注意，上面这段话的最后一句。1974年，即戈登·E. 摩尔第一次修正摩尔定律的前一年，罗伯特·登纳德在发表的论文"Design of ion-implanted MOSFETS with very small physical dimensions"中表示，晶体管面积的缩小使得其所消耗的电压以及电流会以差不多相同的比例缩小。或者说，如果晶体管的大小减半，该晶体管的静态功耗将会降至四分之一（电压电流同时减半）。芯片业的发展目标基本上是在保证功耗不变的情况下尽可能提高性能。

8.9　实现的时机

很明显，我们将有能力制造这种"元件密集式"的设备。接下来，我们考虑在什么情况下才应该这样做。我们必须最小化制造特定系统模块的总成本。为此，我们可以将工程分摊到几个相同的项目上，或者发展用于大模块的工程的灵活技术，这样制造特定系统模块就不需要承担与之不成比例的开销。也许新构造的自动化程序可以不需要特别的工程支持而直接将逻辑图转化为技术实现。

> 这一段提到了分摊的思想，实际上也是业界多年来一直在采用的做法。

事实也许会证明，用较小的功能模块构建大型系统更为经济合算，这些小模块独立封装、相互连接。结合模块设计和构造技术，大模块所具有的可用性将使大型系统的制造商既快速又经济地设计和生产大量不同类型的设备。

8.10 线性电路

集成化对线性系统的改变没有对数字系统那样大。尽管如此，线性电路仍能实现相当程度的集成化。缺乏大数值的电容和电感是线性电路集成化的最大的基础限制。

由于元件自身的特性，它们在存储能量时需要占用一定体积。能量越多，体积也就越大。显然，从术语本身就可看出，大体积和集成电路不可兼得。某些共振现象，如压电晶体中的共振现象，可以在一些需要调谐功能的地方得到应用。但电容和电感仍将使用一段时间。

> 实际上，现今，电容和电感仍在使用。

未来的集成射频放大器很可能包含多级增益，一些相对较大的调谐元件散布其中，以最低的成本提供高性能。

其他的线性模块会有很大的变化。集成结构中相似元件的匹配和跟踪将大大提高差分放大器的性能。利用热反馈效应能稳定集成结构的特点，可以构建具有晶体稳定性的振荡器。

即使在微波领域，集成电路所定义的结构也变得越来越重要。至少在低频段，如果能制造和组装尺寸比对应波长更小的元件，那么集总参数设计（lumped parameter design）将成为可能。目前很难预测集成电子技术在微波领域会得到多广泛的应用。例如，使用多种集成微波电源成功实现相控阵天线等项目，可能将彻底改变雷达技术。

> 由电阻器、电容器、线圈、变压器、晶体管、运算放大器、传输线、电池、发电机和信号发生器等电气器件和设备连接而成的电路，称为实际电路。以电路电气器件的实际尺寸（d）和工作信号的波长（λ）为标准划分，实际电路又可分为集总参数电路和分布参数电路。
>
> 满足 $d \ll \lambda$ 条件的电路称为集总参数电路。其特点是电路中任意两个端点间的电压和流入任意器件端钮的电流完全确定，与器件的几何尺寸和空间位置无关。

不满足 $d \ll \lambda$ 条件的电路称为分布参数电路。其特点是电路中的电压和电流是时间的函数，而且与器件的几何尺寸和空间位置有关。有波导和高频传输线组成的电路是分布参数电路的典型例子。

思考题

1. 戈登·E. 摩尔在本文中是如何表述摩尔定律的？
2. 图 8-2 所示的曲线背后的原理是什么？
3. 在 2022 年，延续摩尔定律需要付出越来越多的代价，原因是什么？ 对策有哪些？

第 9 章

支持精简指令集计算机的理由

（大卫·A. 帕特森等，1980 年）

大卫·A. 帕特森（David A. Patterson）（加州大学伯克利分校）

大卫·R. 迪泽尔（David R. Ditzel）（贝尔实验室）

这篇 1980 年发表于 *ACM Architecture News* 的文章的英文标题为"The Case for the Reduced Instruction Set Computer"，我们在翻译"The Case for"时略微感觉有点困难，最终考虑翻译为"支持……的理由"。

我们为什么要选择收录并解析这篇文章呢？是因为开源芯片在当前的重要性，也是因为指令集是计算机软硬件的接口，指令集是软件和硬件都需要关心的内容。关于采用精简指令集还是复杂指令集，随着时间的推进，答案在变化，否定之否定的规律表现得很充分，特别是在今天加速器的设计方面这个问题更重要了。

RISC-V（读作"RISC-FIVE"）是基于精简指令集计算（RISC）原理建立的开放指令集架构，V 表示第五代。加州大学伯克利分校的大卫·A. 帕特森等人在研究指令集架构的过程中，发现当前指令集架构存在如下问题：

（1）绝大多数指令集架构比如 x86、MIPS、Alpha 都是受专利保护的，使用这些架构需要授权，限制了竞争，同时也扼制了创新。

（2）当前的指令集架构都比较复杂，不适合学术研究，而且很多复杂性是因为一些糟糕的设计或者背负历史包袱所带来的。

（3）当前的指令集架构都是针对某一领域的，比如：x86 主要是面向服务器，ARM 主要面向移动终端，为此对应的指令集架构针对该领域做了大量的领域特定优化，缺乏一个统一的架构可以适用多个领域。

（4）商业的指令集架构容易受企业发展状况的影响，比如：Alpha 架构就随着 DEC 公司被收购而几乎消失。

（5）当前已有的各种指令集架构不便于针对特定的应用进行自定义扩展。

这里要解释一个问题：在一些教科书和专著中有一种流行的说法，计算机体系结构是研究指令集的设计。很多人就比较困惑，现在计算机体系结构会议的论文很多并没有讨论指令集的设计，它们究竟是否在研究体系结构？或者说，即使在研究体系结构，是否也仅仅是在做一些修修补补的工作？

计算机体系结构是研究两方面的工作：一方面，研究提供哪些指令给程序设计使用；另一方面，研究以怎样的性能提供这些指令。前者是功能层面，后者是性能层面；前者是设计层面，后者是实现层面。整体来说，计算机体系结构是研究指令集的设计与实现。

9.1 引言

计算机架构师的主要目标之一是设计单位成本效益更高（more cost-effective）的计算机。成本效益包括制造机器的硬件成本、编程的成本、调试初始硬件和后续程序时的体系结构相关的成本。如果回顾一下计算机家族的历史，我们会发现最常见的体系结构变化是越来越趋于复杂。大概是因为这种额外的复杂性较好地权衡了新型模型的成本效益。在本文中，我们认为这种趋势并不总是会增加单位成本效益，并且实际上可能弊大于利。我们会在下文中展示并分析精简指令集计算机（Reduced Instruction Set Computer，RISC）可以与复杂指令集计算机（Complex Instruction Set Computer，CISC）具有相同的单位成本效益的情况。此外，本文将论证，下一代超大规模集成电路计算机被实现为精简指令集计算机，相比于被实现为复杂指令集计算机，可能更有效。

对于复杂性增加的例子，我们考虑了从 IBM System/3 到 System/38[13] 以及从 DEC PDP-11 到 VAXll 的转变。复杂程度由控制存储器的大小定量表示；对于 DEC 来说，控制存储器的大小从 PDP 11/40 中的 256×56 增加到 VAX 11/7 中的 5120×96。

9.2 复杂性增加的原因

为什么计算机变得越来越复杂？我们可以考虑以下这些原因：

为什么计算机变得越来复杂？将来会不会越来越复杂？这是两个基本的问题。要注意"演化"（evolution）和"内卷"（involution）的联系和区别。演化是向外的，内卷是向内的，往往都表现为一种变化，且复杂性增加。演化的结果往往是正面的，单位成本收益增加；内卷的结果往往是负面的，单位成本收益降低。

"内卷"一词现在多在社会学领域被讨论，请读者注意思考计算机体系结构领域的"演化"和"内卷"现象。我们是否有必要追求越来越复杂，或者追求"至简至美"，抑或者追求"岿然不动，以不变应万变"？相应的单位成本收益如何？

9.2.1 内存速度与CPU速度

约翰·科克（John Cocke）说过，复杂性始于从 701 到 709 的转变[2]。701 CPU 的速度大约是核心内存的 10 倍，这导致被实现为子例程的任何原语都比作为指令的原语慢得多。因此，浮点子例程成为 709 体系结构的一部分，并因此获得了巨大的收益。709 的复杂性使其比 701 具有更高的单位成本效益。此后，为了提高性能，许多"更高级的"指令被添加到机器中。请注意，这种趋势一开始是由于速度不平衡，目前尚不清楚架构师是否曾问过自己，这种不平衡是否仍适用于他们的设计。

> 这一段论述了存储墙对指令集的影响。在几十年后的今天，仍然不断有许多"更高级的"指令被添加到机器中，是为了专门加速某些新兴的应用。

9.2.2 微码和LSI技术

与硬连线控制（hardwired control）相比，微程序控制（microprogrammed control）使得复杂体系结构的实现具有更高的单位成本收益[8]。在 20 世纪 60 年代末和 70 年代初，集成电路存储器的发展使得在几乎所有情况下，微程序控制都是具有较高单位成本效益的方法。一旦决定采用微程序控制，扩展指令集的成本会变得很小，因为只需要在控制存储器多加几个字。由于控制存储器的大小通常为 2 的幂，因此有时可以通过扩展微程序来填充控制存储器，使得指令集变得更复杂但又不增加硬件成本。因此，实现技术的进步通过将传统的子例程转移到架构中，提高了架构的单位成本效益。此类指令的例子包括字符串编辑、整数到浮点转换以及类似多项式求值的数学运算。

9.2.3 代码密度

早期计算机的内存非常昂贵，因此紧凑的程序的单位成本效益较高。复杂的指令集通常因其"被假定的"代码紧致性而备受赞誉。但是，通过增加指令集的复杂性尝试获得较高的代码密度常常是一把双刃剑，因为需要更多的位表示更多的指令和寻址模式。有证据表明，仅清理原始指令集就可以轻松实现代码的紧致性。尽管代码的紧致性很重要，但增加 10% 内存的成本通常比通过处理器架构"创新"压缩 10% 的成本便宜得多。大规模处理器的成本来自所需的额外电路封装，而单芯片处理器的成本则可能来自由于控制 PLA 的增大（因此速度较慢）而导致的性能降低。

> PLA 全称是"Programmed Logic Array"，即"程序控制的逻辑阵列"。

9.2.4 营销策略

不幸的是，计算机公司的首要目标不是设计单位成本效益最高的计算机，而是希望通过出售计算机获利最多。为了销售计算机，制造商必须使客户相信他们的设计优于竞争对手的设计。复杂的指令集无疑是说明一台计算机较好的首要的"营销"上的证据。为了保住工作，架构师必须持续向内部管理部门推出新的、更好的设计方案。不管复杂指令集的实际用途或单位成本效益如何，指令的数量及其"能力"通常用于促销体系结构。从某种意义上说，只要计算机购买者不去质疑复杂性与单位成本效益的问题，制造商和设计师就不会因为这被谴责。在计算机系统这栋硅制的房屋里，精美的微处理器如同"吸引观众的表演者"，因为真正的利润来自吸引客户购买大量内存以搭配相对便宜的 CPU。

> 这一段中所说的"为了保住工作，架构师必须持续向内部管理部门推出新的、更好的设计方案"就是微处理器设计领域内卷的一种具体表现形式。

9.2.5 向上兼容性

与营销策略一致，向上兼容性也被认为是需要的。向上兼容性意味着改进设计的主要方法是添加新的（通常是更复杂的）功能。很少有设计从体系结构中删除指令或寻址模式，这导致在一个计算机系列上指令的数量和复杂性逐渐增加。新的体系结构习惯于将那些在成功竞争对手的机器中发现的所有指令都包含进来，这可能是因为架构师和客户并不真正理解"良好"指令集的定义是什么。

9.2.6 对高级语言的支持

随着高级语言的使用变得越来越流行，制造商开始希望通过提供更强大的指令来支持它们。不幸的是，几乎没有证据表明任何更复杂的指令集实际上提供了这种支持。相反，我们认为，在许多情况下，复杂的指令集有害无益。为支持高级语言而付出的努力值得称赞，但我们认为重点放在了错误的问题上。

9.2.7 多程序设计的使用

分时（timesharing）的兴起要求计算机能够对中断做出响应，即能够暂停（halt）正在执行的进程并在稍后重新启动它。存储管理和分页（paging）也需要在指令完成之前暂停指令，之后重新启动。尽管这些都不会对指令集本身的设计产生很大的影响，但是它们直接影响指令集的实现。复杂的指令和寻址模式增加了在中断时必须保存的状态。保存状态通常会涉及使用影子寄存器（shadow register），并大幅增加微代码复杂性。而这种复杂性在没有复杂指令或复杂寻址模式的机器上基本不存在。

9.3 复杂指令集是如何被使用的

软件成本上升的有趣结果之一是对高级语言的依赖性增加。其中一个结果是，编译器编写者正在取代汇编语言程序员来决定机器将执行哪些指令。编译器通常无法利用复杂的指令，也无法使用汇编语言程序员喜欢的那些技巧。编译器和汇编语言程序员也可以正当地忽略指令集的某些部分，这些部分在给定的时空权衡下是无用的。其结果是通常只有体系结构中相当小的一部分被使用了。

例如，对特定 IBM 360 编译器的测量发现 10 条指令占所有被执行指令的 80%，16 条指令占 90%，21 条指令占 95%，30 条指令占 99%[1]。另一项针对各种编译器和汇编语言程序的研究结论表明："如果将 CDC-3600 上的指令集减少到现在可用指令的 1/2 或 1/4，灵活性几乎不会丧失。"[7] 苏斯特克（Shustek）指出，对于 IBM 370，"已经被观察了很多次，很少的操作码占程序执行的大部分。例如，COBOL 程序执行了 183 条可用指令中的 84 条，但其中的 48 条占所执行指令的 99.08%，26 条占所执行指令的 90.28%"。[12] 在研究寻址模式的使用时也会发现类似的统计数据。

> 累积分布函数（Cumulative Distribution Function，CDF）是说明分布律的重要数学工具。
> 这两段话背后的思想是极简主义（Minimalist）、二八定律、"重点论"。

9.4 复杂指令集计算机实现的后果

工艺的迅速发展和实现复杂指令集计算机时产生的困难带来了一些有趣的影响。

9.4.1 更快的内存

半导体存储器的进步使处理器和主存储器之间速度的相对差异的假设发生了一些变化。半导体存储器既快速又便宜。在很多系统中，高速缓存的使用又进一步减小了处理器和内存速度之间的差异。

> 这里提到了存储墙问题。相对精简指令集，复杂指令集的好处是代码紧凑，取指令的带宽

会比较小。上面这一段的意思是，内存的性能不像原来那么令人担心了，复杂指令集在取指带宽方面的优势不是那么重要了。

9.4.2　不合理的实现

复杂体系结构的实现中最不寻常的方面或许是很难拥有"合理的"实现。在这里，我们的意思是专用指令并不总是比一个简单指令序列快。比如，佩托（Peuto）和苏斯特克（Shustek）发现，对于 IBM 370，一个加载指令的序列比一条加载多个（少于 4 个）寄存器的指令更快[11]。这种情况在典型程序中占加载多个寄存器指令的 40%。另一个例子来自 VAX-11/780。索引（INDEX）指令被用于计算数组元素的地址，同时检查索引是否符合数组范围。这显然是准确检测高级语言语句中错误的一项重要功能。我们发现，对于 VAX 11/780，用几条简单的指令（比较（COMPARE）、条件跳转（JUMP LESS UNSIGNED）、加法（ADD）、乘法（MULTIPLY））代替这条"高级"指令，我们可以将相同功能的执行速度提高 45%！此外，如果编译器利用下限为零，则简单指令序列的速度会提高 60%。显然，较少的代码并不总是意味着较快的代码，"较高级"的指令也并不意味着较快的代码。

9.4.3　更长的设计时间

有时被忽略的成本之一是开发新体系结构的时间。尽管复杂指令集计算机的复制成本可能较低，但设计时间会大大延长。数据设备公司（DEC）仅花了 6 个月的时间设计 PDP-1 并开始交付使用，但现在，像 VAX 这样的机器至少需要 3 年才能完成同样的过程[⊖]。如此长的设计时间会对最终实现的质量造成重大影响；设计者要么宣布该机器采用的是一项已有三年历史的工艺，要么必须尝试预测一种好的实现工艺，并在制造该机器时尝试开拓该工艺。显然，减少设计时间会为最终的机器带来非常积极的好处。

9.4.4　更多的设计错误

复杂指令集的主要问题之一是调试设计，这通常意味着要从微程序控制器中消除错误。尽管难以用文件证明，但是这些错误的更正可能是 IBM 360 系列面临的一个主要问题，因为该系列的几乎每个产品都使用了只读控制存储。唯有 370 系列运用了可修改的控制存储，这可能是

⊖ 有些人提供了其他解释。现在一切东西都需要更长时间（包括软件、邮件、核电站），所以为什么不能是计算机呢？还有人提到，一家年轻的、充满激情的公司可能会比一家成熟的公司花费更少的时间。尽管这些发现可能部分解释了 DEC 的经历，但我们认为，无论何种情况，架构的复杂性都会影响设计周期。

为了降低硬件成本，但更有可能是因为在 360 系列上出错的糟糕体验。370 系列的控制存储区是从软盘加载的，使微代码可以像操作系统一样被维护；错误被修复之后，载有微码新版本的新软盘被发布。VAX 11/780 的设计团队意识到了微码错误的可能性。他们的解决方案是使用现场可编程逻辑阵列（Field Programable Logic Array，FPLA）和 1024 字的可写控制存储（Writable Control Store，WCS）来修补微代码错误。幸运的是，数字设备公司对自己的经历比较坦率，所以我们知道他们已经制作了 50 多个补丁，并且几乎没人认为最后一个错误已经被发现⊖。

9.5 精简指令集计算机与超大规模集成电路

相比于多芯片小规模集成电路（SSI）实现，单芯片超大规模集成电路（VLSI）计算机的设计使得复杂指令集计算机的上述问题更加严重。有几个因素表明，精简指令集计算机是一种合理的设计替代方案。

SSI（Small Scale Integrated Circuits）表示小规模集成电路，VLSI（Vary Large Scale Integrated Circuits）表示超大规模集成电路。

9.5.1 实现的可行性

这在很大程度上取决于能否将整个中央处理器（CPU）设计安置在一个芯片上。与复杂度较低的体系结构相比，复杂度较高的体系结构在给定工艺中被实现的可能性较小。DEC 的 VAX 系列计算机就是一个很好的例子。尽管其高端模型可能看起来令人印象深刻，但是在当前的设计规则下，该架构的复杂度使其在单芯片上的实现极为困难，即使实现并不是完全不可能的。虽然 VLSI 技术的改进最终将使单芯片版本可行，但是只有在实现不太复杂但功能相同的 32 位架构之后才能实现。因此，精简指令集计算机可以从能够更早实现中获益。

9.5.2 设计时间

设计难度是 VLSI 计算机成功的关键因素。如果 VLSI 工艺继续大约每两年使芯片密度至少翻一番，那么需要花费两年时间进行设计和调试的设计就可能会使用一种很优越的工艺，比需要花费四年时间进行设计和调试的设计更为有效。由于新掩膜（mask）的周转时间通常以月为单位，因此每一批错误都会使产品交付延迟到下一个季度，常见的例子是 Z8000 和 MC68000 会延迟 1~2 年上市。

⊖ 每个补丁都意味着要将几个微指令放入 WCS 中，因此 50 个补丁需要 252 个微指令。由于复杂的 VAX 指令很有可能出现错误，其中一些指令仅在 WCS 中实现，这会导致补丁和现有指令占用了 1024 字的很大一部分。

9.5.3　速度

对单位成本效益的最终测试是一个实现执行给定算法的速度。通过减少调试时间，更好地利用较新工艺的芯片面积和可用性，可以提高芯片速度。一个精简指令集计算机仅仅通过较简单的设计就可能提高速度。去除一种地址模式或一条指令可能会使得控制结构更简单。这继而会导致更小的 PLA 控制器，更小的微码存储器，在机器的关键路径上更少的门，所有这些都可以使周期时间更短。如果去除一条指令或地址模式会导致机器将周期时间缩短 10%，那么为了具有较高的单位成本效益，添加一条指令或地址模式就必须将机器的速度增加 10% 以上。到目前为止，我们几乎没有确凿的证据表明复杂的指令集能够以这种方式实现较高的单位成本效益。⊖

"如果去除一条指令或地址模式会导致机器将周期时间缩短 10%，那么为了具有较高的单位成本效益，添加一条指令或地址模式就必须将机器的速度增加 10% 以上。"这句话如何理解？

这句话是有一点小问题的，正确的表述应该是："如果去除一条指令或地址模式会导致机器将周期时间缩短 10%，那么为了具有较高的单位成本效益，添加一条指令或地址模式就必须将机器的执行时间所需要的周期数量减少 10% 以上。"具体分析如下：

当保留某一条指令或地址模式时，机器的执行时间为 T_1，周期数量为 N_1，周期长度为 L_1，

$$T_1 = N_1 \times L_1$$

当去除这一条指令或地址模式时，机器的执行时间为 T_0，周期数量为 N_0，周期长度为 L_0，

$$T_0 = N_0 \times L_0$$

去除一条指令或地址模式会导致机器将周期时间缩短 10%，即

$$L_0 = 0.9 \times L_1$$

为了使得这一条指令或地址模式具有较高的单位成本效益，需要满足

⊖ 事实上，关于相反的情况的证据是存在的。TI ASC 的首席架构师哈维·G. 克雷贡（Harvey·G. Cragon）说，这台机器实现了一种复杂的机制以提高循环内部索引引用的性能。虽然他成功地使这些操作运行得更快，但他认为这会导致 ASC 在其他情况下运行得更慢。其影响是使 ASC 比 Cray 设计的简单计算机[3]要慢。哈维·G. 克雷贡谈到可以通过使计算机更加复杂以减少语义鸿沟。我们在下面引用他的更加合理的说法："……进行向量运算时，这两台计算机（CDC 7600 和 TI ASC）上的性能大致相同。内存带宽也大致一致。硬件 DO LOOP 的缓冲实现了与正常指令流在 7600 上的缓冲相同的内存带宽减少。在为 7600 编写了正确的宏并将调用过程合并到编译器之后，FORTRAN 提供了对向量功能的同等访问权。由于矢量硬件带来的复杂性很大，ASC 的标量性能要低于 7600。最后一个也是最有说服力的论据是，与 7600 相比，ASC 需要更多的硬件。用于构建这相当复杂的 DO LOOP 操作的额外硬件也并没有达到我们预期的效果。ASC 的经历，以及其他的一些经历，让我对那些仅仅为了缩小语义上的差距而做出的承诺产生了怀疑。不仅承诺的好处没有实现，一般性也丧失了。"显然，两者的相对速度取决于给定应用程序中标量运算和向量运算的混合。

即需要满足

$$T_1 < T_0$$

$$N_1 < 0.9 \times N_0$$

9.5.4 较好地利用芯片面积

如果你有芯片面积,为什么不用其来实现 CISC 呢?对于给定的芯片面积,关于可以实现的内容,存在很多权衡。我们认为,通过设计 RISC 体系结构而不是 CISC 体系结构赢回来的芯片面积,可以使 RISC 比 CISC 更具吸引力。例如,我们认为,如果将硅面积用于片上高速缓存[10]、更大更快的晶体管甚至流水线技术,整个系统的性能可能会得到更大的提高。随着 VLSI 工艺的改进,RISC 体系结构始终可以领先同类 CISC 一步。当 CISC 可以在单个芯片上实现时,RISC 将在芯片上实现流水线技术。当 CISC 进行流水线处理时,RISC 将拥有片上高速缓存,等等。CISC 固有的复杂性通常使高级技术更加难以实现。

这一段话有醍醐灌顶的作用。CISC 固有的复杂性通常使高级技术更加难以实现,导致随着 VLSI 技术的改进,RISC 体系结构始终可以领先同类 CISC 一步。

9.5.5 支持高级语言计算机系统

有人会认为简化架构在支持高级语言方面是一个退步。最近的一篇论文[5]指出,"高级"体系结构不一定是实现高级语言计算机系统最重要的方面。高级语言计算机系统已被定义具有以下特征:

(1) 使用高级语言进行所有编程、调试和其他的用户/系统交互。

(2) 发现并报告高级语言源程序的语法错误和执行时错误。

(3) 不会向外显示从用户编程语言到任何内部语言的转换。

因此,唯一重要的特征是,硬件和软件的结合确保程序员始终以高级语言与计算机进行交互。程序员在编写或调试程序的任何时候都不需要注意较低层次。我们只要满足此要求,就可以实现目标。因此,无论是用 CISC 实现该语言的标记的一对一映射,还是使用非常快速但简单的机器提供相同功能,在高级语言计算机系统中都没有区别。

我们从编译器中获得的经验表明,当指令集简单统一时,减轻了编译器编写者的负担。编译器通常不可能生成支持高级功能的复杂指令⊖。随着指令级别的增加,复杂指令越来越容易

⊖ 支持和反对的证据均来自 DEC。为了提高子程序调用的性能,DEC 公司在 PDP-11 中加入了复杂的 MARK 指令。因为这条指令并不能完全满足程序员的需要,所以它几乎从未被使用过。破坏性的证据则来自 VAX。有传言说,VMS FOR TRAN 编译器明显会产生很大一部分的潜在 VAX 指令。——原文注

实现"错误"的功能。这是因为函数会变成专门服务于某种指令，并且对其他操作无用[⊖]。复杂的指令通常可以用少量的较低级别的指令代替，通常不会造成性能损失或几乎没有损失[⊜]。另外，我们要花费更多的时间为 CISC 生成编译器，因为在为复杂指令生成代码时更容易出现错误[⊜]。

有相当多的证据表明，为了使编译器更容易编写而设计得更复杂的指令常常不能实现它们的目标。造成这种情况的原因有这么几个。首先，由于指令过多，许多方法可以用来完成给定的基本操作，这对编译器和编译器编写者都造成了困扰。其次，许多编译器编写者认为他们在处理一个合理的实现，而实际上并没有。被认为是"适当的"指令经常被证明是错误的。例如，使用 PUSHL R0 将寄存器推入堆栈的速度要比使用 VAX 11/780 上的移动指令 MOVL R0,-(SP) 推入寄存器的速度慢。这样的实例还有很多，无论是针对这台机器还是其他所有复杂的机器。我们必须特别注意不要使用"因为它在那里"的指令。这些问题不可能在不完全破坏程序的可移植性或毁掉优秀编译器编写者声誉的情况下，通过相同体系结构的不同模型"修复"，这是因为相对指令计时的改变将需要新的代码生成器来保持最佳的代码生成。

支持高级语言既包括实现 HLLCS，也包括降低编译器复杂性。我们很少看到 RISC 比 CISC 差很多的情况，所以我们可以得出，正确设计的 RISC 会像 CISC 一样是支持高级语言的合理体系结构。

9.6 为 RISC 架构做出的努力

9.6.1 伯克利的工作

在 D. A. Patterson 和 C. H. Séquin 的指导下，对 RISC 架构的研究已经进行了几个月。通过明智地选择适当的指令集和设计相应的体系结构，我们认为可能有一个非常简单并且非常快的指

⊖ 如果将 FORTRAN 和 BLISS 多次用作 VAX 上此类指令的模型，我们不会感到惊讶。考虑到低命中的分支集和低命中的分支清除指令，它们精确地为 BLISS 实现了条件分支，但对于许多其他语言中常见的为零或不为零的分支是无用的。这种常见的情况需要两类指令。类似指令和寻址模式，它们同样也适用于 FORTRAN。——原文注

⊜ 佩托（Peuto）和苏斯特克（Shustek）观察到，IBM 和 Amdahl 计算机的复杂十进制和字符指令通常导致高端型号的性能相对较差。他们认为，更简单的说明可能会提高性能[11]。他们还测量了指令对的发生动态。他们在这里取得的重大成果将支持 CISC 的理念。他们的结论如下："对频繁操作码对的检查并不能发现任何频繁出现的对，因此我们建议创建额外的指令来替换它。"——原文注

⊜ 在将 C 编译器移植到 VAX 的过程中，一半以上的错误和大约三分之一的复杂性是由复杂的 INDEXED MODE 引起的。—— 原文注

令集诞生。这可能会导致整体程序执行速度有实质性的净增长。这就是精简指令集计算机的概念。RISC 的实现成本几乎可以肯定会比 CISC 的实现成本更低。如果我们能够证明对高级语言程序员而言，简单的体系结构与像 VAX 或 IBM S/38 这样的 CISC 一样有效，那么我们可以说我们已经做出了有效的设计。

9.6.2 贝尔实验室的工作

多年来，贝尔实验室计算科学研究中心的一小部分人正在研究一个用 C 语言编程的计算机设计项目。A. G. Fraser 设计并制造了 16 位原型机。S. R. Bourne、D. R. Ditzel 和 S. C. Johnson 对 32 位体系结构进行了研究。Johnson 使用了一种迭代技巧——研究实现出了一种机器，编写了一个编译器，测量了结果，实现了一种更好的机器，然后重复这个循环十几次。尽管最初的意图不是专门做出一个简单的设计，但结果却实现了一个类似 RISC 的 32 位架构，其代码密度与 PDP-11 和 VAX 一样密集[9]。

9.6.3 IBM 的工作

毫无疑问，RISC 最好的示例是 801 微型计算机，它是由纽约州约克镇高地的 IBM 研究中心开发的[4,6]。这个项目已有数年历史，并且已经有一个庞大的设计团队探索 RISC 架构与非常先进的编译器技术的结合使用。尽管我们并不知道很多细节，但他们的早期结果看来非常出色。他们能够用 PL/I 子集中的程序进行基准测试，性能大约是 IBM S/370 模型 168 的五倍。我们肯定希望可以获得更详细的信息。

9.7 结论

毫无疑问存在很多例子来说明"特殊"指令可以极大地提高程序的运行速度。但我们很少看到同样的好处适用于整个系统的例子。对于不同的计算环境，我们认为对指令集的仔细修剪可以形成高性价比的实现。计算机架构师在设计新的指令集时，应该问自己以下问题：如果一条指令不经常出现（例如管理者调用指令），它是否有理由存在，即它是否是必要的且不能被合成？如果指令很少出现且是可合成的（例如浮点运算），那么是否可以因为它是一个非常耗时的运算而被认为有理由存在？如果一项指令是由少量的更基本的指令合成的，那么如果该指令被省略，对程序大小和速度的整体影响是什么？该指令是否可以免费获得，例如，通过利用未使用的控制存储或使用 ALU 已经提供的操作？如果可以"免费"获得，那么调试、记录文档和未来实现的成本是多少？编译器有可能很容易地生成该指令吗？

指令集的设计与实现是计算机体系结构的核心问题。之所以是核心问题，是因为指令集是软件与硬件的接口，需要关注提供哪些指令、每种指令如何实现、每种指令被执行的频率是多少等问题，涉及计算机系统的功能和性能这两个方面，也涉及通用与专用的权衡。

注意上面这一段的第二句，没有放之四海而皆准的对所有应用都有效的指令集设计。通用图灵机具有功能上的通用性（见本书 2.6 节），但不是性能上的通用性，所以往往需要针对不同应用的具体特点定制相应的指令集（见本书 14.3.3 节）。

我们假定，在满足高级语言计算机系统定义的同时，最小化"复杂性"（可能以设计时间和门的数量来度量）并最大化"性能"［可能使用门延迟（是与工艺无关的时间单位）表示的平均执行时间］是值得的。更重要的是，我们认为 VLSI 计算机将从 RISC 概念中受益最多。VLSI 工艺飞速发展，经常被用作提高架构复杂性的灵丹妙药。我们认为至少在未来十年内每个晶体管都是宝贵的。虽然朝着体系结构复杂性发展的趋势可能是改进计算机的一条途径，但本文提出了另一条途径，即精简指令集计算机。

文末这一段体现了一种思想：要结构创新（指微体系结构的改进），而不是仅仅依靠资源扩张（指晶体管资源的增加）。

参考文献

[1] W. C. Alexander and D. B. Wortman, "Static and Dynamic characteristics of XPL Programs," Computer, pp. 41-46, November 1975, Vol. 8, No. 11.

[2] J. Cocke, private communication, February, 1980.

[3] H. A. Cragon, in his talk presenting the paper "The Case Against High-Level Language Computers," at the International Workshop on High-Level Language Computer Architecture, May 1980.

[4] Datamation, "IBM Mini a Radical Depalrture," October 1979, pp. 53-55.

[5] D. R. Ditzel, D. A. Patterson. "Retrospective on High-Level Language Computer Architecture," Seventh Annual International Symposium on Computer Architecture, May 6-8, 1980, La Baule, France.

[6] Electronics Magazine, "Altering Computer Architecture is Way to Raise Throughput, Suggests IBM Researchers," December 23, 1976, pp. 30-31.

[7] C. C. Foster, R. H. Gonter and E. M. Riseman, "Measures of Op-Code Utilization," IEEE Transactions on Computers, May, 1971, pp. 582-584.

[8] S. S. Husson, Microprogramming: Principles and Practices, Prentice-Hall, Engelwood, N. J. , pp. 109-112, 1970.

[9] S. C. Johnson, "A 32-bit Processor Design," Computer Science Technical Report #80, Bell Labs, Murray Hill, New Jersey, April 2, 1979.

[10] D. A. Patterson and C. H. Séquin, "Design Considerations for Single-Chip Computers of the Future," IEEE Journal of Solid-State Circuits, IEEE Transactions on Computers, Joint Special Issue on Microprocessors and Microcomputers, Vol. C-29, no. 2, pp. 108-116, February 1980.

[11] B. L. Peuto and L. J. Shustek, "An Instruction Timing Model of CPU Performance," Conference Proc. , Fourth Annual Symposium on Computer Architecture, March 1977.

[12] L. J. Shustek, "Analysis and Performance of Computer Instruction Sets," Stanford Linear Accelerator Center Report 205, Stanford University, May, 1978, pp. 56.

[13] B. G. Utley et al, "IBM System/38 Technical Developments," IBM GS80-0237, 1978.

思考题

1. RISC 相对 CISC 的优势是什么？9.4.1 节所述的内容是否成立？ 或者说，RISC、CISC 分别对存储墙问题有何影响？
2. RISC-V 的发展前景如何？

第 10 章

存储墙问题及其反思

（威廉·A. 沃尔夫等，1994 年）

本书在第 10 章将介绍存储墙的问题，包括两个部分，分别是一篇文章，第一篇文章是提出存储墙问题的论文，第二篇文章是对第一篇文章的追述和反思。

第一部分　触及存储墙：显而易见的现象背后的隐秘含义

威廉·A. 沃尔夫（Wm. A. Wulf）
莎莉·A. 麦基（Sally A. McKee）

威廉·A. 沃尔夫曾经担任过美国工程院的院长，莎莉·A. 麦基在写这篇文章的时候是威廉·A. 沃尔夫的博士生。莎莉·A. 麦基近年来曾多次访问中国科学院计算技术研究所，帮助研究生修改论文，与师生进行面对面的学术交流。

为什么要收录本文进入本书？这是 1994 年 12 月首次正式提出并讨论存储墙（memory wall）问题的文献。存储是被艾伦·图灵、冯·诺依曼非常重视的因素。艾伦·图灵在《计算机器与智能》一文中认为存储容量对智能有重要影响。冯·诺依曼在《计算机与人脑》一文中用大量的篇幅讨论了"记忆器官""层次化记忆结构"等。

存储墙问题几乎影响到计算机系统设计的方方面面。这是一篇笔记，篇幅不长，表达上也略微有一点口语化，结论曾经引起较大的争议。文章发表之后，引起了很多人的关注，有些人提出了反驳意见，但无论如何，这篇文章具有很大的影响力，知名度很高，被引用次数也很高，截至 2020 年 1 月 30 日，被引用 1863 次。

我们采取批判的办法客观分析这篇文章。第一部分的内容原来没有分章节，在收录进本书时，为了便于理解，我们划分了章节，并给各个章节拟定了标题。

10.1 引言

这篇简要的笔记指出一些显而易见的东西——这些东西是作者"知道"但是没有真正理解的。对那些已经理解的人，我们表示歉意，我们将本文提供给那些没有真正理解的人（比如我们自己）。

我们都知道微处理器的速度提升率超过了 DRAM 存储速度的提升率——两者都呈指数级增长，但是微处理器对应的指数远远大于 DRAM 对应的指数。两个指数函数的差值也呈指数级增长；因此，尽管处理器速度和内存速度之间的悬殊已经是一个问题，但在未来的某个时间，它将是一个更严重的问题。有多严重呢？这个时刻多久以后到来呢？对这些问题的答案，我们过去是不清楚的。

此段有两处需要勘误：

什么是指数函数？指数函数是重要的基本初等函数之一。$Y_1 = a^x$（a 为常数且以 $a > 1$），$Y_2 = b^x$（b 为常数且以 $b > 1$），这里，$a > b$，$Y = Y_1 - Y_2 = a^x - b^x$ 本身不是一个指数函数，$Y'(x) = a^x \ln a - b^x \ln b > 0$，差距的增速越来越大，但是，$Y_1/Y_2 = a^x/b^x = (a/b)^x$ 是一个指数函数。

指数函数是摩尔定律（本书第 8 章）和存储墙问题（本书第 10 章）背后的数学基础。

$$1^{100} 等于 1$$

$$1.01^{100} 约等于 2.7$$

$$1.1^{100} 约等于 13\,780.6$$

这说明了什么呢？1.01 只比 1 大 1%，但是翻 100 番之后，变为原来的 2.7 倍。1.1 只比 1 大 10%，但是翻 100 番之后，变为原来的 1 万多倍。这种急剧增加的性质，有利有弊：在摩尔定律上，非常有利；在存储墙问题上，非常不利；在计算复杂度问题上，非常不利。

$$1^{100} 等于 1$$

$$0.99^{100} 约等于 0.366$$

$$0.9^{100} 约等于 0$$

这说明了什么呢？0.99 只比 1 小 1%，但是翻 100 番之后，变为原来的 36.6%；0.9 只比 1 小 10%，但是翻 100 番之后，几乎变为 0，这种急剧减少的性质，有利有弊：在摩尔定律上，非常有利；在存储墙问题上，非常有利；在计算复杂度问题上，非常有利。

这里有必要谈一下墨菲定律（Murphy's law）。假设某意外事件在一次实验（活动）中发生的概率为 p（$1 > p > 0$），则在 n 次实验（活动）中至少有一次发生的概率为 $P = 1 - (1-p)^n$。无论概率 p 多么小（即小概率事件），当 n 越来越大时，P 越来越接近 1（即大概率事件）。例如，假设 $p=0.01$，则 $P=1-0.99^n$。我们知道 0.9^{100} 约等于 0，所以当 n 等于 100 时，P 约等于 1。这可以被认为是"防微杜渐"的数学基础，从小概率事件到大概率事件的转变，背后的指数函数起到重要作用。

这一结论被爱德华·墨菲发现，他指出：做任何一件事情，如果客观上存在着一种错误的做法，或者存在着发生某种事故的可能性，不管发生的可能性有多小，当重复去做这件事时，事故总会在某一时刻发生。也就是说，只要发生事故的可能性存在，不管可能性多么小，这个事故迟早会发生的。所以，我们要防微杜渐，严谨、严格、严密。

"The difference between diverging exponentials also grows exponentially."此句我们翻译为"两个指数函数的差值也呈指数级增长"。实际上，这里"difference"最准确的意思是"比值"。

"…but the exponent for microprocessors is substantially larger than that for DRAMs."此处我们翻译为"但是微处理器对应的指数远远大于 DRAM 对应的指数"。实际上这里"exponent"是错误的，应该为"base"，即指数函数的底数，准确的意思应是"但是微处理器对应的底数显著大于 DRAM 对应的底数"。

10.2　存储墙问题

为了解决这些问题，考虑一个老朋友——平均访存时间的计算式，其中 t_c 和 t_m 是高速缓存和 DRAM 的访问延迟，p 是命中高速缓存的概率：

$$t_{avg} = p \times t_c + (1-p) \times t_m$$

注意上面的平均访存时间公式与 Patterson 书中的下述平均访存时间公式是有区别的。

$$t_{avg} = t_c + (1-p) \times t_m$$

当存储访问请求在高速缓存中查询，发现发生数据缺失时，就需要花费访存延迟 t_m，在此之前有查询高速缓存的延迟 t_c，所以高速缓存缺失时的延迟为 $(t_m + t_c)$。

$$t_{avg} = p \times t_c + (1-p) \times (t_m + t_c)$$

但无论使用哪个公式，都不改变本文的定性结论，只改变定量结论（比如关于何时触及存储墙的具体时间的预测）。

我们想研究平均访存时间随技术的变化，因此我们将做出一些保守的假设。如你将要看到的，这些特定的值不会改变本文的基本结论，即除非一些**基本的**东西发生了改变，否则我们将在提高系统性能的过程中触及一个墙。

初始假设对分析来说是重要的，有了初始假设，基于模型的分析才能够进行。但是要注意的是，在有些场合，初始假设有了细微变化就会影响结论（蝴蝶效应），在另外一些场合，即使初始假设有较大的变化，结论并没有改变。

在上一段中，"基本的"一词被强调。

"触及一个墙"就是遇到瓶颈、停滞不前的意思，因为为墙所阻，无论怎样努力，都无法提升或前进。

持续不断地提升计算机系统的性能，是一个永恒的目标。我们总是希望计算机系统速度更快，以能够应对更具挑战性的问题。

首先，我们假设高速缓存的速度与处理器的速度相匹配，具体来说就是它会随着处理器速度的增长而增长。对于片上高速缓存而言，这肯定是正确的，使得我们能够轻松地根据指令周期时间（本质上是说，t_c = 1 个处理器周期）标准化所有结果。其次，假设高速缓存是完美的。也就是说，高速缓存不会发生冲突缺失或容量缺失，唯一的缺失是强制缺失。因此，$(1-p)$只是访问以前从未引用过的位置的概率（考虑到数据块大小的因素，一个人可以吹毛求疵，对这一说法进行调整，但这不会影响结论，所以我们不会使参数变得过于复杂）。

上面提到两个假设。

第一个假设是高速缓存的命中时间为一个处理器周期（为什么要这样假设？访问数据是处理器流水线的一个阶段，高速缓存命中的延迟为流水线一级的延迟，这样才能保证处理器的流水线不停顿）。

第二个假设是高速缓存是完美的。什么是完美的高速缓存？在这里，作者说没有容量缺失和冲突缺失，只有强制缺失。这里有一个问题，对于多处理器的情形，一致性缺失可能存在，此时如果是完美的高速缓存，一致性缺失也是不存在的。

为什么说"考虑到数据块大小的因素，一个人可以吹毛求疵，对这一说法进行调整"？因为高速缓存线路（cache line）的大小影响容量缺失和强制缺失的边界。

现在，尽管$(1-p)$很小，但它不为零。因此，随着t_c和t_m的差距越来越大，t_{avg}将增加并且系统性能将下降。实际上，系统性能将触及一个墙。

In fact, it will hit wall. 这里 it 指什么呢？指"系统性能"。这篇文章是个笔记，写得比较偏口语化。

在大多数程序中，20% ~ 40%的指令访问存储器[5]。为了便于讨论，我们采用较低的概率——20%。这意味着平均而言，在执行过程中，每5条指令中就有一条指令会访问内存。当

t_{avg} 超过 5 个指令时间时，我们将触及墙。那时，系统性能完全取决于内存速度，加快处理器将不会影响完成应用程序的墙时间。

上面这一段话比较关键。

假设指令的访存概率为 20%，而且是每 5 条指令的第 1 条发出访存请求。考虑上面已有的两个假设，这是第三个假设了。

为什么说"当 t_{avg} 超过 5 个指令时间时，我们将触及墙"？

这里有个隐含的假设：指令是顺序执行的，指令之间没有并行。考虑上面已有的三个假设，这是第四个假设了。

访存时间能否被计算时间隐藏？计算时间为 5 个指令时间，当访存时间 t_{avg} 超过 5 个指令时间时，无论如何访存时间不能被计算时间隐藏。当每 5 条指令的第 1 条发出访存请求时，访存时间能被计算时间最大限度地隐藏，程序执行时间 = $\max(t_{avg}, 5 \times CPI) = t_{avg}$。

程序执行时间等于平均访存时间，此时，称程序性能受限于访存性能。加快处理器的速度，将会减小 CPI（Cycles Per Instruction，平均每条指令花费的周期数），但不会缩短程序执行时间。

若程序执行时间 = $\max(a,b)$，$a > b$，则缩小 b 对缩短程序执行时间没有益处，此时也称程序性能受限于 a。

遗憾的是，没有简单的方法可以解决这个问题。我们已经假设有一个完美的高速缓存，所以更大的或更智能的高速缓存将无济于事；我们已经在使用内存的全部带宽，因此预取或其他相关方案也无济于事。我们或许可以考虑能够做的其他事情，但首先让我们推测一下何时可能触及墙。

更大的高速缓存是为了减少容量缺失，更智能的高速缓存是为了减少冲突缺失。

上面这一段话需要审慎地、批判地去看，"已经在使用内存的全部带宽，因此预取或其他相关方案也无济于事"。从哪里可以看出"已经在使用内存的全部带宽"？不存在一种预取方法能减少强制缺失吗？

10.3 预测何时触及存储墙

假设强制缺失率为 1% 或更小[5]，并且存储器层次结构的下一级比当前高速缓存慢三倍。如果我们假设 DRAM 的速度每年增长 7%[5]，并根据 Baskett 的估计，微处理器的性能每年增长 80%[2]，则每次存储访问的平均周期数在 2000 年将为 1.52，2005 年为 8.25，2010 年为 98.8。在这些假设下，距离存储墙出现已不足十年。

上述计算是如何进行的？

$$t_{avg} = p \times t_c + (1-p) \times t_m$$

这里 $1-p=0.01$，即 $p=0.99$。

这篇文章写于 1994 年，若以 1994 年为元年，2000 年则是第 6 年，2005 年是第 11 年，2010 年是第 16 年。

$$t_{avg}(n) = 0.99 \times 1 + 0.01 \times t_m(n)$$

$$t_m(n) = \frac{4 \times \left(\frac{1}{1.07}\right)^{n-1}}{\left(\frac{1}{1.8}\right)^{n-1}}$$

具体地，

$$t_m(6) = \frac{4 \times \left(\frac{1}{1.07}\right)^5}{\left(\frac{1}{1.8}\right)^5} = 53.89$$

所以

$$t_{avg}(6) = 0.99 \times 1 + 0.01 \times 53.89 = 1.529$$

$$t_m(11) = \frac{4 \times \left(\frac{1}{1.07}\right)^{10}}{\left(\frac{1}{1.8}\right)^{10}} = 726$$

所以

$$t_{avg}(11) = 0.99 \times 1 + 0.01 \times 726 = 8.25$$

$$t_m(16) = \frac{4 \times \left(\frac{1}{1.07}\right)^{15}}{\left(\frac{1}{1.8}\right)^{15}} = 9781$$

所以

$$t_{avg}(16) = 0.99 \times 1 + 0.01 \times 9781 = 98.8$$

为什么说"距离存储墙出现已不足十年"？因为 2005 年 t_{avg} 为 8.25，已经超过 5。

图 10-1 ~ 图 10-3 探索了各种可能性，显示了一组完美或接近完美的高速缓存的预计趋势。我们所有的图表均假设 DRAM 性能以每年 7% 的速度持续增长。横轴是各种 CPU/DRAM 的性能比率，顶部的线表示如果微处理器性能（μ）分别以 50% 和 100% 的比率增加，比率达到这些值的日期。图 10-1 假设当前缓存未命中的延迟是命中时延迟的 4 倍；图 10-1a 认为高速缓存强制缺失率小于 1%，而对具有更现实的 2%~10% 缺失率的高速缓存，图 10-1b 呈现了相同趋势。图 10-2 是图 10-1 的对应图，但假设当前高速缓存缺失的代价是命中时代价的 16 倍。

什么是"完美或接近完美的高速缓存"？就是只有强制缺失的高速缓存。

图 10-3 仔细研究了 μ 的一个特定值（Baskett 估计为 80%）对平均内存访问时间的预期影响。即使我们假设高速缓存命中率为 99.8%，并使用更为保守的 4 个周期的高速缓存缺失代价作为起点，性能也会在 11~12 年内达到"每次访问 5 个周期"的墙。在高速缓存命中率为 99% 时，我们将在 10 年内触及同样的墙；在高速缓存命中率为 90% 时，我们将在 5 年内触及同样的墙。

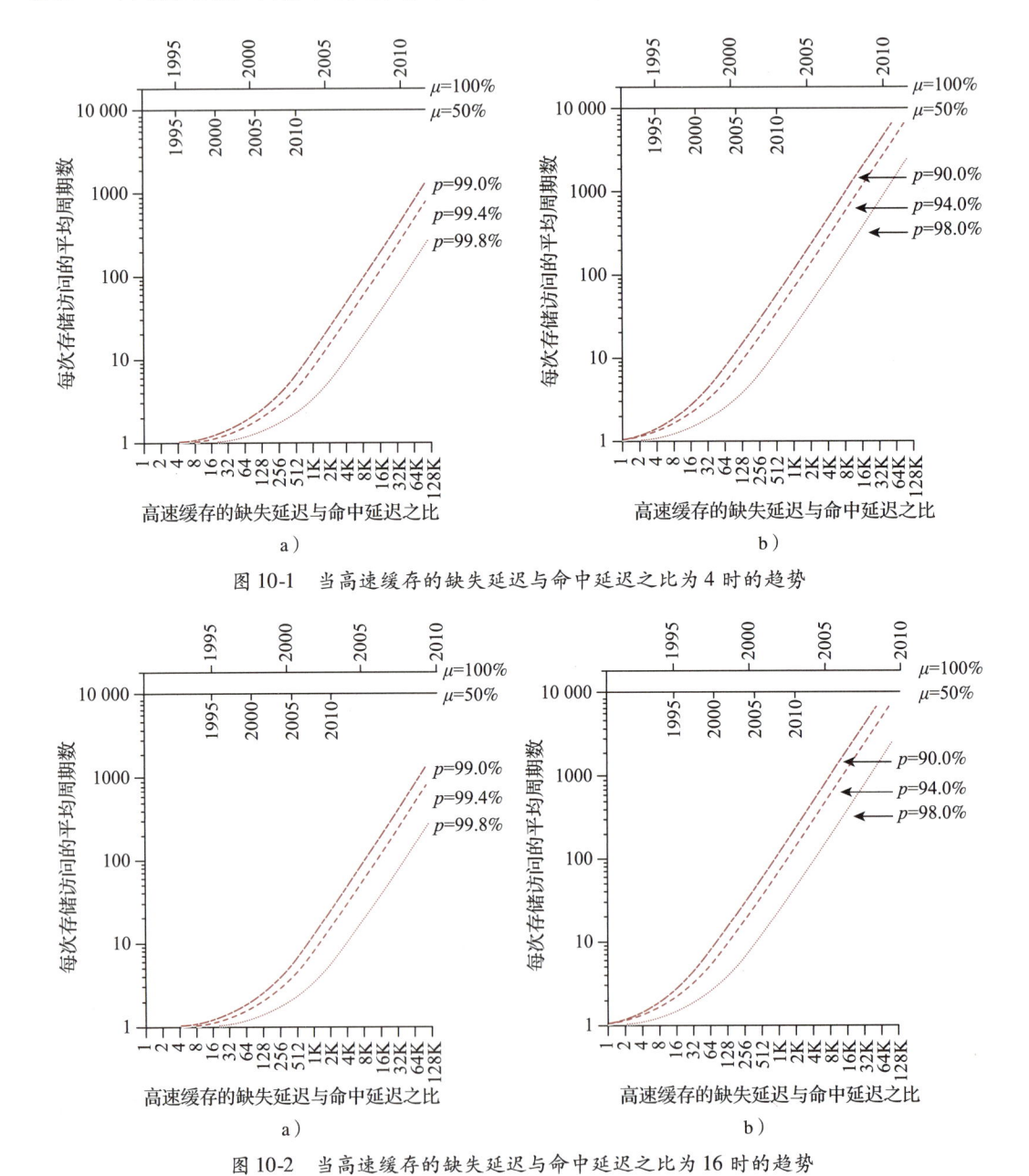

图 10-1 当高速缓存的缺失延迟与命中延迟之比为 4 时的趋势

图 10-2 当高速缓存的缺失延迟与命中延迟之比为 16 时的趋势

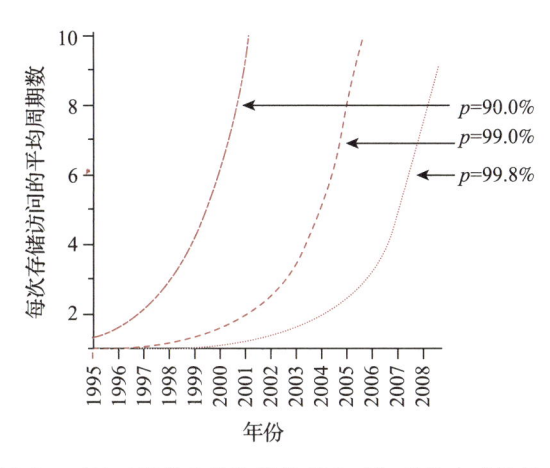

图 10-3　（处理器性能年均增长 80% 时）平均内存访问时间

请注意，更改我们的起点——"当前"的缺失/命中代价比率和高速缓存缺失率，**不会改变趋势**：如果微处理器/内存性能差距继续以相似速率增长，10～15 年内，每次内存访问将平均花费数十甚至数百个处理器周期。在每种情况下，系统速度都取决于内存性能。

存储墙问题本身是指数函数的非凡效应的一个体现。无论起点的具体值是大还是小，因为有等比数列的翻滚效应，总会很快增加到一个较大的值。

在过去的三十年中，已经有几项关于计算机性能提高速度即将停止的预测。每一个这样的预测都是错误的。它们之所以错是因为它们依赖于未申明的假设，这些假设被随后的事件推翻。例如，没有预见从分立元件（discrete component）到集成电路（integrated circuit）的转变，导致预测光速将把计算机限制在比现在慢几个数量级的速度上。

本书的各章是相互联系的。第 8 章就是谈从分立元件到集成电路的转变。如果在分立元件的前提下进行技术预测，而此前提并没有实际发生，那做出的预测结果将与实际不相符。这一点往往被忽视，因为假设往往没有被显式地申明，而是作为一种隐式的默认，而问题往往就出在这里。精准的预测需要建立在正确的前提和严密的逻辑链条的基础之上。如果前提不正确，即使逻辑链条再严密，预测结果也会是错误的。

我们对存储墙的预测可能也是错误的，但它表明我们必须"跳出盒子"来思考。我们了解到的所有技术，包括我们已经提出的技术[11-12]，都可以一次性提高带宽或延迟。尽管这些推迟了受影响的日期，但它们并没有对基础做出改变。

作者在多处使用了让步性的表述，比如"这些可能都是虚构的""我们对存储墙的预测可能也是错误的",这可能是因为首次提出该问题,有很多人未必能一下子接受。在 28 年后,我们有条件更肯定、更客观、中肯地表述问题本身和关于问题的"根源、过去、现在、未来"的相关结论。

10.4 一些可能的解决方案

解决该问题的最"方便"的方法是发现一种密集的内存技术,其速度与处理器的速度相匹配。我们不清楚这种技术,并且无论如何不能影响其发展;我们唯一能做的就是寻找体系结构上的解决方案。这些可能都是虚构的,但是讨论必须从某个地方开始。

- 我们可以将强制缺失的数量降低为零吗?如果我们不能固定 t_m,那么使高速缓存起作用的唯一方法是将 p 提升至 100%——这意味着消除强制缺失。例如,如果所有数据都是动态初始化的,则编译器可能会生成特殊的"首次写"指令。我们更难想象如何将代码的强制缺失数量降低为零。

是否存在强制缺失为 0 的高速缓存?

- 是不是该放弃对地址空间的所有部分的访问时间都一样的模型了?对于分布式共享存储器(DSM)和其他可扩展的多处理器方案而言,这个模型是错误的,那么为什么不对单处理器也是如此?如果我们这样做,编译器可不可以显式地管理少量的较高速的内存呢?

"对地址空间的所有部分的访问时间都一样"这是一个简单、理想的存储模型。对于分布式共享存储器(存储器分布在不同的处理器周围,有远近之分),这个模型显然是不对的。对单处理器,这个模型也是错误的。地址空间的不同部分可能具有不同的延迟。这在今天已经有现实的对应物了:在 NVM 与 DRAM 混合组成单一地址空间内存结构中,DRAM 对应的那部分地址空间的存储访问延迟要小一些。

- 有什么关于如何用计算换取存储的新想法吗?或者说,我们能用空间换取速度吗?DRAM 持续地为我们提供前者。

既然计算的速度比存储的速度要快,能否权衡两者呢?宁可多算一些,也要少访问存储一些。现在有计算复杂度和存储复杂度,但这里的存储复杂度是指存储容量的复杂度。我们似乎可以提出存储访问的复杂度以及能量消耗的复杂度。

- 诸如 IBM 650 和 Burroughs 205 之类的古老机器使用磁鼓作为主存,并且有巧妙的方案可以将旋转延迟减少到几乎为零，我们是否可以从这里借鉴一些呢？

如上面所提到的，对于存储墙问题的正确解决方案可能是我们尚未想到的——但是我们希望看到有关讨论。看起来，留给我们的时间不多了。

这是一篇简短但意味隽永的文章，留给研究者很多思考的空间。什么是存储墙？是否存在存储墙？如果存在，怎样消除存储墙？不同的应用程序、体系结构、系统软件的组合，分别对应着怎样的存储墙？这些都值得研究者与时俱进地思考。十年以后，二十年以后，可能我们还需要思考这些问题。

系统之所以是系统，在于系统是由多个部件组成的整体。由于这种整体性，系统可能出现性能瓶颈，也就是限制系统整体性能的部件。我们希望系统具有均衡性，不要出现总是拖后腿的部件。

第二部分　有关"存储墙"的一些反思

莎莉·A. 麦基（Sally A. McKee）

这篇反思性的文章发表于 2004 年在意大利举办的 CF（ACM International Conference on Computing Frontiers）会议上，作者当时是康奈尔大学的教授。

摘要　本文审视过去十年中"存储墙"问题的演变。首先我们回顾那篇简短的发表在《计算机体系结构新闻》（*Computer Architecture News*）上的文章（该文章创造了"存储墙"这个短语），包括阐述那篇文章背后的动机、撰写该文章时的背景，以及引发的争议。这些年来发生了什么变化？现在我们触及了存储墙吗？如果触及了，是对什么类型的应用程序触及墙的？

10.5　引言

1991 年，美国宇航局（NASA）艾姆斯研究中心和弗吉尼亚大学并行计算研究所（也得到美国宇航局的支持）的研究人员正在尝试了解科学计算在英特尔 iPSC/860 超立方体上的性能，该技术是当时消息传递多计算机（multicomputer）的最高水平。来自美国宇航局的李（Lee）[6]和来自弗吉尼亚大学并行计算研究所的莫耶（Moyer）[14]发现，即使对于高度优化的手工编码的科学计算内核，其性能也可能比峰值低几个数量级。其原因是 iPSC/860 节点体系结构中的内存带宽和处理器速度之间的不均衡。

两年之后，李（Lee）开发了以 Cray 指令为模型的 NAS860 例程库[7]，而莫耶（Moyer）开发了编译器算法来静态地重排序内存访问[15]；两者都使用非直观的优化以更好地利用节点存储系统。

处理器速度持续迅速提高——每年约提速 75%。发射宽度增加。DRAM 速度每年仅稳定地增长 7%。但是这些增长之间的差距逐渐加大。考虑到技术趋势、Moyer 的研究结果、为称为 WM[21] 的新型体系结构设计存储系统的挑战（其 ISA 包含了向内存传输数据和从内存传输数据的指令），我开始与我的导师沃尔夫合作研究高性能内存控制器的设计，以帮助软件更好地利用较低层的存储系统资源。

主流计算机体系结构社区的研究方向仍主要集中在提高处理器性能上。宽发射架构，延迟容忍技术（诸如预取和非阻塞高速缓存），以及已发布的 Rambus[4] 内存接口技术的前景，使大多数计算机架构师相信，解决我们的存储墙问题在很大程度上相当于在我们的芯片中建立更大的缓存和更大的延迟容忍度。当我与同事谈论我所做的工作时，他们倾向于认为它并不重要。

针对这种情况，沃尔夫建议我们写一个简短的笔记，以使人们以不同的角度思考内存问题。他还提出将该笔记提交给《计算机体系结构新闻》，因为其拥有庞大的读者群。我有些怀疑，但是我还是做出了数据，沃尔夫撰写了大部分文本，然后我们将文章发送出去。沃尔夫向我保证"等着吧，这篇论文将被引用许多次。"当时还是一名研究生的我，对此仍很怀疑。

但沃尔夫是正确的。

上面这两段说明沃尔夫具有精准的学术判断力。

10.6 存储墙的一些相关工作

当然，我们不是最早认识到问题已经迫在眉睫的人。约翰·奥斯特豪特（John Ousterhout）在 1989 年的数字设备公司西部研究实验室报告和随后的奥斯特豪特撰写的 USENIX 夏季会议文章中，测试了一组操作系统微基准的性能，并讨论了结果对硬件和软件的影响。奥斯特豪特得出以下结论："第一个与硬件相关的问题是内存带宽……它跟不上 CPU 速度…… 如果内存带宽不能在未来的机器中显著提高，则某些类型的应用程序可能会受到内存性能的限制"[16]。这篇文章引起了操作系统社区的注意，但显然很少引起计算机体系结构社区成员的注意。

当我们发布这篇文章时，确实激发了人们对问题的思考。许多人渴望与我争论我们为什么做错了（即使我们在那篇笔记中说"我们可能错了"）。甚至有人在瑞典斯德哥尔摩的公共汽车上与我争论。显然，我们触及了他们的痛处。

我们在 comp. arch 新闻组中收到许多答复。他们经过深思熟虑，他们的观点比我们在笔记提出的解决该论点的深度要深得多。例如，我们在"处理器性能"方面的提高并未区分架构改进和制造工艺改进。最近在 ACM 数字图书馆搜索"存储墙"，会产生一组 59 篇参考文献。其中的一些文章来自《计算机体系结构新闻》。例如，威尔克斯（Wilkes）认为，在触及存储墙之前，我们将遇到 CMOS 工艺限制的"墙"[19]。

在本书中多次出现"CMOS"一词，它表示互补金属氧化物半导体（Complementary Metal Oxide Semiconductor）。

1995 年，麦卡宾（McCalpin）定义了"机器均衡"（machine balance），并指出"需要尽快采取步骤，以更快地增加存储带宽……仅增加总线宽度和减少等待时间是不够的"[8]。博格（Burger）、古德曼（Goodman）和卡吉（Kägi）于 1996 年发表的另一篇文章表明，当前的高速缓存比最佳高速缓存大数千倍，并且效率不到 20%——L2 缓存中的大多数数据在任何给定时间都是无效的[3]。

文献［3］是 1995 年的一篇文章。
Samira Khan 等报告 2MB 的 L2 缓存中的数据块在 59% 的时间内都是没有用的，也就是说在被替换之前它没有被再访问［Samira Khan, et al. "Using Dead Blocks as a Virtual Victim Cache." International Conference on Parallel Architectures and Compilation Techniques（PACT），IEEE，2010：489.］。
在同一作者的另一篇文章中比例不是 59%，而是 86.2% ［Samira Khan, et al. "Sampling Dead Block Prediction for Last-Level Caches", in Proceedings of the 43rd Annual IEEE/ACM International Symposium on Microarchitecture（MICRO-43），December 2010］。
本书 14.3 节提到了类似的观点：片上过大的高速缓存是不必要的。

在 1996 年题为"这是内存，笨蛋！"的文章中，理查德·赛茨（Richard Sites）指出："在整个行业中，当今的芯片执行代码的速度在很大程度上比我们向它提供指令和数据的速度更快……真正的设计重点是在存储子系统中——高速缓存、总线、带宽和延迟"[18]。在同年第二届 USENIX 操作系统设计和实现研讨会上发表的一篇文章[17]中，佩尔（Perl）和赛茨（Sites）得出以下结论："处理器带宽可能是实现良好性能的首要瓶颈。在研究商业基准时，这一点尤其明显。操作系统代码和数据结构对内存访问负载的作用相对较小。"

在 2000 年、2001 年和 2002 年，在国际计算机体系结构会议（ISCA）上举行的研讨会上讨论了"克服存储墙"和"存储性能问题"。

10.7 一些趋势

存储性能的有文献记载的最佳指标器之一是麦卡宾提出的 STREAM 基准测试程序套件[9]。STREAM 基准测试程序测量的是普通用户程序的可持续带宽，而不是供应商宣称的理论"峰值带宽"。这个基准测试程序成为事实标准，供应商开始关注它。大多数供应商都在尽力提供合理的内存带宽，但是延迟却在不断增加。请参阅 STREAM 官方网页（www.cs.virginia.edu/stream），以获取单处理器和共享内存机器的最新数据。图 10-4 ~ 图 10-6 显示了 CPU 速度随带宽变化的趋势，以及 MFLOPS 随时间变化的趋势。其中第一个图（图 10-4）说明了机器失衡的一般趋势。MFLOPS 的增长速度高于带宽：大多数机器每年的峰值 MFLOPS 增长约 50%（性能最高的机器的峰值 MFLOPS 每年仅增长 18%），而大多数机器的可持续带宽通常以每年约 35% 的速度增长（性能最高的机器的可持续带宽每年仅增长 15%）。Sun Microsystems 的 Alan Charlesworth 绘制了如图 10-7 所示的历史带宽趋势图。

我们现在看每一张图。图 10-4 给出了两条直线（注意纵轴采用对数刻度），分别对应 CPU 速度和存储带宽，前者的斜率大于后者的斜率。当然在现实世界中，不可能是理想的直线，所以作者说图 10-4 是"一般趋势"。

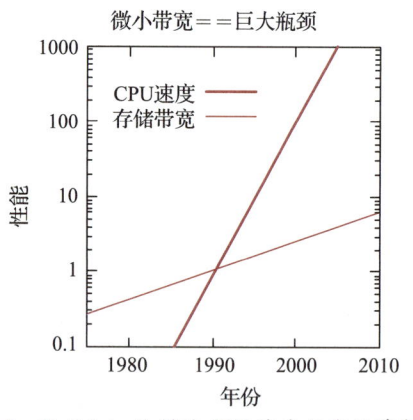

图 10-4 McCalpin 绘制的 CPU 速度与存储带宽对比

图 10-5 显示的是大多数机器每年的峰值 MFLOPS 增长约 50%（性能最高的机器的峰值 MFLOPS 每年仅增长 18%）。

图 10-6 显示的是大多数机器的可持续带宽通常以每年约 35% 的速度增长（性能最高的机器的可持续带宽每年仅增长 15%）。

图 10-7 显示的是 Charlesworth 绘制的 20 世纪 90 年代以来的可持续带宽趋势。那么有一个

问题，图 10-7 和图 10-6 有什么区别？图 10-6 的时间跨度是 1980~2000 年，图 10-7 的时间跨度不包括 20 世纪 80 年代。图 10-7 中的带宽增长速度为每年 50%，比图 10-6 中的 35% 要快。

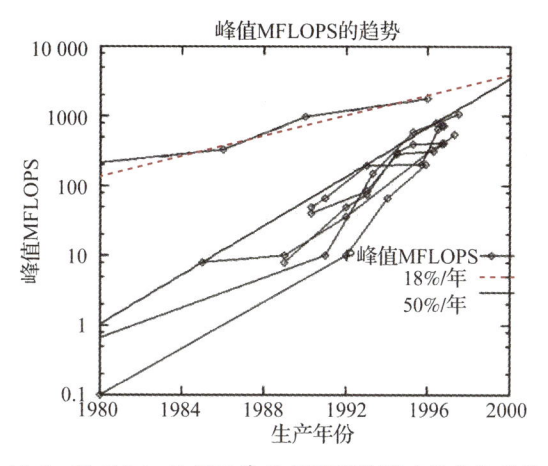

图 10-5　McCalpin 绘制的峰值 MFLOPS 随时间变化的趋势

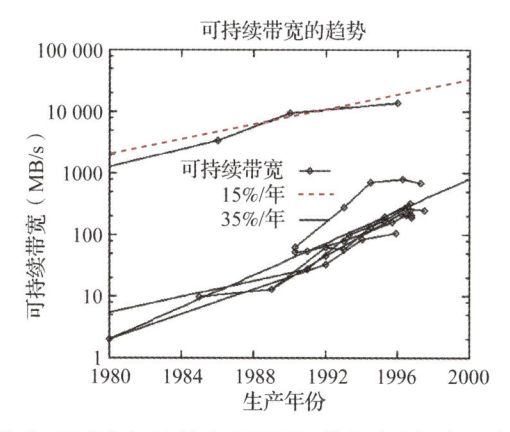

图 10-6　McCalpin 绘制的 STREAM 带宽随时间变化的趋势

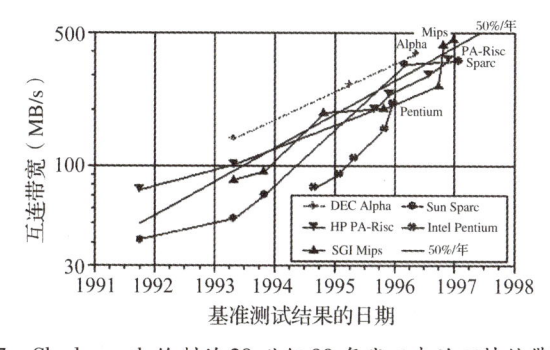

图 10-7　Charlesworth 绘制的 20 世纪 90 年代以来的可持续带宽趋势

不幸的是，我们没有像带宽一样紧密地追踪过延迟的大小。统计数据[10]表示，对于基于 POWER 的 IBM RS/6000 系列，lmbench[13]延迟的极端值包括 1990 年（基于原始 POWER 20 MHz RS/6000-320）的 11 个处理器周期（22 FLOPS）和 2003 年（基于 POWER4 + 处理器的 1700 MHz pSeries 655）的 425 个处理器周期（1700 FLOPS）。在 13 年的间隔中，主频为之前的 85 倍，原始延迟约为之前的 40 倍，"等效 FLOPS"约为之前的 80 倍。四核 CPU p655 + 每个处理器的成本大约是 1990 年 RS/6000-320 的两倍。

以处理器周期为单位，延迟的大小在增加。

10.8 存储墙在哪里

许多类型的应用程序尚未观察到存储墙问题。例如，多媒体应用程序（尤其对具有 ISA 扩展的平台来说）的性能随着处理器速度的提高而提高。另一方面，一些商业应用程序（例如事务处理工作负载）的节点空闲时间为 65%，高性能科学计算应用的节点空闲时间为 95%：这很大程度上是由于内存瓶颈。

节点空闲时间比例很多，就是因为计算部件在等待存储部件返回数据，此时加速计算部件是没有用的。这一原理有时也被称为"木桶原理"。从数学上，如何理解这一原理呢？

对于两个数 a 和 b，若 $a > b$，则 $\min(a,b) = b$，此时增加 a 对 $\min(a,b)$ 的取值没有任何益处，因为 $\min(a,b)$ 受限于 b。

如图 10-8 所示，Anderson 等人的 Supercomputing 1999 数据[1]，讲清楚了如下问题：随着峰值 MFLOPS 从一个平台到另一个平台的上升，STREAM 性能下降，导致观察到的 MFLOPS 也下降。

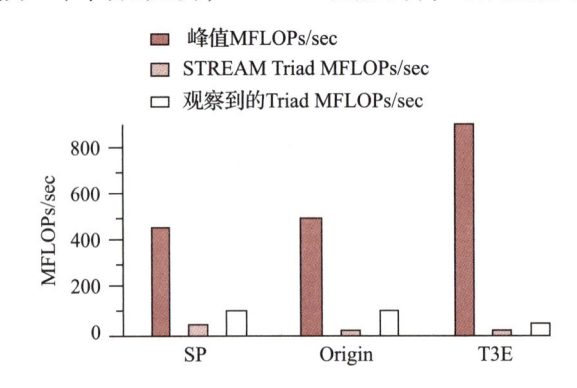

图 10-8 观测性能与峰值性能 [对于 22 677 个顶点的粗网格（每个顶点有四个未知数）的 PTSCc-FUN3D 的顺序性能]

图 10-8 是作者从文献［1］中找出来并重新画了。需要指出的是，在重画时图例发生了明显错误，第三个图例应是"Observed MFLOPS/sec"，读者可以查阅文献［1］核实。

我们现在触及存储墙了吗？是的，对很多类型的应用来说，已经触及存储墙了，但肯定不是所有类型的程序都触及存储墙了。对目前没有触及存储墙的那些应用来说，我们可以避免或推迟它们触及存储墙吗？对于已经触及存储墙的那些应用，我们可以缓解存储墙问题吗？有可能。怎样做？这是一个尚未解决的问题。

参考文献

［1］ W. Anderson, W. Gropp, D. Kaushik, D. Keyes, and B. Smith. Achieving high sustained performance in an unstructured mesh cfd application. In Proceedings of Supercomputing'99, Nov. 1999.

［2］ F. Baskett. Keynote address. In International Symposium on Shared Memory Multiprocessing, Apr. 1991.

［3］ D. Burger, J. Goodman, and A. Kägi. The declining effectiveness of dynamic caching for general-purpose microprocessors. Technical Report CS-TR-95-1261, University of Wisconsin-Madison, Jan. 1995.

［4］ R. Crisp. Direct rambus technology: The new main memory standard. IEEE Micro, 17(6):18-28, November/December 1997.

［5］ J. Hennessy and D. Patterson. Computer Architecture: A Quantitative Approach. Morgan Kaufmann Publishers, Inc., first edition, 1990.

［6］ K. Lee. Achieving high performance on the i860 microprocessor. Technical Report NAS Technical Report RNR-91-029, NASA Ames Research Center, Oct. 1991.

［7］ K. Lee. The NAS860 library user's manual. Technical Report NAS Technical Report RND-93-003, NASA Ames Research Center, Mar. 1993.

［8］ J. McCalpin. Memory bandwidth and machine balance in current high performance computers. IEEE Computer Society Technical Committee on Computer Architecture (TCCA) Newsletter, pages 19-25, Dec. 1995.

［9］ J. McCalpin. Stream: Sustainable memory bandwidth in high performance computers. http://www.cs.virginia.edu/stream/, 1999.

［10］ J. McCalpin. Personal Communication, Jan. 2004.

［11］ S. McKee, R. Klenke, A. Schwab, W. Wulf, S. Moyer, C. Hitchcock, and J. Aylor. Expe-rimental implementation of dynamic access ordering. In Proceedings of the IEEE 27th Hawaii Interna-

[12] S. McKee, S. Moyer, W. Wulf, and C. Hitchcock. Increasing memory bandwidth for vector computations. In Proceedings of International Conferences on Programming Languages and System Architectures, Lecture Notes in Computer Science 782, pages 87-104, Mar. 1994.

[13] L. McVoy and C. Staelin. lmbench: Portable tools for performance analysis. In Proc. 1996 USENIX Technical Conference, pages 279-295, Jan. 1996.

[14] S. Moyer. Performance of the ipsc/860 node architecture. Technical Report IPC-TR-91-007, Institute for Parallel Computation, University of Virginia, 1991.

[15] S. Moyer. Access Ordering Algorithms and Effective Memory Bandwidth. PhD thesis, University of Virginia, May 1993.

[16] J. Ousterhout. Why Aren't Operating Systems Getting Fasteras Fast as Hardware? In USENIX Summer Conference, June 1990.

[17] S. E. Perl and R. Sites. Studies of Windows NT performance using dynamic execution traces. In Proceedings of the Second Symposium on Operating System Design and Implementation, pages 169-184, Oct. 1996.

[18] R. Sites. It's the Memory, Stupid! Microprocessor Report, 10(10):2-3, Aug. 1006.

[19] M. Wilkes. The memory wall and the CMOS end-point. ACM SIGArch Computer Architecture News, 1995.

[20] W. Wulf and S. McKee. Hitting the wall: Implications of the obvious. ACM SIGArch Computer Architecture News, 23(1):20-24, Mar. 1995.

[21] W. Wulf. Evaluation of the WM architecture. In Proceedings of the 19th Annual International Symposium on Computer Architecture, pages 382-390, May 1992.

思考题

1. 用自己的话准确表述存储墙问题。
2. 存储墙问题在20世纪90年代的严重程度如何？ 在21世纪20年代的严重程度如何？
3. 结合文献"MARKOVIL. Limits on fundamental limits to computation [J]. Nature, 2014, 512:147-154."（见本书总参考文献 [23]），思考：存储墙问题在限制计算机系统性能的各种因素中处于怎样的位置？ 按照限制的严重程度，对各种限制因素进行排序，绘制一个类似光谱的"限制谱"。

| 第 11 章 |

基础数据流处理器的初步架构

（杰克·B. 丹尼斯等，1974 年）

杰克·B. 丹尼斯（Jack B. Dennis）　　大卫·P. 米苏纳斯（David P. Misunas）

麻省理工学院（MIT）

为什么要在本书中收录本文？本文于 1974 年发表于第二届计算机体系结构会议（ISCA）上，由麻省理工学院的丹尼斯等完成。数据流体系结构是一种充分挖掘和利用并行性的结构。国内体系结构教科书关于数据流结构的介绍往往语焉不详、一带而过，给人的感觉这种结构似乎很好但不实用或目前很难实现。我们希望读者思考和研究以下问题：数据流体系结构是不是冯·诺依曼结构？数据流体系结构与非数据流体系结构的联系和区别是什么？数据流体系结构是否有存储墙问题？

请注意，MIT 的第一位中国博士高光荣就是丹尼斯的学生。高光荣于 1982 年和 1986 年在 MIT 分别取得硕士和博士学位，高先生一生撰写了至少 251 篇文章（见其长达 42 页的简历），其中第一篇就是与丹尼斯在 1983 年合作发表在 ICPP 的关于数据流的文章（Jack B. Dennis, Guang R. Gao. Maximum Pipelining of Array Operations on Static Data Flow Machine. Proceedings of International Conference on Parallel Processing（ICPP'83），Pages：331-334，Columbus, Ohio, USA, 1983.）。

摘要　本文描述了一种可实现的以数据流形式高度并行执行的处理器。实现的语言结合了条件和迭代机制，并且该处理器是迈向 Fortran 级数据流语言的实用型处理器的重要一步。该处理器具有独特的架构，避免了处理器切换和存储器/处理器互连等经常会限制处理器并发度的问题。该架构为构造和管理两级存储系统提供了不同寻常的解决方案。

注意摘要中"避免了处理器切换和存储器/处理器互连等经常会限制处理器并发度的问题"的表述。

11.1　引言

对计算机系统中的并行运算和编程语言中并行性表示的研究产生了一种新的程序表示形式，称为数据流。数据流程序的执行是数据驱动的；也就是说，只要前面的指令提供了每个所需的操作数,当前指令就被允许执行。卡普(Karp)和米勒(Miller)[8]、罗德里格斯(Rodriguez)[11]、亚当斯(Adams)[1]、丹尼斯(Dennis)和福森(Fosseen)[5]、巴尔斯(Bährs)[2]、科辛斯基(Kosinski)[9-10]和丹尼斯[4]已经描述了程序的数据流表示。

数据流模型是麻省理工学院丹尼斯及其研究生于20世纪60年代针对密集型计算任务和并发计算的特点而设计的一种模型。通过前面的文献我们知道,在冯·诺依曼体系结构中,CPU基于程序计数器按照顺序从存储器逐条读取下一条指令和数据进行译码后执行,将执行得到的结果写回存储器中,每条指令的执行都一定程度上与前面的指令相关联。这种工作方式也可以称为控制流驱动的方式,也就是从程序中依次读取指令,依照指令中所包含的控制信息来读取相应的操作数进行计算。在冯·诺依曼体系结构中,虽然现在有着流水线、分支预测、乱序执行等指令级并行技术能够一定程度地将指令并行运行,但是由于寄存器数量、重排序缓冲区大小等因素限制了指令的并发范围,本质上还是按照程序的顺序执行,这也一定程度上限制了程序的并发执行。与冯·诺依曼体系结构中控制流的驱动不同,在数据流程序中,只要指令的操作数准备好就可以开始执行,所以可以并行地运行多个不同的代码段。

同时,在冯·诺依曼结构中,由于指令和数据都存储在存储器中,当多个CPU并发执行时会产生大量对存储器的访问,而存储器通常是串行的,一次只能处理一份数据的读写,这使得处理器和存储器的互连成为系统的瓶颈。在本文的数据流处理器中,以数据来驱动程序的执行,而不是指令,运算得到的数据不是写回存储器中,而是之间填入对应运算符的操作数寄存器中,减少了对存储器的读写。

作者在介绍数据流程序模型及相应设计的数据流处理器时,采用了循序渐进的方法,先介绍了一个初步的数据流程序模型并介绍了为其设计的数据流处理器体系结构(图11-1),在这个基础上,又介绍了带有更多部件的数据流程序模型,并针对该程序模型在初步的数据流处理器的基础上增加一些部件来实现循环和判断的功能,称为基础数据流处理器。

我们已经为执行初步的数据流程序[6-7]的处理器开发了一种有吸引力的体系结构。该处理器实现的程序类别对应于卡普(Karp)和米勒(Miller)的模型[8]。这些数据流程序非常适合表示信号处理计算,如波形生成、调制和滤波等,在这些计算中需要对每个被处理的信号(在时间上的)样本一次执行一组操作。这个初步的数据流处理器避免了传统的冯·诺依曼机器进行并行计算时出现的处理器切换和存储器/处理器互连问题。机器的各个部分通过传输固定大小的信息包进行通信,并且通过对机器进行设计,以使各部分在不影响对硬件的有效利用的情况下,容忍信息包传输过程中的延迟。

假设在数字信号处理领域中需要产生形如 $A\cos(\omega t)$ 的波形序列，其中 A 是由幅度调制得到的振幅［在 4ASK 调制系统中，二进制数据 00,01,10,11 分别被调制至不同的幅度（如 0V，1V,2V,3V）上，ω 是角频率］。在程序中，输入数据 t 按顺序到达，依次经过计算 cos 的运算部件（由多个基础的加减乘除运算部件组成，例如利用泰勒展开式）后通过乘法器与另一个运算部件产生的 A 相乘得到结果。在数据流模型中，只要操作数准备好就开始计算，其中 $\cos(\omega t)$ 和数据 A 同时被计算后送入乘法器中相乘，可以有节奏地经过短暂延迟后得到结果。而在控制流驱动的程序中，即使数据输入数据已经准备好，也必须等到程序处理完其他程序中前面的部分才能处理输入数据，数据 A 和数据 $\cos(\omega t)$ 先后被计算出来后开始乘法运算得到结果，在得到结果后才可以开始处理下一轮的输入数据。

在部分信号处理的应用中，由于对数据的实时性有要求，先把数据存储起来统一分析的方法不能满足实际的需求。而数据流的程序模型非常适合这种场景，将新采集到的数据依次送入运算单元中实时地进行计算，经过一定的延迟后，在输出端可以得到其结果。

我们希望扩展数据流体系结构的功能，最终目的是使用通用数据流语言开发一个通用处理器，如丹尼斯[4]、科辛斯基[9-10] 和巴尔斯[2] 所述。作为中间步骤，我们对基础数据流处理器（以下简称为"基础处理器"）进行了初步设计，该处理器能够执行比初步处理器中更强大的语言所表示的程序，但仍未实现通用功能。基础处理器的语言由丹尼斯和福森（Fosseen）[5]描述，包含了表示程序部件的条件和迭代执行的结构。

本文我们针对基础处理器开发中面临的主要问题提出了一些解决方案。我们描述了将分支选择功能合并入处理器的直接解决方案。此外，分支选择功能的加入所带来的程序大小和复杂度的增长要求处理器使用两级存储系统。我们提出了一种设计，其中只有活跃的指令位于处理器的操作存储器中，并且仅在程序执行需要时才将该指令送入操作存储器，仅在使用该指令时才将其存储在操作存储器中。

11.2　初步处理器

该初步处理器使用初步的数据流语言作为其基础语言。程序在初步的数据流语言中被看作一个有向图，其中的节点是运算符或链接。这些节点由边连接，值（通过令牌传送）可以沿着边传输。当令牌出现在所有输入边上时，与该模式对应的运算符将被使能。已使能的运算符可以随时触发，即删除其输入边上的令牌，根据与输入令牌相关联的操作数，计算出一个值，并将该值与放置在输出边上的结果令牌相关联。一个结果可以通过链接发送到一个或一个以上的目的地，该链接会删除其输入边上的令牌，并将令牌放置在带有输入值副本的输出边上。只有当运算符或链接的任何输出边上都没有令牌时，运算符或链接才能被触发。

基本数据流语言的程序示例如图 11-1 所示，它表示以下简单计算：

input：a,b

$y := (a+b)/x$

$x := (a*(a+b))+b$

output：y, x

图 11-1 中的矩形框表示运算符，以上计算中的每个算术运算符都与程序中的相应运算符对应。小圆点表示链接。大圆点表示令牌，其中包含用于程序初始化的值。

在图 11-1 所示的程序中，链接 L1 和 L2 初始时即被使能。触发 L1 将值 a 的副本提供给运算符 A1 和 A3 使用；触发 L2 将值 b 提供给运算符 A1 和 A4 使用。一旦 L1 和 L2 都被触发（以任意顺序），因为运算符 A1 的每条输入边上都有一个令牌，运算符 A1 将被使能。A1 触发后（完成 $a+b$ 的计算），链接 L3 将被使能。触发 L3 将使运算符 A2 和 A3 同时被触发。剩下的部分依此类推。

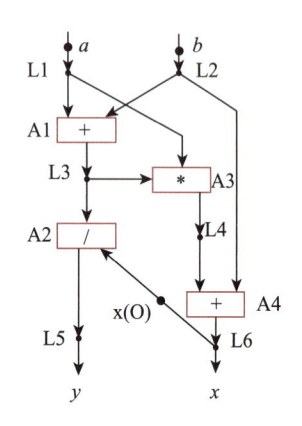

图 11-1　一个初步的数据流程序

初步程序表示的计算以数据驱动的方式执行；运算符是否被使能仅由所有输入链接上的值是否到达来确定，而不使用单独的控制信号。这种运算模式促使了如图 11-2 所示的处理器设计。

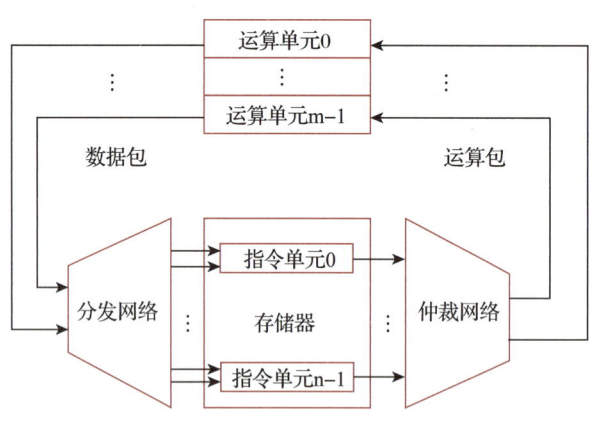

图 11-2　初步数据流处理器的组织结构

这一部分以一个简单的四则运算为例，并绘制出了相应的数据流图解释其执行过程。

将要执行的数据流图存储在处理器的存储器中。存储器由多个指令单元构成，每个单元对应于数据流程序中的一个运算符。每个指令单元（见图11-3）由三个寄存器组成。第一个寄存器存储一条指令（见图11-4），该指令指定要执行的操作以及存储运算结果的寄存器的地址。第二个和第三个寄存器存储执行指令时需要用到的操作数。

当一个指令单元包含一条指令和必要的操作数时，该单元将被使能并向仲裁网络发送信号，告知它已经准备好将数据打包为运算包发送给可以执行相应功能的运算单元。通过解码运算包的指令部分，仲裁网络将其发送到对应的运算单元。

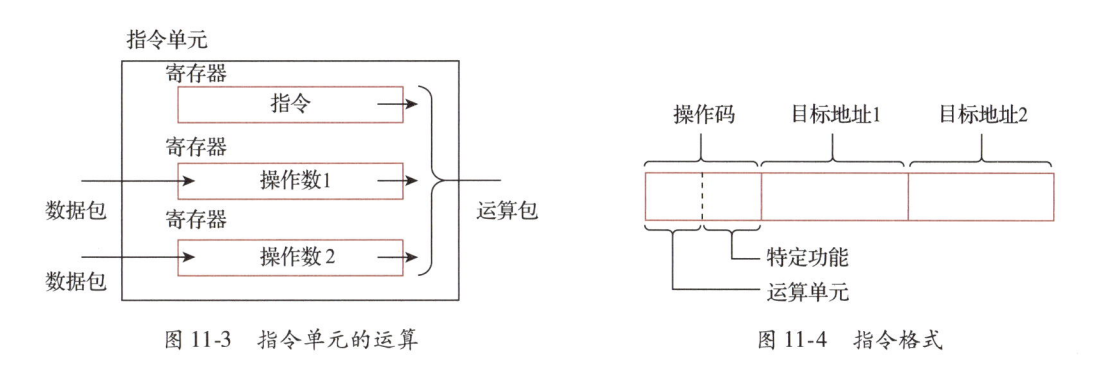

图 11-3　指令单元的运算

图 11-4　指令格式

运算结果以一个或多个数据包的形式离开运算单元，数据包由计算得到的值和该值将被传送到的寄存器在存储器中的地址组成。分发网络（Distribution Network）从运算单元接收数据包，并利用每个数据包的地址将数据项通过网络发送到存储器中对应的寄存器。如果指令和所有操作数都存在指令单元中，则可以使能包含这些寄存器的指令单元。

可以同时使能多个指令单元，有效地将运算包发送到运算单元并使运算包排队等待对应的运算单元是仲裁网络的任务。如图11-5所示，仲裁网络的结构为运算包从每个指令单元到每个运算单元提供通路。每个仲裁单元将到达其输入端口的数据包一次一个地发送到其输出端口，依照轮询的方式来决定接下来应发送哪个数据包。交换单元（switch unit）根据包的某些属性［在这里根据操作码（operation code）］将其输入端口的一个包分配给其中一个输出端口。

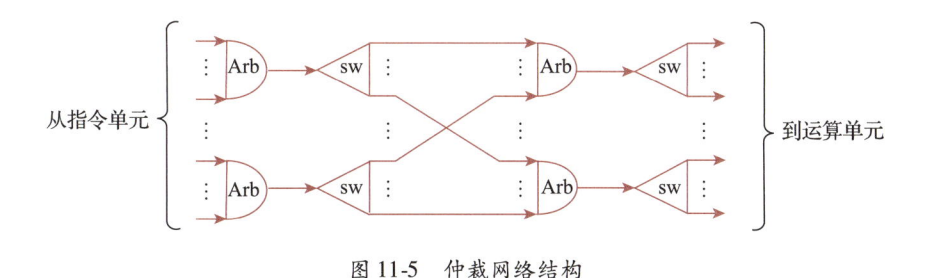

图 11-5　仲裁网络结构

分发网络的组织方式类似于使用交换单元将数据包从运算单元路由到由目标地址指定的存储

器中的寄存器。为了使来自不同操作单元的数据包能够同时进入网络，需要有一些仲裁单元。

由于仲裁网络有很多输入端口，但是只有几个输出端口，故输出端口处的数据包流速要高很多。因此，在输入端口处使用串行表示的数据包是合适的，以最大限度地减少与存储器的连接数量，但是在输出端口上需要更加并行的表示形式，以实现高吞吐量。因此，串行到并行的转换是在仲裁网络内完成的。类似地，每个结果包中的数值部分从并行到串行的转换发生在分发网络内。

为了最大化吞吐量，处理器的运算单元是流水线化的。指令的目的地址被输入到运算单元的流水线中，并且当计算完成时，与结果一起构成数据包。

在文献［6］中给出了对初步处理器及其操作更详细的解释。我们已经完成了初步处理器所有单元的设计，对少量的基本异步模块进行与速度无关的互连。这些设计在文献［7］中提出。

以上描述了初步数据流处理器的体系结构，该处理器可以用于数据量大、对实时性要求高的领域，如信号处理。但很明显，这样的处理器并不是通用的，它不支持条件和迭代等结构。在下面的篇幅中，作者将首先提出支持条件和迭代的基础数据流语言，并对支持该语言的基础数据流处理器进行设计。接下来介绍的"基础"处理器有别于上面提到的"初步"处理器，前者在处理器的通用方向上迈进了一步。之所以说它"基础"，是因为它相对于真正通用的处理器仍有一段距离。

11.3　基础数据流语言

我们在初步数据流处理器的体系结构方面的成功使我们可以考虑将这些概念应用于实现更完整的数据流语言的处理器的体系结构中。在推广的第一步，我们选择了一类数据流程序，这类程序相当于丹尼斯和福森[5]研究的正式的数据流模型。

以数据流形式表示条件和迭代需要其他类型的链接和执行器（actors）。基础数据流语言的链接和执行器类型如图 11-6 和图 11-7 所示。

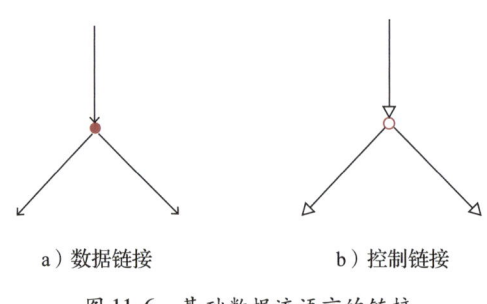

a）数据链接　　　　b）控制链接

图 11-6　基础数据流语言的链接

a) 运算符　　　b) 选择器　　　c) T门

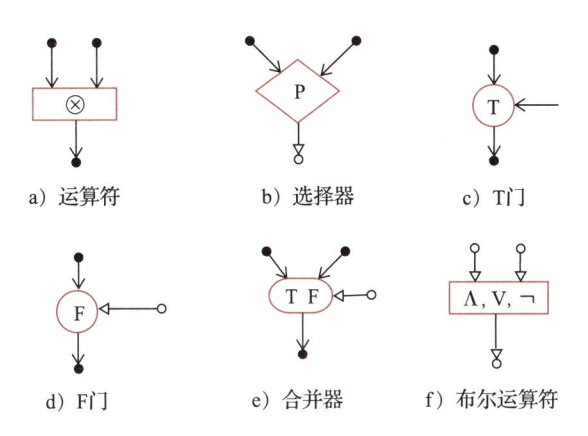

d) F门　　　e) 合并器　　　f) 布尔运算符

图 11-7　基础数据流语言的执行器

数据值以前面介绍的方式通过数据链接。控制链接发送的令牌称为控制令牌，每个令牌传递的值是 true 或 false。控制令牌在选择器中生成，该选择器从其输入边接收值后，进行与其相关的判定，并在其输出边处生成 true 或 false 的控制令牌。

在选择器处生成的控制令牌可以通过布尔运算符（图 11-7f）与其他控制令牌组合，从而使复杂的选择过程可以从简单的选择过程中构建。

这个地方的控制令牌类似于 if 语句中的条件，可以决定后续执行什么操作，这里的布尔运算符的作用类似于 if 语句条件中的"与""或""非"，可以将简单条件连接成复合条件。

控制令牌通过 T 门、F 门或合并器（图 11-7c、d、e）来控制数据令牌的流向。T 门在其控制输入端接收到值为 true 控制令牌时，将其输入边上的数据令牌传输到输出边。如果 T 门在其控制输入端接收到值为 false 的控制令牌，它将吸收其输入边上的数据令牌，并且不在其输出边上输出任何内容。类似地，仅当在控制输入端接收到值为 false 的令牌时，F 门才会将其输入数据令牌传输到其输出边上。F 门在控制输入端接收到值为 true 的令牌后，它将吸收数据令牌。

合并器有一个 true 输入、一个 false 输入和一个控制输入。它将根据接收到的控制令牌的值，将对应输入边上的数据令牌传输到其输出边。其他输入上的任何令牌均不受影响。

与初步数据流语言中的模式一样，只有链接或执行器的任何输出边上都没有令牌时，链接或执行器才能被触发。

使用基础数据流语言的执行器和链接，我们可以轻松地表示条件和迭代。为了方便表达，图 11-8 给出了用于以下计算的基础数据流程序：

input y, x

$n := 0$

while $y < x$ **do**

$\quad y := y + x$

$\quad n := n + 1$

end

output y, n

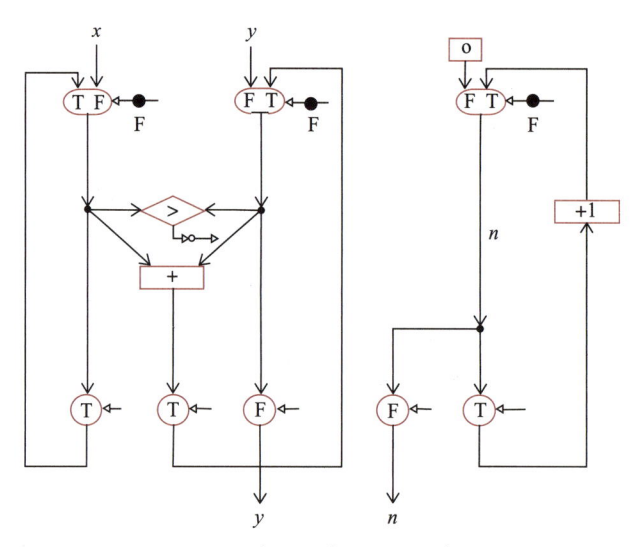

图 11-8　基础程序的数据流表示

　　三个合并器的控制输入边在初始配置中带有值为 false 的令牌，因此，x 和 y 的输入值以及常数 0 将被视为迭代的初始值。一旦接收到这些值，就对 $y < x$ 进行判定。如果选择器的输出为 true，则通过 T 门和两个合并器将 x 的值和 y 的新值循环回到迭代主体中。同时，其余的 T 门和合并器返回迭代计数 n 的递增值。当选择器的输出为 false 时，y 和 n 的当前值将通过两个 F 门传输出去，程序将恢复到初始配置状态。

11.4　基础数据流处理器

　　进一步设计初步数据流处理器并使其支持基础数据流程序时必须要面对两个问题。第一个是扩展初步机器的体系结构，通过实现选择器、门和合并器来具备分支选择能力。针对这一问题，我们将提出一个非常简单的解决方案。

　　但是，与初步数据流程序相比，基本数据流程序的节点在执行期间触发的频率并不那么高。随着计算的进行，程序由于迭代的开始和完成以及选择行为导致的程序不同部分的激活，不同部分交替处于活跃状态和不活跃状态。因此，在程序执行期间为每个指令分配一个单元将是浪费的。基础数据流处理器必须具有多级存储系统，以便只有程序中处于活跃状态的指令才能占用处理器的指令单元。在以下各节中，我们首先展示如何通过增强初步处理器来实现分支选择能力。然后说明如何添加辅助存储器系统，使得指令单元充当最活跃指令的缓存。

11.5 分支选择功能

没有两级存储器层次结构的基础数据流处理器的组织结构如图 11-9 所示。与初步处理器一样，每个指令单元由三个寄存器组成，存储一条指令，并保留着空间用于接收其操作数。每条指令对应于基础数据流程序中的一个运算符、一个选择器或一个布尔运算符。数据流程序中的门和合并器没有单独的指令与之对应，相反，门的功能将并入与运算符和选择器相关的指令中，这在接下来将会讲到，而合并器的功能则是通过分发网络的性质直接实现的。

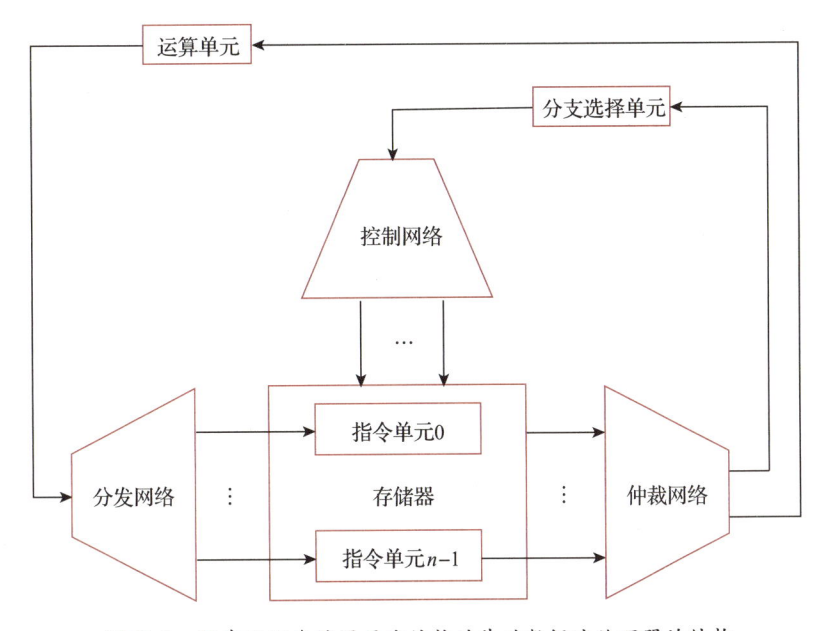

图 11-9　没有两级存储器层次结构的基础数据流处理器的结构

表示运算符的指令由运算单元进行解释，以便如在初步处理器中那样产生数据包。表示选择器或布尔运算符的指令由分支选择单元进行解释，以产生具有以下两种形式之一的控制包。

$$\left\{ \text{gate}, \begin{Bmatrix} \text{true} \\ \text{false} \end{Bmatrix}, \langle \text{address} \rangle \right\}$$

$$\left\{ \text{value}, \begin{Bmatrix} \text{true} \\ \text{false} \end{Bmatrix}, \langle \text{address} \rangle \right\}$$

门类型的控制包在操作数寄存器中执行门控功能。值类型的控制包向代表布尔运算符的指令单元提供布尔操作数值。

图 11-10 给出了基础处理器中指令单元的六种内容格式。每个寄存器的用途均在其最左侧的字段中指定。

  I 指令寄存器
  D 数据值操作数寄存器
  B 布尔值操作数寄存器

有效程序的指令只能处理类型一致的操作数寄存器。

指令单元格式中的其余字段为：指令代码 op、pr 或 bo，用于标识单元中指令的类别和变体；一到三个目标地址 d1、d2、d3，这些目标地址为指令执行生成的数据包确定目标操作数寄存器；对于选择器和布尔运算符，每个目标的结果标签 t1、t2、t3 指定控制包是门类型（tag = gate）还是值类型（tag = value）；对于每个操作数寄存器，还包括门控代码 g1、g2 和数据接收器 v1、v2 或控制接收器 c1、c2。

门控代码用于表示门作用物（gate actor），而门作用物控制运算器或由指令单元表示的裁决器的操作数的接收。代码值的含义如下：

代码值	含 义
no	相关的操作数不是门控的
true	当收到一个值为 true 的门控包时，操作数被接收。当收到一个值为 false 的门控包时，操作数被丢弃
false	当收到一个值为 false 的门控包时，操作数被接收。当收到一个值为 true 的门控包时，操作数被丢弃
cons	操作数是一个常数

数据或控制接收器的结构（见图 11-11）提供了接收数据或布尔值的空间，并提供了两个标志字段，其中记录了数据和控制包的到达。门标志字段根据接收到的值为 true 或 false 的门类型控制包，值从 off 变为 true 或 false。值标志字段根据是否接收到数据包或值类型的控制包，并根据接收器的类型，值从 off 变为 on。

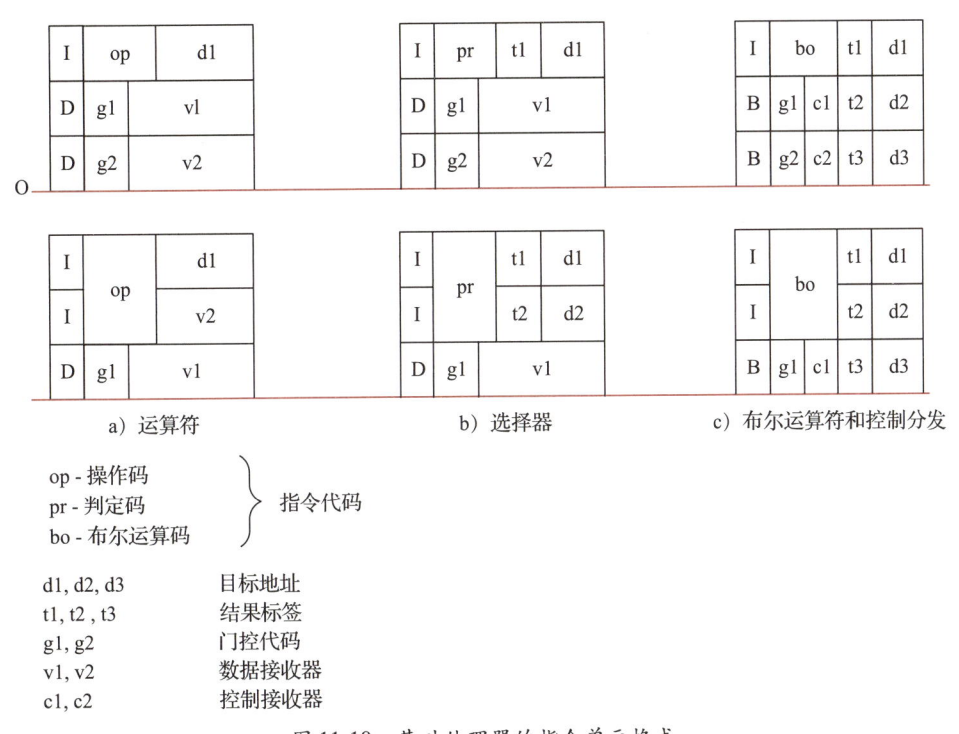

图 11-10 基础处理器的指令单元格式

a) 运算符　　b) 选择器　　c) 布尔运算符和控制分发

- op - 操作码
- pr - 判定码　　　　　指令代码
- bo - 布尔运算码

- d1, d2, d3　　目标地址
- t1, t2, t3　　结果标签
- g1, g2　　门控代码
- v1, v2　　数据接收器
- c1, c2　　控制接收器

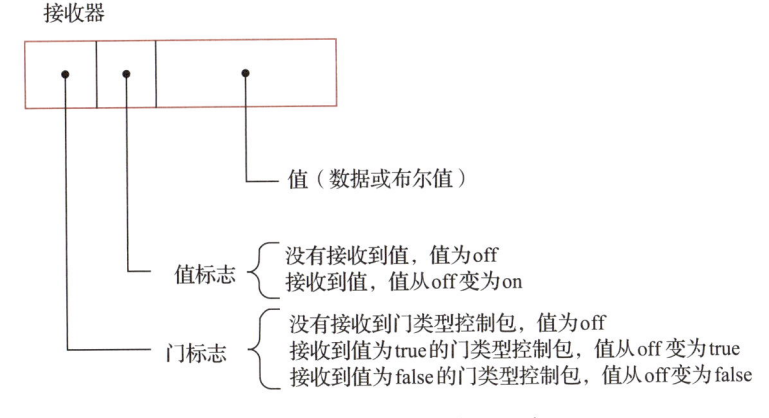

图 11-11 接收器的结构及状态

- 值（数据或布尔值）
- 值标志：
  - 没有接收到值，值为 off
  - 接收到值，值从 off 变为 on
- 门标志：
  - 没有接收到门类型控制包，值为 off
  - 接收到值为 true 的门类型控制包，值从 off 变为 true
  - 接收到值为 false 的门类型控制包，值从 off 变为 false

11.6　指令单元的操作

指令单元的作用是接收数据和控制包，并在该单元被使能后通过仲裁网络传输一个运算包或选择包，并将指令单元重置为初始状态。只有当指令单元的三个寄存器都被使能时，该指令单元才会被使能。指令寄存器始终处于使能状态。操作数寄存器在定向到它们的数据包到达时改变状态。操作数寄存器的状态转换和使能规则在图 11-12 中定义。

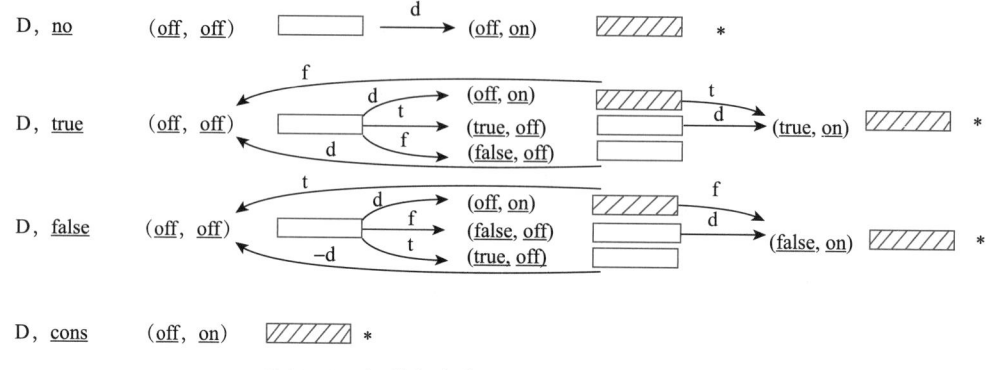

```
D, no      (off, off)  □ ──d──→ (off, on)   ▨  *

                              ┌──→ (off, on)        t
                         ┌─d─→┤                 ▨ ──d─→ (true, on)  ▨  *
D, true    (off, off)  □ │    ├─t─→ (true, off) 
                         │    └─f─→ (false, off)
                         └←f──
                         └←d──

                         ┌─d─→ (off, on)        f
D, false   (off, off)  □ │    ├─f─→ (false, off)  ──d─→ (false, on) ▨  *
                         │    └─t─→ (true, off)
                         └←t──
                         └←-d──

D, cons    (off, on)   ▨  *
```

图 11-12 操作数寄存器的状态转换和使能规则

在图 11-12 中，操作数寄存器的内容表示如下：

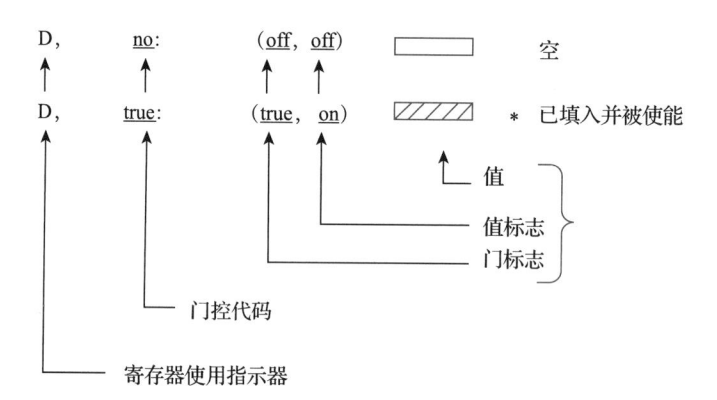

```
D,    no:     (off, off)   □         空

D,    true:   (true, on)   ▨    *    已填入并被使能
                    │        │
                    │        └── 值
                    │        ┐
                    └─ 值标志 ┤
                             ┘
                    门标志
      门控代码
寄存器使用指示器
```

星号表示寄存器已被使能。表示数据包和控制包到达的事件被标记为：

    d   数据包

    t   值为 true 的门类型控制包

    f   值为 false 的门类型控制包

通过这种符号解释，状态变化和图 11-12 中给出的使能规则就变得简洁易懂。类似的规则适用于布尔操作数寄存器的状态更改和使能规则。注意当接收到与寄存器的门控代码不匹配的门类型控制包时，会导致相关的数据包被丢弃，寄存器复位为初始状态。

发送给运算单元的运算包和发送给分支选择单元的选择包由指令单元中除了门控代码和接收器的状态字段之外的全部内容组成。因此，通过仲裁网络发送的数据包具有以下格式：

发送给运算单元：

第 11 章　基础数据流处理器的初步架构（杰克·B. 丹尼斯等，1974 年）　333

op，v1，v2，d1

op，v1，d1，d2

发送给分支选择单元：

pr，v1，v2，t1，d1

pr，v1，t1，d1，t2，d2

bo，c1，c2，t1，d1，t2，d2，t3，d3

bo，c1，t1，d1，t2，d2，t3，d3

图 11-13 中给出了与图 11-8 的基础数据流程序相对应的指令单元的初始配置。为简单起见，包含指令单元的分发控制和数据转发指令的单元没有展示出来。作为替代，我们可以在指令的目标字段中写入任意数量的地址。

		单元 1				单元 5	
00	I	[ident (8, 11, 14)]		12	I	plus (7, 13, 20)	
01	I			13	D	true	(-)
02	D	no	x	14	D	no	(-)

		单元 2				单元 6	
03	I	[ident (7, 13, 20)]		15	I	plus (16, 23)	
04	I			16	D	true	O
05	D	no	y	17	D	cons	I

		单元 3				单元 7	
06	I	less gate (11, 13, 16, 20, 23)		18	I	print	()
07	D	no	(-)	19	D	cons	<format>
08	D	no	(-)	20	D	false	(-)

		单元 4				单元 8	
09	I	[ident (8,11,14)]		21	I	print	()
10	I			22	D	cons	<format>
11	D	true	(-)	23	D	false	(-)

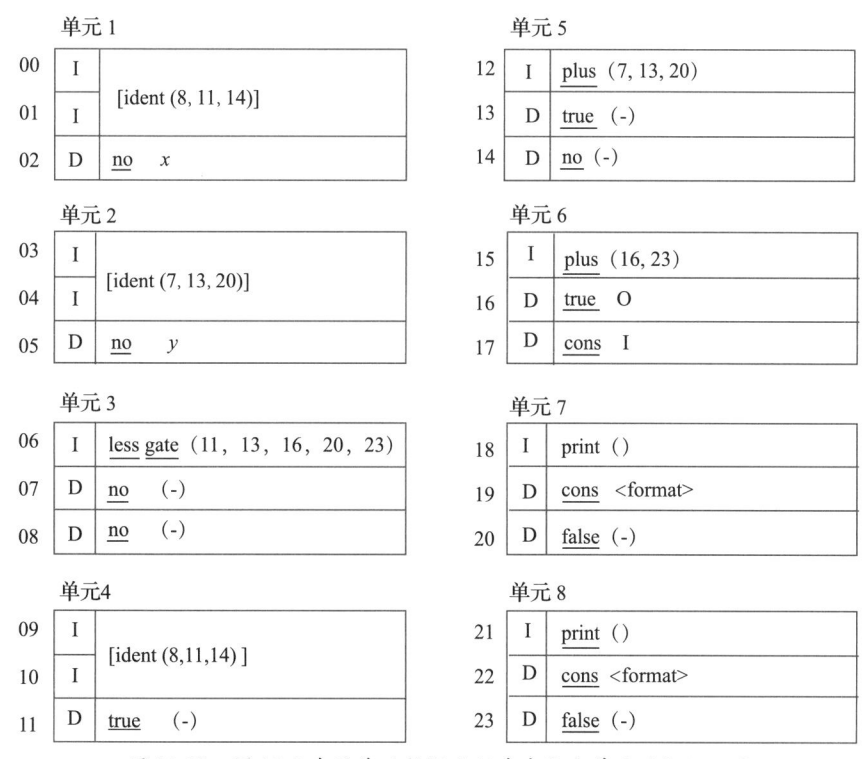

图 11-13　图 11-8 中的基础数据流程序中指令单元的初始配置

x 和 y 的初始值位于寄存器 2 和 5 中。然后包含这些值的指令单元 1 和 2 被使能，并将下面两个运算包提供给仲裁网络。

$$\left\{ \begin{array}{c} \text{ident}; 8,11,14 \\ x \end{array} \right\}$$

$$\left\{\begin{array}{c}\text{ident; } 7,13,20\\ y\end{array}\right\}$$

这些数据包被定向到一个识别运算单元（Identity Operation Unit），它仅用 x 和 y 值创建所需的数据包，并将这些数据包传输到分发网络。

存储器接收到指向寄存器 7 和 8 的数据包后，指令单元 3 将被使能，并将其决策包传输到决策单元以执行"小于"判断功能。决策结果以五个控制包的形式通过控制网络返回。如果结果为 true，则指令单元 4、5 和 6 将使能，并将其内容通过仲裁网络发送给能够执行识别运算和加法运算的运算单元。如果结果为 false，将输出指令单元 7 和 8 将被使能，并删除指令单元 4、5 和 6 的门控操作数。

在这里，我们提到了识别运算和识别运算单元，原文中的"识别运算"（Identity Operation）指的是输出等于输入的运算，即不对输入做任何改变就输出。引入识别运算是为了让一些初始值进入指令单元的操作数寄存器（如图 11-13 中的寄存器 2 和 5，分别对应 x 和 y 的初始值），或者让不变的值参与运算（如图 11-13 中的寄存器 11，对应程序中不变的 x 值）。

这里有一个有意思的问题：为什么这里 x 值明明没有改变，仍要为其分配一个指令单元，并执行所谓的不改变输入值的识别运算？这里其实体现了数据流和控制流的区别。数据流表示的是数据的"流动"，我们需要对数据的行为（即参与的运算）做出规定，否则就流动不起来了，数据不知道"该往哪儿走"。x 的行为就是保持不变，所以仍需要为其分配一个指令单元以规定它的流动方式。而在控制流中，如果不对数据进行操作，它自己的值本身就是不会改变的，所以控制流程序无须对不变的值做任何规定和操作。

图 11-13 中指令寄存器中的 ident 指 identity，意思是要对操作数执行识别运算，plus 指的是加法运算。它们后面的小括号内的数字是结果数据包将要发送的目的寄存器地址。由于上面提到的一些单元的简化，目的地址的数量是任意的。

图 11-13 中的指令单元 7 和 8 的作用是分别将操作数寄存器 20 和 23 内的数据输出，即指令寄存器 18 和 21 中的 print 操作，操作数寄存器 19 和 22 内存放着输出格式 format，值类型为常量。

11.7　两级存储器层次结构

数据流处理器中可实现的高度并行使一种独特形式的存储器层次结构成为可能：指令单元充当数据流程序中最活跃指令的缓存。各个指令在计算过程中被需要时，被从辅助存储器（指令存储器）中取出，并且当保存它们的指令单元需要保存程序中更活跃的指令时，这些指令将返回到指令存储器中。

图 11-14 给出了带有指令存储器的基础数据流处理器的组织结构。

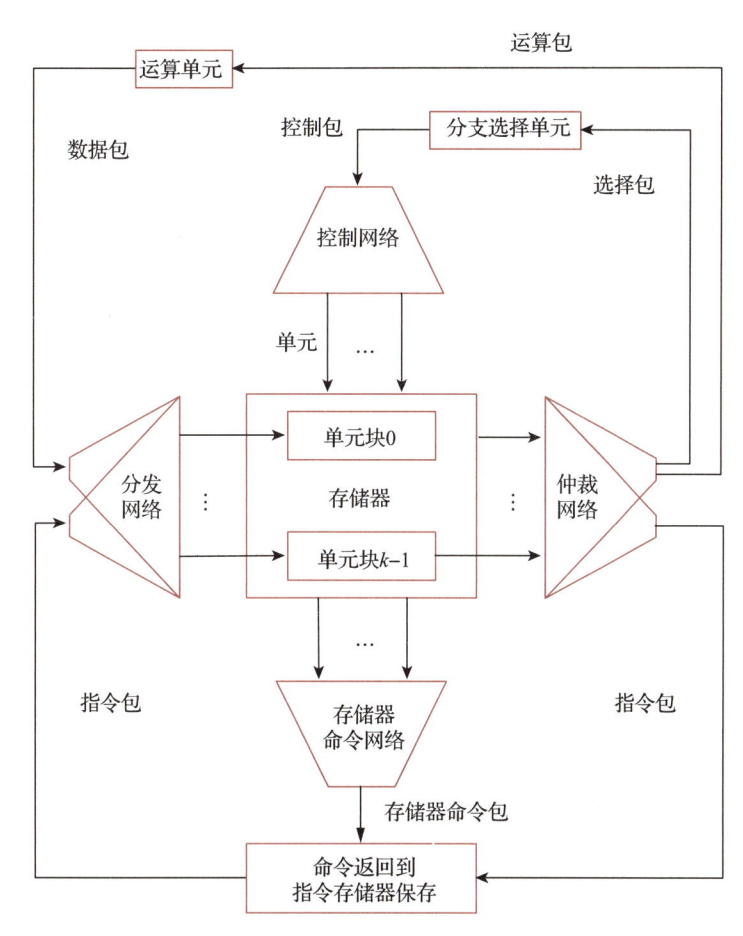

图 11-14 带有指令存储器的基础数据流处理器的组织结构

11.8 指令存储器

基础处理器的每个存在的寄存器地址，指令存储器都有对应的存储位置。这些存储位置每三个为一组，按组进行组织管理，每个组根据组中第一个位置的地址来区分识别。每个组可以以图 11-10 中已经给出的格式保存一个指令单元中的内容。

出现在指令存储器的命令端口的存储器命令包 $\{a, retr\}$ 请求取出指令包 $\{a, x\}$，其中 x 是存储在由地址 a 确定的组中的指令单元内容。指令包从指令存储器的取出端口输出。

出现在指令存储器的存入端口上的指令包 $\{a,x\}$ 请求将指令单元的内容 x 存储在由地址 a 确定的指令存储器中的组中。但是，只有在指令存储器的命令端口接收到存储器命令包 $\{a, store\}$ 且任何先前收到的取出请求都得到满足后，本次存储才会生效。同样，只有当该组收到的上一个存入请求生效后，取出请求才能被满足。

这里是在保证指令存储器中存入和取出操作的顺序性和正确性。

我们设想，指令存储器将被设计为可以同时处理大量存入和取出请求，这与现代计算机系统中软件控制下的输入/输出设备运行非常相似。

11.9　单元块的操作

为了将高速缓存原理应用于基础数据流处理器，需要将指令存储器的地址分割为主地址和次地址，每个地址均包含原地址的若干比特位。处理器的一个单元块与一个主地址相关联。具有相同主地址的指令均由相应单元块的指令单元进行处理。因此，分发和控制网络使用主地址将数据包、控制包和指令包传输到适当的单元块。传输给单元块的信息包括次地址，根据该地址足以确定单元块应该如何处理该信息包。

运算包和选择包离开单元块时，其格式与进入前完全相同。离开单元块的指令包的格式为 $\{m,x\}$，其中 m 是次地址，x 是指令单元的内容。在每个指令包通过仲裁网络时，单元块的主地址都会附加到该指令包中。以相同的方式，存储器命令包在离开单元块时仅包含一个次地址，在其通过存储器命令网络时附加上单元块的主地址。

图 11-15 给出了单元块的结构。每个指令单元都能够保存任何主地址为该单元块地址的指令。与单元块中的指令单元数量相比，有更多的指令共享一个主地址，因此单元块中包含一个关联表，该表对于每个指令单元有表项 $\{m,i\}$：m 是该指令单元被分配给的指令的次地址，i 是一个单元状态指示器，其值的含义如下：

状态值	含　义
空闲（free）	该单元没有被分配任何指令
订阅（engaged）	数据或控制包已经到达，该单元已经被次地址为 m 的指令订阅
占用（occupied）	该单元已经被次地址为 m 的指令占用

单元块中的栈维护着候选指令单元的有序队列，它们的内容将被最新激活的指令替换。只有处于占用状态的单元才能成为候选替换单元。

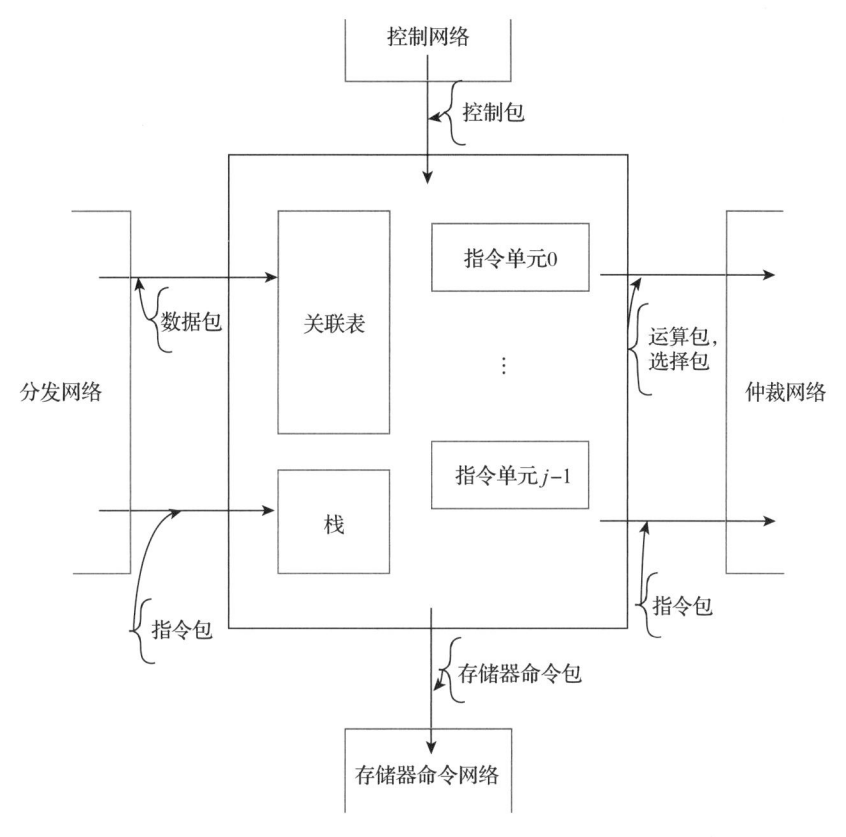

第 11 章　基础数据流处理器的初步架构（杰克·B. 丹尼斯等，1974 年）　337

```
                         ┌─────────┐
                         │ 控制网络 │
                         └────┬────┘
                              │ 控制包
                              ↓
      ┌──────────────────────────────────────────┐
      │                                          │
      │        ┌──────┐    ┌──────────┐          │
 数据包│        │      │    │ 指令单元0 │          │运算包，
  →   │        │关联表│    └──────────┘          │  选择包
      │        │      │        ⋮                │   →
分发网络│       └──────┘                         │仲裁网络
      │                                          │
      │        ┌──────┐    ┌──────────┐          │
      │        │  栈  │    │指令单元j-1│          │
  →   │        └──────┘    └──────────┘          │   →
 指令包│                                          │ 指令包
      └────────────────────┬─────────────────────┘
                           │ 存储器命令包
                           ↓
                    ┌─────────────┐
                    │存储器命令网络│
                    └─────────────┘
```

图 11-15　单元块的结构

单元块的操作可以通过两个过程来描述：一是从数据包或控制包到达单元块开始，另一个则是从来自指令存储器的指令包到达开始。

过程 1：数据包或控制包 $\{n,y\}$ 到达，其中 n 是次地址，y 是包的内容。

步骤 1：判断关联表是否具有次地址为 n 的表项？如果存在，则设对应于该表项的单元为 p，然后转到步骤 5。否则继续步骤 2。

步骤 2：如果关联表显示没有指令单元处于空闲状态，转到步骤 3。否则，假设 p 为状态空闲的单元。并且将对应关联表的表项设置为 $\{m, free\}$；转到步骤 4。

步骤 3：通过栈选择一个处于占用状态的单元 p 进行占用；令 p 的关联表表项为 $\{m, occupied\}$；通过仲裁网络将单元 p 的内容 z 打包成指令包 $\{m,z\}$ 传输到指令存储器；通过存储器命令网络将存储器命令包 $\{m, store\}$ 传输到指令存储器。

步骤 4：在关联表中为 p 分配一个表项 $\{n, engaged\}$，通过存储器命令网络将存储器命令包 $\{n, retr\}$ 传输到指令存储器。

步骤 5：根据数据包或控制包的内容 y 更新具有次地址 n 的单元 p 的操作数寄存器（更新的规则在图 11-12 中给出）。如果单元 p 被占用，则寄存器的状态更改必须与指令代码一致，否则程序无效。如果单元 p 已被订阅，则寄存器的状态更改则必须要与先前到达的数据包留下的寄存器状态一致。

步骤 6：如果单元 p 被占用，并且所有三个寄存器都被使能（根据图 11-12 的规则），则单元 p 被使能：通过仲裁网络向运算单元或分支选择单元传输运算包或选择包；使单元 p 保持占用状态，并保持当前指令，同时将其操作数寄存器复位（接收器为空，门和值的标志置为 off）。更改栈中各单元的顺序，以使单元 p 成为最后的被替换候选单元。

注意在以上的表述中，次地址有时用 m 表示，有时用 n 表示。m 表示的是单元 p 的原表项中的次地址，而 n 表示的是到达的数据包或控制包中的次地址。步骤 3 中发送指令包 $\{m,z\}$ 和存储器命令包 $\{m,store\}$ 的作用是将单元 p 中原来的内容存入指令存储器。步骤 5 是保证一致性的措施，其与过程 2 配合，目的是使指令单元中的操作数寄存器的状态变化互相一致并与指令代码一致。如果单元 p 被占用，说明过程 2 中指令包 $\{n,x\}$ 已经到达，如果单元 p 被订阅，说明之前有数据包或控制包 $\{n,y\}$ 到达，需要与之前保持一致。从步骤 6 中可以看出，栈的替换策略类似于 LRU。

过程 2：带有次地址 n 和内容 x 的指令包 $\{n,x\}$ 到达。
步骤 1：令 p 为关联表中表项为 $\{n,engaged\}$ 的指令单元。
步骤 2：单元 p 的操作数寄存器的状态必须与指令包中的内容 x 一致，否则程序无效。以指令包中的指令和操作数状态信息来更新单元 p 的内容。
步骤 3：将单元 p 的关联表表项从 $\{n,engaged\}$ 更改为 $\{n,occupied\}$。
步骤 4：如果单元 p 中所有的寄存器都被使能，则单元 p 被使能：通过仲裁网络向运算单元或分支选择单元发送运算包或选择包；使单元 p 保持占用状态，并保持当前指令，同时将其操作数寄存器复位。更改栈中各单元的顺序，以使单元 p 成为最后的被替换候选单元。

11.10 总结

执行数据流程序的计算机组织结构为实现高度并行计算提供了非常有前景的解决方案。到目前为止，已经研究了两种处理器的设计，即初步数据流处理器和基础数据流处理器。初步处理器对于面向流的信号处理应用来说很有吸引力。本文描述的基础处理器是迈向高度并行处理器的第一步，该处理器用于以类似 Fortran 的数据流语言表示的数字算法。但是，这个目标要求进一步完善数据流体系结构，以涵盖数组、过程的并行执行以及向量运算中存在的某些并行方法。我们乐观地认为提供这些功能的体系结构扩展是可以实现的，我们希望可以将这些概念进一步扩展到基于丹尼斯（Dennis）提出的更完整的数据流模型[4]的通用计算机的设计中。

参考文献

［1］ Adams, D. A. A Computation Model with Data Flow Sequencing. Technical Report CS 117, Computer Science Department, School of Humanities and Sciences, Stan-ford University, Stanford, Calif., December 1968.

［2］ Bährs, A. Operation patterns (An extensible model of an extensible language). Symposium on Theoretical Programming, Novosibirsk, USSR, August 1972 (preprint).

［3］ Dennis, J. B. Programming generality, parallelism and computer architecture. Information Processing 68, North-Holland Publishing Co., Amsterdam 1969, 484-492.

［4］ Dennis, J. B. First version of a data flow procedure language. Symposium on Programming, Institut de Programmation, University of Paris, Paris, Prance, April 1974, 241-271.

［5］ Dennis, J. B., and J. B. Fosseen. Introduction to Data Flow Schemas. November 1973 (submitted for publication).

［6］ Dennis, J. B., and D. P. Misunas. A computer architecture for highly parallel signal processing. Proceedings of the ACM 1974 National Conference, ACM, New York, November 1974.

［7］ Dennis, J. B., and D. P. Misunas. The design of a Highly Parallel Computer for. Signal Processing Applications, Computation Structures Group Memo 101, Project MAC, M. I. T., Cambridge, Mass., July 1974.

［8］ Karp, R. M., and R. E. Miller. Properties of a model for parallel computations: determinacy, termination, queueing. SIAM J. Appl. Math. 14 (November 1966), 1390-1411.

［9］ Kosinski, P. R. A Data Flow programming language. Report RC 4264, IBM T. J. Watson Research Center, Yorktown Heights, N. Y., March 1973.

［10］ Kosinski, P. R. A data flow language for operating systems programming. Proceedings of ACM SIGPLAN-SIGOPS Interface Meeting, SIGPLAN Notices 8, 9 (September 1973), 89-94.

［11］ Rodriguez, J. E. A Graph Model for Parallel Computation. Report TR-64, Project MAC, M. I. T., Cambridge, Mass., September 1969.

思考题

1. 数据流处理器的本质特征是什么？
2. 数据流处理器是否仍服从冯·诺依曼结构？
3. 对于数据密集型应用，数据流处理器如何发挥优势？数据流处理器是否彻底解决了存储墙问题？
4. 在数据流处理器大规模实用化时可能会遇到哪些问题？

第 12 章

廉价磁盘冗余阵列的实例

（大卫·A. 帕特森等，1988 年）

大卫·A. 帕特森　加斯·吉布森　兰迪·H. 卡茨

加州大学伯克利分校电子工程与计算机系

这篇文章发表于 1988 年的 *ACM SIGMOD Record*。SIGMOD 的全称是 Special Interest Group on Management of Data。*ACM SIGMOD Record* 是季刊，6 月份这一期刊登的是 SIGMOD 会议的文章。这篇关于磁盘的文章，截至 2020 年 3 月被引用 3575 次。

摘要　如果 I/O 的性能不能相应地提高，则 CPU 和存储器的性能提高将会被浪费。尽管单个大型昂贵磁盘（Single Large Expensive Disks，SLED）的容量快速增长，但 SLED 的性能提升却不大。廉价磁盘冗余阵列（Redundant Arrays of Inexpensive Disks，RAID）[⊖] 是基于为个人计算机开发的磁盘技术，它提供了比 SLED 更有吸引力的替代方案，有望在性能、可靠性、功耗和可扩展性方面有一个数量级的提升。本文介绍五个级别的 RAID，给出它们的相对成本/性能，并与 IBM 3380 和富士通超级鹰（Fujitsu Super Eagle）相比较。

这是一篇很有意思的文章，体现了伯克利的研究特色——科学与工程并重，而且都做得很好。RAID 是非常具体实用的工程技术，但本文中有大量的量化分析。大卫·A. 帕特森在他和约翰·L. 亨尼斯合著的《计算机体系结构：量化研究方法》中所展示的"量化风格"，在本文中也有明显的体现。

12.1　背景：不断提高的 CPU 和内存性能

计算机用户当前正在享受计算机速度的空前增长。戈登·贝尔（Gordon Bell）说，在 1974 年至 1984 年之间，单芯片计算机的性能每年提高 40%，大约是小型计算机性能增速的两倍[Bell 84]。次年，比尔·乔伊（Bill Joy）预测增长会更快[Joy 85]：

$$\text{MIPS} = 2^{\text{Year} - 1984}$$

[⊖] 随着磁盘成本不断降低，RAID 变成了 Redundant Arrays of Independent Disk，译为"独立磁盘冗余阵列"，但实质内容没有改变。——编辑注

这一段中提到两个人，一个叫戈登·贝尔，一个叫比尔·乔伊，前者发表论文的时间是1984年，后者发表论文的时间是1985年，相差一年，所以才有了上一段中"次年"的说法。注意，戈登·贝尔做的是回顾，比尔·乔伊做的是预测。

戈登·贝尔1934年8月19日出生于美国密苏里州，微软湾区研究中心高级研究员。作为美国数字设备公司（Digital Equipment Corporation，DEC）的技术灵魂，他构思、设计和主持开发的计算机PDP-4、PDP-5、PDP-6、PDP-8、PDP-10及PDP-11，使计算机工业产生了翻天覆地的变化。《数据信息》杂志称他为计算机业的弗兰克·赖特，后者是美国最伟大的建筑师。

1956年，戈登·贝尔获得美国麻省理工学院（MIT）电子工程学士学位。1957年，他获得MIT电子工程硕士学位。1960～1983年，他在DEC担任负责研发的副总裁。1983年7月，他与他人合伙创办核心（Encore）计算机公司。1986年，他担任美国国家自然科学基金会（NSF）计算机及信息科学和工程助理主任。1991～1995年，他担任微软公司顾问。1993年，他获得WPI名誉博士学位。1995年8月至今，他是微软研究院的成员。1999年至今，他担任加州"计算机历史博物馆"创始主任。

近些年，中国人应该对戈登·贝尔这个名字比较熟悉。戈登·贝尔奖（Gordon Bell Prize）设立于1987年，是国际高性能计算应用领域最高奖，主要颁发给高性能应用领域最杰出的成就，通常会由当年TOP 500排行名列前茅的计算机系统的应用获得。2016年11月17日在美国盐湖城举行的全球超级计算大会上，时任中国科学院软件研究所研究员的杨超等研究人员凭借"千万核可扩展大气动力学全隐式模拟"这一研究成果一举获得戈登·贝尔奖，实现了中国在此奖项上零的突破。

巨型机（mainframe）和超级计算机（supercomputer）制造商很难跟上"乔伊定律"所预测的快速增长节奏，就通过提供多处理器作为顶级产品来应对。

但是，快速的CPU并不意味着快速的系统，这使得吉恩·阿姆达尔（Gene Amdahl）使用下面的规则将CPU速度与主存大小关联起来[Siewiorek 82]。

每个CPU指令每秒需要一字节的主存。

这是一个很简洁的经验公式。在大卫·A. 帕特森与约翰·L. 亨尼斯合著的《计算机体系结构：量化研究方法》的封面背面有这一经验公式。大卫·A. 帕特森参与提出的Roofline性能模型与上面这个经验公式是有联系的。对于这个经验公式，需要思考的问题有：每个CPU指令每秒需要多少字节的高速缓存？不同的应用，每个CPU指令每秒需要的高速缓存或内存容量是否相同？如果不同，分别等于多少？

如果计算机系统成本不以存储器成本为主导，那么 Amdahl 的常数表明存储器芯片的容量应以戈登·贝尔 20 多年前预测的增长率增长。

$$\text{transistos/chip} = 2^{\text{Year} - 1964}$$

摩尔定律是摩尔在 1965 年提出的（见本书第 8 章），在 RAID 这篇文章写作的 1988 年看来，就是 23 年前。什么是"Amdahl 的常数"？就是主存容量（以 MB 为单位）与 MIPS（百万指令每秒）的比值。

正如摩尔定律所预测的那样，随机访问存储器（RAM）的容量每两年[Moore 75]到三年[Moore 86]翻两番（quadrupled）。

注意"quadrupled"不要翻译为"增加四倍"，应翻译为"翻两番"，也就是"增加三倍"。

最近，主存容量（以 MB 为单位）与 MIPS（百万指令每秒）的比值已被定义为 alpha[Garcia 84]，其中 Amdahl 常数表示 $alpha = 1$。可能是因为存储器价格的快速下降，主存大小比 CPU 速度增长得快，现在许多机器出厂时的 alpha 值为 3 或更高。

alpha 在这一段中是一个变量，比常量又高了一级。"代数"研究的是变量而不是常量。

为了保持计算机系统成本的平衡，辅助存储（secondary storage）必须与系统其他部分的进步相匹配。磁盘技术的一项关键指标是每平方英寸最多可以存储的比特数，或者一个磁道中每英寸可以存储的比特数乘以每英寸的磁道数。最大面密度的缩写为 MAD（Maximal Areal Density），"磁盘密度第一定律"（First Law in Disk Density）预测[Frank 87]

$$MAD = 10^{(\text{Year} - 1971)/10}$$

这篇文章提到很多定律，比如乔伊定律、阿姆达尔定律、磁盘密度第一定律。

磁盘技术将每三年容量翻一番、价格减半，这与半导体存储器的增长速度相吻合。实际上，在 1967 年至 1979 年之间，IBM 数据处理系统的平均磁盘容量的增速超过了其主存的增速[Stevens 81]。

容量不是存储器为了保持系统平衡而唯一必须快速增长的特征，因为将指令和数据传送到 CPU 的速度也决定了 CPU 的最终性能。主存的速度能够跟上节拍的原因有两个：

（1）高速缓存的发明，表明一个小的缓冲区可以被自动管理以包含很大一部分存储访问对应的数据。

（2）用于构建高速缓存的 SRAM 技术，其速度以每年 40% ~ 100% 的速度提高。

容量与延迟是两个重要的量。高速缓存和 SRAM 是重要的发明。

与主存技术相比，单个大型昂贵磁盘（SLED）的性能以较缓慢的速率增长。这些机械的设备主要受寻道和旋转延迟的影响：从 1971 年到 1981 年，高端 IBM 磁盘的原始寻道时间仅缩短了一半，而旋转时间没有变化[Harker 81]。更高的密度意味着找到信息后具有更高的传输速率，额外的磁头可以减少平均寻道时间，但原始寻道时间仅以每年 7% 的速度得到改善。没有理由期望在不久的将来会有更快的速度。

磁盘的密度增大，每次找到数据后，单位时间读取的数据量增大，因此传输速率更高。额外的磁头不能减少寻找数据时的单次寻道时间，但同样能读取更多的数据，总体来看，平均寻道时间减少。但是原始寻道时间的改善仍然很慢。

为了保持平衡，计算机系统一直在使用更大的主存或固态硬盘来缓冲某些 I/O 活动。对于那些 I/O 活动具有访问局部性且易失性不是问题的应用来说，这可能是一个很好的解决方案，但是对于小数据块（例如事务处理）的随机请求占比较高的应用，或者有对大量数据（例如在超级计算机上运行的大型模拟）的少量请求的应用，正在面临严重的性能限制。

对于随机请求多的应用，磁盘密度的增大与磁头的增多并不会给寻道时间带来太多改善，因为额外读取的数据不一定能用上。对于请求大量数据的应用，数据总量可能超过用于缓冲的主存或固态硬盘容量，或者占用较大的比例。这样随着请求的进行，主存或固态硬盘中的数据被不断替换，难以起到缓存的作用。

12.2 即将发生的 I/O 危机

在其他部分保持不变的情况下，改善一个问题中某些部分的性能所带来的影响是什么？阿姆达尔的回答现在被称为阿姆达尔定律[Amdahl 67]。

$$S = \frac{1}{(1-f) + \frac{f}{k}}$$

其中，S 为有效的加速比，f 为改善部分占整体的比例，k 为改善部分的加速比。

上面所述的公式就是本书第 5 章所述的主要内容。

假设某些当前应用程序花费 10% 的时间在 I/O 上。那么，当计算机的速度为原来的 10 倍时（根据乔伊定律，只需要三年多时间即可），阿姆达尔定律预测的有效加速比只有 5 倍。如果计算机的速度提高为原来的 100 倍（通过单处理器的演进或者多处理器的方式），则此应用程序的加速比不到 10，从而浪费了 90% 的潜在加速比。

> 这里做的假设是：计算机的速度提升，而 I/O 速度保持不变。因此 $f = 0.9$，$1/(0.1 + 0.9/10)$ 约等于 5，$1/(0.1 + 0.9/100)$ 小于 10。

虽然我们可以通过软件文件系统缓冲短期（near term）I/O 访问来改善 I/O 速度，但我们需要创新来避免 I/O 危机[Boral 83]。

12.3　一个解决方案：廉价磁盘阵列

大磁盘容量的快速提高并不是磁盘设计者的唯一目标，因为个人计算机已经为廉价磁盘创造了市场。这些成本较低的磁盘具有较低的性能以及较小的容量。下面的表 12-1 比较了顶级的 IBM 3380 模型 AK4 巨型机磁盘、富士通 M2361A "超级鹰" 小型机磁盘和康纳外设 CP 3100 个人计算机磁盘。

表 12-1　用于巨型计算机的 IBM 3380 磁盘型号 AK4、用于小型计算机的富士通 M2361A "超级鹰" 磁盘和用于个人计算机的康纳外设 CP 3100 磁盘的比较

属性	IBM 3380	富士通 M2361A	康纳 CP 3100	3380 v 3100	2361 v 3100
				（>1 代表 3100 更好）	
磁盘直径（英寸）	14	10.5	3.5	4	3
格式化数据容量（兆字节）	7500	600	100	0.01	0.2
价格/兆字节（包含控制器）	10~18 美元	17~20 美元	7~10 美元	1~2.5	1.7~3
额定 MTTF（小时）	30 000	20 000	30 000	1	1.5
实际 MTTF（小时）	100 000	?	?	?	?
执行器个数	4	1	1	0.2	1
最大 I/O 次数/秒/执行器	50	40	30	0.6	0.8
平均 I/O 次数/秒/执行器	30	24	20	0.7	0.8
最大 I/O 次数/秒/盒	200	40	30	0.2	0.8
平均 I/O 次数/秒/盒	120	24	20	0.2	0.8
传输速率（兆字节/秒）	3	2.5	1	0.3	0.4
供电/盒（瓦）	6 600	640	10	660	64
体积（立方英尺）	24	3.4	0.03	800	110

注："最大 I/O 次数/秒" 是指（1 秒内）单个扇区访问的最大的平均寻道次数和平均旋转次数。IBM 3380 的成本和可靠性信息来自广泛的经验[IBM 87][Gawlick 87]，富士通 M2361A 的信息来源于手册[Fujitsu 87]，而康纳的 CP 3100 上的一些数字是基于推测的。每兆字节的价格是一个范围，允许由于批量购买导致的不同折扣和供应商的不同加价幅度。（CP 3100 的最大功率已由 8 瓦特增加到 10 瓦特，以容忍外部电源的低效，因为其他驱动器都保持着自己的电源供应。）

一个令人惊讶的事实是，廉价磁盘中每个执行器每秒的 I/O 次数比大磁盘相差不到两倍。在剩余的几项指标（包括每兆字节的价格）中，廉价磁盘优于或等同于大型磁盘。

由于诸如 CP 3100 的磁盘包含全磁道缓冲区和传统巨型机控制器的大多数功能，因此它的小体积和低功耗就显得更为出色。由于标准委员会在定义更高层的外围接口［例如 ANSI X3.131—1986 小型计算机系统接口（SCSI）］方面的努力，小型磁盘制造商也可以提供大容量磁盘中的这些功能。这样的标准鼓励像 Adeptec 这样的公司以单芯片的形式提供 SCSI 接口，从而允许磁盘公司（在小型磁盘中）以低成本嵌入巨型机控制器功能。图 12-1 比较了（实现巨型机控制器功能的）传统巨型机磁盘方法和小型计算机磁盘方法。在每个磁盘中以控制器形式嵌入的相同 SCSI 接口芯片也可以用作 SCSI 总线另一端的直接内存访问（DMA）设备。

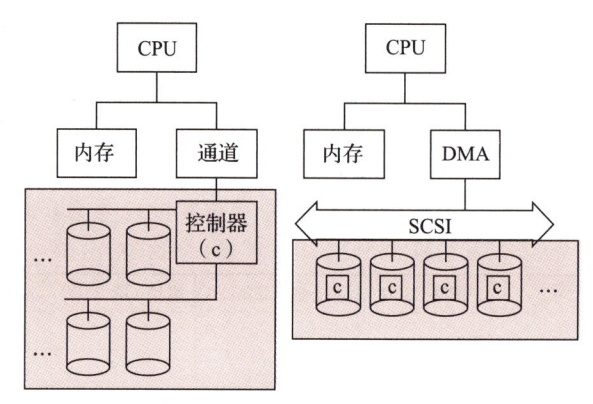

图 12-1　典型巨型机和小型计算机磁盘接口组织结构的比较。单芯片 SCSI 接口（例如 Adeptec AIC-6250）允许小型计算机使用单个芯片作为 DMA 接口，并为每个磁盘提供嵌入式控制器[Adaptec 87]（表 12-1 中每兆字节的价格计算中包括了上方阴影框中所有的部件）

我们依据这样的特性，提出了将 I/O 系统构建为廉价磁盘阵列的建议。这些磁盘要么交叉存取，用于超级计算机的大数据量传输[Kim 86][Livny 87][Salem 86]；要么互相独立，用于事务处理的小数据量传输。根据表 12-1 中的信息，75 个廉价磁盘就可能具有 IBM 3380 的 12 倍 I/O 带宽和相同的容量，同时具有更低的功耗和成本。

12.4　注意事项

由于篇幅，我们无法在本文中探讨与此类阵列相关的所有问题，因此我们将重点放在性价比和可靠性的基础估计上。我们的理由是，如果在性价比方面没有优势，在可靠性方面没有可怕的劣势，就没有必要进一步探索。我们用事务处理工作负载来评估廉价磁盘阵列的性能，但请记住，这样的集合只是一个完整的事务处理系统中的一个硬件。尽管基于这些想法设计一个完整的事务处理系统是诱人的，但在本文中我们将抵制这种诱惑。布线和打包虽然也是关于廉价磁盘阵列成本和可靠性的一个问题，但也不在本文的讨论范围之内。

12.5 现在的坏消息是：可靠性

磁盘的不可靠性迫使计算机系统管理员为了防止由于磁盘故障而造成数据丢失，频繁地制作信息的不同版本备份。磁盘数量增加一百倍会对可靠性产生什么影响？假设故障率恒定［即故障发生的时间呈指数分布，并且故障是独立的，这两个都是磁盘制造商在计算平均故障间隔（Mean Time To Failure，MTTF）时所做的假设］，则磁盘阵列的可靠性为：

$$磁盘阵列的 MTTF = \frac{单个磁盘的 MTTF}{可靠组中磁盘的数量}$$

根据表 12-1 中的信息，100 个 CP 3100 磁盘的 MTTF 为 30 000/100 = 300 小时，即少于 2 周。与 IBM 3380 的 30 000 小时（>3 年）MTTF 相比，结果是令人沮丧的。如果我们考虑将阵列扩展到 1000 个磁盘，则 MTTF 为 30 小时或大约一天，这就更糟糕了。

如果没有容错能力，那么大的廉价磁盘阵列将变得不可靠，以至于无法使用。

12.6 更好的解决方案：RAID

为了克服可靠性问题，我们必须使用包含冗余信息的额外磁盘，当一个磁盘出现故障时，能够用额外磁盘的冗余信息恢复原始信息。我们将廉价磁盘冗余阵列缩写为 RAID。为了简化对最终方案的说明并避免与以前的工作混淆，我们对磁盘阵列的五种不同组织形式进行了分类，从镜像磁盘开始，在具有不同性能和可靠性的各种方案中逐渐进步发展。我们将每种组织形式称为一个 RAID 级别。

应该首先提醒读者注意的是，为了简化表述，我们对所有 RAID 级别的描述好像都只在硬件中实现，但 RAID 思想同样可以用软件实现。

可靠性　我们的基本方法是将阵列分为多个可靠组，每个组都有额外的包含冗余信息的"校验"磁盘。当磁盘发生故障时，我们假定将在短时间内更换故障磁盘，并使用冗余信息将原始信息恢复到新磁盘上。这段时间被称为平均修复时间（MTTR）。如果系统包含额外用作"热"备份的磁盘，则可以减少 MTTR。当磁盘发生故障时，将自动换入替换磁盘。操作员会定期更换所有发生故障的磁盘。下面是我们使用的其他术语及其符号表示：

D = 数据盘（不含校验盘）的总数；

G = 一个可靠组中数据盘（不含校验盘）的数量；

C = 一个可靠组中校验盘的数量；

n_G = D/G = 可靠组的数量

即 D 表示数据盘（不含校验盘）的总数，G 表示一个可靠组中数据盘（不含校验盘）的数量，C 表示一个可靠组中校验盘的数量，n_G 表示可靠组的数量，且 $n_G = D/G$。

如上所述，我们与磁盘制造商都做出了相同的假设，即故障的发生呈指数分布且互相独立（地震或电涌导致的磁盘阵列故障中，各磁盘发生故障并不是相互独立的）。由于接下来预测的可靠性值会很高，因此我们要强调的是，这里的可靠性仅是指该故障模型中磁头的可靠性，并不是指整个软件和电子系统的可靠性。另外，在我们看来，随着技术的进步，极高的 MTTF 意味着"过犹不及"——这与磁盘的预期寿命无关，而是因为用户将更换过时的磁盘。毕竟，还有多少人会继续用已经使用了 20 年的磁盘呢？

我们分两步给出用于 RAID 单错误修复的整体 MTTF 计算。首先，可靠组的 MTTF 是

$$\text{MTTF}_{\text{Group}} = \frac{\text{MTTF}_{\text{Disk}}}{G+C} \times \frac{1}{\text{修复故障磁盘前组内发生第二次故障的概率}}$$

从本章附录中可以更正式地推导出，在修复第一次故障之前发生第二次故障的概率为

$$\text{修复第一次故障前发生第二次故障的概率} = \frac{\text{MTTR}}{\text{MTTR}_{\text{Disk}}/(\text{No. Disks}-1)} = \frac{\text{MTTR}}{\text{MTTF}_{\text{Disk}}/(G+C-1)}$$

本章附录中进行正式计算的直觉来自尝试计算 X 次单个磁盘故障的修复期间，第二个磁盘发生故障的平均次数。由于我们假设磁盘故障以统一的速率发生，因此在 X 次第一次故障的修复期间，第二次故障的平均发生次数为

$$\frac{X \times \text{MTTR}}{\text{组内剩余正常磁盘的 MTTF}}$$

在上面这个公式中，分子表示 X 次故障修复的总耗时，分母表示组内剩余正常磁盘的 MTTF，二者相除可以得到在 X 次第一次故障修复期间，第二次故障的平均发生次数。

则单个磁盘的第二次故障平均发生次数为

$$\frac{\text{MTTR}}{\text{MTTF}_{\text{Disk}}/\text{组内剩余正常磁盘的数量}}$$

剩余磁盘的 MTTF 可以用单个磁盘的 MTTF 除以组中正常磁盘的数量算出，从而得出上面的结果。

这里用单个磁盘的 MTTF 除以组中正常磁盘的数量以替代剩余磁盘的 MTTF，因为计算的是单个磁盘第二次故障的平均发生次数，所以令 $X = 1$，组中剩余正常磁盘的数量为 $G + C - 1$。

第二步是计算整个系统的可靠性，大约是（因为 $\text{MTTF}_{\text{Group}}$ 不完全是呈指数分布的）：

$$\text{MTTF}_{\text{RAID}} = \frac{\text{MTTF}_{\text{Group}}}{n_G}$$

将其全部合在一起，我们得到

$$\text{MTTF}_{\text{RAID}} = \frac{\text{MTTF}_{\text{Disk}}}{G + C} \times \frac{\text{MTTF}_{\text{Disk}}}{(G + C - 1) \times \text{MTTR}} \times \frac{1}{n_G} = \frac{(\text{MTTF}_{\text{Disk}})^2}{(G + C) \times n_G \times (G + C - 1) \times \text{MTTR}}$$

$$\text{MTTF}_{\text{RAID}} = \frac{(\text{MTTF}_{\text{Disk}})^2}{(D + C \times n_G) \times (G + C - 1) \times \text{MTTR}}$$

由于每个 RAID 级别的公式都是相同的，因此我们将使用以下适当参数使抽象的公式表达具体化：共 $D = 100$ 个数据磁盘，每个组有 $G = 10$ 个数据磁盘，$\text{MTTF}_{\text{Disk}} = 30\,000$ 小时，$\text{MTTR} = 1$ 小时。每个组的校验磁盘数量 C 由 RAID 级别来确定。

可靠性开销　这里只是指额外的校验磁盘，表示为数据磁盘数量 D 所占的百分比。正如我们将在下面看到的，不同 RAID 级别的可靠性开销从 4% 到 100% 不等。

可用存储容量百分比　表示可靠性开销的另一种方法是使用数据磁盘和校验磁盘中可用于存储数据的容量与总容量的百分比。根据组织结构的不同，不同 RAID 级别的可用存储容量百分比从 50% 到 96% 不等。

性能　由于超级计算机应用和事务处理系统具有不同的访存模式和访存速率，因此我们需要使用不同的指标来对两者进行评估。对于超级计算机，我们计算大数据块的每秒读写次数，这里的"大"是指从可靠组中的任意数据磁盘中获取至少一个扇区。在大数据块传输期间，一个可靠组中的所有磁盘都作为一个单元，每个磁盘读取或写入一部分大数据块，各个磁盘并行执行。

对于事务处理系统，更好的衡量标准是每秒的单独读取或写入次数。由于事务处理系统（例如借贷系统）使用读取 – 修改 – 写入的顺序进行磁盘访问，因此我们也包含了该指标。理想情况下，在小数据量传输期间，可靠组中的每个磁盘都可以独立运行，可以读取或写入独立的信息。综上所述，超级计算机应用需要高数据速率，而事务处理系统需要高 I/O 速率。

对于大数据量和小数据量传输进行计算时，我们假设用户请求的最小单位是扇区，因为扇区相对于磁道来说较小，并且以扇区作为最小单位也有足够的工作量来使每个设备忙碌。因此，扇区大小会影响磁盘存储效率和数据量传输大小。图 12-2 展示了 RAID 中大数据量磁盘访问和小数据量磁盘访问的理想操作。

这六个性能指标分别是（成组的）大数据量传输或（独立的）小数据量传输的每秒读取、

写入和读取-修改-写入次数。我们没有给出每个指标的具体数字,而是计算效率——RAID 每秒处理事件数与单个磁盘每秒处理事件数的比值(这里正如 Boral 所说的,每千兆字节的 I/O 带宽随着每磁盘千兆字节的增长而降低[Boral 83])。在本文中,我们追求的是本质上的差异,因此我们使用简单的确定性吞吐量度量作为性能指标,而不是使用延迟作为性能指标。

Haran Boral 在"Database Machines: An Ideas Whose Time Has Passed? A Critique of the Future of Database Machines"一文中提到,从 1970 年到 1975 年,随着磁盘技术的提升,每千兆字节的带宽反而下降了。这是因为每次磁盘容量的提升都是靠缩小相邻磁道的间隔来实现的,而不是缩小磁道上相邻比特的间隔。

每个磁盘的有效性能 磁盘的成本占数据库系统成本中很大一部分。因此,每个磁盘的 I/O 性能(要将校验磁盘的开销考虑进去)表明了系统的成本与性能。这是 RAID 的基本论点。

a)大数据量(成组的)读取

b)小数据量(独立的)读取和写入

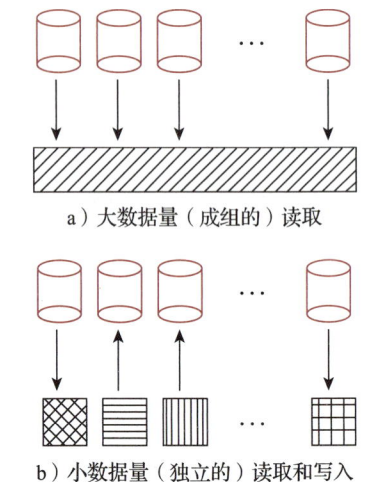

图 12-2 由 G 个磁盘构成的可靠组中的大数据量传输与小数据量传输

12.7 一级 RAID:镜像磁盘

镜像磁盘是提高磁盘可靠性的传统方法。这是我们考虑的最昂贵的选择,因为所有磁盘都是一式两份的($G=1$ 且 $C=1$),每次对数据磁盘写入时,也需要对校验磁盘进行同等写入。磁盘并列将控制器的数量增加一倍,以实现容错功能,同时使镜像磁盘支持并行读取。表 12-2 展示了将磁盘并列的一级 RAID 的属性。

上面所说的优化方案其实是指镜像磁盘不与原磁盘共用一个控制器(请求通过原磁盘到达镜像磁盘,镜像磁盘不被软件所感知),而是通过独立的控制器,直接处理读写请求。这样可以使磁盘并行处理请求,使写入带宽不变而读取带宽变为原来的两倍。

当独立的访问分布在多个磁盘上时,每个磁盘的平均排队、寻道和旋转延迟可能不同。尽管带宽可能没有变化,但其分配更加均匀,减少了排队延迟的方差;如果磁盘负载不太高,还可以通过并行来减少预期的排队延迟[Livny 87]。当多个读写臂寻道到相同的磁道并且旋转到所描述的扇区时,平均寻道和旋转时间将大于单个磁盘的平均时间,并趋向于最坏的情况。通常,这种情况不应超过单个扇区平均访问时间的两倍，同时仍然可以并行访问多个扇区。在镜像磁盘具有足够控制器的情况下，由于读取任何数据扇区都可以在两个读写臂之间进行选择，读取操作的平均寻道时间可以减少45%[Bitton 88]。

表 12-2　一级 RAID 的属性

MTTF	超过使用寿命	
	（4 500 000 小时或 >500 年）	
磁盘总数	2D	
可靠性开销	100%	
可用存储容量百分比	50%	
事件数/秒（vs 单磁盘）	完全 RAID	每块磁盘效率
大数据量（或成组的）读取	2D/S	1.00/S
大数据量（或成组的）写入	D/S	0.50/S
大数据量（或成组的）读取-修改-写入	4D/3S	0.67/S
小数据量（或独立的）读取	2D	1.00
小数据量（或独立的）写入	D	0.50
小数据量（或独立的）读取-修改-写入	4D/3	0.67

注：在这里，我们假设写入速度不会因为第二次写入而降低，因为与写入由 10 个到 25 个磁盘构成的整个可靠组造成的减速比 S 相比，写入 2 个磁盘造成的减速比很小。与使用对软件不可见的额外磁盘的"纯"镜像方案不同，我们采取了一种优化方案，其中控制器的数量是原来的两倍，以允许对所有磁盘进行并行读取，为大数据量读取提供了全部的磁盘带宽，并允许读取-修改-写入式的磁盘访问并行进行。

为了考虑这些因素，但同时保留我们的基本重点，当可靠组中有两个以上的磁盘时，我们使用减速因子 S（Slowdown）。通常，每当磁盘组并行工作时，有 $1 \leq S \leq 2$。对于同步磁盘，该可靠组中所有磁盘的主轴都是同步的，因此一组磁盘中的相应扇区同时在磁头下方通过[Kurzweil 88]，因此对于同步磁盘而言，不会出现速度下降的情况，且 $S=1$。由于一级 RAID 在其可靠组中只有一个数据磁盘，我们假设大数据量传输需要与较高级别 RAID 可靠组中相同数量（10 个到 25 个）的磁盘协同作用。

由于不同磁盘响应请求时有快有慢，而请求的数据要等所有磁盘均响应完成才能返回，整体响应耗时为所有磁盘中响应最慢的磁盘的耗时，所以磁盘组的平均响应耗时比单磁盘要长，这里引入了减速因子 S，用于评估为等待组中的所有磁盘完成响应而对性能造成的影响。

复制所有磁盘意味着数据库系统的成本增加一倍，或者仅使用磁盘存储容量的 50%。如此大的开销促进了下一个 RAID 级别的产生。

12.8　二级 RAID：ECC 的汉明码

主存组织结构的历史发展中有一种降低可靠性开销的方法。随着 4K 和 16K DRAM 的推出，计算机设计者发现这些新设备由于 alpha 颗粒而容易丢失信息。由于系统中有很多单比特 DRAM，并且通常一次以 16 个到 64 个芯片为一组进行访问，因此系统设计人员添加了冗余芯片以在每个组中纠正单个错误并检测是否存在偶数个错误。根据组的大小，存储芯片的数量增加了 12% 到 38% 不等，但显著提高了可靠性。

只要将一组中的所有数据位一起读取或写入，就不会影响性能。但是，小于组大小的读取要求读取整个组以确保信息正确，而对组的一部分进行写入共有三个步骤：

（1）读取：读取组内数据，以获得未修改的剩余数据；
（2）修改：合并新旧数据；
（3）写入：将合并后的数据写入整个组，包括校验信息。

由于我们在 RAID 中有数十个磁盘，某些访问也是对磁盘组的访问，因此我们可以通过在一组磁盘中对数据进行位交错，然后添加足够的校验磁盘以检测和纠正单个错误，来模拟 DRAM 解决方案。单个奇偶校验磁盘可以检测到一个错误，但是要纠正错误，我们需要足够的校验磁盘以识别出数据错误的磁盘。对于一个拥有 10 个数据磁盘（G）的组，我们总共需要 4 个校验磁盘（C），如果 $G=25$，则 $C=5$[Hamming 50]。为了降低冗余成本，我们假设组大小从 10 到 25 不等。

由于我们的单个数据传输单元是一个扇区，因此使用位交错磁盘意味着该 RAID 的大数据量传输至少包括 G 个扇区。与 DRAM 一样，较小数据量的读取意味着从组中的每个位交错磁盘中读取完整的扇区，而单个单元的写入涉及对组内所有磁盘的读取 – 修改 – 写入操作。表 12-3 展示了此二级 RAID 的指标。

在这里，"位交错"指的是将数据的不同比特位分布在一个组的不同磁盘中，由于数据传输的最小单位是一个扇区，且数据交错存放在组内磁盘中，所以大部分的小数据量读写需要对组内每个磁盘的至少一个扇区进行读写。如表 12-3 所示，小数据量读写性能非常差。

对于大数据量写入，即使使用更少的校验磁盘，二级 RAID 的性能仍与一级 RAID 相同，因此，从单个磁盘角度来看，二级 RAID 的性能优于一级 RAID。对于小数据量传输，无论是从整个系统还是从单个磁盘的角度来看，它的性能表现均不佳。在小数据量传输中，组内的所有磁盘都需要被访问，这将最大同时访问数限制为 D/G。我们还需要考虑减速因子 S，因为每一次访问都必须要等待所有磁盘完成。

表 12-3　二级 RAID 的属性

MTTF	超过使用寿命	
	$G=10$（494 500 小时或 >50 年）	$G=25$（103 500 小时或 12 年）
磁盘总数	$1.40D$	$1.20D$
可靠性开销	40%	20%
可用存储容量百分比	71%	83%

事件数/秒（vs 单磁盘）	完全 RAID	每块磁盘效率		每块磁盘效率	
		L2	L2/L1	L2	L2/L1
大数据量读取	D/S	$0.71/S$	71%	$0.86/S$	86%
大数据量写入	D/S	$0.71/S$	143%	$0.86/S$	172%
大数据量读取-修改-写入	D/S	$0.71/S$	107%	$0.86/S$	129%
小数据量读取	D/SG	$0.07/S$	6%	$0.03/S$	3%
小数据量写入	$D/2SG$	$0.04/S$	6%	$0.02/S$	3%
小数据量读取-修改-写入	D/SG	$0.07/S$	9%	$0.03/S$	4%

注：L2/L1 列给出了二级 RAID 相对于一级 RAID 的性能百分比（>100% 意味着 L2 更快）。只要传输单元大到足以分布组中的所有数据磁盘，大数据量 I/O 就会获得每个磁盘的全部带宽，然后除以 S，以等待组中的所有磁盘完成传输。一级 RAID 的大数据量读取速度更快，因为数据已被复制，冗余磁盘也可以进行独立访问。小数据量 I/O 仍然需要访问组中的所有磁盘，所以只有 D/G 个小数据量 I/O 可以同时发生，再除以 S，以等待组内磁盘都结束传输。二级 RAID 的小数据量写入就像小数据量读取-修改-写入一样，因为必须先读取全部的扇区，然后才能将新数据写入每个扇区中的对应部分。

因此，二级 RAID 对于超级计算机来说是理想的，但对于事务处理系统来说则不合适，随着组大小的增加，这两种应用的单个磁盘性能差异也会增大。考虑到这一事实，思维机公司（Thinking Machines Incorporated）在今年发布了其连接机器（Connection Machine）超级计算机"数据仓库"（Data Vault）的二级 RAID，它的 $G=32$，$C=8$，其中包括一个热备份磁盘[Hillis 87]。

在改善小数据量传输之前，我们再次集中精力降低可靠性开销。

12.9　三级 RAID：每个组一个校验磁盘

二级 RAID 中的大多数校验磁盘用于确定是哪个磁盘发生了故障，因为只需要一个冗余奇偶校验磁盘即可检测到错误。这些额外的磁盘确切来说是"冗余"的，因为大多数磁盘控制器已经可以检测磁盘是否发生故障：通过磁盘接口中提供的特殊信号，或者通过扇区末尾中用于检测和纠正软错误的额外校验信息。因此，可以通过计算剩余正常磁盘的奇偶校验值，并与原始组的奇偶校验值进行逐位比较,以此重建故障磁盘上的信息。如果两个校验位相同,那么故障磁盘对应位的值为 0,否则为 1。如果校验磁盘发生故障,则只需读取所有数据磁盘并将该组的奇偶校验值存储在替换磁盘中。

<u>三级 RAID 使用奇偶校验方法代替二级 RAID 中的汉明码方法来进行错误检测及纠正。</u>

将校验磁盘减少到每个组一个($C = 1$),对于此处考虑的组大小,可以将开销成本降低到 4% 到 10% 之间。三级 RAID 系统的性能与二级 RAID 相同,但是每个磁盘的有效性能有所提高,因为该系统需要更少的校验磁盘。磁盘总数的减少也提高了可靠性,但是由于它仍然大于磁盘的有效使用寿命,因此这是一个次要的点。二级 RAID 系统相对三级 RAID 系统的一个优点是不需要与每个扇区相关的额外校验信息来纠正软错误,从而使每个磁盘的容量增加了 10%。二级 RAID 还允许"即时"纠正软错误,而不必重新读取扇区。表 12-4 总结了三级 RAID 的属性,图 12-3 比较了二级 RAID 和三级 RAID 的扇区布局和校验磁盘。

表 12-4 三级 RAID 的属性

MTTF		超过使用寿命	
		$G=10$(820 000 小时或 >90 年)	$G=25$(346 000 小时或 40 年)
磁盘总数		1.10D	1.04D
可靠性开销		10%	4%
可用存储容量百分比		91%	96%
事件数/秒(vs 单磁盘)	完全RAID	每块磁盘效率	每块磁盘效率
		L3 | L3/L2 | L3/L1	L3 | L3/L2 | L3/L1
大数据量读取	D/S	0.91/S | 127% | 91%	0.96/S | 112% | 96%
大数据量写入	D/S	0.91/S | 127% | 182%	0.96/S | 112% | 192%
大数据量读取-修改-写入	D/S	0.91/S | 127% | 136%	0.96/S | 112% | 142%
小数据量读取	D/SG	0.09/S | 127% | 8%	0.04/S | 112% | 3%
小数据量写入	$D/2SG$	0.05/S | 127% | 8%	0.02/S | 112% | 3%
小数据量读取-修改-写入	D/SG	0.09/S | 127% | 11%	0.02/S | 112% | 5%

注:L3/L2 列给出了 L3 相对于 L2 的性能百分比,L3/L1 列给出了 L3 相对于 L1 的性能百分比(>100% 表示 L3 更快)。全系统的性能在二级 RAID 和三级 RAID 中相同,但是由于校验磁盘更少,因此每个磁盘的性能得以提高。

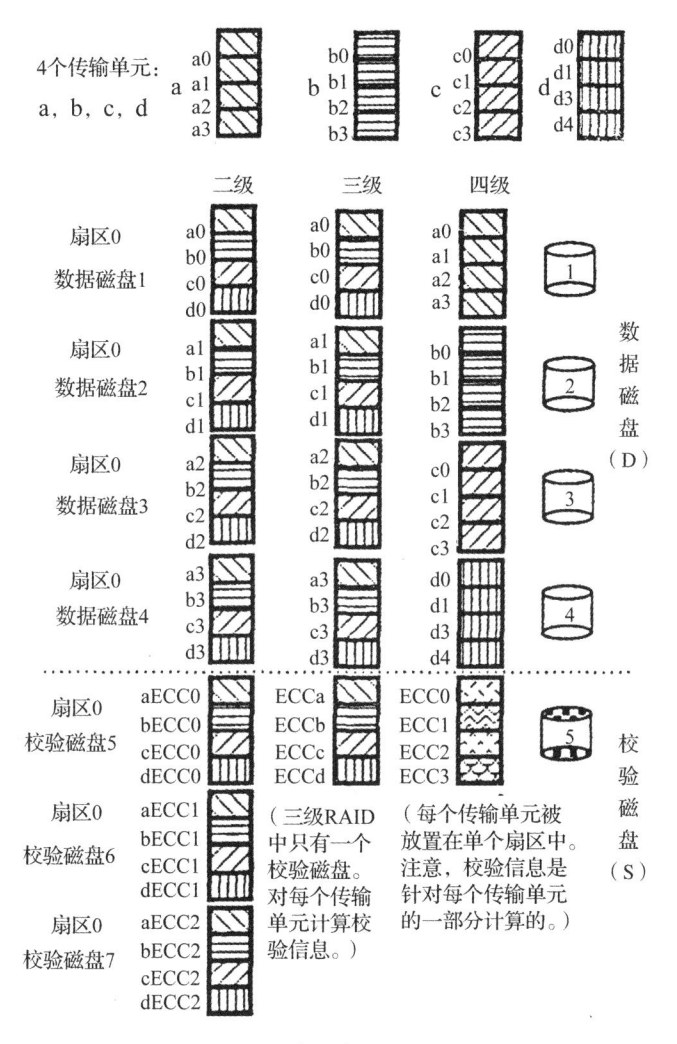

图 12-3 对于 $G=4$，二、三和四级 RAID 的扇区中数据和校验信息的位置比较。磁盘控制器为检测和纠正扇区内的软错误而在每个扇区添加的少量校验信息没有被展示出来。请记住，我们使用物理扇区号和硬件控制来解释这些想法，但是 RAID 可以通过使用逻辑扇区和逻辑磁盘，用软件的方法来实现

Park 和 Balasubramanian 提出了三级 RAID 系统，但没有推荐一个特定的应用[Park 86]。我们的计算表明，它与超级计算机应用的匹配比与事务处理系统的匹配要好得多。今年，两家磁盘制造商发布了使用同步的 5.25 英寸磁盘（$G=4$ 和 $C=1$）的针对此类应用的三级 RAID：一家制造商是 Maxtor，另一家制造商是 Micropolis[Maginnis 87]。

三级 RAID 将可靠性开销降低到最低水平，因此在后两个级别中，我们在不改变开销或可靠性的前提下提高小数据量访问的性能。

12.10　四级 RAID：独立读取/写入

将传输分布在组内的所有磁盘间具有以下优点：
- 因为可以利用整个阵列的传输带宽，所以减少了大数据量或成组传输的时间。

但是它也具有以下缺点：
- 读/写组中的磁盘需要读/写组中的所有磁盘。二级和三级 RAID 中每个组一次只能执行一个 I/O。
- 如果磁盘不同步，则看不到平均寻道和旋转延迟；观察到的延迟应趋向于最坏情况，因此在上面的等式中存在因子 S。

四级 RAID 通过并行提高了小数据量传输的性能———一次可以在每个组中执行多个 I/O。我们不再将单独的传输信息分布在多个磁盘上，而是将每个单独的单元都放在一个磁盘中。

比特交错的优点是可以轻松计算出用于检测或纠正二级 RAID 中的错误所需的汉明码，但是我们回想在三级 RAID 中，我们依靠磁盘控制器来检测单个磁盘扇区内的错误。因此，如果我们将单个传输单元存储在单个扇区中，则可以在不访问其他任何磁盘的情况下检测单次读取的错误。图 12-3 展示了二、三和四级 RAID 中，将信息存储在扇区中的不同方式。通过将整个传输单元存储在一个扇区中，使读取相互独立，并在可以检测错误的情况下，以磁盘的最大速率运行。因此，三级 RAID 和四级 RAID 之间的主要变化是磁盘之间交错数据是在扇区级别而不是在位级别上。

起初你可能觉得对单个扇区的单个写入仍然涉及组中的所有磁盘，因为（1）必须用新的奇偶校验数据重写校验磁盘；（2）必须读取其余的数据磁盘才能够计算新的奇偶校验数据。回想一下，每个奇偶校验位只是组中所有相应数据位的单个异或。在四级 RAID 中，与三级 RAID 不同，奇偶校验的计算要简单得多，因为如果我们知道旧数据值和旧奇偶校验值以及新数据值，我们可以按以下方式计算新的奇偶校验信息：

$$\text{new parity} = (\text{old data xor new data}) \text{ xor old parity}$$

即新的奇偶校验信息 =（旧数据值 xor 新数据值） xor 旧奇偶校验值

在四级 RAID 中，小数据量写入对 2 个磁盘执行 4 次访问——2 次读和 2 次写，而小数据量读取仅涉及对 1 个磁盘的 1 次读。表 12-5 总结了四级 RAID 的属性。请注意，所有小数据量访问都得到了改善（读取的性能提升非常大），但是相对于一级 RAID，小数据量读取 - 修改 - 写入仍然非常缓慢，它在事务处理中的适用性令人怀疑。最近 Salem 和 Garcia-Molina 提出了一个四级 RAID 系统[Salem 86]。

表 12-5 四级 RAID 的属性

MTTF		超过使用寿命					
		$G=10$（820 000 小时或 >90 年）			$G=25$（346 000 小时或 40 年）		
磁盘总数		1.10D			1.04D		
可靠性开销		10%			4%		
可用存储容量百分比		91%			96%		
事件数/秒（vs 单磁盘）	完全 RAID	每块磁盘效率			每块磁盘效率		
		L4	L4/L3	L4/L1	L4	L4/L3	L4/L1
大数据量读取	D/S	0.91/S	100%	91%	0.96/S	100%	96%
大数据量写入	D/S	0.91/S	100%	182%	0.96/S	100%	192%
大数据量读取-修改-写入	D/S	0.91/S	100%	136%	0.96/S	100%	146%
小数据量读取	D	0.91	1200%	91%	0.96	3000%	96%
小数据量写入	D/2G	0.05	120%	9%	0.02	120%	4%
小数据量读取-修改-写入	D/G	0.09	120%	14%	0.04	120%	6%

注：L4/L3 列给出了 L4 相对于 L3 的性能百分比，L4/L1 列给出了 L4 相对于 L1 的性能百分比（>100% 表示 L4 更快）。小数据量读取有所改善，因为它们不再一次占用整个组。小数据量写入和读取-修改-写入改善了一些，因为我们做出与表 12-2 相同的假设：两个相关的 I/O 的减速比可以忽略，因为只涉及两个磁盘。

在进入下一个级别之前，我们需要解释表 12-5 中小数据量写入的性能（以及小数据量读取-修改-写入，因为它们在此 RAID 中需要相同的操作）。小数据量写入的表达式将 D 除以 2 而不是 4，因为 2 个访问可以并行进行：可以同时读取旧数据值和旧奇偶校验值，并且可以同时写入新数据值和新奇偶校验值。小数据量写入的性能也除以 G，因为对于组内的每一次小数据量写入，组中的单个校验盘一定会被读写，从而将一次能执行的写入数量限制为组的数量。

校验磁盘是瓶颈，最终级别的 RAID 消除了此瓶颈。

12.11 五级 RAID：无单个校验磁盘

尽管四级 RAID 实现了读取的并行性，但由于每次写入都必须读写校验磁盘，写入速率仍然限制在每个组一次。最终级别的 RAID 在所有磁盘（包括校验磁盘）上分发数据和校验信息。图 12-4 比较了四级和五级 RAID 的磁盘扇区中校验信息的位置。

由于五级 RAID 可以支持每个组多个单独的写入操作，因此这种小的更改对性能的影响很大。例如，假设在图 12-4 中我们要写入磁盘 2 的扇区 0 和磁盘 3 的扇区 1。如图 12-4 左侧所示，在四级 RAID 中，这些写入必须按次序进行，因为磁盘 5 的扇区 0 和扇区 1 都需要写入。但是，如图 12-4 右侧所示，在五级 RAID 中，写入可以并行进行，因为对磁盘 2 的扇区 0 的写入仍然涉及对磁盘 5 的写入，但对磁盘 3 的扇区 1 的写入涉及的是对磁盘 4 的写入。

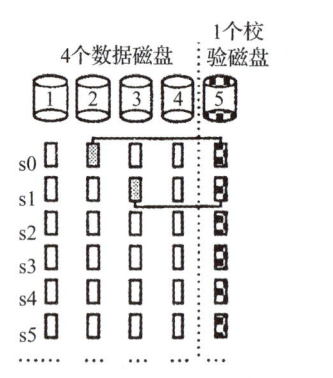

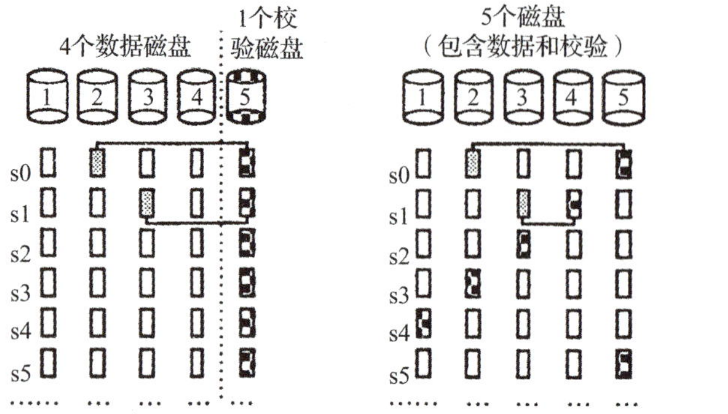

a）四级RAID（$G=4$，$C=1$）的校验信息。各磁盘的扇区展示在其下方。(有方格图案的区域表示该处存放校验信息。) 对磁盘2的s0扇区的写入和对磁盘3的s1扇区的写入都需要对磁盘5的s0扇区和s1扇区进行写入。校验磁盘5成为写入的瓶颈

b）五级RAID（$G=4$，$C=1$）的校验信息。各磁盘的扇区展示在其下方，校验信息和数据均匀地分布在所有磁盘上。对磁盘2的s0扇区的写入和对磁盘3的s1扇区的写入同样需要两次校验信息的写入，但它们可以被分发到两个磁盘上：磁盘5的s0扇区和磁盘4的s1扇区

图 12-4　四级 RAID 与五级 RAID 的每个扇区校验信息的位置

这些变化使五级 RAID 达到了两全其美的状态：小数据量读取－修改－写入的性能接近一级 RAID 中每个磁盘的速度，同时保持了三、四级 RAID 中每个磁盘的大数据量传输性能和高可用存储容量百分比。将数据分布在所有磁盘上还可以提高小数据量读取的性能，因为每个组中都多了一个包含数据的磁盘。表 12-6 总结了此 RAID 的属性。

表 12-6　五级 RAID 的属性

MTTF		超过使用寿命					
		$G=10$（820 000 小时或 >90 年）			$G=25$（346 000 小时或 40 年）		
磁盘总数		1.10D			1.04D		
可靠性开销		10%			4%		
可用存储容量百分比		91%			96%		
事件数/秒（vs 单磁盘）	完全RAID	每块磁盘效率			每块磁盘效率		
		L5	L5/L4	L5/L1	L5	L5/L4	L5/L1
大数据量读取	D/S	0.91/S	100%	91%	0.96/S	100%	96%
大数据量写入	D/S	0.91/S	100%	182%	0.96/S	100%	192%
大数据量读取－修改－写入	D/S	0.91/S	100%	136%	0.96/S	100%	144%
小数据量读取	$(1+C/G)\ D$	1.00	110%	100%	1.00	104%	100%
小数据量写入	$(1+C/G)\ D/4$	0.25	550%	50%	0.25	1300%	50%
小数据量读取－修改－写入	$(1+C/G)\ D/2$	0.50	550%	75%	0.50	1300%	75%

注：L5/L4 列给出了 L5 相对于 L4 的性能百分比，L5/L1 列给出了 L5 相对于 L1 的性能百分比（>100% 表示 L5 更快）。因为读取可以分布在所有磁盘上，包括原本在四级 RAID 中是校验磁盘的磁盘，所以所有小数据量 I/O 都会提高 1+C/G 倍。小数据量写入和读取－修改－写入的性能提升是因为它们不再受组大小的限制，从而获得了与这些访问关联的 4 个 I/O 的全部磁盘带宽。我们再次做出与表 12-2 和表 12-5 中相同的假设：因为仅涉及两个磁盘，所以可以忽略两个相关的 I/O 的减速比。

请记住前面的注意事项，如果你只想执行超级计算机应用，或者在存储容量有限时只执行事务处理应用，又或者如果想同时执行超级计算机应用和事务处理应用，那么五级 RAID 似乎非常有吸引力。

12.12　讨论

在总结全文之前，我们希望多关注一些有关 RAID 的有趣点。首先，尽管磁盘条带化和支持奇偶校验的方案看起来像是由硬件完成的，但其实没有必要这样做。我们只给出方法，而具体选择硬件还是软件解决方案，严格来说是成本和收益的权衡。例如，在磁盘缓冲有效的情况下，由于旧数据值和旧奇偶校验值位于主存中，五级 RAID 的小数据量写入操作中没有额外的磁盘读取，因此软件的解决方案将带来最佳性能和最低成本。

由于写入操作需要写入新的奇偶校验信息，而由四级 RAID 中的叙述可知，计算新的奇偶校验信息需要使用旧数据值和旧奇偶校验值。通常这两个值需要从磁盘中读取，但如果它们位于主存中，用软件方式控制的读取就能直接从主存中读出这两个值，从而提高了写入性能。

在本文中，我们假设传输单元是扇区的倍数。如果最小传输单元的大小增加到大于每个驱动器的一个扇区（例如具有支持乱序返回数据的 I/O 协议的一个完整磁道），则 RAID 的性能将大大提升，因为每个磁盘中都有一个完整磁道的缓冲区。例如，如果每个磁盘一到达下一个扇区就立即开始传输到其缓冲区，则 S 可能会减少到小于 1，因为实际上没有旋转延迟。当传输单元大小为一个磁道时，我们还不清楚使组中的磁盘同步能否提高 RAID 性能。

本文提出了可分离的两个观点：从个人计算机磁盘构建 I/O 系统的优势，以及独立于这些阵列中所使用的磁盘之外的五种不同磁盘阵列组织结构的优势。后面的观点从传统的镜像磁盘开始以达到可接受的可靠性，随后的每个级别都在以下的一个或多个方面得到了改进：

- **数据传输速率**：通过每秒对大量顺序信息的少量请求来描述（超级计算机应用）。
- **I/O 速率**：通过对少量随机信息进行大量读取 – 修改 – 写入操作来描述（事务处理应用）。
- **可用的存储容量**。

图 12-5 展示了每个级别 RAID 的每个磁盘的性能提升。每个磁盘的最高性能来自一级 RAID 或五级 RAID。在使用不超过 50% 存储容量的事务处理情况下，选择的是镜像磁盘（一级 RAID）。但是，如果这种情况要求使用超过 50% 的存储容量，或者用于超级计算机应用，或者用于超级计算机应用和事务处理应用的组合，则五级 RAID 看起来最好。一级 RAID 的优点和缺点都在于它复制数据而不是计算校验信息，因为复制的数据能提高读取性能，但会降低容量和写入性能，而校验数据仅在发生故障时才有用。

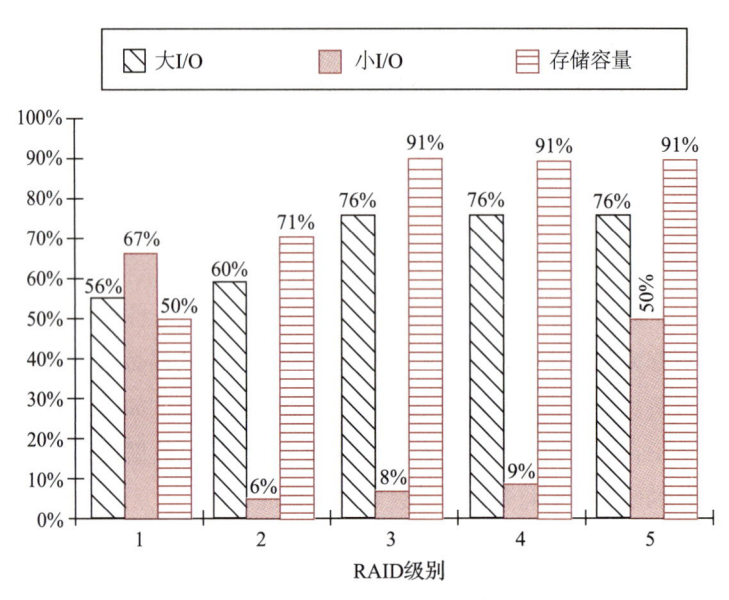

图 12-5　五个级别 RAID（$D=100$，$G=10$）中每个磁盘每秒的大数据量（成组的）和小数据量（独立的）读取 – 修改 – 写入的效率以及可用存储容量的图。我们为所有级别的 RAID 假定一个统一的 S 因子，在需要 S 的地方令 $S=1.3$

受分页研究中的时空积[Denning 78]的启发，我们提出了一个称为空速积的价值因数：可用存储容量百分比乘以每种事件的效率。使用此度量，当 $G=10$ 时，五级 RAID 在读取和写入的性能分别优于一级 RAID 1.7 倍和 3.3 倍。

让我们回到第一点，即从个人计算机磁盘构建 I/O 系统的优势。与传统的单个大型昂贵磁盘（SLED）相比，廉价磁盘冗余阵列（RAID）以相同的成本提供了显著的优势。表 12-7 将使用 100 个廉价数据磁盘（组大小为 10）的五级 RAID 与 IBM 3380 相比较。从表 12-7 中我们可以看出，五级 RAID 在性能、可靠性和功耗（和因此导致的空调花费）方面提高了约 10 倍，并且尺寸比 SLED 小 3 倍。表 12-7 还比较了使用 10 个廉价数据磁盘（组大小为 10）的五级 RAID 与富士通 M2361A"超级鹰"。在此比较中，五级 RAID 在性能、功耗和尺寸方面提供了大约 5 倍的提升，而（计算出的）可靠性则提高了两个数量级以上。

与 SLED 相比，RAID 在模块化增长方面更具优势。RAID 可以以组大小（1000 MB，价格为 11 000 美元），或者如果允许出现不完整的组，以磁盘大小（100 MB，价格为 1100 美元）增长，而不是像在 IBM 磁盘模型一样，被限制为每次只能增加 7500 MB（价格为 100 000 美元）。另一方面，RAID 在比 SLED 小得多的系统中也很有意义。增加的少量成本也使热备份磁盘在进一步降低大型系统的 MTTR 从而增加 MTTF 方面具有实用性。例如，一个拥有 1000 个磁盘的五级 RAID（组大小为 10）和几个备用磁盘可以拥有超过 45 年的 MTTF。

表 12-7　IBM 3380 磁盘模型 AK4 和使用 100 个康纳 CP 3100 磁盘（组大小为 10）的五级 RAID 相比较；富士通 M2361A"超级鹰"和使用 10 个廉价数据磁盘（组大小为 10）的五级 RAID 相比较。比较列中大于 1 的数字表示 RAID 更优

属性	五级 RAID (100, 10) (CP 3100)	SLED (IBM 3380)	RAID v SLED(>1 则 RAID 更优)	五级 RAID (10, 10) (CP 3100)	SLED（富士通 M2361A）	RAID v SLED(>1 则 RAID 更优)
格式化数据容量（兆字节）	10 000	7500	1.33	1000	600	1.67
价格/兆字节（包括控制器）	8～11 美元	10～18 美元	0.9～2.2	8～11 美元	17～20 美元	1.5～2.5
额定 MTTF（小时）	82 000	30 000	27.3	8 200 000	20 000	410
实际 MTTF（小时）	?	10 000	?	?	?	?
执行器个数	110	4	22.5	11	1	11
最大 I/O/次数/秒/执行器	30	50	0.6	30	40	0.8
最大成组读取-修改-写入次数/盒	1250	100	12.5	125	20	6.2
最大独立读取-修改-写入次数/盒	825	100	8.2	83	20	4.2
典型 I/O/次数/秒/执行器	20	30	0.7	20	24	0.8
典型成组读取-修改-写入次数/盒	833	60	13.9	83	12	6.9
典型独立读取-修改-写入次数/盒	550	60	9.2	55	12	4.6
体积（立方英尺）	10	24	2.4	1	3.4	3.4
供电/盒（瓦）	1100	6600	6.0	110	640	5.8
最小扩展大小（兆字节）	100～1000	7500	7.5～75	100～1000	600	0.6～6

最后要说的是关于用一级或五级 RAID 设计一个完整的事务处理系统的前景。廉价磁盘每兆字节的功耗大大降低，因此系统设计人员可以考虑为整个磁盘阵列提供备用电池，注意到 110 个 PC 磁盘所需的功率低于两个富士通超级鹰磁盘所需的功率。另一种方法是使用一些这样的磁盘在进一步电源故障发生时来保存电池备份的主存中的内容。这些较小容量的磁盘在重建期间也占用了数据库中的较少空间，从而提高了可用性。（请注意，如果发生故障，在磁盘信息重建的过程中，五级 RAID 将占用一个组中的所有磁盘，而一级 RAID 仅需要单个镜像磁盘，从而使一级 RAID 在可用性方面具有优势。）

12.13　结论

RAID 提供了一种经济高效的选择来应对处理器和内存速度呈指数级增长的挑战。我们相信，个人计算机磁盘大小的减小是磁盘阵列成功的关键，正如戈登·贝尔认为，微处理器大小

的减小是多处理器成功的关键[Bell 85]。在这两种情况下，较小的尺寸都简化了多组件之间的互连以及封装和布线。虽然可以使用巨型机处理器（或 SLED）的大型阵列，但是用相同数量的微处理器（或 PC 驱动器）构造阵列肯定更容易。就像贝尔创造了"multi"一词来区分由微处理器（microprocessor）构成的多处理器（multiprocessor）一样，我们也使用了"RAID"一词来标识由个人计算机磁盘构成的磁盘阵列。

注意，多处理器（multiprocessor）一词是戈登·贝尔发明的。"RAID"一词是大卫·A. 帕特森、加斯·吉布森、兰迪·H. 卡兹发明的。

凭借在性价比、可靠性、功耗和模块式增长方面的优势，我们期望 RAID 在未来的 I/O 系统中取代 SLED。但是，RAID 在实用性方面存在一些尚未解决的问题：

- RAID 对延迟有什么影响？
- 单个磁盘的非指数分布故障假设对 MTTF 的计算有什么影响？
- RAID 的实际寿命与使用故障独立模型计算得到的 MTTF 差别如何？
- 同步磁盘会对四级和五级 RAID 的性能造成什么样的影响？
- 减速因子 S 的实际表现如何[Livny 87]？
- 有缺陷的扇区怎样影响 RAID？
- 如何调度五级 RAID 的 I/O 以最大程度地提高写并行性？
- 事务处理中的磁盘访问是否具有局部性？
- 信息可以自动重新分配到 100 个至 1000 个磁盘上以减少竞争吗？
- 磁盘控制器的设计会限制 RAID 的性能吗？
- 100 个到 1000 个磁盘应该如何组织起来并物理连接到处理器？
- 布线对成本、性能和可靠性有何影响？
- RAID 应该连接到 CPU 的哪里，以便不限制性能？内存总线？I/O 总线？高速缓存？
- 文件系统支持对不同的文件使用不同的条带化策略吗？
- RAID 中固态磁盘和 WORM 的作用是什么？
- 由"并行访问"（并行访问读/写磁头下的每个表面）磁盘构成的 RAID 有什么不同？

附录 可靠性计算

使用概率论，我们可以计算 $MTTF_{Group}$。我们首先假设故障率相互独立且符合指数分布。我们的模型使用偏币法（biased coin），正面的概率是在第一次故障的 MTTR 内发生第二次故障的概率。由于磁盘故障率呈指数分布，故有：

$$\text{Probability(at least one of the remaining disks failing in MTTR)}$$
$$= 1 - \left(e^{-\frac{\text{MTTR}}{\text{MTTF}_{\text{Disk}}}}\right)^{(G+C-1)}$$

在所有实际情况中，

$$\text{MTTR} \ll \frac{\text{MTTF}_{\text{Disk}}}{G+C}$$

因为对于 $0 < X \ll 1$，$(1 - e^{-X})$ 近似等于 X：

$$\text{Probability(at least one of the remaining disks failing in MTTR)}$$
$$= \text{MTTR} \times (G+C-1) / \text{MTTF}_{\text{Disk}}$$

设 P 为在第一次故障的 MTTR 内剩下的磁盘中至少有一个磁盘发生故障的概率，则
$$P = 1 - \left(e^{-\frac{\text{MTTR}}{\text{MTTR}_{\text{Disk}}}}\right)^{(G+C-1)} = 1 - \left(e^{-\frac{\text{MTTR}(G+C-1)}{\text{MTTF}_{\text{Disk}}}}\right) \approx \frac{\text{MTTR}(G+C-1)}{\text{MTTF}_{\text{Disk}}}$$

接着在发生磁盘故障时我们轻掷此硬币，正面表示由于第二次故障发生在第一次故障仍未修复时所导致的系统崩溃，反面表示系统从故障中恢复并继续运行。

然后有：

$$\text{MTTF}_{\text{Group}} = \text{Expected[Time between Failures]} \times \text{Expected[no of flips until first heads]}$$

$$= \frac{\text{Expected[Time between Failures]}}{\text{Probability(heads)}}$$

$$= \frac{\text{MTTF}_{\text{Disk}}}{(G+C) \times \left(\text{MTTR} \times \frac{G+C-1}{\text{MTTF}_{\text{Disk}}}\right)}$$

$$\text{MTTF}_{\text{Group}} = \frac{(\text{MTTF}_{\text{Disk}})^2}{(G+C) \times (G+C-1) \times \text{MTTR}}$$

组故障在我们的模型中并不完全呈指数分布，但我们在 $\text{MTTR} \ll \text{MTTF}/(G+C)$ 的实际情况下，验证了这种简化假设。这使得整个系统的 MTTF 用 $\text{MTTF}_{\text{Group}}$ 除以组的数量 n_G 即可算出。

参考文献

[Bell 84] C. G. Bell, "The Mini and Micro Industries," IEEE Computer, Vol. 17, No. 10, 1984, pp. 14-30.

[Joy 85] B. Joy, presentation at ISSCC '85 panel session, Feb. 1985.

[Siewiorek 82] D. P. Siewiorek, C. G. Bell, and A. Newell, Computer Structures: Principles and Examples, p. 46.

[Moore 75] G. E. Moore, "Progress in Digital Integrated Electronics," Proc. IEEE Digital Integrated Electronic Device Meeting, (1975), p. 11.

[Myers 86] G. J. Myers, A. Y. C. Yu, and D. L. House, "Microprocessor Technology Trends," Proc. IEEE, Vol. 74, no 12, (December 1986), pp. 1605-1622.

[Garcia 84] H. Garcia Molina, R. Cullingford, P. Honeyman, R. . Lipton, "The Case for Massive Memory," Technical Report 326, Dept of EE and CS. Princeton Univ. May 1984.

[Myers 86] W. Myers, "The Competitiveness of the United States Disk Industry," IEEE Computer, Vol. 19, No. 11 (January 1986), pp. 85-90.

[Frank 87] P. D. Frank, "Advances in Head Technology," presentation at Challenges in Disk Technology Short Course, Institute for Information Storage Technology, Santa Clara University, Santa Clara, California, December 15-17. 1987.

[Stevens 81] L. D. Stevens, "The Evolution of Magnetic Storage," IBM Journal of Research and Development, Vol. 25, No. 5, September 1981, pp. 663-675.

[Harker 81] J. M. Harker et al., "A Quarter Century of Disk File Innovation," ibid, pp. 677-689.

[Amdahl 67] G. M. Amdahl, "Validity of the single processor approach to achieving large scale computing capabilities," Proceedings AFIPS 1967 Spring Joint Computer Conference Vol. 30 (Atlantic City, New Jersey April 1967), pp. 483-485.

[Boral 83] H. Boral and D. J. DeWitt, "Database Machines: An Ideas Whose Time Has Passed? A Critique of the Future of Database Machines," Proc. International Conf on Database Machines, Edited by H. O. Leilich and M. Misskoff, Springer-Verlag, Berlin, 1983.

[IBM 87] "IBM 3380 Direct Access Storage Introduction," IBM GC 26-4491-0, September 1987.

[Gawlick 87] D. Gawlick, private communication, Nov. 1987.

[Fujitsu 87] "M2361A Mini-Disk Drive Engineering Specifications," (revised) Feb. 1987, B03P-4825-0001A.

[Adaptec 87] AIC-6250, IC Product Guide, Adaptec, stock # DB0003-00 rev. B, 1987, p. 46

[Livny 87] Livny, M., S. Khoshafian, H. Boral. "Multi-disk management algorithms." Proc. of ACM SIGMETRICS, May 1987.

[Kim 86] M. Y. Kim. "Synchronized disk interleaving," IEEE Trans, on Computers, vol. C-35, no. 11, Nov 1986.

[Salem 86] K. Salem and Garcia-Molina, H., "Disk Striping," IEEE 1986 Int. Conf on Data Engineering, 1986.

[Bitton 88] D. Bitton and J. Gray,"Disk Shadowing,"in press,1988.

[Kurzweil 88] F. Kurzweil,"Small Disk Arrays-The Emerging Approach to High Performance,"presentation at Spring COMPCON 88,March 1,1988,San Francisco,CA.

[Hamming 50] R. W. Hamming,"Error Detecting and Correcting Codes",The Bell System Technical Journal,Vol. XXVI,No. 2(April 1950),pp. 147-160.

[Hillis 87] D. Hillis,private communication,October,1987.

[Park 86] A. Park and K. Balasubramanian,"Providing Fault Tolerance in Parallel Secondary Storage Systems,"Department of Computer Science,Princeton University,CS-TR-057-86,November 7,1986.

[Maginnis 87] N. B. Maginnis,"Store More,Spend Less:Midrange Options Abound",Computer world,November 16,1987,p. 71.

[Denning 78] P. J. Denning and D. F. Slutz,"Generalized Working Sets for Segment Reference Strings,"CACM,vol. 21,no. 9.(Sept. 1978),pp. 750-759.

[Bell 85] Bell,C. G,"Multis:a new class of multiprocessor computers,"Science,vol. 228(April 26,1985),pp. 462-467.

思考题

1. RAID 的基本原理是什么？五级 RAID 分别增加了哪些特征？
2. 这篇文章中哪些地方体现了"量化研究的方法"？

第 13 章

微处理器的未来

(虞有澄，1996 年)

对趋势的预测和把握，能够带来战略规划上的时间提前量。这篇文章论述了"微处理器的未来"，文章发表于 1996 年 *IEEE Micro* 上，其论述的全面性、深刻性令人耳目一新，思考问题的角度和结论在 26 年后的今天仍然基本成立，在国产芯片被"卡脖子"的背景下对我们具有特别的启发和参考意义。如果我们觉得很难设想 26 年后的情景，那么不妨先看一看 26 年前的设想。

本书第 14 章给出这篇文章发表 15 年后（2011 年）"微处理器的未来"这一相同主题的论述文章。通过对比这两篇相距 15 年的文章，我们将会有许多感悟和发现。值得指出的是，这两篇文章的作者（虞有澄和安德鲁·A. 陈）都是在美国工作的华裔科学家。中国人不缺聪明的大脑、勤奋的习惯。只要我们汲取历史教训，芯片卡脖子问题只是暂时的，终将会被解决。

本文作者虞有澄出生于上海，是全球最先进处理器的推动者，他被称为"掌握英特尔技术命脉的华人"。英特尔前总裁安迪·格鲁夫这样评价他：没有人比虞有澄更有资格说出英特尔是如何塑造出微处理器，以及微处理器是如何塑造出英特尔的。

这篇文章原文的末尾是作者的介绍，我们先来看一看。虞有澄（Albert Yu）是英特尔公司微处理器产品组的高级副总裁兼总经理。他负责英特尔架构的处理器产品，如奔腾、奔腾 Pro 和未来的微处理器。他还监管平台架构、设计技术、微处理器软件产品和微型计算机研究实验室。他在加州理工学院获得学士学位，在斯坦福大学获得硕士和博士学位，所学均为电气工程专业。他是 IEEE 和计算机学会的高级会员。

13.1 引言

在我担任英特尔的微处理器产品总监期间，经常有人请我描绘未来的微处理器。就算是在我们最新的处理器刚刚出现在街头而没有得到充分使用之时，人们本能地渴望获得他们正走向何处而非已经走过何处的信息。

第 13 章 微处理器的未来（虞有澄，1996 年）

对趋势的预测和把握，能够带来战略规划上的时间提前量。

至今，我和我的同事们已经用了大约十年时间来试着确定未来微处理器的趋势。尽管这些都是基于开发新技术时所固有的各种未知因素，但总体来讲，我们已接近目标。但是在对 10 年后的微处理器（Micro 2006）发表评论前，回顾我们先前对于今天以及 2000 年的微处理器的陈述可能是有帮助的[1-2]。我们可以从中了解我们正确的地方和错误的地方。这一回顾能揭示重要的发展趋势，帮助我们深入洞察未来十年的微处理器。

13.2 性能与资金成本

在过去的十年里，微处理器性能的发展速度超过了预期。可不幸的是，制造资金成本也是如此。表 13-1 列出了我们在 1989 年对于今天运行在 100 MIPS（Millions of Instructions Per Second，即百万指令每秒）下的微处理器性能的预测，相当于 ISPEC95 达到 2.5 分，时钟频率为 150MHz。令人惊讶的是，今天的性能远远超出了这一水平。英特尔奔腾 Pro 处理器的运行速度为 400 MIPS，ISPEC95 约为 10 分，时钟频率为 200 MHz。这种巨大的性能提升激励了从移动计算机到服务器上的各种商业、家庭和娱乐应用的发展。也正因如此，今天个人计算机的市场份额比我们几年前所预期的要大得多。

这一段提到了整个计算机市场的划分。计算机包括移动计算机、服务器、个人计算机等。

表 13-1 未来微处理器的可视化趋势

特点	1989 对 1996 年的预言	1996 年的实际情况	1989 对 2000 年的预言	1996 对 2000 年的预言	1996 对 2006 年的预言
晶体管数量（单位：百万）	8	6	50	40	350
芯片面积①（单位：英寸）	0.800	0.700	1.2	1.1	1.4
线宽（单位：微米）	0.35	0.35	0.2	0.2	0.1
性能					
MIPS	100	400	700	2400	20 000
ISPEC95	2.5	10	17.5	60	500
时钟频率	150	200	250	900	4000

① 方形芯片的单边长度

然而坏消息是，生产先进微处理器需要的资金成本比所有人预计的成本都高。在英特尔，我们在摩尔定律（一个处理器上的晶体管数量大约每 18 个月翻一番）的基础上，补充提出了摩尔第二定律：随着芯片复杂程度的增加，制造成本呈指数增长（参见图 13-1 和图 13-2）。1986 年，我们在晶圆厂制造出了包含 25 万个晶体管的 386 处理器，耗资 2 亿美元。如今，奔腾

Pro 处理器包含 600 万个晶体管，但需要 20 亿美元才能生产。

奔腾 Pro 处理器相对 386 处理器，相隔 10 年，晶体管数量为 24 倍，制造成本为 10 倍。注意图 13-1 到图 13-3 的纵轴都是对数坐标。

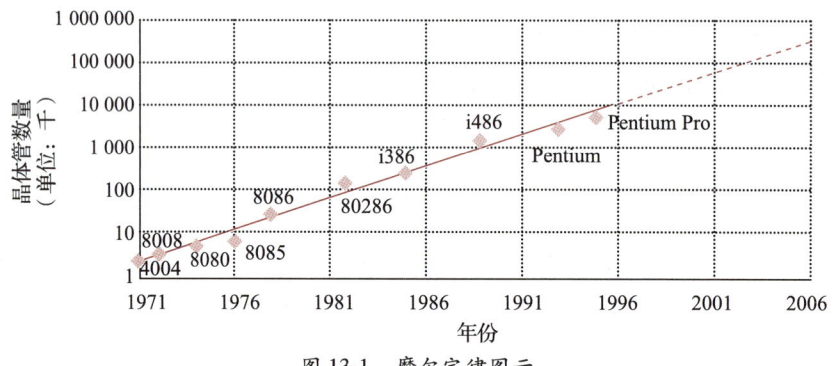

图 13-1 摩尔定律图示

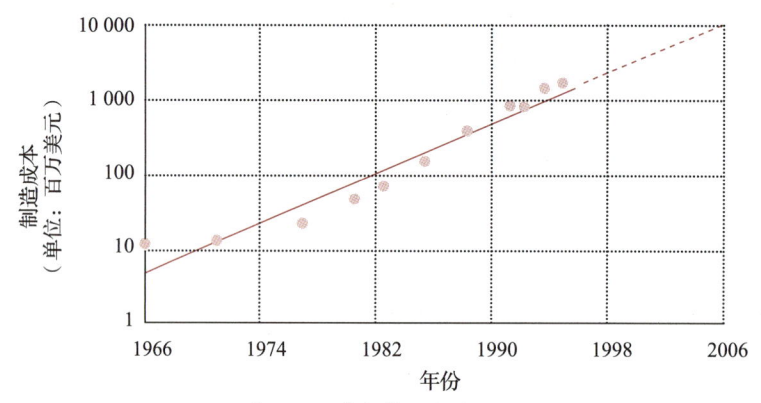

图 13-2 摩尔第二定律图示

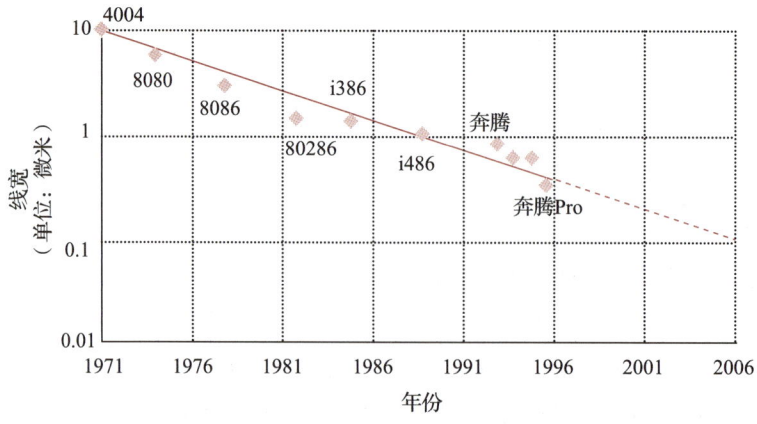

图 13-3 线宽随时间变化图示

展望未来，一个重要的技术事实是摩尔定律将继续占据统治地位，每个芯片上的晶体管数量将以指数方式增加。今天的性能的发展趋势可以保持，这要归功于原始晶体管数量之上的微体系结构和设计创新。作为迄今为止最大的微处理器市场——个人计算机市场将以一个较高的速度继续增长。个人计算机市场可以提供消化巨额制造资金成本所需的成交量市场。可以肯定的是，随着器件几何尺寸降低到亚微米范围以下，我们需要解决许多关键技术难题。但所有的迹象都表明，2006 年及其之后的微处理器发展前景值得期待。

巧妇难为无米之炊，巧妇可为有米之炊。巧妇难为无米之炊，说的是原材料的重要性。巧妇可为有米之炊，说的是厨艺的重要性。"原始的晶体管"（raw transistor）就像刚从菜市场买回的尚未加工的食材，芯片微体系结构设计师就像厨师，他们的工作包括原材料的加工、组合、剪裁、融合、调度等。

13.3 重新审视 2000 年的微处理器

如表 13-1 所示，1989 年我们曾预计，2000 年时一个处理器将在 1.2 英寸的方形芯片上装载约 5000 万个晶体管。而 1996 年我们预计整个行业在 2000 年有望在 1.1 英寸的方形芯片上装载 4000 万个晶体管。这 20% 的差距并非技术因素导致，而是因为经济因素，是合理的芯片成本所要求的（见图 13-1）。

1989 年作者对 2000 年做了一个预测[1]（见表 13-1），在七年之后即 1996 年，作者重新审视了这些预测。

13.3.1 硅技术

我们对硅工艺线宽度的预期是完全正确的，因为英特尔目前正在为奔腾和奔腾 Pro 处理器生产 0.35 微米的芯片。我相信线宽将继续下降，2000 年会下降到 0.2 微米，2006 年会下降到 0.1 微米（见图 13-3）。与此同时，电介质厚度和供电电压会相应减小。在可见的未来，这种令人惊叹的缩减将持续下去。在过去的十年，金属互连线路的数量已经从 2 个增加到 5 个。而由于我们需要更多的互连线路来连接所有设备，金属互连线路的数量还将进一步增加[3]。实际上，这是我们所面临的限制性能的最大因素之一（请参阅后文的讨论）。

另外，从芯片到封装最终到整个系统电路板的互连问题是限制性能的另一个主要因素。实际上，我们希望构造单片以避免芯片往外发送信号时的性能损失。因此，我们在 486 处理器上增加了高速缓存和浮点单元。对于奔腾 Pro 处理器，我们将二级高速缓存和处理器封装在一起以满足两者间的带宽需求。未来的趋势是在芯片上集成更多的性能敏感和带宽敏感元件并不断提高封装互连性能。多家公司正在研究 MCM（Multichip Module，多芯片模块）技术以完全消除芯片封装，我相信这将会是未来高性能处理器的一个重要趋势。

上面这两段话是非常有见解的洞察，26 年后的今天仍然有效。2020 年 Science 上的文章（There's plenty of room at the Top：What will drive computer performance after Moore's law?）指出的"大部件"（big component）思想实际上就是上面这段话讲到的思想。存储墙问题、互连问题，都与片上、片外的巨大差别有关。片上与片外在功能和逻辑上没有区别，只有性能和成本上的区别。在早期，一级高速缓存和浮点单元都是在处理器之外的，但后来（从 Intel 486 处理器开始）做到了同一个晶片上，也就是说，一级高速缓存和浮点单元成为处理器的一部分。二级高速缓存在历史上相当长的时间里是分立元件，在后来（从奔腾 Pro 处理器开始）二级高速缓存和处理器被封装在一起，再到后来被做到同一个晶片上。

13.3.2 性能

令人惊喜的是，微处理器的实际性能大大超出了 1989 年的预期。这种情况的出现有以下几个原因。尽管硅工艺的发展已非常接近预期目标，但是我们通过新型微体系结构和电路技术获得了更高的频率。此外，每个时钟周期的指令数量增加得更快，我们也已经采用了超标量体系结构和更高的并行度。同时，编译技术也有许多创新之处可以进一步提高性能。我认为这些趋势仍将继续[4-5]。

在 2000 年，时钟频率将达到 900MHz，ISPEC95 为 60 分。这种超高的时钟频率对用于功率和时钟分配的芯片金属互连线路的电阻和电容提出了更高的要求。这些包含数百万个晶体管的器件在封装和电源管理方面也面临新的障碍。

在 26 年后的今天，开发利用并行度、时钟和电源的分配仍是重要的问题。

13.3.3 体系结构

在 20 世纪 80 年代后期，有关哪种微处理器体系结构可以实现最高性能这一问题引起了很多争论。RISC（Reduced Instruction Set Computing，精简指令集计算）的倡导者吹嘘 RISC 有更快的速度、更低的制造成本且实现最简单。CISC（Complex Instruction Set Computing，复杂指令集计算）的拥护者则认为，他们的技术提供了软件兼容性、紧凑的代码尺寸以及未来的 RISC 匹配性能。

如今，关于体系结构的争论几乎已不再是问题。双方的辩论和竞争都对行业有利，因为双方都从对方那里学到了很多东西，从而加快了创新。两者在性能和成本上确实没有明显的区别。IBM ROMP、Intel 80860 和早期的 Sun Sparc 等纯粹的 RISC 芯片以及 DEC VAX、Intel 80286 和 Motorola 6800 等纯粹的 CISC 芯片都已不复存在。明智的芯片架构师和设计师已经将两大阵营的最佳创意融入当今的设计中，从而消除了特定体系结构实现之间的差异。实现的质量对于设计性能最高、成本最低的芯片起着最重要的作用。

"从对方那里学到了很多东西，从而加快了创新"这就是辩证法，矛盾的事物之间互相取长补短，否定之否定，加速了技术的演进。IBM ROMP、Intel 80860 和早期的 Sun Sparc 等是纯粹的 RISC 芯片，DEC VAX、Intel 80286 和 Motorola 6800 等是纯粹的 CISC 芯片，它们都从历史舞台上消失了。

在七年前的 IEEE Spectrum[1] 中，我们的愿景是 2000 年的微处理器将具有多个并行工作的通用 CPU。但恰恰相反，实际发生的事情并不是在同一芯片中使用多个独立 CPU，而是在单个芯片上实现更高程度的并行。奔腾处理器采用了具有两个整型流水线的超标量体系结构，而奔腾 Pro 处理器将其扩展到三个。其他处理器（如 HP PA 和 IBM PowerPC 等）也使用了类似的超标量体系结构。我认为这种利用更多并行性的趋势在未来会一直持续。

多年后看上面这段话，我们会感觉很有意思。1989 年作者预测 2000 年在同一微处理器芯片中使用多个独立 CPU，1996 年作者发现并不是这样，而是单芯片上有更高的并行度（主要使用超标量技术，即在一个处理器中有多条流水线）。在 2023 年，我们发现多核技术最终还是出现了（在 2005 年左右）。事非经过不知难，技术预测不容易。1989 年作者的预测是对还是错？从趋势上，是对的；在具体时间上，有不准确的方面。对未来，时间跨度越长，我们往往看得越模糊。但是对历史，时间跨度越长，我们往往看得越清楚。

13.3.4 人机接口

用于人机接口的晶体管数量也在增加。人机接口功能指的是那些有助于使个人计算机或其他设备更具吸引力且更易于使用的功能，这些功能包括 3D 图像、全动态视频、声音生成与识别以及图像识别。尽管我们无法确切地知道未来的微处理器将如何使用这些功能，但我坚信图形、声音和 3D 图像将发挥巨大作用。我们生活在一个 3D 的彩色世界中，自然就希望我们的计算机也能够反映出 3D 图像。一旦具备了创建这些特征的计算能力，应用程序开发人员将有巨大的机会将计算推向新的领域。因此，我们将看到微处理器芯片有更高比例的晶体管应用于这些领域。

1989 年，我们为人机接口和图形功能预留了 400 万 ~ 800 万个晶体管，约占我们对 2000 年所估算的微处理器全部晶体管的 10%。我们针对奔腾处理器新采取的多媒体扩展（MMX）技术和 Sun UltraSparc 的 VIS（Visual Instruction Set，可视指令集），是用于加速图形、多媒体和通信应用程序的通用指令的例子。

这一段预测实际上暗含了后来 GPU 的发展。

13.3.5 带宽

随着复杂芯片的出现，未来微处理器设计将逐渐成为系统设计。微处理器设计人员必须考虑与芯片对接的所有事物，包括系统总线和 I/O 等。随着原始处理器速度的提高，系统带宽在防止出现瓶颈方面变得愈加重要。CPU 和内存之间以及其他系统组件之间需要有非常高的带宽以提供硅片所具有的实际速度增益。为此，微处理器总线的吞吐量需要不断提高。PCI 是容许个人计算机显著扩大 I/O 带宽的主要标准之一。

如今，英特尔正在与 PC 社区合作，带头开发图像加速端口（Accelerated Graphics Port，AGP）。这项工作增加了图像加速器和系统其他部分之间的带宽。AGP 对于完整实现涉及 3D 图像和其他高分辨率图像的应用程序来说至关重要。随着通信对于个人计算机变得越来越重要和互联网应用程序的扩展，我们将需要更高的通信带宽。

带宽在 1996 年是一个重要因素，它在当今仍然是一个重要因素。

13.3.6 设计

我们过去预计我们对高级计算机辅助设计（CAD）工具的依赖性将会猛增，实际上也确实是如此。今天，我们正在仿真从行为级到寄存器传输级的整个芯片，而不只是其中的一部分。CAD 工具可帮助输入各种电路逻辑数据、验证芯片的全局时序、提取实际的布局统计数据并对照原始的模拟假设进行验证。综合也是迅速发展的一个领域，先是逻辑综合，之后发展到数据路径综合。这些功能极大地提高了设计生产效率。

未来的发展将提高布局密度（以降低产品成本）并提高性能（以使新应用程序成为可能）。这是特别具有挑战性的，因为与晶体管相比，互连正成为限制性能的更大因素。除了电气仿真之外，热仿真和封装仿真也将在 2000 年成为常态。除芯片外，大趋势是将仿真扩展到包括处理器、芯片组、图形控制器、I/O 和内存在内的整个系统。

电气仿真、热仿真、封装仿真不仅仅在 2000 年成为常态，在 2022 年也是常态。

虽然我们关于"对于 CAD 的依赖和 CAD 的快速创新"的预测是相当准确的，但其设计复杂性和所需的设计团队规模却超出了人们的预期。两名工程师曾在 9 个月内开发出第一个微处理器。而现在的微处理器设计却需要数百人组成一个团队一起工作。

"关于 A 的预测是相当准确的"的英文表达是"A is pretty much on target"。

尽管设计生产力已得到极大提高，但它只是勉强能跟上不断增长的复杂性和性能。展望未来，我认为一个最具挑战性的领域将是我们如何实现设计生产力的飞跃。将 CAD 工具真正标准化并且完全可交互操作明显有助于此。而今天的情况并非如此，这导致业界在处理相互冲突的和专用的接口方面浪费了宝贵的资源。

13.3.7　测试

测试复杂的微处理器已经成为一个大难题。尽管与微处理器测试相关的资金成本仍然比晶圆测试相关的资金成本要少，但微处理器测试相关的资金成本的增长已经超出了我们的预期。为什么？首先，由于处理器的频率增加、引脚数量众多（奔腾 Pro 处理器以 200MHz 运行并具有 387 个引脚），所以测试仪器的价格会更高。其次，以前花费 5 万美元的测试仪器今天要花费超过 500 万美元。最后，由于芯片复杂性和质量要求［低于 500 DPM（Defects Per Million，每百万次缺陷数）］，测试时间也会持续提高。最终会导致用于测试的整个工厂空间和资金成本猛增。

在 1989 年，我们预测 2000 年将有更大比例的晶体管用于自测试——在总共 5000 万个晶体管中约有 300 万（占 6%）。这个领域出现了很多革新。如今，奔腾 Pro 处理器中约有 5% 的晶体管都支持内建的自测试。因此我们对 2000 年的预测是：大约 6% 的晶体管将用于测试；这个比例在 2006 年可能会增加。

13.3.8　兼容性

我们曾在 1989 年提出，二进制兼容性对于投资的保护和持续至关重要。如今，对于企业而言，每年都使用大量的软件库且它们正变得越来越有价值。即使支持速度更快的计算机，公司也不想抛弃它们。因此，即使有相当激进的架构变化，如大规模并行处理，我们也必须保持未来微处理器与现在的微处理器之间的兼容性。除非能将系统性能提高两倍或更多，我们才值得使用不兼容的硬件。当下更是如此，并且兼容性将继续成为未来微处理器最重要的业务和用户需求之一。当然，软件也正在变得更加可移植，但是如果没有大的新增收益，没有人会投入资源重新编译和维护软件的另一个二进制版本。

同时，确保兼容性的工作量已大幅增长。不同操作系统、应用程序和系统配置数量的增长已经远远超出了先前的估计。当然，芯片阶段之后的兼容性验证工作要比其之前的工作艰巨得多。而在软件模型或硬件仿真器上以足够的速度解决技术问题仍是一项艰巨的任务。

13.3.9　市场细分规模

当奔腾处理器呈现在制图板上时，我们预计 1995 年的销量只有 300 万台。然而根据 IDC 的报告，1995 年奔腾处理器的出货量接近 6000 万台。这二十倍的增长对整个行业来说都是巨大的。例如，图 13-4 展示了 Dataquest 对于 2000 年个人计算机出货量的预估，预计会稳定增长 15% 至 19%。我们所有人都很幸运，这一市场细分规模的扩大将使更多的研发资金和资本投资涌入，推动微处理器按照摩尔定律的指数步伐发展。

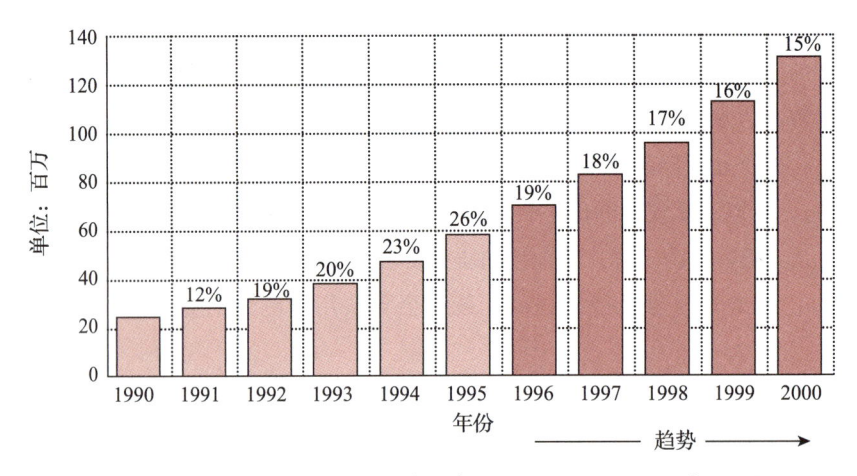

图 13-4　个人计算机出货量趋势（来源：Dataquest，1996 年 4 月）

出货量大，会带来更多的研发资金和资本投资，这是摩尔定律之所以成立的内在原因之一。

上面一共回顾了 9 个方面，应该说这些方面都是非常重要的，显示了作者具有较强的统揽和驾驭全局的能力。

13.4　2006 年微处理器情况会如何

一旦理解了相对于我们之前愿景我们现在所处的位置，那么展望十年后的 2006 年就容易得多了。

13.4.1　晶体管与晶片尺寸

从表 13-1 和摩尔定律可以看出，10 年内晶体管的数量可以跃升至大约 3.5 亿个。请注意，许多前几代的处理器仍将大量出货。

芯片尺寸将提升至 1.4 英寸以便容纳大量的晶体管和互连线路。而线宽会缩小到仅 0.1 微米，从而将现在的光学系统扩展到物理极限。我们将不得不去寻找其他替代方案。根据摩尔定律的预测，硅技术将继续快速发展，并且电压会持续降低至 1V 以下。

13.4.2　性能与体系结构

到 2006 年，性能会提升至难以置信的 4GHz 或者 ISPEC95 达到 500 分[6]。一切迹象都表明，性能革新方面的可能比以往任何时候都多。驱动性能增长的两大趋势仍将是更高的并行性和更高的频率。为了开发更高并行性，我们将更加关注编译器和库的优化。为了推动更高频率，我们需要在微体系结构、电路设计、精确模拟以及互连方面做出进步。

> 上一段指出，驱动性能增长的两大趋势仍将是更高的并行性和更高的频率。

我已经发现很多可以在未来几年实现的好想法。性能的驱动力显然不局限于微处理器，而是来源于整个系统，因为我们需要建立一个均衡的系统来为用户提供能力。有趣的是，早期的微处理器借鉴了大型机中许多优秀的架构思想。而从现在起，我们将超越一切大型机的性能。因此，在业界进行更多投资以进行长期研究并加强与高校的合作是很有必要的。

> 这一段提到了两个重要思想，一是"系统均衡"的思想，不要只关注微处理器，还要关注整个系统；二是"不能吃老本"的思想，在微处理器性能比较弱的时候，有大型机可以参照，当微处理器性能超过大型机的时候，进一步的性能提升需要新的基础研究的支撑，而基础研究需要长期投入，高校或研究所在这方面往往具备企业不具有的优势。

13.4.3　障碍

在实现这种复杂度的微处理器之前，我们需要解决几个逻辑上和安排协调上的障碍。最基本的一项是解决设计复杂度和设计团队规模迅速扩大的问题。较大的设计团队在其内部很难进行协调和沟通。从一开始就进行正确的设计是很有必要的，但随着设计复杂度以指数形式增加，这变得越来越困难。

在我们对 2006 年所预先考虑的设计中，兼容性验证会变得难以置信地困难。详尽地测试所有可能的计算与兼容性组合，工作量是巨大的。我们需要在验证技术上取得突破才能进入3.5亿晶体管的领域。

另一个需要突破性思维的领域是功耗。更快的微处理器显然需要更大的功耗，但我们也需要一种方法将热量从芯片上通过封装和系统散发出去。为了降低片上功耗，我们需要取得突破进展以便将电压需求降到1V以下。我们需要在低功耗微架构、设计和软件方面进行革新以遏制功耗的上升。对于移动应用，整个电子系统的功耗需要保持在20W以下。功耗问题对于微处理器以及系统中的其他组件如图形控制器和磁盘驱动器来说，都是一个很大的挑战。

如前所述，互连是限制性能的主要因素。在科学家发现低电阻、低电容的材料之前，这种现象会一直持续下去。今天的奔腾Pro处理器有五个金属层，未来的处理器会需要更多。镀金技术历来需要多年的时间才能发展，因此我们迫切需要在这一领域取得研究进展以便制造2006年的微处理器。

13.4.4　市场细分

历史上，我们曾犯过低估微处理器需求的错误。虽然我无法准确估计销量，但确实可以预见个人计算机和微处理器市场在未来十年会强劲增长。虽然美国的个人计算机市场在逐渐成熟，但新兴市场才刚起步，特别是在东南亚、南美和东欧。

除了开辟新的地理市场，新的功能市场也将不断出现。尽管设想在下个世纪如何使用计算能力是未来科学家的工作，但历史表明，难以置信的创新是建立在充足的计算能力之上的。例如，在第一台个人计算机出现之前没有人能预见到第一个电子表格，因为没有一个容许创新出现的框架。我们的任务是利用不断提高的计算能力构造微处理器和个人计算机平台基础设施；这样，使用它们创新的点子也将随之而来。

正如我们前面所提到的，有一个方面我认为需要很高的MIPS（当然，也就一定需要高带宽），那就是日益丰富的人机接口：3D、各种多媒体、视觉、声音和手势。未来的应用程序将越来越多地融合视频、声音、动画、颜色、3D图像和其他可视化技术，这会让个人计算机和应用程序更加容易使用。

在这一领域，推动个人计算机发展的是消费者细分市场，而不是企业细分市场。尽管企业市场在如何更清晰地解释和呈现大量信息方面存在困难，但家庭用户正在引导企业人员探索以图形化的形式解决问题的创造性方法。对于具有事业心的应用设计者来说存在巨大的机遇，使用3D可视化技术来清晰化复杂业务信息。拥有强大图形化能力的更强大的处理器使得可视化地显示而非数字地显示信息变得更加容易，也使得解释信息变得更加容易。拥有智能用户接口的个人计算机将使用户成为信息的主动搜集者而不是被动吸收者。

一些人认为，面对互联网的巨大成功，在桌面上我们只需要更低的处理器性能而绝非更高。制图板上所谓的网络计算机容许用户去下载必要的程序和数据以供临时使用。这些设备可能会找到市场定位，但桌面上的（或者说客厅里的）处理器性能取决于用户希望获得的互联网体验。如果他们只是想浏览传统类型的数据，一个稍微差一点的处理器就足够了。但如果他们想要丰富的多媒体体验，浏览3D图像和声音相关的信息，那将需要相当高的MIPS。

这一段实际上在论述边缘计算和云计算的权衡。当然边缘计算和云计算是后来的概念。

另一个需要迫切关注的方面是硬件和软件开发之间的历史性滞后问题。软件总是滞后于可用的硬件；往往在应用程序利用了新的硬件功能时，供应商又发布了新一代的硬件。广泛的面向对象设计可能有助于弥补这一差距，但我们需要在软件开发方面进行突破以保证软件开发跟得上硬件开发的脚步。我相信这是一个具有巨大机遇的领域。谁能第一个充分利用即将到来的微处理器能力来提供创新的应用程序，谁毫无疑问就是领导者。

过去25年里我们所走的微处理器道路很容易延续到未来10年。性能可以继续提升，直到2006年我们将在一块1.7英寸的芯片上集成将近4亿个晶体管。然而，由此产生的制造资金成本将高达数十亿美元，因此需要通过很大的出货量来压低单价。在我们实现这样一个芯片之前，除了巨大的制造成本，我们还需要克服很大的技术障碍。我们需要知道如何测试和验证4亿个晶体管，如何连接它们、给它们供电、给它们降温。

然而，一旦我们掌握了如此强大的计算能力，就可以为从商业计算到儿童教育娱乐产品等各个领域的巨大革新和细分市场机遇奠定基础。我可以确定地预测一件事：2006年的微处理器将带给我们惊喜，应用程序和设备将极大地改变我们的世界。

计算能力的提高，意味着生产力的提高。

参考文献

[1] P. P. Gelsinger et al., "Microprocessors Circa 2000," IEEE Spectrum, Oct. 1989, pp. 43-47.

[2] P. P. Gelsinger et al., "2001:A Microprocessor Odyssey," Technology 2001, The Future of Computing and Communications, D. Leebaert, ed., The MIT Press, Cambridge, Mass., 1991, pp. 95-113.

[3] The National Technology Roadmap for Semiconductors, Semiconductor Industry Assoc., San Jose, Calif., 1995.

[4] R. P. Colwell and R. L. Steck, "A 0.6 μm BiCMOS Processor with Dynamic Execution," Proc.

Int'l Solid-State Circuits Conf. , IEEE, Piscataway, NJ. , 1995, p. 136.

[5] U. Weiser, "Intel MMX Technology-An Overview," Proc. Hot Chips Symp. , Aug. 1996, p. 142.

[6] "Special Issue:Celebrating the 25th Anniversary of the Microprocessor," Microprocessor Report, Aug. 5, 1996.

思考题

1. 这篇文章写于1996年，其中的结论在现今是否仍然适用？
2. 在现今看，微处理器的未来是什么？或者说，将具有哪些可以预见的特点？

第 14 章

微处理器的未来

（谢哈尔·博尔卡尔等，2011 年）

谢哈尔·博尔卡尔（Shekhar Borkar）　　安德鲁·A. 陈（Andrew A. Chien）

这篇文章发表于 2011 年 5 月的《美国计算机学会通讯》（*Communications of the ACM*，CACM）。距离第 13 章那篇文章已有 15 年了，15 年中发生了很多事，有很多事变化了，也有很多事没有变化，这些都需要回顾、梳理和总结。

我们首先看一下原文末的作者介绍：谢哈尔·博尔卡尔是一个英特尔院士（Intel Fellow），担任位于俄勒冈州希尔斯伯勒的英特尔公司百亿亿次（Exascale）技术总监。安德鲁·A. 陈是英特尔公司前研究副总裁，现任加利福尼亚大学圣迭戈分校计算机科学与工程系兼职教授。

能量效率或能效（energy efficiency）是处理器性能的新的基础限制因素，远远超过处理器数量这个因素。

相比于处理器数量，能量效率成为基础性的限制因素。性能不是简单地通过增加处理器核心的数量就可以取得的，在计算机领域，也要从盲目的资源扩张向注重质量内涵转变。

关键的洞察（key insights）：
- 摩尔定律仍在继续，但要求在体系结构和软件方面进行彻底的改变。
- 体系结构将超越同构并行性（homogeneous parallelism），拥抱异构性（heterogeneity），并利用大量晶体管来结合应用定制化硬件（application-customized hardware）。
- 软件必须增加并行性，并利用异构和定制化硬件来实现性能增长。

14.1　引言

微处理器（microprocessor）——单芯片计算机（single-chip computer），是信息世界的构建块。它们的性能在过去 20 年里增长了 1000 倍，这得益于晶体管速度的提高和能量的缩减，也得益于微体系结构的进步，正是微体系结构的进步将摩尔定律得到的晶体管密度增加利用起来。在下一个 20 年中，晶体管速度提升减缓和实际的能量限制为持续的性能扩展带来了新的挑战。因此，操作频率将缓慢增加，能量效率作为处理器性能的关键限制因素，迫使新的设计使用大规模并行性、异构核心和加速器来实现性能和能效。通过软硬件协同实现有效率的数据编排（data orchestration）对于达成高能效计算变得越来越关键。

注意这一段的首句，微处理器是信息世界的构建块或者说基石，没有微处理器，信息世界就不会是今天的面貌。微处理器将计算机实现在一个芯片上，所以是单芯片计算机。请读者注意，这里"单芯片计算机"与"单片机"是有区别的。还请读者思辨"微处理器""单芯片计算机""单片机""片上系统"这四个概念之间的联系和区别。

单芯片计算机与片上系统的含义几乎相同，可以相互指代。单片机也是冯·诺依曼结构，包括运算器、控制器、存储器、输入设备和输出设备，"麻雀虽小，五脏俱全"。与个人计算机和服务器中的通用型微处理器相比，单片机是主要用于嵌入式领域的"小麻雀"，比较低端，表现在：运算器的主频较低，流水线、多发射等技术简单甚至没有采用，支持的指令种类少，单片机作为控制器而不是运算器的角色更凸显（此时它们也被称为微控制器），它的存储容量小、存储层次少、高速缓存容量小甚至没有、输入输出接口简单、功能单一、强调自供应（不用外接硬件）和节约成本、体积小，可放在仪表内部。

"过去20年"（即1991~2011年）计算机性能实现了三个数量级的提高，平均每两年翻一番，其中的驱动因素是：(1) 晶体管速度提高了，即主频提高了；(2) 能量微缩了，即登纳德缩放定律；(3) 晶体管密度即单位面积上的晶体管数量提高了；(4) 微体系结构通过创新能更有效地利用晶体管资源。

我们在这里的目标是反映和预测塑造微处理器未来的宏观趋势，并大致勾画处理器设计的发展方向。我们列举了关键的研究挑战，并建议了有希望的研究方向。由于巨大的变化即将到来，我们也试图激励研究界提出新的想法和解决方案，以解决如何保持计算的指数级改进这个问题。

微处理器（见图14-1）发明于1971年，但在今天，很难相信任何一位早期的发明者能想象到微处理器在过去40年里在结构和使用上的令人惊奇的演变。今天的微处理器不仅涉及复杂的微体系结构和多个执行引擎（核心），而且还包含各种附加功能，包括浮点单元、高速缓存、内存控制器和媒体处理引擎。但是，微处理器的定义性特征仍然是在计算系统中的作为主要计算（数据变换）引擎的单个半导体芯片。

这一段中提到"计算"（computation）就是"数据变换"（data transformation）。

因为我们自己最主要的能够获取和观察到的是英特尔的设计和数据，所以我们的图和估算大量地取材于它们。在某些情况下，它们可能不能代表整个业界，但肯定代表了很大一部分。这种直率的观点，有着坚实的基础，最好地支持了本文的目标。

英特尔 4004，
1971年1个核心，
没有高速缓存，
2.3万个晶体管

英特尔 8088，
1978年1个核心，
没有高速缓存，
2.9万个晶体管

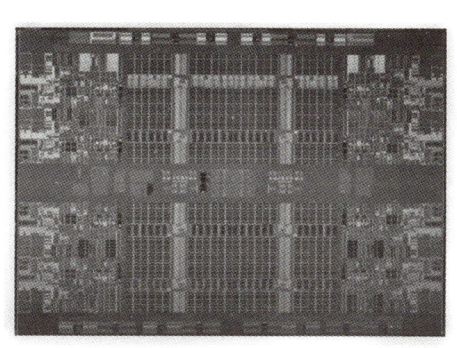

英特尔 Mehalem-EX，
2009年8个核心，
24MB高速缓存，
23亿个晶体管

图 14-1　1971～2009 年英特尔微处理器的演变

14.2　20 年性能的指数级增长

在过去的 20 年中，微处理器性能的快速增长是由三个关键技术驱动因素实现的：晶体管速度扩展、处理器核心微体系结构技术和高速缓存存储架构，在以下各节依次讨论。

性能增长一般来说有两个原因，一是硬件资源数量的增加，二是硬件资源效率的增加。前者是基于摩尔定律，后者则基于微体系结构的变化，而微体系结构的变化包括处理器核心和高速缓存的结构变化。

14.2.1　晶体管速度扩展

MOS 晶体管几十年来一直是主要的工作单元，其性能提升了近 5 个数量级，为今天前所未有的计算性能奠定了基础。晶体管速度缩放这一定律由 IBM 的罗伯特·N. 登纳德（Robert N. Dennard）在 20 世纪 70 年代早期发现[17]，并在过去的 30 年中一直成立。该定律要求每一代（两年）将晶体管尺寸缩小 30%，并在晶体管各处保持电场恒定，以维持可靠性。这或许听起来简单，但由于稍后讨论的原因，越来越难以继续下去。经典的晶体管微缩提供了三种主要的好处，使得计算性能的快速增长成为可能。

这一段提到了登纳德定律。物质、能量、信息是三个基本量，登纳德定律同时涉及这三个基本量。材料、能源、算力对国家发展将具有重要作用。在未来的若干年，能源可能会出现短缺，计算的能效将越来越重要。

第一，晶体管的尺寸缩小了 30%（0.7 倍），面积缩小了 50%，每一代工艺都使晶体管密度加倍——这就是摩尔定律背后的基本原因。第二，随着晶体管的尺寸缩小，其性能提高约 40%（0.7 倍延迟减少，或 1.4 倍频率增加），提供了更高的系统性能。第三，为保持电场恒定，电源电压降低了 30%，能量降低了 65%，或功率（在 1.4 倍频率下）降低了 50%（动态功率 = CV^2f）。将所有这些结合在一起，在每一代工艺中，晶体管的集成度都会提高一倍，电路速度提高 40%，系统功率消耗（晶体管数量增加一倍）保持不变。这种意外收获的缩小（好得令人难以置信）使得微处理器性能在过去的 20 年里提高了三个数量级。芯片架构师利用晶体管密度来创建复杂的结构，并利用晶体管速度来增加频率，在一个合理的功率和能量范围内实现这一切。

为什么说："晶体管的尺寸缩小了 30%（0.7 倍），面积缩小了 50%，每一代工艺都使晶体管密度加倍"？晶体管的尺寸缩小 30%，也就是变为原来的 0.7，而 0.7^2 约等于 50%，所以晶体管密度加倍。

为什么说："随着晶体管的尺寸缩小，其性能提高约 40%（0.7 倍延迟减少，或 1.4 倍频率增加）"？晶体管的尺寸变为原来的 0.7，所以延迟变为原来的 0.7，而 1/0.7 约等于 1.4，所以频率变为原来的 1.4 倍。

为什么说："为保持电场恒定，电源电压降低了 30%，能量降低了 65%，或功率（在 1.4 倍频率下）降低了 50%"？负载电容 C 的计算公式如下（其中 ε 是相对电介质常数，k 是静电力常量），现在晶体管的面积 S 缩小为原来的一半，间距 d 缩小为原来的 0.7，所以负载电容 C 变为原来的 0.5/0.7（约等于 0.7）。

$$C = \frac{\varepsilon S}{4\pi k d}$$

动态功率 $P = CV^2f$，电源电压 V 变为原来的 0.7，频率 f 变为原来的 1.4 倍，所以动态功率 P 变为原来的一半。能量 $E = CV^2$，变为原来的 35%。

14.2.2 核心微体系结构技术

先进的微体系结构有效地利用了丰富的晶体管集成能力，使用了令人眼花缭乱的技术，包括流水线（pipelining）、分支预测（branch prediction）、乱序执行（out-of-order execution）和推测执行（speculation），以交付更高的性能。图 14-2 勾勒了微体系结构方面的进展，显示了晶片面积、性能和能量效率（性能/瓦特）的提高，所有这些都标准化到了相同的工艺技术中。它表现了英特尔微处理器（如 386、486、奔腾、奔腾 Pro 和奔腾 4）的特性，每个数据点表示的是使用基准测试程序 SpecInt（92、95 和 2000 表示那个时代的基准测试程序）测量性能的结果。图 14-2 中将每一次微体系结构进步与没有采用这一进步的设计比较（如比较 1 微米技术下 486 和 386 以评估片上高速缓存，比较在 0.7 微米技术下的奔腾和 486 以评估超标量微体系结构）。

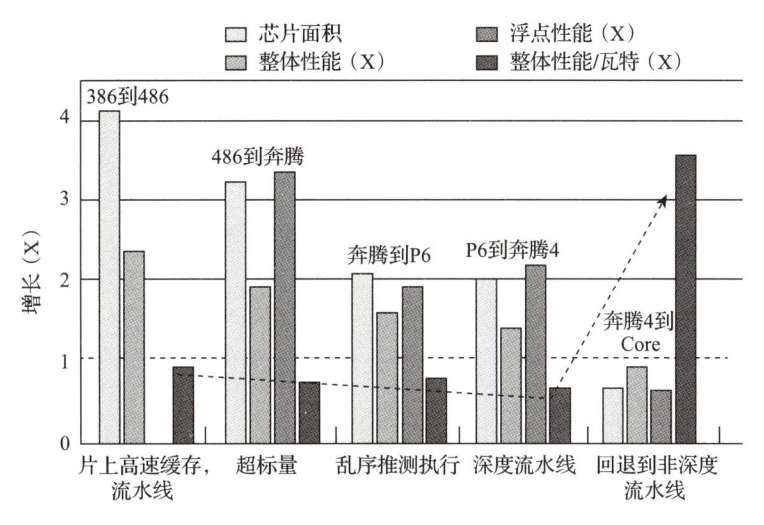

图 14-2　微体系结构的进步与能量效率

这个数据表明，片上高速缓存和流水线结构很好地使用了晶体管，在不降低能源效率的情况下提供了显著的性能提升。在这个时代，超标量和乱序体系结构以能量效率为代价提供了相当大的性能优势。在这些架构中，深度流水线设计似乎在相同的面积和功率增长下提供了最低的性能增长，因为乱序和猜测执行在能量效率方面产生了极大的成本。术语"深度流水线架构"描述了更深的流水线以及其他电路和微架构技术（如踪迹高速缓存和自复位多米诺逻辑），它们被用来实现更高的主频。从数据中可以明显看出，通过放弃这些昂贵低效的技术，恢复到非深度流水线可以获得更好的能量效率。

图 14-2 是相对 386 处理器的性能进行标准化的，486 相对 386 增加了片上高速缓存、流水线，奔腾相对 486 增加了超标量，P6 相对奔腾增加了乱序推测执行，奔腾 4 相对 P6 增加了深度流水线，这一路下来，能量效率没有改进反而在下降，直到 Core（酷睿）回退到非深度流水线，在能量效率上首次超过 386。

当晶体管性能增加工作频率时，充分调优的系统的性能通常会增加，频率受系统其他部分的性能限制。从历史上看，微体系结构技术利用可用晶体管的增长带来了性能增加，这一经验被称为波拉克法则（Pollack's Rule）[32]，即性能增加（如果不受限于系统的其他部分）是处理器的晶体管数量或面积的平方根（参见图 14-3）。根据波拉克法则，每一代新工艺会让一个芯片上的晶体管的数量翻一番，使得新的微体系结构有 40% 的性能提升。更快的晶体管提供了额外的 40% 的性能（增加的频率），在相同的功率范围内几乎获得了两倍整体性能（根据缩放理论）。然而，在实践中，每一代都实现一个新的微体系结构是困难的，所以微体系结构的收益通常较少。在最近的微处理器中，对能量效率的更高要求使得设计者放弃了许多这样的微架构技术。

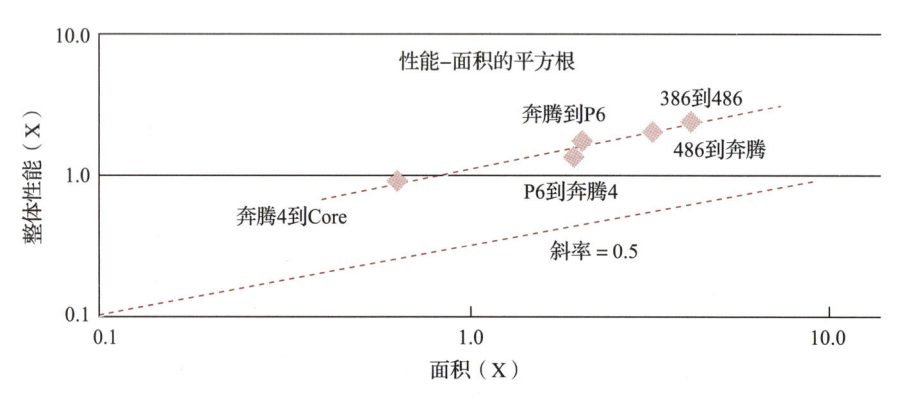

图 14-3 遵循波拉克法则，在相同的制作工艺中性能和面积的提高

为什么说：根据波拉克法则，每一代新工艺会让一个芯片上的晶体管的数量翻一番，使得新的微体系结构有 40% 的性能提升？因为，$\sqrt{2}$ 约等于 1.4。

注意，每一代新工艺，缩小了晶体管的尺寸，延迟缩短了 40%，频率提高了 40%。$(1+40\%)^2$ 约等于 2，所以每一代工艺使得性能翻一番。

由于波拉克法则广泛地捕获了几代微体系结构的面积、能耗和性能之间的权衡，因此我们将其作为经验法则来评估本文中各种场景中的单线程性能。

14.2.3 高速缓存存储架构

动态存储技术（DRAM）在过去的 40 年里也随着摩尔定律取得了显著的进步，但具有不同的特点。例如，内存密度几乎每两年就增加一倍，而性能的改善则比较缓慢（参见图 14-4a）。周期时间的较慢改进导致了可能降低系统整体性能的内存瓶颈。图 14-4b 概述了不断增长的速度差异，每次内存访问的时间从 10 个处理器周期增长到 100 个处理器周期。由于处理器时钟频率的扁平化，这个比值最近趋于平稳。如果没有得到解决，内存延迟的差距将会消除并且仍然会消除处理器改进带来的大部分好处。

这一段论述的是存储墙问题（详见本书第 10 章）。

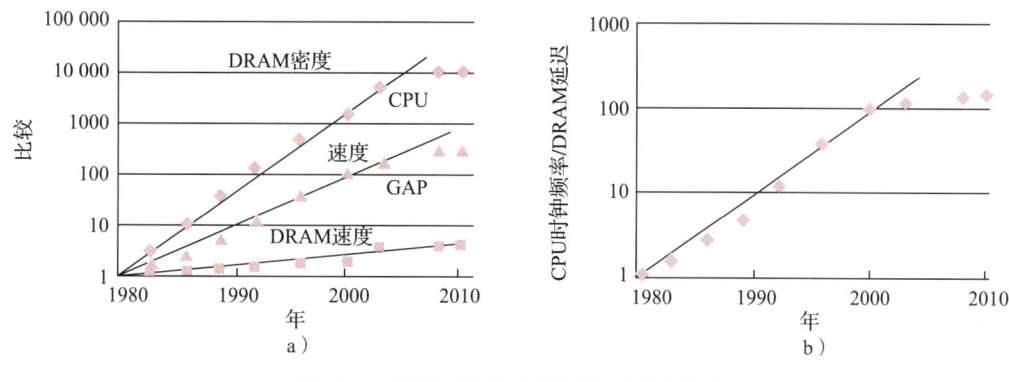

图 14-4　1980~2010 年 DRAM 密度和性能

DRAM 速度提高缓慢的原因是实践上的，而不是技术上的。认为基于电容存储的 DRAM 技术固有地较慢是一种误解；相反，为了密度和更低的成本，内存的组织被优化了，使得其较慢。DRAM 市场要求以最小的成本获得大容量，而不是速度，速度要依靠微处理器片上的小而快的高速缓存（基于数据局部性通过提供必要的带宽和的低延迟来模拟高性能存储器）。复杂而有效的存储层次结构的出现使得 DRAM 强调密度和成本而不是速度。起初，处理器使用一级高速缓存，但是，随着处理器速度的提高，引入了两到三级高速缓存层次结构来跨越处理器和内存之间不断增长的速度鸿沟[33,37]。在这些层次结构中，最低层次的高速缓存小，但足够快以匹配处理器在高带宽和低延迟方面的需求；较高层次的高速缓存的优化则是为了获得大容量和高速度。

图 14-5 概述了在过去 20 年中片上高速缓存的发展，绘制了 Intel 微处理器的片上高速缓存容量（图 14-5a）和其占整个芯片面积的百分比（图 14-5b）。一开始，高速缓存的容量增长缓慢，用于高速缓存的芯片面积减少，大部分可用的晶体管预算用于核心微架构的改进。在此期间，处理器可能是高速缓存不足的。随着能耗成为一个问题，为性能而增加高速缓存容量已证明比需要能量密集的逻辑的额外核心微架构技术具有更高的能效。因此，越来越多的晶体管预

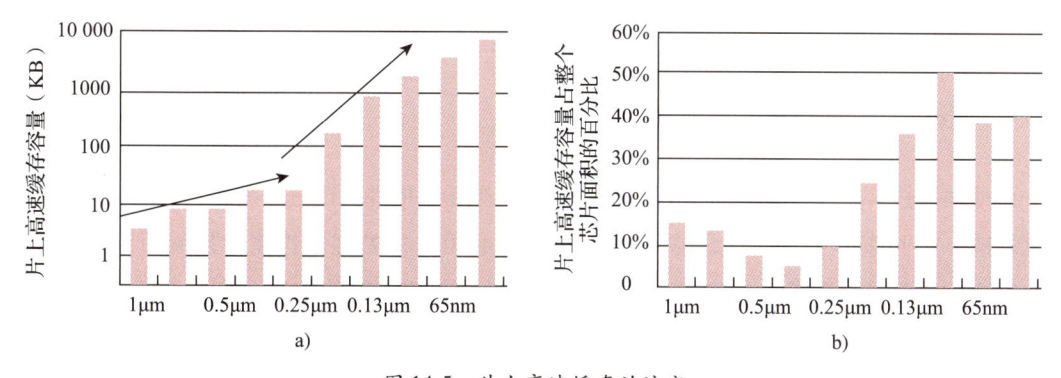

图 14-5　片上高速缓存的演变

算和芯片面积被分配给了高速缓存。

"晶体管缩小—微架构改进"周期已经持续了 20 多年，提供了 1000 倍的性能改进。这种情况将会持续多久？为了更好地理解和预测未来的性能，我们通过比较不同制作工艺上的相同微架构和新的微架构与之前的微架构，来解耦晶体管速度和微架构带来的性能增益，然后复合性能增益。

"晶体管缩小—微架构改进"（transistor-scaling-and-microarchitecture-improvement）周期，又被称为"Tick-Tock"模式，每两年中，Tick 年（工艺年）更新制作工艺，Tock 年（架构年）更新微架构。

图 14-6 将过去 20 年累计 1000 倍的英特尔微处理器性能增长划分为晶体管速度（频率）提供的性能和微架构提供的性能两部分。几乎两个数量级的性能增长是由于晶体管速度本身，现在由于后面小节描述的众多挑战而趋于平稳。

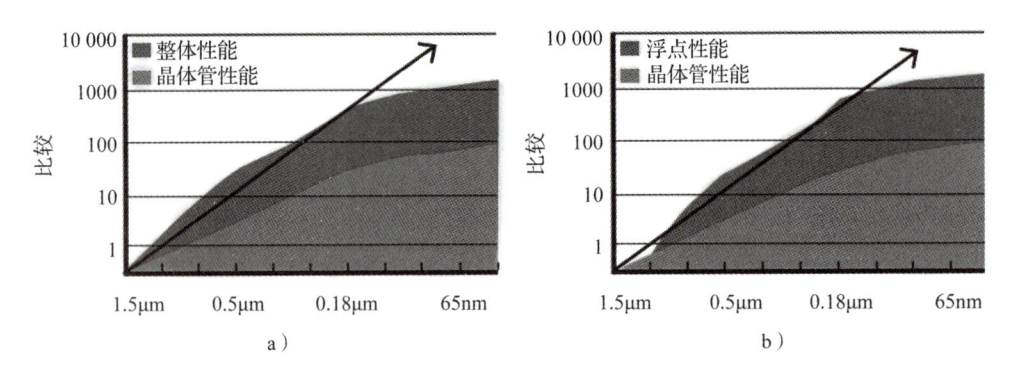

图 14-6 性能增长被划分为晶体管速度提供的性能和微架构提供的性能

从图 14-6 可以看出，在 1991～2011 年这 20 年中，性能大约有 1000 倍的提升，其中大约 100 倍是晶体管缩小做出的贡献，另外 10 倍是微架构的创新做出的贡献。

14.3　下一个 20 年

微处理器技术在过去的 20 年中已经实现了三个数量级的性能改进，因此，要继续保持这一发展轨迹，至少需要在 2020 年之前有 30 倍的性能提升。微处理器性能的扩展面临新的挑战（见表 14-1），这就排除了过去 20 年中开发的低能效微架构创新的使用。此外，芯片架构师必须面对这些挑战，因为业界一直期望在未来 10 年中提高 30 倍的性能，到 2030 年提高 1000 倍的性能（见表 14-2）。

表 14-1 工艺缩小的新挑战

晶体管缩小带来的收益减少了：
尽管不断小型化，但性能改进很小，开关能量减少很小（缩放的性能收益减少）
总能量预算没有增加：
封装功耗和移动/嵌入式计算对能效有较高需求

表 14-2 持续不断的工艺缩小

增加晶体管（在面积和体积上）密度和数量：
通过持续的特征尺寸缩小、工艺创新和封装创新
需要增加局部性和减少每次操作的带宽：
由于微处理器性能的提高，以及应用程序的数据集继续增长

密度，有线密度、面密度、体密度。

当晶体管变小时，供电电压变低，晶体管的阈值电压（当晶体管开始导通时）也变低（scale down）。但是晶体管并不是一个完美的开关，在关闭时会漏出少量的电流，随着阈值电压的降低呈指数增长。此外，晶体管集成容量的指数增长更加剧了这种效应；其结果是，有相当一部分功耗是由于漏电造成的。为了控制漏电，阈值电压不能进一步降低，实际上必须提高，这会降低晶体管性能[10]。

这一段论述了漏电功耗的问题，这是晶体管缩小的过程中面临的一个问题。长期以来，我们一直在享受晶体管缩小带来的红利，但这一演进过程不是一帆风顺的，而漏电功耗是拦路虎之一。

注意，"scale"一词在计算机系统领域经常被使用，其中"scale out"是横向扩大，"scale in"是横向缩小；"scale up"是纵向扩大，"scale down"是纵向缩小。

由于晶体管已经达到原子尺寸，光刻（lithography）和易变性（variability）给晶体管的缩小带来了进一步的挑战，影响了供电电压的降低[11]。由于供电电压降低有限，能量和功率的降低也有限，对晶体管的进一步集成产生不利影响。因此，晶体管集成能力随着尺寸的缩小将继续扩大，尽管性能和功率收益有限。芯片架构师面临的挑战是如何利用这种集成能力继续提高性能。

14.3.1 封装功耗/总能耗限制了逻辑晶体管的数量

如果芯片架构师只是增加更多的核心以充分使用晶体管集成能力，且让芯片工作在晶体管和设计可以实现的最高工作频率上，芯片的功耗将高得令人难以承受（参见图 14-7）。芯片架构师必须限制频率和核心数量以使得功耗保持在合理的范围内，但是这样做严重限制了微处理器性能的提高。

无限制发展100mm²芯片尺寸

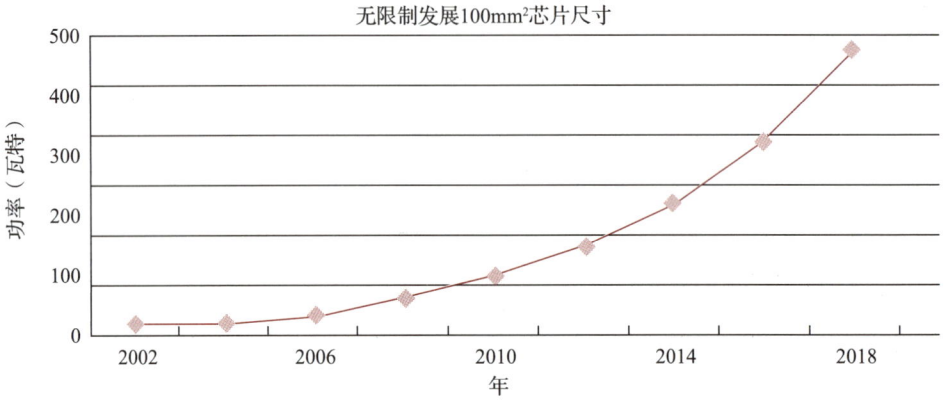

图 14-7　微处理器的无限制发展会导致过多的功耗

90/10 优化消亡，10×10 优化崛起

通常的普遍看法是建议投入最多的晶体管以应对以 90% 的频率出现的情况，目标是使用宝贵的晶体管来提高可广泛应用的单线程性能。在以缓慢的晶体管性能和能量改善为特征的新缩微体制中，将晶体管添加到单一核心通常是没有意义的，因为能量效率变差了。使用额外的晶体管来构建更多的核心只能产生有限的收益——通过线程级并行增加应用程序的性能。在这个世界中，90/10 优化不再适用。相反，使用加速器对 10% 的情况进行优化，然后对另一个 10% 的情况进行优化，然后再对另一个 10% 的情况进行优化，通常可以生成一个具有更好整体能效和性能的系统。我们将此称为 "10×10 优化"[14]，因为目标是通过一组 10% 的优化机会来努力获取性能——这是考虑晶体管成本的另一种方式，芯片运行时，10% 的晶体管活动，另外 90% 不活动，但在不同时间点上活动的 10% 不同。

历史上，由于相关的设计工作、验证和测试，以及最终的制造成本，芯片上的晶体管非常昂贵。但 20 代的摩尔定律和设计与验证方面的进步改变了这种平衡。建立一个能在能量预算范围内运行的 10% 的晶体管被优化配置的系统（一个非常适合应用的加速器）可能是正确的解决方案。10 个情况的选择是说明性的，5×5、7×7、10×10 或 12×12 架构可能适合于特定的设计。

上面以框格标出的部分有一个地方可能有误，"5×5、7×7、10×10 或 12×12" 应该是 "5×20、7×14.3、10×10 或 12×8.3"，这样才符合本意：第一个数字表示有几种情况，第二个数字表示每一种情况占多少百分比。

我们现在考虑对于合理的芯片尺寸，在给定的功率上限内所能承受的晶体管集成能力。对于普通的桌面应用程序，功率上限约为 65 瓦特，芯片尺寸约为 $100mm^2$。图 14-8 为 45nm 制作工艺节点的简单分析；x 轴是芯片上集成的逻辑晶体管的数量，而两个 y 轴是可容纳的高速缓存的容量和芯片的功耗。随着芯片上逻辑晶体管数量的增加（x 轴），高速缓存的大小减小，功耗增加。这个分析假设了在当今微处理器中逻辑和高速缓存的平均活动因子（average activity factor）。如果芯片没有集成任何逻辑，那么整个芯片可以被填充 16 MB 的高速缓存，且消耗不到 10 瓦特的功率，因为高速缓存比逻辑电路消耗更少的功率（情况 A）。另一方面，如果芯片一点也没有集成高速缓存，那么它可以集成 7500 万个晶体管用于逻辑电路，功耗接近 90 瓦特（情况 B）。对于 65 瓦特的功率，芯片可以集成 5000 万个晶体管用于逻辑电路，同时可以集成大约 6 MB 的高速缓存（情况 C）。这个设计要点与 45nm 制作工艺上的双核微处理器（Core2 Duo）是一致的，Core2 Duo 在约 $100mm^2$ 的芯片区域内集成两个核心（每个 2500 万个晶体管）和 6MB 的高速缓存。

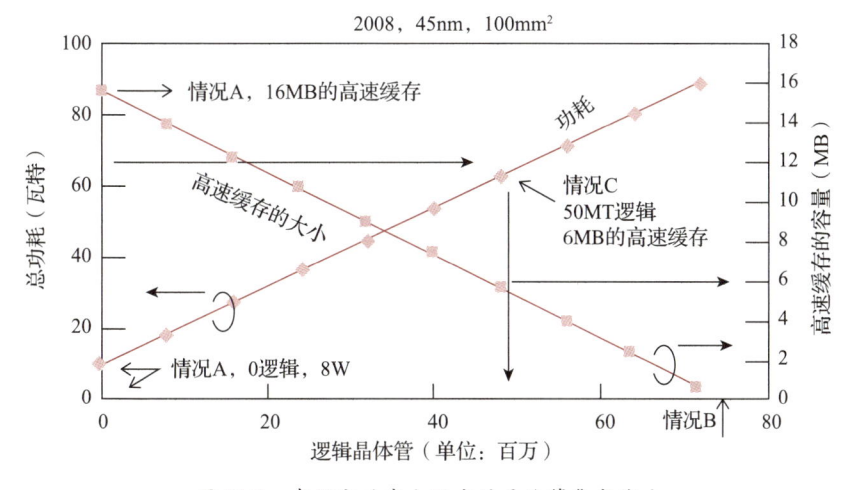

图 14-8　在固定功率上限内的晶体管集成能力

如果对未来的工艺进行这种分析，假设（我们的最佳估计）每一代频率增加 15%，供电电压降低 5%，电容降低 25%，那么结果将如表 14-1 所示。请注意，在接下来的 10 年里，我们预计晶体管总数将会按照摩尔定律增加，但逻辑晶体管只会增加 3 倍，而高速缓存晶体管则会增加 10 倍以上。应用波拉克法则，一个拥有 1.5 亿只晶体管的单处理器核心，相对于当今具有 0.25 亿只晶体管的处理器核心，将只提供 2.5 倍的微结构性能改进，远远低于我们 30 倍的目标，而 80MB 的高速缓存对于核心来说，可能过多了（见表 14-3）。

表 14-3　在固定功率上限下外推的晶体管集成能力

年份	逻辑晶体管（单位：百万）	高速缓存容量（单位：MB）
2008	50	6
2014	100	25
2018	150	80

一个微处理器的能量预算是有限的（本质上是固定的），这个现实必定使得芯片架构师思考体系结构和实现的方式产生质的转变。首先，能效是这些设计的一个关键指标。其次，与能量成比例的计算必定是硬件架构和软件应用程序设计的最终目标。当这种雄心在大型数据中心的宏观尺度计算中被注意到的时候，微处理器的微观尺度的能量比例计算的想法甚至更具挑战性。对于在有限的能量预算下运行的微处理器，能量效率直接对应于更高的性能，因此对极高的能量效率的追求是性能的最终驱动因素。

在接下来的小节中，我们概述了关键的挑战和潜在的方法。在许多情况下，这些挑战是众所周知的，也是多年来重点研究的主题。在所有的情况下，它们对于微处理器性能的未来，仍然至关重要，但也令人生畏。

14.3.2　组织逻辑：多核与定制

微处理器计算能力在历史上的度量指标是传统核心的单线程性能。许多研究人员发现，单线程性能已经趋于稳定，预计在未来几十年只会有小幅增长。多核和定制将是未来微处理器性能（整个芯片性能）的主要驱动因素。多核可以增加计算吞吐量（比如 4 个核心可以增加 1～4 倍的吞吐量），定制可以减少执行延迟。显然，这两种技术——多核和定制——都可以提高能量效率（能量效率是对计算能力的新的基本限制因素）。

1. 对于多核的选择

多核通过利用摩尔定律复制核心来增加吞吐量。如果软件没有并行性，就没有性能增益。但是，如果存在并行性，计算可以跨多个核心进行，从而提高整体的计算性能（并减少延迟）。关于如何组织这类系统的广泛研究可追溯到 20 世纪 70 年代[29,39]。

工业界已经广泛采用多核方法，引发了许多关于核心数量、每个核心的大小/功率以及它们之间如何协调的问题[6,36]。但是，如果我们使用 2500 万个晶体管的核心（大约在 2008 年），预计 2018 年 1.5 亿个逻辑晶体管的预算将带来 6 倍的潜在吞吐量改进（2 倍来源于频率，3 倍来源于增加的逻辑晶体管），远远低于我们 30 倍的目标。为了走得更远，芯片架构师必须考虑更激进的选择，即更大数量的更小的核心以及创新的方式来协调它们。

为了实现这一愿景，考虑三种可能的方法来部署 1.5 亿个逻辑晶体管，如表 14-1 所示。在

图 14-9 中，选项 a 是 6 个大核心（单线程性能良好，总的潜在吞吐量为 6）；选项 b 为 30 个较小的核心（单线程性能较低，总的潜在吞吐量为 13）；选项 c 是一种混合方法（良好的单线程性能，用于低并行度，总的潜在吞吐量为 11）。

大核心同构	
大核心吞吐量	1
小核心吞吐量	
总的吞吐量	6

a）

小核心同构	
大核心吞吐量	
小核心　波拉克法则 吞吐量　$(5/25)^{0.5}=0.45$	
总的吞吐量	13

b）

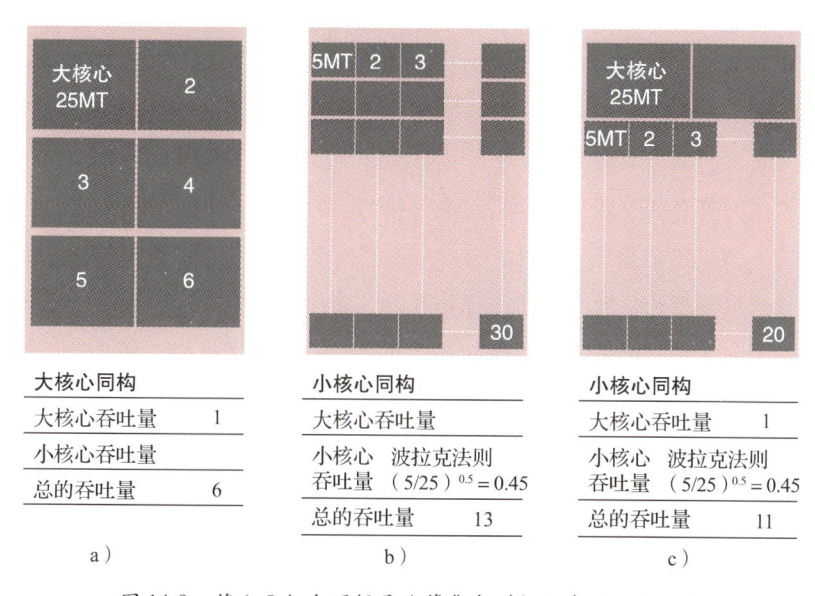

小核心同构	
大核心吞吐量	1
小核心　波拉克法则 吞吐量　$(5/25)^{0.5}=0.45$	
总的吞吐量	11

c）

图 14-9　将 1.5 亿个逻辑晶体管集成到核心中的三种方案

关于核心大小和核心数量，可能有更多的变化，而在具有一致的指令集但异构的实现的多核处理器中，相关的选择是在晶体管预算和能量上限内提高性能的一个重要部分。

我们在这里谈一谈并行处理。并行是节省时间、提高性能的一个基本方式。

为什么说基本呢？无论是经典计算机还是量子计算机，要提高性能都必须依靠并行。并行是提高性能的必然要求、必经之路。

两件事（更一般地说，是 N 件事）如果同时去做，所花费的时间就可以重叠起来，也就是可以复用起来，时间上复用起来的结果就是（相比没有复用起来的时候）时间节省了。

并行是需要物质基础的。对经典计算机来说，物质基础就是摩尔定律带来的晶体管数量的增加。对量子计算机来说，就是光子的两个正交的偏振方向、磁场中电子的自旋方向等。

如同传统计算机是通过集成电路中晶体管的通断来实现 0、1 之间的区分，量子计算机也有着自己的基本单位——量子比特（qubit），它通过量子的两态的量子力学体系来表示 0 或 1，比如光子的两个正交的偏振方向，磁场中电子的自旋方向，或核自旋的两个方向，原子中量子处在的两个不同能级，或任何量子系统的空间模式等。

这里，谈一下叠加态和纠缠态的区别。

什么是叠加态？现代量子计算机模型的核心技术便是态叠加原理，属于量子力学的一个基本原理。一个体系中，每一种可能的运动方式就被称作态。在微观体系中，量子的运动状态无法确定，呈现统计性，与宏观体系确定的运动状态相反。量子态就是微观体系的态。

经典计算机信息的基本单位是比特，比特是一种有两个状态的物理系统，用 0 与 1 表示。在量子计算机中，基本信息单位是量子比特，用两个量子态 |0⟩ 和 |1⟩ 代替经典比特状态 0 和 1。量子比特相较于经典比特来说，有不同的特点，它以两个逻辑态的叠加态的形式存在，这表示的是两个状态是 0 和 1 的相应量子态叠加。

量子计算机的并行计算是经典计算机无法比拟的。同样是一个 n 位的存储器，经典计算机存储的结果只有一个。但是量子计算机存储的结果可达 2^n，其并行计算不仅在存储容量上远超越了后者，而且读取速度快，多个读取和计算可同时进行。

量子并行计算是量子计算机能够超越经典计算机的最引人注目的先进技术。量子计算机以指数形式存储数字，通过将量子比特增至 300 个就能存储比宇宙中所有原子（约 10^{80}）还多的数字，并能同时进行运算。函数计算不通过经典循环方法，可直接通过幺正变换得到。

很多程序在经典计算机上运行为什么耗时？很多时间花费在循环的执行上。量子计算机可以并行执行经典计算机上（一般串行执行）的那些循环。

在经典计算机上，程序有三种基本结构：顺序结构、选择结构、循环结构。在量子计算机上，程序的结构和执行方式会有变化。

什么是纠缠态？当两个粒子互相纠缠时，一个粒子的行为会影响另一个粒子的状态，此现象叫作量子纠缠，与距离无关，理论上即使相隔足够远，量子纠缠现象依旧能被检测到。因此，当两粒子中的一个粒子状态发生变化，即此粒子被操作时，另一个粒子的状态也会相应地随之改变。

举个例子，父亲（A）与儿子（B）是纠缠的，当儿子出生时，父亲才产生了，在此之前没有"父亲"，关系的双方是同时产生的，与距离无关，儿子在产房出生时，父亲可以在近在咫尺的产房门外，也可以在数千公里之外。

2. 硬件定制的选择

定制包括固定功能的加速器（如媒体编解码器、加密引擎和合成引擎）、可编程加速器，甚至动态可定制逻辑（如 FPGA 和其他动态结构）。通常情况下，通过利用硬连线的或定制的计算单元，为数据移动而定制的连线/互连，以损失一般性为代价降低指令序列开销，来提高计算性能。此外，还可以定制硬件的并行度，以匹配计算的精确需求；计算只有在匹配特定的硬件结构时才能从硬件定制中受益。在某些情况下，硬连线到特定数据表示或计算算法的单元可以达到比通用的寄存器组织结构大 50~500 倍的能量效率。关于媒体编解码器和 TCP 卸载引擎的两个研究[21-22]说明了可能取得的巨大的能量效率的改进。

由于电池容量和散热限制，多年来，能量一直是智能手机片上系统（System-on-a-Chip，SoC）计算能力的基本限制因素。如图 14-10 所示，这样的 SoC 可能包含多达 10 个到 20 个加速器，以实现能源效率和性能的更好平衡。这个示例还包括图形、媒体、图像和加密加速器，以及对收音机和数字信号处理的支持。可以想象，这些块中的一个可以是动态可编程的元件（例如 FPGA 或软件可编程处理器）。

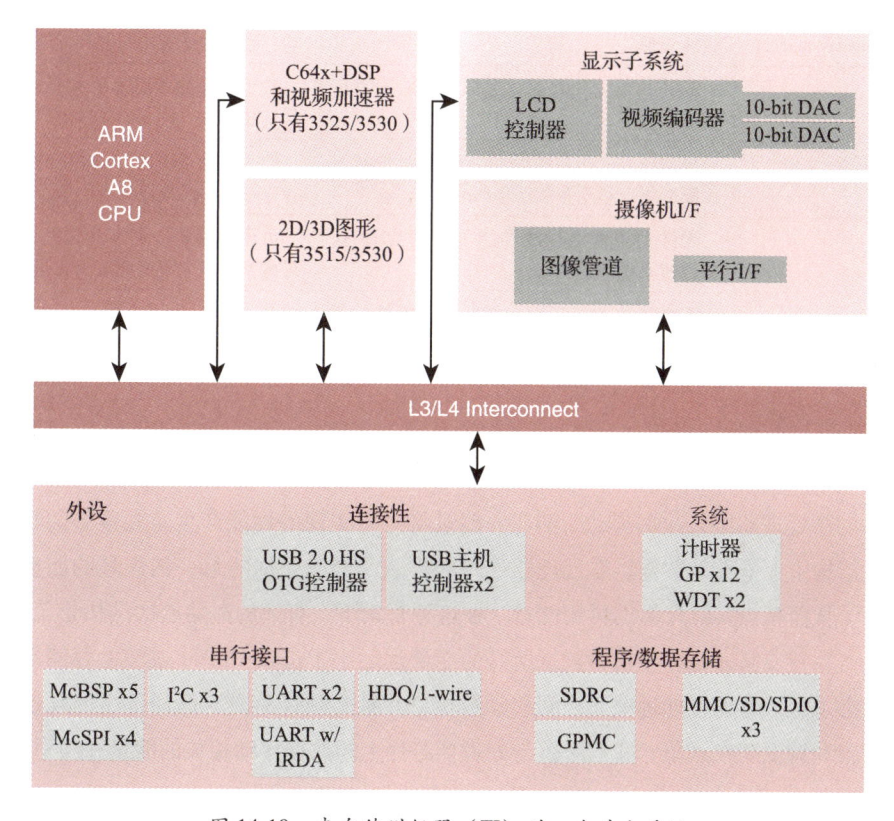

图 14-10　来自德州仪器（TI）的一个片上系统

另一种定制方法是限制可以有效执行的并行性类型，使能更简单的核心、协调和内存结构；例如，许多 CPU 通过限制单指令多数据或向量（SIMD）结构中的内存访问结构和控制灵活性来提高能效[1-2]，而 GPU 鼓励程序去表达可对齐并有效执行的结构化线程集[26,30]。这种对齐减少了并行协调和内存访问的成本，当应用程序可以用兼容的并行结构表示时，可以使用大量的核心和高峰值性能。一些微处理器制造商已经宣布了集成 CPU 和 GPU 的未来主流产品。

为提高能量效率或计算效率而进行定制是一项长期存在的技术，但是微处理器单线程性能的持续改进，减缓了定制被广泛采用的步伐。软件应用程序的开发人员没有多少动力去定制加速器，因为加速器可能只在该领域的一小部分机器上可用，而且在这方面的性能优势可能很快就会被传统微处理器的进步所超越。随着单线程性能改进放缓，情况发生了显著变化，对于许多应用程序，加速器可能是达到较高的性能效率或能量效率的唯一途径（见表 14-4），但是这些软件定制是困难的，特别是对大型程序来说（请参见 "90/10 优化消亡，10×10 优化崛起"）。

表 14-4　逻辑组织结构的挑战、趋势和方向

挑战	短期的	长期的
一体化（integration）和存储模型（memory model）	基于 I/O 的交互，共享存储空间，显式一致性管理	异构内核之间的智能的自动的数据移动，通过软硬件协同进行管理
软件透明性	显式的划分和映射，虚拟化，应用程序管理	基于硬件的状态适配和通过软硬件协同实现管理
低功耗核心	异构核心、向量扩展和类似 GPU 的技术以降低指令移动和数据移动的成本	核心内更深的显式的存储层次结构；在寄存器中的集成计算
能量管理	硬件动态电压缩放和智能自适应管理，软件核心选择和调度	可预测的核心调度和选择，以优化能量效率并最大限度地减少数据移动
加速器多样性	正在增加的多样性，面向特定领域的基于库的封装（如 DX 和 OpenCL）	已收敛的几种应用类别中的加速器，正在增加的加速器的开放可编程性

14.3.3　精心编排数据移动：存储层次结构和互连

在未来的微处理器中，数据移动所消耗的能量将对可实现的性能产生至关重要的影响。用于在存储层次结构中上下移动数据、在处理器之间同步以及交流数据的每一纳焦耳的能量都会占用有限的预算，从而减少实际计算的可用能量。在这种背景下，有效的存储层次结构是至关重要的，因为从本地寄存器或高速缓存中检索数据所需的能量远远小于进入 DRAM 或辅助存储器所需的能量。此外，必须有效率地在处理单元之间移动数据，并且必须针对具有高局部性的互连网络来优化任务的放置和调度。在这里，我们考察与处理器芯片上的数据移动相关的能量和功率。

实际计算的能量是计算部件本身消耗的能量，其他的消耗（比如用于在存储层次结构中上下移动数据、在处理器之间同步以及交流数据）都是额外的、辅助的。

今天的处理器性能大约是每秒 100G 个操作，如果在未来 10 年增加 30 倍，这一性能将增加到每秒 3T 个操作。至少，这一提升需要每秒将 9T 个操作数或 $64b \times 9T$（或 576T 个位）从寄存器或内存移动到算术逻辑，这需要消耗能量。

图 14-11a 描述了在片上移动一位数据时典型的线延迟和消耗的能量。如果操作数平均移动 1mm（芯片尺寸的 10%），那么以 0.1pJ/bit 的速率，576T bit/s 的移动消耗了约 58 瓦特的能量，几乎没有剩余能量用于计算。如果大部分操作数都保存在执行单元的本地（例如寄存器文件

中），数据移动将远小于1mm，比如只有约0.1mm，那么功耗只有6瓦特左右，这就为计算提供了充足的能量预算。

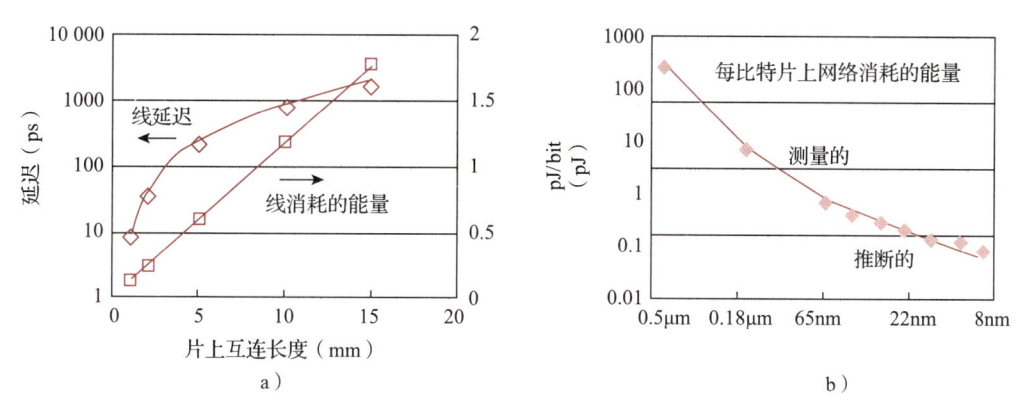

图 14-11 片上互连延迟和能量（45nm）

请注意晶片（die）、晶圆（wafer）、芯片（chip）之间的联系与区别。晶片是从硅晶圆上用激光切割而成的小片，是芯片还未封装前的晶粒。晶圆是制作硅半导体所用的硅片，形状是圆形，尺寸为6英寸、8英寸、12英寸等。芯片是对晶圆经过切割、测试后将完好稳定的晶片取下后封装而成的集成电路元件。

数据移动不是计算本身，但是计算的前提。

数据移动本身需要功耗，具体的功耗值大小与移动的距离、数据量有关。存内计算（存算一体化）是缩短数据移动距离的方法之一。

众核系统中的核心通常通过片上网络连接起来，以便在核心之间移动数据[40]。在这里，我们考察这样一个网络对功率消耗的影响。图 14-11b 显示在这样一个网络（在历史上的网络中测量，并从之前假设推断未来的情况）中移动一比特跨越一跳所消耗的能量。如果只有10%的操作数在网络上移动，平均要经过10跳，那么以0.06pJ/bit的消耗来计算，网络功率将是35瓦特，占了处理器功率预算的一半以上。

本书第6章所述的多高速缓存系统中的一致性问题，就是论述如何减少处理器之间通信的流量。处理器之间通信的流量产生的功耗，并不是真正用于计算的功耗，而是计算的辅助开销或代价；从系统优化设计的角度，总是期望辅助开销或代价尽可能小。

随着计算的能量成本通过电压伸缩（将在后面描述）降低，强调计算吞吐量，数据移动的成本开始占据主导地位。因此，必须尽可能地将数据保存在本地，从而限制数据的移动。这一限制还意味着本地存储（例如寄存器文件）的大小必须大幅增加。这种增加与寄存器文件小因而快的传统思想是相悖的。随着电压的降低，操作的频率会降低，所以以牺牲速度为代价来增加本地存储器的大小是有道理的。

另一个与传统思想有根本偏离的是片上互连网络的作用。最近的并行机设计已经被包交换所主导，因此多核网络采用了这种能量密集型的方法。在未来，这些网络上的数据移动必须受到限制，以节约能量，更重要的是，由于本地存储数据带宽很大，对网络的需求将会减少。根据这些发现，片上网络（Network-on-a-Chip，NoC）架构需要革命性的方法（如混合的包/电路交换[4]）。

许多较早期的并行机使用不规则的电路交换网络[31,41]；图 14-12 描述了片上互连回归到混合交换网络。近距离的小核心可以通过传统的总线互连成集群，在短距离的数据移动中非常节能。取决于距离，集群之间可以通过宽的（高带宽）、低摆幅的（低能量）总线，或通过包交换或电路交换网络进行连接。因此，片上网络可以是层次化的和异构的，这与传统的并行机器方法有很大的不同（见表 14-5）。

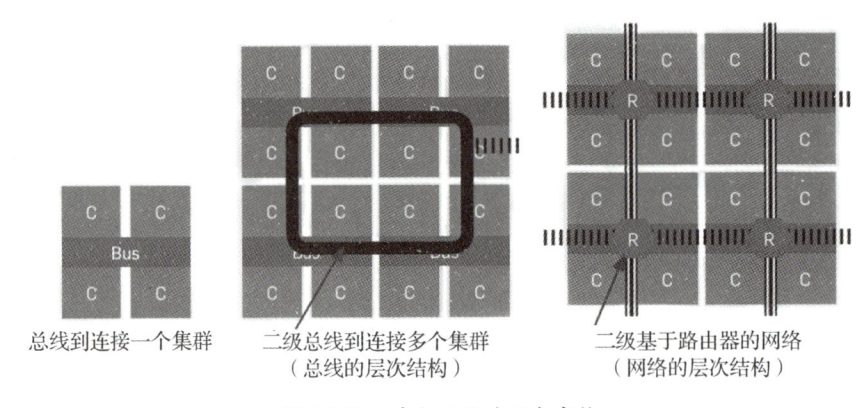

总线到连接一个集群　　二级总线到连接多个集群　　二级基于路由器的网络
　　　　　　　　　　　　（总线的层次结构）　　　　　（网络的层次结构）

图 14-12　片上网络的混合交换

表 14-5　数据移动的挑战、趋势和方向

挑战	短期的	长期的
并行性	并行性增加	异构并行性和定制，硬件/运行时放置，迁移，为了局部性和负载均衡而做的适配
数据移动/局部性	更复杂、更透明的层次结构；用于对数据移动和"侦听"进行控制的新抽象	新的存储抽象和机制，用于以较低的编程工作量和功耗进行有效的跨层数据局部性管理
弹性	更积极地降低能耗；通过恢复补偿弹性	激进的新存储技术（新物理学）和弹性技术
与能量成比例的通信	数据包网络中的细粒度功耗管理	利用宽数据、慢时钟和基于电路的技术
降低功耗	低功耗地址翻译	高效的多级命名和存储层次结构管理

对于层次化的和异构的片上网络，通常存在大量机遇，可以挖掘数据访问的局部性。

微处理器架构师的角色必须从处理器核心扩展到芯片上的整个平台,除了优化处理器核心,还要优化网络和其他子系统。

14.3.4 挑战极限:极限电路、变异性、弹性

我们的分析表明,在功率受限的场景中,由于能量,到 2018 年,我们只能负担得起 1.5 亿个用于处理器核心的逻辑晶体管和 80MB 的高速缓存。请注意,80MB 的高速缓存对于这个系统来说是不必要的,而且如果可以使用高速缓存功耗密度(比逻辑的功耗密度小 10 倍)来构建处理器核心,那么可以利用"高速缓存 – 晶体管"预算的很大一部分来集成更多的核心。这种方法可以通过激进地降低电源电压来实现[25]。

这一段提到 80MB 的片上高速缓存是不必要的,也就是没有被充分利用。注意到本书 10.6 节提到类似的观点。

图 14-13 概述了供电电压降低的有效性(当芯片被设计降低供电电压)。当供电电压降低时,频率也降低,但能量效率提高了。当供电电压一直降低到晶体管的阈值电压时,能量效率提高了一个数量级。在大核上使用这种技术会显著降低单线程性能,因此不建议使用。但是,用于获得吞吐量的小核心将肯定从中受益。此外,未使用的高速缓存对应的晶体管预算可以被用来集成更多的核心(以高速缓存的功率密度)。激进的电压降低提供了一个途径,利用未使用的晶体管集成能力来为逻辑提供更高性能。

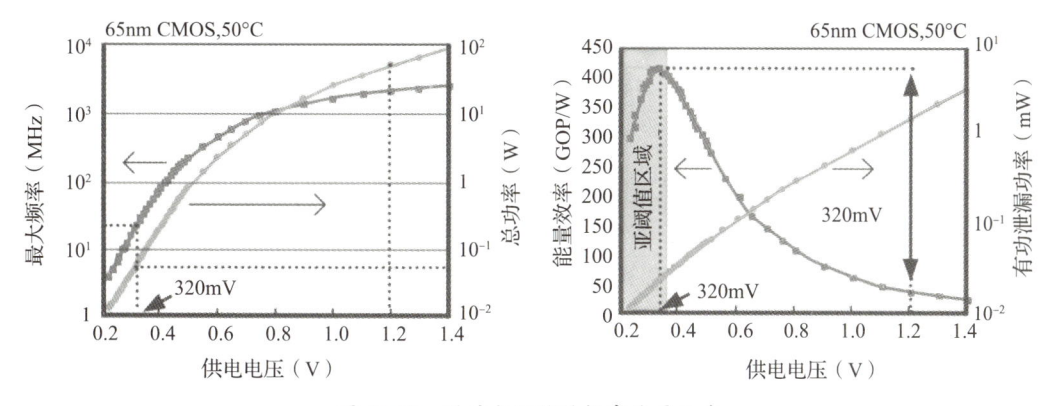

图 14-13 通过电压缩放提高能量效率

激进的电源电压伸缩伴随着它自身的挑战(比如电压变化)。当电源电压降低到晶体管的阈值电压时,变化性的影响更大,因为电路的速度与净驱动电压(电源电压减去阈值电压)成正比。此外,当电源电压接近阈值电压时,阈值电压的任何微小变化都会影响电路的速度。因

此，阈值电压的变化表现为处理器核心的速度的变化，处理器核心中最慢的电路的频率决定了处理器核心的频率，一个大的处理器核心更容易因为电压的变化而具有较低的频率。另一方面，大量的小核具有较好的快速和慢速小核分布，并且能够更好地消除电压变化的影响。接下来，我们将讨论一个示例系统，该系统是耐变化的、高能效的、与能源成比例的、细粒度的功耗管理系统。

假设的异构处理器（参见图14-14）包括少量的大核以实现单线程性能，以及许多小核以实现吞吐量性能。任何给定的核心的供电电压和频率都是单独控制的，使得总功耗不超过功率上限。为了提高能效，许多小核以较低的电压和频率运行，而一些小核接近阈值电压以较低的频率运行，具有更高的能效，一些核心可能会被完全关闭。时钟频率不必是连续的；步长（以2为幂）保持系统的同步和简单，而不影响性能，同时也解决了容忍变化的问题。调度器动态监视工作负载，将系统配置为适当的核心组合，并将工作负载调度到合适的核心上进行与能量成比例的计算。结合异构性、激进的电源电压伸缩和细粒度的功率（能量）管理，可以利用更大比例的晶体管集成能力，更接近于将计算性能提高30倍的目标（参见表14-6）。

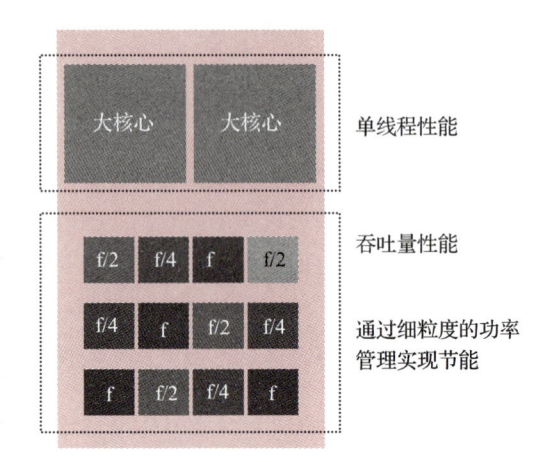

图 14-14 具有变化的异构多核系统

表 14-6 电路的挑战、趋势和方向

挑战	短期的	长期的
功率效率和能量效率	连续动态电压和频率伸缩，电源门控，无功管理	离散动态电压和频率缩放，近阈值操作，主动细粒度功率和能源管理
变化	零件的速度焊合，矫正阀体偏差或电源电压变化，更严格的过程控制	根据速度动态重配置众核
逐渐的、暂时性的、间歇性的以及永久性的故障	保护带，成品率损失，核心节约，可制造性设计	适应力与软硬件协同设计，动态现场检测，诊断，重新配置和修复，适应性和自我判断

14.3.5 软件挑战重现：可编程性与效率

单线程性能扩展的结束已经意味着重大的软件挑战；例如，向对称并行的转变可能已经造成了计算历史上最大的软件挑战[12,15]，我们预计未来对能量效率的压力将导致异构核心和加速器的广泛使用，会进一步加剧软件挑战。幸运的是，在过去的十年里，人们越来越多地采用基于先进的解释和编译技术的高级"生产力"语言[20,34,35]，以及越来越多地使用动态翻译技术。我们预计这些趋势将继续下去，更高级的编程、通过库进行广泛的定制以及复杂的自动性能搜索技术（如自动调优技术）将变得更加重要。

注意，上面这一段提到的文献［20，34，35］所提到的语言是 Java、C#、Ruby。在 2022 年，一些解释性语言如 Python 或 R 处于编程语言流行度排行榜的前几位，它们都属于"生产力"语言。上面的预测在过去 10 年中确实成立。

极端研究[27,38]表明，激进的高性能和极端节能系统可能会走得更远，避免软件工程师已经开始采用的可编程特性的开销；例如，这些未来的系统可以放弃对单个水平地址空间（通常在地址处理/计算上浪费能量）、单存储层次结构（一致性和监视能量开销）和稳定的执行速率（适应可用的能量预算）的硬件支持。这些系统将把更多的这些组件置于软件控制之下，依靠日益复杂的软件工具来管理硬件边界和不规则性，从而提高能量效率。在极端情况下，高性能计算和嵌入式应用程序甚至可以显式地管理这些复杂性。我们在这里讨论的大多数架构特性和技术都将计算和数据在微处理器的计算和存储单元之间分配的责任转移到了软件上。责任的转移提高了潜在的可实现的能量效率，但是实现它依赖于应用程序、编译器和运行时以及操作系统的重大进步，以理解甚至预测应用程序和工作负载行为。然而，这些进步需要根本性的研究突破和软件实践的重大变革（见表 14-7）。

表 14-7 软件的挑战、趋势和方向

挑战	短期的	长期的
1000 倍软件并行度	数据并行语言和操作符、库和基于工具的方法的"映射"	新的高级语言，组合的和确定性的框架
高能效的数据移动和局部性	手动控制、剖析，逐渐成熟到自动化技术（自动调优、优化）	新的算法、语言、程序分析、运行时和硬件技术
能量管理	自动细粒度硬件管理	自我感知的运行时和应用程序级技术，以利用架构特性实现可见性和控制
弹性	算法、应用软件方法、自适应检查和恢复	新的软硬件协同，以最大限度地减少检查和重新计算的能量

14.4 结论

过去的 20 年确实是摩尔定律和微处理器性能的黄金时代，晶体管密度、速度和能量的显著改善，加上微架构和存储层次技术，使微处理器性能提高了 1000 倍。接下来的 20 年是美好的新时代，但随着进步的继续，也会更加困难，摩尔定律将会产生晶体管密度的持续改善，但晶体管速度和能量的改善相对较小。因此，运算频率将增加得缓慢。能量将是性能的关键限制因素，这将迫使处理器设计使用具有异构核心的大规模并行性，或者几个大核和大量小核，其中小核在低频率、低电压、接近阈值的情况下运行。积极使用定制的加速器将在许多应用上产生最高的性能和最大的能量效率。高效的数据编排将变得越来越重要，它将演变成更高效的存储层次结构和为局部性定制的新型互连，这些互连依赖复杂的软件来放置计算和数据，从而减少数据移动。其目标是在尽可能低的能量水平上实现最纯粹的与能量成比例的计算。计算和通信硬件的异构性对于优化与能量成比例的计算的性能和应对易变性至关重要。最后，编程系统必须理解这些限制并提供工具和环境来获得性能。

这一段具有高度的概括性。这一段的判断是在 2011 年做出的，第二句指出 2011～2030 年这 20 年将比 1991～2010 年这 20 年更困难，原因在于摩尔定律出了问题："摩尔定律将会产生晶体管密度的持续改善，但晶体管速度和能量的改善相对较小"。在 2011 年做出这样表述是可以的，实际上到了 2023 年，晶体管密度的持续改善也变得更加困难。

如何看未来体系结构的发展趋势？我们知道有这样一个基本原理，"物质决定意识，经济基础决定上层建筑""意识对物质有反作用，上层建筑对经济基础有反作用"，晶体管密度、速度、能量是物质基础、经济基础，体系结构和软件是"意识"和"上层建筑"。晶体管密度、速度、能量具有基础性的作用，所以精密制造工艺是非常重要的，也因此成为卡脖子技术之一。

但是，要看到"意识对物质有反作用，上层建筑对经济基础有反作用"，体系结构创新可以更充分利用既定物质基础，例如 3D 封装、小芯片（chiplet）、多模块技术都是对资源的再组合或再安排。软件是体系结构向上层的自然延伸。体系结构、软件都属于上层建筑。需要看到，软件层已经比较厚且有加厚的趋势，除了应用程序，还包括编译器和运行时以及操作系统，形成了很深的软件栈（software stack）。软件栈里面的性能问题很多，优化机遇也很多。

未来要在经济基础和上层建筑两个方面同时发力，而且越来越多地要倚重后者，同时要充分发掘经济基础和上层建筑之间协同方面的尚未利用的空间。物理学家理查德·P. 费曼（Richard P. Feynman）在 1992 年曾发表过一篇文章 "There's Plenty of Room at the Bottom"，2020 年 6 月 Science 一篇文章与之对称，"There's plenty of room at the Top：What will drive computer performance after Moore's law？"。

虽然没有人可以准确预测硅 CMOS 缩小何时停止，对未来的缩小机制，许多电气工程师已经开始探索新类型的开关和材料（如复合半导体、碳纳米管和石墨烯）有与硅 CMOS 不同的性能和伸缩特性，造成了新的设计和制造的挑战。然而，所有这些技术都处于起步阶段，未来 10 年可能还无法取代硅，但随着晶体管持续缩小，它们将面临同样的挑战。量子电子学（如量子点）甚至更遥远，当它被实现时，将反映它自己的主要挑战，且具有新的关于计算、架构、制造、易变性和容错的模型。

由于未来的赢家还远未明朗，现在就预测某种形式的缩小（或许是能量）是否将继续下去，或者将不会有任何缩小，还为时过早。处理器设计今天所面临的晶体管缩小的黄金时代帮助我们为这些新挑战做好准备。此外，与那些替代技术所带来的挑战相比，处理器设计在未来10年所面临的挑战将是微不足道的，这使得今天的挑战成为为未来挑战而做的热身运动。

参考文献

[1] Advanced Vector Extensions. Intel；http：//en. wikipedia. org/wiki/Advanced_Vector_Extensions.

[2] AltiVec，Apple，IBM，Freescale；http：//en. wikipedia. org/wiki/AltiVec.

[3] Amdahl，G. Validity of the single-processor approach to achieving large-scale computing capability. AFIPS Joint Computer Conference（Apr. 1967），483-485.

[4] Anders，M. et al. A 4. 1Tb/s bisection-bandwidth 560Gb/s/W streaming circuit-switched 8x8 mesh network-on-chip in 45nm CMOS. International Solid State Circuits Conference（Feb. 2010）.

[5] Barroso，L. A. and Hölzle，U. The case for energy-proportional computing. IEEE Computer 40，12（Dec. 2007）.

[6] Bell，S. et. al. TILE64 processor：A 64-core SoC with mesh interconnect. IEEE International Solid-State Circuits Conference（2008）.

[7] Bienia，C. et. al. The PARSEC benchmark suite：Characterization and architectural implications. The 17th International Symposium on Parallel Architectures and Compilation Techniques（2008）.

[8] Blumrich，M. et. al. Design and Analysis of the Blue Gene/L Torus Interconnection Network. IBM Research Report，2003.

[9] Borkar，S. Designing reliable systems from unreliable components：The challenges of transistor variability and degradation. IEEE Micro 25，6（Nov. -Dec. 2005）.

[10] Borkar，S. Design challenges of technology scaling. IEEE Micro 19，4（July-Aug. 1999）.

[11] Borkar，S. et al. Parameter variations and impact on circuits and microarchitecture. The 40th Annual Design Automation Conference（2003）.

[12] Catanzaro，B. et. al. Ubiquitous parallel computing from Berkeley，Illinois，and Stanford. IEEE Micro 30，2（2010）.

[13] Cray，Inc. Chapel Language Specification. Seattle，WA，2010；http：//chapel. cray. com/spec/spec-0. 795. pdf.

[14] Chien，A. 10x10：A general-purpose architectural approach to heterogeneity and energy efficien-

cy. The Third Workshop on Emerging Parallel Architectures at the International Conference on Computational Science (June 2011).

[15] Chien, A. Pervasive parallel computing: An historic opportunity for innovation in programming and architecture. ACM Principles and Practice of Parallel Programming (2007).

[16] Cooper, B. et al. Benchmarking cloud serving systems with YCSB. ACM Symposium on Cloud Computing (June 2010).

[17] Dennard, R. et al. Design of ion-implanted MOSFETs with very small physical dimensions. IEEE Journal of Solid State Circuits SC-9, 5 (Oct. 1974), 256-268.

[18] Fatahalian, K. et al. Sequoia: Programming the memory hierarchy. ACM/IEEE Conference on Supercomputing (Nov. 2006).

[19] Flinn, J. et al. Managing battery lifetime with energy-aware adaptation. ACM Transactions on Computer Systems 22, 2 (May 2004).

[20] Gosling, J. et al. The Java Language Specification, Third Edition. Addison-Wesley, 2005.

[21] Hameed, R. et al. Understanding sources of inefficiency in general-purpose chips. International Symposium on Computer Architecture (2010).

[22] Hoskote, Y. et al. A TCP offload accelerator for 10Gb/s Ethernet in 90-nm CMOS. IEEE Journal of Solid-State Circuits 38, 11 (Nov. 2003).

[23] International Technology Roadmap for Semiconductors, 2009; http://www.itrs.net/Links/2009ITRS/Home2009.htm.

[24] Karamcheti, V. et al. Comparison of architectural support for messaging in the TMC CM-5 and Cray T3D. International Symposium on Computer Architecture (1995).

[25] Kaul, H. et al. A 320mV 56W 411GOPS/Watt ultra-low-voltage motion-estimation accelerator in 65nm CMOS. IEEE Journal of Solid-State Circuits 44, 1 (Jan. 2009).

[26] The Khronos Group. OpenCL, the Open Standard for Heterogeneous Parallel Programming, Feb. 2009; http://www.khronos.org/opencl/.

[27] Kogge, P. et al. Exascale Computing Study: Technology Challenges in Achieving an Exascale System; http://users.ece.gatech.edu/mrichard/ExascaleComputingStudyReports/exascale_final_report_100208.pdf.

[28] Mazor, S. The history of microcomputer-invention and evolution. Proceedings of the IEEE 83, 12 (Dec. 1995).

[29] Noguchi, K., Ohnishi, I., and Morita, H. Design considerations for a heterogeneous tightly coupled multiprocessor system. AFIPS National Computer Conference (1975).

[30] Nvidia Corp. CUDA Programming Guide Version 2.0, June 2008; http://www.nvidia.com/object/cuda_home_new.html.

[31] Pfister, G. et al. The research parallel processor prototype (RP3): Introduction and architecture. International Conference on Parallel Processing (Aug. 1985).

[32] Pollack, F. Pollack's Rule of Thumb for Microprocessor Performance and Area; http://en.wikipedia.org/wiki/Pollack's_Rule.

[33] Przybylski, S. A. et al. Characteristics of performance-optimal multi-level cache hierarchies. International Symposium on Computer Architecture (June 1989).

[34] Richter, J. The CLR Via C#, Second Edition, 1997.

[35] Ruby Documentation Project. Programming Ruby: The Pragmatic Programmer's Guide; http://www.ruby-doc.org/docs/ProgrammingRuby/.

[36] Seiler, L. et al. Larrabee: Many-core x86 architecture for visual computing. ACM Transactions on Graphics 27, 3 (Aug. 2008).

[37] Strecker, W. Transient behavior of cache memories. ACM Transactions on Computer Systems 1, 4 (Nov. 1983).

[38] Sarkar, V. et al. Exascale Software Study: Software Challenges in Extreme-Scale Systems; http://users.ece.gatech.edu/mrichard/ExascaleComputingStudyReports/ECSS%20report%20101909.pdf.

[39] Tartar, J. Multiprocessor hardware: An architectural overview. ACM Annual Conference (1980).

[40] Weingold, E. et al. Baring it all to software: Raw machines. IEEE Computer 30, 9 (Sep. 1997).

[41] Wulf, W. and Bell, C. G. C. mmp: A multi-miniprocessor. AFIPS Joint Computer Conferences (Dec. 1972).

思考题

1. 这篇文章写于 2011 年，其中的结论在今日是否仍然适用？
2. 比较本书第 13、14 章的两篇文章，指出两者的异同，并分别说明背后的原因。
3. 在读完本书的基础上，思考：在今日看，微处理器的未来是什么？ 或者说，将具有哪些可以预见的特点？

术语汉英对照

阿姆达尔定律（Amdahl's law）
包交换（packet-switching）
波拉克法则（Pollack's Rule）
猜想（conjecture）
差分分析机（differential analyser）
超大规模集成电路（Vary Large Scale Integrated circuits，VLSI）
超级计算机（supercomputer）
乘法器（multiplier）
程序计数器（program counter）
程序状态字（Program Status Word，PSW）
惩罚（punishments）
除法（divider）
触发器（flip-flops）
触发器（trigger）
纯智力领域（purely intellectual fields）
磁盘密度第一定律（First law in Disk Density）
存储墙（memory wall）
代码紧致性（code compaction）
代数数（algebraic number）
单芯片计算机（single-chip computers）
电流（current）
电势（electrical potential）
电势（potential）
定制化硬件（application-customized hardware）
短码（short code）

对角线方法（diagonal process）
多高速缓存系统（multicache system）
二进制到十进制转换（binary-to-decimal conversion）
二进制小数点（binary point）
分立元件（discrete component）
分支预测（branch prediction）
复杂指令集计算机（Complex Instruction Set Computer，CISC）
感官知觉（extra-sensory perception）
高等动物（higher animal）
高速缓存（cache）
哥白尼理论（Copernican theory）
格罗希定律（Grosch's law）
工程经验（engineering experience）
工艺（technology）
光刻（lithography）
硅（silicon）
过程（procedure）
函数（functions）
合成引擎（compositing engine）
合式公式（well-formed-formula，W. F. F.）
机器均衡（machine balance）
机器失衡（machine imbalance）
激励（stimuli）
集成电路（integrated circuit）

集料（aggregates）
记忆器官（memory organ）
寄生性流量（parasitic traffic）
加法器（adder）
加密引擎（cryptography engine）
减法器（subtracter）
奖励（rewards）
晶体管（transistor）
精简指令集计算机（Reduced Instruction Set Computer，RISC）
巨型机（mainframe）
科学归纳原理（the principle of scientific induction）
可定义的数（definable number）
可计算收敛（Computable Convergence）
可计算数（computable numbers）
可靠性（reliability）
可塑性（plasticity）
控制序列点（control sequence points）
离散状态机（discrete state machine）
连续机器（continuous machine）
良品率（yield）
流水线（pipelining）
乱序执行（out-of-order execution）
逻辑深度（logical depth）
媒体编解码器（media codecs）
门（gate）
模拟机器（analog machine）
摩尔定律（Moore's law）
能动器官（active organ）
能量效率/能效（energy efficiency）
逆向工程（reverse engineering）

片上网络（Network-on-a-Chip，NoC）
片上系统（System-on-a-Chip，SoC）
平衡（balance）
平均故障间隔（Mean Time To Failure，MTTF）
千里眼（clairvoyance）
乔伊定律（Joy's law）
全微分方程组（systems of total differential equations）
染色体（chromosomes）
设计替代方案（design alternative）
砷化镓（gallium arsenide）
深度流水线架构（deep pipelined architecture）
神经元（neuron）
生产性流量（productive traffic）
十进制到二进制转换（decimal-to-binary conversion）
十进制小数点（decimal point）
石墨烯（graphene）
示意图（schematic picture）
事实标准（de facto standard）
数据流（data flow）
数理逻辑（mathematical logic）
数字机器（digital machine）
思维状态（state of mind）
算术深度（arithmetical depth）
算术四则（four species of arithmetic）
随机数生成器（random number generator）
孙倪定律（Sun-Ni's law）
碳纳米管（carbon nanotubes）
同步（synchronism）
同步设备（synchronous device）
同构并行性（homogeneous parallelism）

推测执行（speculation）
完备集合（complete set）
微处理器（microprocessor）
唯我论（solipsism）
谓词（predicates）
希尔伯特的判定性问题（Hilbertian Entscheidungsproblem）
先知（precognition）
显式的处理（explicit treatment）
现场可编程逻辑阵列（Field Programable Logic Array，FPLA）
向上兼容性（upward compatibility）
小规模集成电路（Small Scale Integrated circuits，SSI）
小型化（miniaturization）
心灵感应（telepathy）
行为规律（laws of behaviour）

行为规则（rules of conduct）
性能（performance）
虚拟机（Virtual Machine）
虚拟机监控器（Virtual Machine Monitor，VMM）
寻址模式（addressing modes）
一般过程（general process）
异构性（heterogeneity）
意念移物（psychokinesis）
硬连线的（hardwired）
与能量成比例的计算（energy-proportional computing）
语言（language）
元件（element）
真空管（vacuum tube）
指数函数（exponential function）
转换（conversion）
自动机（automaton）

参考文献

[1] HILL M D, JOUPPI N P, SOHI G S. Readings in computer architecture [M]. San Francisco: Morgan Kaufman Publisher, 2000.

[2] HENNESSY J L, PATTERSON D A. Computer architecture: a quantitative approach [M]. 6th ed. San Francisco: Morgan Kaufman Publisher, 2019.

[3] CULLER D E, SINGH J P, GUPTA A. Parallel computer architecture: a hardware/software approach [M]. San Francisco: Morgan Kaufman Publisher, 1998.

[4] PEZOLD C. 图灵的秘密: 他的生平、思想及论文解读 [M]. 杨卫东, 朱皓, 等译. 北京: 人民邮电出版社, 2012.

[5] BERNHARDT C. Turing's vision: The birth of computer science [M]. Cambridge: The MIT Press, 2016.

[6] VON NEUMANN J. The computer and the brain [M]. New Haven: Yale University Press, 1958.

[7] VON NEUMANN J. First draft of a report on the EDVAC [R]. Philadelphia University of Pennsylvania, 1945.

[8] TURING A M. Computing machinery and intelligence [J]. Mind, 1950, 59 (236): 433-460.

[9] POPEK G J, GOLDBERG R P. Formal requirements for virtualizable third generation architectures [J]. Communications of the ACM, 1974, 17 (7): 412-421.

[10] AMDAHL G M. Validity of the single processor approach to achieving large scale computing Capacities [C] //AFIPS Conference Proceedings, April 18-20, 1967, AFIPS Press, Reston, Va.: 483-485.

[11] MOORE G E. Cramming more components onto integrated circuits [J]. Electronics, 1965, 38 (8): 114-117.

[12] BORKAR S, CHIEN A A. The future of microprocessors [J]. Communications of the ACM, 2011, 54 (5): 67-77.

[13] CENSIER L M, FEAUTRIER P. A new solution to coherence problems in multicache Systems [J]. IEEE Transactions on Computers, 1978, 27 (12): 1112-1118.

[14] LEISERSON C E. THOMPSON N C，et al. There's plenty of room at the top：what will drive computer performance after Moore's law? [J] Science，2020，368（6495）：1-8.

[15] WALDROP M M. More than Moore [J]. Nature，2016，530：145-147.

[16] 希尔伯特，阿克曼. 数理逻辑基础 [M]. 莫绍揆，译. 北京：科学出版社，1958.

[17] 戴维斯. 可计算性与不可解性 [M]. 北京：北京大学出版社，1984.

[18] NAGEL E，NEWMAN J R. Gödel's Proof [M]. New York：New York University，2001.

[19] 内格尔，纽曼. 哥德尔证明 [M]. 陈东威，连永君，译. 北京：中国人民大学出版社，2008.

[20] 梅特里. 人是机器 [M]. 顾寿观，译. 王太庆，校. 北京：商务印书馆，1959.

[21] 怀特海. 思维方式 [M]. 刘放桐，译. 北京：商务印书馆，2010.

[22] RESHEF D N，RESHEF Y A，FINUCANE H K，et al. Detecting novel associations in large data sets [J]. Science，2011，334：1518-1524.

[23] MARKOV I L. Limits on fundamental limits to computation [J]. Nature，2014，512：147-154.

[24] 王德峰. 哲学导论 [M]. 上海：复旦大学出版社，2019.